PRINCIPES

DE

PHYSIOLOGIE COMPARÉE.

OUVRAGES DU MÊME AUTEUR

De l'influence de la Pesanteur sur les phénomènes de la vie ;
Paris, 1822, in-8.   75 c.

Recherches sur le mécanisme de la Respiration et sur la Circulation du sang, etc. Paris. 1820 , in 8.   2 fr.

*Mémoires que l'Institut a honorés d'un accessit au premier con-
cours pour les prix Montyon.*

Principes de Physiologie médicale ; Paris, 1828. 2 vol. in-8. 12 fr.

IMPRIMERIE DE Vᵉ THUAU,
rue du Cloître-St.-Benoît, n. 4.

PRINCIPES

DE

PHYSIOLOGIE COMPARÉE

OU

HISTOIRE DES PHÉNOMÈNES DE LA VIE DANS TOUS LES ÊTRES QUI EN
SONT DOUÉS, DEPUIS LES PLANTES JUSQU'AUX
ANIMAUX LES PLUS COMPLEXES;

PAR ISID. BOURDON,

DE L'ACADÉMIE ROYALE DE MÉDECINE.

Histoire générale des Corps vivans, — de leur Génération ou de leur Reproduction, — de leur Accroissement, — de leur Nutrition.

PARIS.

GABON, — J.-B. BAILLIERE,

Libraires, rue de l'École de Médecine;

MONTPELLIER, LIBRAIRIE MÉDICALE DE GABON;

LONDRES, J.-B. BAILLIERE, 3 BEDFORD STREET, BEDFORD SQUARE;

BRUXELLES, AU DÉPÔT DE LA LIBRAIRIE MÉDICALE FRANÇAISE,

1830.

A monsieur

GEOFFROY ST.-HILAIRE,

MEMBRE DE L'INSTITUT.

AU MAITRE HABILE A ENCOURAGER,

AU SAVANT TOUJOURS ACCESSIBLE,

A L'AMI CONSTANT DONT JE M'HONORE,

HOMMAGE VRAI, HOMMAGE DU COEUR.

ISID. BOURDON.

PRÉFACE.

Chaque science a son époque de gloire, son temps de progrès et de maturité; chacune devient successivement populaire. Tout siècle a sa science préférée, et la Physiologie est celle de nos jours.

Nous possédons déjà beaucoup de livres sur cette branche importante de nos connaissances; par malheur la plupart de ces traités n'envisagent que l'espèce humaine. Il en est quelques-uns consacrés aussi à l'histoire des fonctions des plantes; mais aucun d'eux n'embrasse l'ensemble des corps vivans. A la vérité c'est un sujet d'une extrême difficulté, et d'une étendue immense.

M. Cuvier, avant lui Perrault, Monro, Hunter, Blumenbach et Vicq-d'Azir, et après lui, MM. Everard Home, Geoffroy St.-Hilaire, Blainville, Duméril et Meckel, sont les principaux savans qui se soient occupés un peu généralement de l'anatomie des animaux. Mais ces auteurs si estimables se sont presque toujours bornés à décrire les instrumens, les organes : ils ont exposé, avec une exactitude tantôt philosophique et tantôt minutieuse, la composition, la structure des machines vivantes, sans presque jamais en dire le mécanisme, sans en montrer l'admirable jeu, l'harmonie.

Si l'étude dont nous traitons a été jusqu'alors si généralement négligée, c'est qu'elle exige, ou d'heureux et longs loisirs, ou un désintéressement qui devient de plus en plus rare ; c'est qu'outre cela, il faut des musées, de riches collections, où l'on puisse consulter sans cesse des matériaux indispensables à quiconque veut éviter l'erreur. Aussi ne doit-on pas s'étonner si l'on est obligé de remonter jusqu'à Aristote pour trouver une esquisse un peu supportable de la physiologie comparée : encore faut-il attribuer la généralité philosophique de l'ouvrage d'Aristote, à l'enfance, à l'imperfection de la science, alors qu'Aristote s'en occupait.

Un pareil livre, convenons-en sans dissimulation et sans flatterie, gagnerait beaucoup à être fait par M. Cuvier. Mais cet homme illustre, sérieusement occupé maintenant de la réimpression et de l'achèvement des ouvrages de sa jeunesse, ne fera jamais pour la physiologie, nous avons de trop grands motifs de le craindre, ce qu'il a exécuté avec tant de bonheur et de succès pour l'anatomie. C'est ici d'ailleurs un de ces ouvrages qu'il ne convient d'entreprendre que dans la deuxième partie de la vie, à cet âge d'illusions et d'espoir, où l'existence a tant de plénitude, que c'est à peine si l'on songe à en prévoir le terme, à en régler l'emploi et ménager le cours : sans compter que l'esprit même le plus vaste a ses limites, ou plus restreintes, ou moins bornées, mais prescrites à tous et toujours infranchissables.

Si du moins M. Cuvier pouvait encore abandonner, comme jadis, sans repentir, sans imprudence, à la foule de ceux qu'il instruit et qui l'admirent, les précieux matériaux que ses collections renferment! s'il maintenait toujours accessibles, sans restriction, sans réserve, les documens dont plusieurs ont besoin! Mais la générosité et la complaisance ont aussi leurs bornes ; et s'il est une chose qui doive profondément attrister, c'est que ce soit l'ingratitude des hommes, l'injustice de ses contemporains, qui ait ainsi forcé M. Cuvier à se réserver pour lui seul des trésors où, de son noble consentement, le monde entier puisait à loisir et sans limites il y a peu d'années.

Heureusement nous avions consulté autrefois tout ce que le Musée du Jardin du Roi, tout ce que les cabinets de M. Cuvier offrent de plus important. Ces matériaux nous sont d'un grand secours aujourd'hui. Nommé de l'école des naturalistes du gouvernement, fondée en 1819 par M. Decazes, à l'instigation de M. de Mirbel et des professeurs du Musée d'histoire naturelle de Paris, j'eus le bonheur alors d'être attaché à M. Cuvier en qualité de disciple particulier, d'être personnellement choisi par lui après concours.

Ce fut alors que j'étudiai et l'histoire naturelle, et l'anatomie comparée, sous les maîtres les plus habiles et dans les circonstances les plus propices qui se puissent jamais rencontrer. Mais il faut bien le dire aussi : ce n'était point là que je pouvais apprendre la physiologie comparée; la vie ne peut être étudiée que sur des corps vivans, et tout est mort, tout est inanimé dans les musées d'histoire naturelle. Je dus donc recourir à l'étude des corps réellement vivans. J'observai les animaux et les plantes, je lus les observateurs, je fis des expé-

riences; et comme j'avais avant tout, et plus atten-
tivement que tout autre être, étudié l'homme lui-
même, mes premiers travaux et mémoires, et
mon premier ouvrage, eurent l'homme pour unique objet.

Sans donc perdre de vue mon projet de tracer
l'histoire de la vie dans tous les êtres, je publiai d'a-
bord une physiologie de l'homme, cette *Physiologie
médicale*, à l'occasion de laquelle les médecins les
plus distingués de Paris ont déjà publié, dans le seul
but de la critiquer, plus de pages que ce livre lui-
même n'en contient; cet ouvrage qui a soulevé tant
de passions, et qu'on a traité, pour tout dire en un
mot, comme on traite ordinairement une découverte. Je veux dire qu'on a commencé par soutenir
avec vivacité qu'il contient des erreurs, quelques
contradictions, quelques paradoxes (ce qui peut
bien être vrai), et l'on a fini par assurer qu'il n'é-
tait pas nouveau, dernier reproche assurément
beaucoup plus endurable que les autres, la lumière du jour et l'impartialité du siècle étant là
pour me défendre, et devant suffire pour m'en jus-
tifier.

Toutefois ce livre si vivement critiqué, contient
tous les grands principes de la physiologie, la science
de l'homme, mes opinions et mes croyances per-
sonnelles, et par anticipation aussi, les corollaires
du livre que je publie aujourd'hui. Je me hâte d'a-
jouter qu'à son tour, la *Physiologie comparée* renferme la plupart des faits particuliers que l'on espé-
rait peut-être rencontrer dans le premier ouvrage.

Je souhaite qu'on veuille se donner la peine de

lire entièrement cette première partie, avant d'exprimer aucune opinion au sujet de ce nouvel ouvrage. Mais je crains bien que l'on ne le feuillette d'abord, encore animé de cette vive colère que la *Physiologie médicale* a excitée. A la vérité, j'en suis sûr, et cela du moins me tranquillise, on finira par y mettre plus de calme, et aussi plus d'impartialité; je n'ose encore compter sur beaucoup d'indulgence, et pourtant j'en aurais besoin.

Je ne publie maintenant que la première partie de la Physiologie comparée : *quatre livres* composent ce volume. Le premier traite de la Vie, de ses lois générales, de ses diverses manifestations, et des corps qui en sont doués. Le deuxième Livre contient l'histoire de la Génération ou de la Reproduction dans les animaux des différentes classes et dans les plantes. Le troisième renferme tout ce qui concerne les progrès et les lois de l'Accroissement des corps vivans, ainsi que beaucoup de chapitres qui, bien qu'imprimés depuis long-temps, ont trait à la grande question des *analogues* qui a été tout récemment débattue entre deux célèbres naturalistes, devant l'Académie des sciences de Paris. Le quatrième Livre traite de la Nutrition des corps vivans.

Dans la deuxième partie, qui suivra d'assez près celle-ci, il me restera à faire l'histoire de la respiration des corps vivans, de leur chaleur propre, et des causes productives de cette chaleur; des fluides, humeurs et émanations des corps vivans, de leur sécrétion, de leurs sources, et de la circulation de plusieurs; des sensations des animaux, de leurs divers instincts, de leurs mouvemens, dispersions et voyages, et aussi de leurs langages ; enfin des causes qui , modifiant leur nature, produisent leurs nombreuses variétés, et des principales influences qui en déterminent la multiplication et la distribution sur le globe.

Je termine en appelant de tous mes vœux la critique et les avis de mes émules : qu'ils soient vrais , qu'ils soient impartiaux et judicieux , et ils verront combien je serai docile et reconnaissant !

ERRATA.

Page 28 , *ligne* 2ᵉ *du chapitre IX*, — composent , *lisez :* couvrent.

48　　　　25 , — mais on ne voit d'œufs , *ajoutez :* véritables.

60　　　　12 , — Goudyles , *lisez* Gongyles.

113　　　6, — plus léger que l'air, *lisez :* plus léger que l'albumen.

128 , *au bas de la page , corrigez plusieurs singuliers mal à propos mêlés à des pluriels.*

151 , *ligne* 17 , — *effacez :* presque.

219　　　30, — *effacez :* l'est.

391　　　20, *mettez :* plumule, *au lieu de :* radicule.

420　　　17 , — *lisez :* ne se transforment jamais l'une en l'autre.

426　　　23 , — ne se fondent , *lisez :* ne se soudent.

427　　　15 , — *même changement.*

481　　　4 , — nécessaires , *lisez :* naturels.

505　　　4 , — altérer , *lisez :* altérer.

556　　　23 , — manière , *lisez :* matière.

PRINCIPES

DE

PHYSIOLOGIE

COMPARÉE.

LIVRE PREMIER.

Des Corps Vivans en général.

CHAPITRE PREMIER.

Idée des Corps Vivans et des rapports qu'ils ont avec toutes choses.

Quand on porte les yeux sur la terre, on la voit partout couverte de corps vivans. A l'exception des pôles, d'où le froid et l'obscurité les éloignent, les plantes et les animaux habitent toutes les parties du globe. On en retrouve d'anciens vestiges jusqu'aux profondeurs des terrains charriés par des fleuves, déposés par les mers déplacées, ou tourmentés par diverses révolutions. La couche superficielle de la terre, formée des débris des générations détruites, sert à l'accroissement des plantes actuelles, et, par ces plantes, de nourriture aux animaux. Autour de la

I.

terre, ainsi peuplée, tout est arrangé pour la vie : là lumière et la chaleur vivifient les corps organisés ; l'air lui-même, qui forme à la terre une enveloppe de plusieurs lieues d'épaisseur, entre dans la composition de ces corps par des échanges continuels et toujours compensés. Enfin l'eau, qui pénètre le sol ou qui se vaporise dans l'atmosphère, l'eau, qui passe incessamment de la mer aux nuages et des nuages à la mer, est un autre élément nécessaire à la vie.

Tous les êtres vivans, quelque diversifiés qu'ils soient, ont des caractères communs : tous naissent de corps semblables à eux, et s'accroissent aux dépens de molécules étrangères qu'ils assimilent à leur propre substance ; tous sont formés de diverses parties qu'on nomme *organes*, ce qui les fait eux-mêmes nommer corps *organisés* ; ces organes réunis forment pour chaque être vivant un tout ensemble, un tout concordant et d'une parfaite unité pour les formes, pour les phénomènes et pour la durée ; et comme un seul de ces organes ne saurait être distrait des autres sans nuire à l'ensemble de l'être, à cause de cela chaque corps vivant s'appelle *individu*. Tous ont une chaleur propre, différente, et jusqu'à un certain degré indépendante des corps environnans ; tous résistent aux lois d'affinité des corps bruts, et les composés qu'ils forment sont dus à d'autres lois que celles par qui s'opèrent les mixtes de la chimie ; tous absorbent quelque chose du dehors et le transforment, et tous exhalent quelques principes nés de la vie ; tous se reproduisent par des actes semblables aux actes qui les ont eux-mêmes produits ; tous durent un temps variable pour chaque être, mais à-peu-près le même pour tous les êtres de la même espèce restés à l'état sauvage ou de nature : après cette durée active et individuelle tous cessent d'exister, et enfin leurs corps se dissipent en leurs plus simples élémens, selon les lois de la chimie universelle.

Ainsi chaque être vivant forme un petit monde par son ensemble, par son unité ; mais ce petit monde ne peut subsister isolé du grand. Il y a toujours pour la vie liaison et mutuelle dépendance d'organes, toujours concours et concordance d'actions; il y a pour chaque être vivant commerce de chaque partie avec le tout, et du tout avec l'univers.

Si donc il s'agit de distinguer un corps actuellement vivant d'un autre corps organisé, mais sans vie, on n'a qu'à s'assurer s'il continue d'avoir commerce avec ce qui l'entoure, sol ou fluides gazeux, ou si, au contraire, il ne conserve plus aucune relation active et efficace avec l'univers. Si l'on veut distinguer un corps organisé qui a cessé de vivre d'avec un corps brut et inorganisé, on n'a qu'à vérifier si les différentes parties de ce corps sont unies autrement que par l'attraction moléculaire, et si la libre action des élémens finit bientôt par le détruire ou le putréfier.

CHAPITRE II.

Deux classes d'Êtres animés : animaux et végétaux.

Quant à l'universalité des corps vivans, leur séparation en deux grandes classes, ou, comme on dit, en deux *règnes*, est tracée par la nature. Les uns, plus complexes, pourvus d'une cavité intérieure qui reçoit leurs alimens, doués de sentiment et de mou-

1.*

vemens spontanés, mus par instinct vers ce qui leur
convient, pouvant également s'éloigner de ce qui leur
nuirait, sont nommés *animaux*. Les autres, implantés
dans la terre par une racine, privés de la faculté de
sentir et de se mouvoir, entourés naturellement des
choses nécessaires à leur existence, les absorbent
directement sans instinct, sans déplacement, sans
préparatifs, sans travail compliqué. Les animaux,
pourvus d'organes sexuels, tantôt réunis dans le même
être, plus souvent séparés dans deux êtres de la même
espèce, conservent ces organes aussi long-temps que
la vie : presque tous les végétaux ont les organes des
deux sexes réunis dans le même être, et ces organes,
ils les perdent et les renouvellent chaque année. Les
animaux sont surtout compliqués à l'intérieur ; c'est
là que se passent les grands phénomènes de leur
existence : les végétaux, au contraire, ont les principaux organes placés à leur surface ; leurs fonctions
sont plus extérieures. Dès en naissant, l'animal (si
l'on excepte quelques cas de métamorphoses) a les
différentes parties de son corps déjà plus qu'ébauchées ; parfait dès son origine, ses organes n'ont plus
qu'à se développer, qu'à grandir. Le végétal, né d'une
graine, développe successivement ses organes : une
racine, une tige, des feuilles, des fleurs, etc. ; et
après que ces fleurs sont épanouies, bientôt le reste
des organes dépérit, et bientôt tout meurt, ou seulement la tige, ou quelquefois seulement les feuilles :
chaque année ou chaque floraison le détruit ou le
renouvelle, ou partiellement, ou tout entier. Ainsi
les deux classes d'êtres ont en commun la faculté de
se nourrir et la faculté de se reproduire ; l'animal a,

de plus que les végétaux, le pouvoir de sentir et de se mouvoir spontanément ; il a seul des nerfs, seul des muscles, du sang et une espèce d'estomac, et toujours visiblement au moins l'une de ces choses : et comme les nerfs et les muscles sont intermittens dans leur action, il naît de là une nouvelle différence pour l'animal ; je veux parler du sommeil périodique auquel il est assujetti.

CHAPITRE III.

Êtres ambigus : cause d'erreur et de confusion. Existe-t-il des êtres intermédiaires aux animaux et aux plantes ?

Celui qui ne connaît la vie que pour l'avoir étudiée dans l'homme et dans les gros animaux les plus rapprochés de l'homme, lit avec dédain ces ennuyeuses discussions dont le but est de distinguer sans erreur un animal d'avec une plante : il regarde comme impossible toute confusion entre des êtres si différens à ses yeux prévenus ; tant de recherches lui semblent de vaines subtilités.

S'il n'existait sur la terre que des animaux aussi bien caractérisés que le sont les oiseaux, les poissons et les quadrupèdes, sans doute il ne serait pas besoin d'enseigner à les séparer d'avec les végétaux : la barrière mise entre eux par la nature devrait suffire. Leurs sens si manifestes, leurs mouvemens spontanés, la symétrie et la complexité de leur structure, et plus que tout cela, l'instinct qui dirige leurs actions, préserveraient sûrement de toute erreur. Alors on pourrait se contenter de dire avec Linné, *Vegetabilia cres-*

cunt et vivunt; Animalia crescunt, vivunt et sentiunt :.
et tout incomplète qu'elle est, cette courte et jolie
définition serait suffisante. Il ne serait pas besoin non
plus de distinguer, d'avec les végétaux, les insectes,
les crustacés, les coquillages symétriques, espèces de
vertébrés retournés et en miniature. Mais il faut remarquer que les animaux n'ont pas tous cette perfection apparente : tous ne sont pas aussi compliqués, ni tous aussi visiblement mobiles. La preuve
en est que Tournefort, homme d'un bon esprit et
grand naturaliste, forma neuf des genres de sa dix-sep-
tième famille des plantes avec les polypiers connus
de lui et des savans ses contemporains. Depuis Tournefort, Trembley consacra un temps fort long à s'assurer si l'Hydre d'eau était un animal ou une plante,
et les expériences auxquelles il se livra pour éclairer
ses incertitudes, le conduisirent à une découverte
que les écrivains d'alors ont vivement célébrée.
Les tâtonnemens de Trembley sont d'autant plus remarquables, que déjà avant lui Peyssonnel avait observé que de petits animaux habitaient les différens
compartimens des coraux. Cette découverte, Ellis et
Solander l'avaient étendue à toutes les sortes de polypiers; et Donati, Réaumur et B. de Jussieu la con-
sacraient déjà ou dans leurs leçons ou dans leurs ouvrages. Cependant il resta long-temps des doutes dans
les esprits et de l'obscurité sur la matière.

Les grands naturalistes du dix-huitième siècle furent tous frappés de ces difficultés; l'illustre Buffon
surtout sut les apprécier : il proposa, en conséquence,
d'établir une classe d'êtres intermédiaires aux deux
règnes. Linné, à qui cette idée parut juste, quoi-

qu'elle fût de Buffon, la réalisa par le nom de Zoophytes (*animaux-plantes*), qu'il donna à ces êtres
équivoques si nuisibles aux généralités dont sans eux
les deux règnes seraient susceptibles. Le célèbre
Pallas imita Linné en cette occasion comme en tant
d'autres; M. Cuvier lui-même admit le mot et la distinction qu'il consacrait; mais M. de Lamarck a depuis rejeté le mot et la chose.

Tant d'hésitations et de doutes de la part d'hommes
aussi éclairés ne tenaient pas seulement à l'obscurité
du sujet; ils avaient leur source essentielle dans une
première et fausse direction de vues et d'études : concentrés dans leurs cabinets, les naturalistes étaient
trop loin de la nature. On avait trouvé des corps solides, des coraux, des éponges, des alcyons, des polypiers de mille formes, tantôt nus, tantôt recouverts de corps mous et mobiles. On confondit toutes
ces choses; on ne distingua pas l'habitant d'avec sa
demeure, le polype d'avec son polypier. Loin de regarder le corps mou comme le fabricateur de la masse
solide, on crut que ce dernier corps produisait l'autre; et comme on voyait ces polypiers s'accroître et
comme végéter, on les prit sans cérémonie pour des
plantes, et les polypes furent regardés comme les
fleurs de ces plantes singulières. Il est juste de dire qu'à
l'époque où ces êtres se reproduisent, leur corps est
couvert de petits gemmes ou bourgeons qui ne sont
pas sans quelque analogie avec de certaines fleurs
d'une structure peu distincte. Mais quand on vit que
ces prétendues fleurs étaient mobiles, quand on vit
qu'elles paraissaient sensibles, on fut alors dans un
grand embarras; et c'est pour en sortir qu'on les

nommá *Zoanthes ;* c'est-à-dire *animaux-fleurs* ou *fleurs animées.*

La vérité est (et cela est bien certain aujourd'hui) que les polypes composent eux-mêmes ces espèces de végétations solides qui leur servent de demeures, à-peu-près comme les mollusques forment leurs coquilles, le taret son fourreau, l'écrevisse son test, les tortues leurs carapaces, les poissons leurs écailles, les insectes leurs élytres, les oiseaux leur plumage, les tatous leur toiture, les baleines leurs fanons, les quadrupèdes leurs poils et leurs défenses, et l'homme ses cheveux, ses ongles et son épiderme. Il y a dans tous les êtres vivans certaines parties qui végètent; et si l'on jugeait de chaque animal d'après ces parties végétantes de son corps, il faudrait les ranger tous parmi les zoophytes de Linné et de Pallas.

Voici toutefois à quels signes on peut reconnaître si un corps vivant, si un corps organisé, se nourrissant et s'accroissant par lui-même, si un être doué d'une température propre et se reproduisant, est un végétal ou un animal.

S'il se meut chaque fois qu'on l'irrite en le touchant, si d'ailleurs il se meut spontanément pour vaquer à ses besoins, s'il est plutôt adhérent au sol qu'enraciné dans la terre, si son corps est pourvu d'une cavité centrale, si lorsqu'on l'a tué il se putréfie, si les parties séparées de son corps et jetées au feu brûlent avec une sorte d'effervescence et en répandant une odeur de corne ou d'ammoniaque, si en le décomposant par les procédés chimiques il donne plus d'azote que de carbone; alors on peut être assuré qu'un pareil être est un animal. Mais si le corps vivant, d'une nature équivoque, ne jouit d'aucun mouvement à-la-fois durable et spontané, s'il est dépourvu d'une cavité intérieure, s'il tient dans le sol et que, détaché de ses adhérences, il ne tarde pas à se faner et à mourir, si une fois mort il se dessèche ou fermente sans putréfaction, s'il brûle sans odeur de plume ou de corne torréfiées, et si son résidu, très-considérable, est charbonneux ; alors il s'agit là d'un végétal.

Ces caractères sont suffisans et la plupart faciles à apprécier. Je n'ai point fait mention de la sensibilité dans cette distinction positive des êtres vivans, car pour les animaux inférieurs surtout (les seuls dont il soit quelquefois difficile d'apprécier la nature), ce n'est qu'à l'aide de mouvemens excités qu'on peut juger s'ils sont sensibles. Je n'ai point parlé non plus des phénomènes de la reproduction : il est évident qu'il n'y a d'ambiguité embarrassante que pour des êtres dont les fonctions sont d'une grande obscurité ou tout-à-fait inconnues. Ce n'est point, comme on pourrait le penser, les plus parfaits, je veux dire les plus complexes des végétaux, qu'on est exposé à confondre avec les animaux les plus simples. Un peu de réflexion fait voir qu'il serait impossible de ne pas toujours discerner une plante feuillée et fleurie d'avec n'importe quel animal. Mais on a souvent confondu les êtres les moins caractérisés des deux règnes : l'ensemble des animaux et l'ensemble des plantes forment donc comme deux pyramides qui se toucheraient par leurs bases.

Voyez combien il est difficile de caractériser par une formule courte, mais positive, ce qui constitue et différencie l'animal ! Aussi M. Cuvier, qui employa vingt années de sa vie à scruter l'organisation des êtres animés, depuis le simple polype jusqu'à l'homme, s'est-il sagement abstenu d'une définition générale. Plus on a vu d'animaux, plus on a de peine à les définir. La difficulté n'est pas de savoir ce qui est propre aux seuls animaux, mais ce qui leur est commun à tous, parmi ces choses qu'eux seuls possèdent. On sait bien qu'ils ont seuls un cerveau, des nerfs, des muscles, un cœur, des poumons, un estomac, un squelette ; on sait qu'eux seuls se meuvent, digèrent, respirent, qu'eux seuls ont du sang et semblent sentir : mais que leur reste-t-il de tous ces caractères, quand on redescend la longue chaîne qu'ils forment, depuis le dernier anneau jusqu'au premier ? presque rien. On voit successivement disparaître les poumons, les glandes, le cerveau, le squelette, le cœur, les branchies, le sang, les nerfs, les muscles et enfin les vaisseaux ; à peine est-on sûr si tous ont une cavité digestive ou un estomac. Cependant, comme on retrouve ce dernier organe dans la presqu'universalité des animaux, et comme on le retrouve manifestement dans ceux même qui ne conservent plus aucun autre organe visible, on est porté à croire qu'il existe dans tous ; et si nos recherches sont vaines pour le découvrir dans plusieurs, il faut croire que c'est faute d'assez d'adresse, faute de sens assez délicats, et probablement aussi à cause de l'exiguité des êtres où nous le cherchons sans le trouver. On admet, en conséquence, que tous les animaux ont un estomac et qu'ils digèrent : on suppose en outre que tous sont sensibles ; mais ce qui est sûr, c'est que tous, et eux seuls, ont des mouvemens spontanés et durables. Ce dernier caractère est le plus évidemment universel.

Résumé. S'il me fallait donner une définition générale des animaux, je dirais : *Estomacs servis par des organes*. L'estomac est, en effet, la grande pièce essentielle de tout être animé, comme le grand ressort est la pièce indispensable d'une pendule. Je sais bien que les nerfs et les muscles, organes du sentiment et du mouvement, paraissent d'une nature plus relevée que l'estomac ; mais sans lui que seraient-ils ? On dirait un ressort d'acier faisant mouvoir des aiguilles d'or, lesquelles sans lui resteraient immobiles.

CHAPITRE IV.

Conditions de la vie. Organes indispensables. Unité dans l'action.
Concordance et perfection dans la structure.

Nous ignorons ce que c'est que la vie, son essence nous est cachée ; mais nous voyons comment sont faits les corps vivans, comment se succèdent et s'enchaînent les phénomènes de la vie. Nous sommes forcés de borner là notre étude.

Tous les corps vivans sont organisés ; ce qui veut dire qu'ils sont formés de différentes parties agissant chacune à sa manière, et remplissant diverses fonctions : ce sont là comme les instrumens de la vie. L'ensemble de ces organes forme un tout parfait pour chaque être, et l'ensemble des actions que ces organes exercent compose la vie en ce qu'il nous est permis d'en connaître. La vie ne saurait exister sans le bon état de tous les organes ; mais ces organes existent encore après que la vie a cessé d'être. Ce qui confond notre faible intelligence, c'est que nous ne voyons aucune différence entre les organes d'un corps vivant et les organes d'un corps qui vient de mourir. Nous voyons une machine à qui rien ne paraît manquer : d'où vient donc que son jeu a cessé? tous les rouages en sont parfaits, il n'y manque que la main agissante de l'ouvrier. Nous en étudions les ressorts évidens après en avoir admiré le sublime mécanisme, mais le principe moteur nous échappe toujours.

Tous ces organes solides sont baignés par des fluides qui séjournent ou circulent dans des espèces de canaux ; et canaux comme organes, en quelques êtres qu'on les observe, sont toujours formés d'un tissu celluleux à mailles plus ou moins serrées. Ce tissu à cellules, les vaisseaux qu'il compose, les fluides qui remplissent ces vaisseaux, voilà ce qu'ont de commun tous les organes en tous les corps vivans. Le reste de la structure diffère en chacun.

La plupart des êtres vivans ont des organes nombreux et des fonctions compliquées : plus les fonctions sont variées, plus la structure est complexe. Mais il existe une hiérarchie entre les fonctions comme entre les organes. Tous les corps vivans se nourrissent et se reproduisent, tous les animaux se meuvent spontanément au moins par quelques-unes de leurs parties, beaucoup respirent visiblement, l'homme pense : mais il est évident que le premier degré de toutes ces fonctions est la nutrition ; les autres phénomènes supposent toujours celui-là. Cherchons donc les organes de la nutrition ; et si nous parvenons à les trouver, nous serons sûrs de tenir en nos mains le premier chaînon de la vie.

La plupart des plantes ont une racine fixée dans la terre, une tige qui s'élance dans l'air et se dirige vers la lumière ; cette tige porte des feuilles, des rameaux, des fleurs ; ces fleurs, plus ou moins compliquées, donnent des fruits ou des graines destinées à une postérité d'êtres analogues à l'être qui les a produites. Mais parmi ces organes quel est le plus essentiel ? Otez les fleurs et leurs graines, le reste de la plante n'en subsiste pas moins ; la tige peut perdre ses feuilles sans en souffrir ; et la tige coupée, la racine continue d'absorber · et de vivre à sa manière ; souvent même elle reproduit des parties semblables à celles qu'on en a séparées. Cette racine est donc la partie la plus importante du végétal, c'est donc par elle principalement que toute la plante se nourrissait. Voyons maintenant les animaux.

Beaucoup d'entr'eux ont une structure très-complexe : un squelette osseux, des nerfs, des sens, un cerveau, des muscles pour se mouvoir, un cœur pour répartir le sang, des espèces de poumons pour l'imprégner d'air, un estomac dans lequel la nourriture séjourne et se prépare, des glandes pour composer des humeurs, des organes pour perpétuer l'espèce, une enveloppe générale pour protéger cet ensemble, et des membres pour le déplacer : tous ces organes et · beaucoup d'autres composent leur substance. Dans des êtres aussi compliqués il serait impossible d'assigner précisément à chaque partie son degré d'importance ; car on n'en peut soustraire aucune sans mettre le trouble dans l'ensemble, et l'on ne peut même toucher à plusieurs d'entr'elles sans détruire l'édifice commun. Mais cette dissociation d'organes que nous ne pouvons opérer, la nature l'a réalisée d'elle-même dans la longue chaîne des animaux. En descendant des quadrupèdes vivipares aux oiseaux, des oiseaux aux reptiles et aux poissons, et des oiseaux et des poissons, par les insectes et les mollusques, jusqu'aux vers et aux polypes, nous voyons peu-à-peu se simplifier les machines vivantes, à ce point, que nous ne trouvons plus dans les derniers degrés que le premier principe, le principe indispensable à l'animalité. Le corps du polype ne forme en effet qu'un vaste estomac sans autre organe appréciable ; et c'en est assez pour la nutrition et l'existence d'un être si simple. Nous pouvons conclure de là, que le premier élément du végétal est la racine, et que l'estomac est le fondement de toute organisation animale. La nature elle-même confirme ce principe par ses œuvres : elle a créé des végétaux qui n'ont qu'une racine pour tout organe, comme elle a créé des animaux composés uniquement d'un estomac. Il est vrai que toutes les fonctions sont d'une extrême simplicité dans des corps aussi homogènes. Pour qu'un végétal puisse se suffire à lui-même avec une racine pour tout organe, il faut que les substances propres à la nourrir environnent cette racine : il faut qu'elle tienne à un sol formé d'humus et imbibé d'eau : alors c'en est assez pour la vie individuelle. Quant à la reproduction, la chose est également simple : ce qui ne peut être produit par des fleurs, il faut que des caïeux, des bourgeons, des divisions naturelles ou artificielles de la racine l'opèrent. C'est en se divisant que de pareils corps se multiplient. Mais comment peut vivre un animal, ver ou polype, dont un simple estomac compose tout l'être ? Comme cette poche nourricière est à l'intérieur, il est clair que les alimens y doivent être portés ; il est clair, par conséquent, qu'il faut que cet être se meuve vers ses alimens ou qu'il attire par des mouvemens partiels sa nourriture à lui ; il faut pour la chercher qu'il la sente, qu'il l'apprécie ; il lui faut même une espèce d'instinct pour proportionner de pareils mouvemens à ses besoins. Voyez combien cet être si simple, mais parfait, nous paraît déjà compliqué !

Je dis que cet être est infiniment simple, car il n'a pour tout organe qu'un estomac. Encore qu'il se meuve et qu'il doive sentir, on ne lui voit ni muscles, ni cerveau, ni nerfs : il a des actions dont les instrumens restent cachés. Je dis aussi que malgré cette simplicité le polype forme un être parfait, car il possède en lui tout ce qui le fait exister : il est donc aussi parfait qu'un oiseau, qu'un mammifère. Il n'a ni cœur, ni poumons, ni vaisseaux intermédiaires, ni glandes, cela est vrai ; mais il n'en a pas besoin. Lorsque l'estomac occupe tout le corps d'un animal, et que ce corps est parfaitement simple et partout homogène, il est évident qu'il n'est besoin pour une pareille structure, ni de poumons, ni d'un cœur, ni de vaisseaux diversifiés ; une telle économie d'organes peut se passer de circulation et d'une respiration circonscrite. Chaque partie de l'animal peut isolément puiser dans le canal commun la portion d'alimens dont elle a besoin ; elle peut la respirer, l'élaborer à sa manière. Mais dès que le tout animé n'a plus cette homogénéité parfaite en tous ses points, il lui faut dès-lors un estomac pour préparer la nourriture commune, il lui faut un cœur pour la distribuer, elle et le sang, entre les organes; et comme ce sang revient au cœur privé de ses principes, comme il y revient fort différent selon les organes qu'il a pénétrés et nourris, il faut bien qu'une espèce de poumon le purifie par son mélange à l'air et à de nouveau chyle, et qu'il le rende identique et homogène avant que le cœur ne le fasse de nouveau circuler par tout le corps. L'unité est le premier principe de la vie : or, dans ces organisations compliquées, c'est le cœur et le poumon qui produisent cette unité pour la nutrition, comme le cerveau la produit pour les sensations.

Il résulte de ce que nous venons de dire, que le corps vivant de l'apparence la plus simple et la plus chétive ne laisse pas de former un tout aussi parfait que l'être le plus complexe, puisqu'il possède en lui tout ce qui est nécessaire à son existence.

CHAPITRE V.

Dépendance mutuelle des organes, variable selon les êtres.

Comme les corps vivans sont assujettis à la mort, l'organisation peut exister sans la vie; mais qui dit *vie*, dit *organisation*. Buffon faisait donc un pléonasme lorsqu'il écrivait dans ses pages sublimes que *les animaux sont des corps vivans et organisés*.

Cette organisation des corps vivans est soumise à de certaines règles qui par leur constance et leur généralité ont mérité le nom de lois. Nous venons d'exposer deux de ces lois, je veux dire la *perfection* et l'*unité* de tout corps vivant. Quant à l'unité, cependant, ce principe n'est pas absolu. L'individualité n'existe véritablement que pour les animaux d'une structure déjà fort complexe : elle n'est parfaite ni pour les plantes, ni pour les animaux les plus inférieurs : je m'explique. Il est bien vrai que, tant que les divers organes de ces êtres restent intacts, ils vivent d'une vie commune, et ne font qu'un tout parfait et concordant; mais il n'est pas impossible d'en distraire ou d'en élaguer quelques parties sans interrompre la vie dans le reste de l'être ainsi mutilé. On sait qu'on peut couper d'une plante ses fleurs, ses feuilles, ses branches, sans pour cela la faire mourir : ne restât-il qu'une racine elle-même divisée avec une tige tronquée, ce débris n'en jouit pas moins de la vie. Je dis plus, c'est que plusieurs des parties détachées du tout ont souvent reproduit l'être complet, lorsqu'on les plaçait dans des circonstances favorables : il suffit quelquefois d'un rameau ou d'une feuille pour reproduire un végétal semblable à celui dont ces parties proviennent. C'est sur de pareils faits que repose la théorie des marcottes et des boutures. Il en est de même de quelques animaux : un polype nu, coupé en plusieurs parties, forme autant de nouveaux polypes parfaits qui continuent de vivre à la manière de leur souche commune : certains vers se comportent de la sorte. On a pu aussi détacher plusieurs rayons complets d'une astérie sans la

1.   2

faire périr. Des limaces survivent sans affaiblissement notable à leur détroncation : Voltaire, à l'exemple de plusieurs naturalistes de son temps, s'est souvent amusé à de pareilles expériences. Mais ce qu'il y a de plus étonnant, c'est que les animaux vertébrés eux-mêmes ont souvent souffert des mutilations analogues sans perdre subitement la vie : des tortues, des salamandres, à qui la tête avait été enlevée, ont néanmoins continué de vivre un temps notable. L'empereur Commode se plaisait à couper la tête à des autruches courant dans le cirque de Rome; et cette cruelle opération, assure-t-on, n'interrompait point subitement leur course. Enfin il n'y a pas jusqu'aux mammifères nouveau-nés qui ne puissent survivre quelques instans, fort courts à la vérité, à de pareilles blessures. Mais nous devons nous hâter de dire que toute soustraction d'organes importans n'est pas pour long-temps compatible avec la vie des mammifères, des oiseaux, et même d'animaux moins complexes et moins élevés que ceux-là. La mort suit de près ordinairement de semblables opérations : il n'y a que l'extirpation d'un membre, d'un appendice, d'une glande, d'un organe d'une importance secondaire, des organes génitaux, d'une partie superficielle enfin, qui puisse être supportée sans préjudice notable pour ces animaux. C'est qu'il existe chez tous les vertébrés une solidarité parfaite entre les organes : un de ces organes ôté, bientôt le reste du corps cesse de vivre; et si l'un d'eux est malade ou blessé, la souffrance en rejaillit sur tous les autres. Mais il est cinq organes dont l'intégrité est indispensable à l'existence des êtres vivans qui en sont naturellement pourvus :

je veux parler du cœur, du cerveau, des organes de la respiration, de la moelle épinière et de l'estomac (1). Ce sont là des parties inséparables lorsqu'une fois elles se sont associées pour former un être vivant : toute division notable au tronc d'un animal pourvu de ces cinq organes est promptement mortelle.

Si les diverses parties d'une plante sont de moins près enchaînées et plus indépendantes les unes des autres, si l'on peut en détruire plusieurs sans porter dommage au tout, c'est qu'il y a presque homogénéité entre ces parties : ce qu'il en reste est suffisamment pourvu de tout ce que possédait l'ensemble de l'être. J'en dis autant de ces animaux simples, formés presque entièrement d'un estomac s'étendant à tout leur corps ; ces êtres ne possédant aucun organe spécial et circonscrit, chacun de leurs segmens divisés a la complexité de l'ensemble. Mais il est clair que les résultats doivent différer là où des organes spéciaux vaquent isolément à des fonctions nécessaires à l'ensemble de l'animal. On voit bien que dans ces derniers êtres l'*individu* résulte de l'exacte réciprocité des pièces variées dont le corps est formé. Règle générale : plus les animaux sont élevés, c'est-à-dire plus leur structure est complexe, et plus les organes essentiels à la vie sont concentrés et étroitement unis. Le monarchisme (qu'on nous pardonne ce terme) est pour les grands états ; le polyarchisme pour les petits. La multiplicité dans les rouages exige plus d'unité dans les ressorts.

(1) Voyez la *Physiologie médicale.*

2*

CHAPITRE VI.

Symétrie des Corps vivans.

Il est remarquable combien sont symétriques la plupart des corps vivans. Je ne parle ni des racines des plantes, ni de l'ensemble des rameaux des grands arbres; car le sol étant fort irrégulier pour sa composition, les racines se portent toujours de préférence du côté où la terre est la plus meuble et la plus grasse; et quant aux branches, elles sont principalement attirées vers la lumière la plus intense. Aussi voit-on les arbres les plus vivaces, je veux dire les arbres résineux et verts, ceux sur qui toutes les influences ont moins d'action, conserver une symétrie plus parfaite.

Cet arrangement régulier n'est dans aucune autre famille de plantes plus parfait que dans les labiées : je ne parle point de leurs fleurs, qui ont moins de symétrie que dans beaucoup d'autres; mais leur tige carrée, leurs feuilles opposées, leurs rameaux, leurs pédoncules, tout y est dans un ordre admirable. Également chaque feuille prise séparément dans la généralité des plantes, est disposée avec symétrie : il y a de chaque côté du pétiole, si nul accident n'est survenu, à-peu-près la même largeur de lymbe. L'arrangement définitif du contour est ensuite subordonné à la distribution des vaisseaux par qui les feuilles paraissent veinées. Selon que ces vaisseaux se terminent seulement aux bords, ou selon qu'ils s'anastomosent avant d'y arriver, les feuilles sont dentelées ou arrondies. Mais tout cela n'approche pas de la double symétrie des feuilles ailées des acacias, des feuilles de la sensitive ou du sapin.

Il en faut dire autant des fleurs, au moins dans le plus grand nombre des plantes : il y a presque toujours la plus exacte mesure entre chaque division du calice et de la corolle, entre chaque étamine, chaque pistil, chaque compartiment de l'ovaire et du fruit. A l'exception de certaines fleurs analogues à celles de l'acacia, à celles des labiées, des orchis, etc., les irrégularités que plusieurs d'entre elles présentent sont dues à des avortemens d'organes, à des adhérences ou à des transformations.

Passant des plantes aux animaux, nous voyons ces derniers êtres déjà symétriques à partir des polypes pourvus de cils, munis de tentacules ou de petits bras : ces appendices sont arrangés avec régularité autour de leur bouche. Il n'y a pas jusqu'aux corps calcaires et arborisés qu'ils forment insensiblement et qu'ils habitent, qui n'observent une semblable disposition. Nous retrouvons surtout cette symétrie dans les compartimens étoilés des euryales et des oursins. Pour les insectes, elle est parfaite : on la retrouve aussi dans beaucoup de mollusques, au moins dans leurs coquilles ; mais principalement dans les crustacés du genre des crabes ou des écrevisses.

Mais c'est dans les animaux vertébrés que cette symétrie est portée à sa plus grande perfection : leurs os, leurs nerfs, leurs sens, leur cerveau, leurs muscles et leurs glandes, leurs ouïes ou leurs poumons, tout y est par paires latérales, ou bien en nombre impair, et placé au milieu du corps. Il faut convenir, cependant, que tous les organes intérieurs n'ont pas la même régularité : on ne la voit ni pour les intestins, ni pour le foie, ni pour le cœur, etc. Il faut dire aussi que quelques animaux font une exception manifeste à cette grande loi de symétrie : la plupart des mollusques ont les orifices digestifs et sexuels placés d'un côté du corps, ordinairement à droite; les poissons plats, nageant sur le côté, ont les deux yeux placés sur celle de leurs faces qui est tournée vers le ciel, et c'est encore presque toujours le côté droit. Enfin, chez les animaux le plus symétriquement organisés, il est avéré que l'un des côtés prédomine ordinairement sur l'autre côté, et cette moitié du corps la plus forte est presque toujours la droite. On le voit chez les crustacés, notamment chez les pagures ermites; on le voit même chez les gros oiseaux, dont les plumes du côté droit sont toujours les plus fortes et de la meilleure qualité. La même inégalité se retrouve chez les mammifères, et peut-être chez aucun autre plus manifestement que chez l'homme, le moins ambidextre de tous les animaux.

CHAPITRE VII.

Il y a moins d'analogie entre les organes des corps vivans qu'entre les fonctions de ces organes.

Dans les quatre premières grandes lois que nous venons d'exposer, nous n'avons vu que des analogies

assez parfaites entre tous les corps vivans des deux
règnes. Nous avons vu chez tous Unité et Perfection
dans l'ensemble, Dépendance mutuelle de parties,
et Symétrie dans les formes. Nous voyons aussi la plus
grande Analogie dans les fonctions essentielles de ces
êtres : analogie pour la reproduction, analogie pour
la nutrition, pour la température propre à chacun,
pour la nécessité que chacun d'eux éprouve d'être
en contact immédiat avec un air renouvelé, etc. Les
résultats sont les mêmes pour tous; il n'y a que les
moyens qui diffèrent. Ainsi tous ont besoin d'alimens
pour se nourrir; mais les animaux sont les seuls qui
reçoivent ces alimens dans une cavité, et seuls
ils les digèrent. Tous également ont besoin d'air,
tous l'absorbent et le respirent; mais rien n'est plus
variable que les instrumens de la respiration dans
tous les êtres. L'homme, les mammifères, les oiseaux
et les reptiles respirent par des poumons; les poissons,
les crustacés et les mollusques par des ouïes ou branchies; les insectes par des trachées ou pertuis dont
leur surface est perforée; plusieurs vers et les
polypes paraissent n'absorber l'air que par la peau
dont est formée leur enveloppe. Les végétaux le
respirent par leurs feuilles, et même plusieurs plantes
étant privées de ces feuilles, il ne reste plus que
leur écorce par qui la respiration de l'air puisse
avoir lieu.

J'en dirais autant de la reproduction, qui a le même
terme chez tous, mais qui suit des voies extrêmement
variées pour y tendre. Quelles différences ne voyons-
nous pas entre les mammifères, dont les petits naissent vivans et déjà parfaits, et la classe nombreuse

des ovipares! Quelles différences, enfin, entre tous ces animaux à sexe visible, et les polypes, qui n'ont ni sexes, ni véritables germes, et qui se reproduisent par des bourgeons; et les plantes, qui se reproduisent par des fleurs à sexes distincts, fleurs dont plusieurs même sont privées!

Nous retrouvons pour toutes les fonctions cette analogie dans le but, cette diversité dans les instrumens. Nous le voyons bien plus manifestement encore pour les fonctions particulières aux animaux. Tous paraissent sentir, et cependant plusieurs sont réduits à la peau seule pour unique organe du sentiment; le cerveau manque chez un très-grand nombre, et plusieurs n'offrent pas le moindre vestige de nerfs. Tous se meuvent spontanément, cela est notoire; et beaucoup n'ont aucun muscle visible. Nous ne finirions jamais si nous voulions montrer toutes les disparités que présentent les corps vivans entre leurs organes et leurs phénomènes.

Il vaut mieux nous attacher à montrer l'extrême analogie de certains êtres. Or cette analogie n'est nulle part aussi manifeste que dans les animaux qu'on nomme avec raison vertébrés. Tous ont une colonne osseuse, composée de vertèbres empilées. Cette colonne solide loge dans son canal une moelle épinière, et elle supporte, chez tous, une boîte osseuse qui renferme un cerveau. On trouve dans tous ces êtres un cœur, du sang rouge, des poumons ou des ouïes; dans tous, les organes plus ou moins parfaits des cinq sens, des nerfs, des muscles, un canal digestif plus ou moins compliqué, toujours un foie et un pancréas, toujours des organes génitaux manifestes. A la seule exception d'une espèce peut-être, tous ont la bouche dirigée horizontalement ; et lorsqu'ils ont des membres, ils n'en ont jamais plus de quatre. Ils ont la plus grande analogie pour la charpente et pour les fonctions. Il est bien vrai que leurs surfaces varient prodigieusement selon leurs diverses destinations : leurs organes du mouvement diffèrent beaucoup selon qu'ils sont destinés à nager, à voler, à seulement marcher, etc. Les organes de la respiration ne sont pas non plus les mêmes dans ceux qui vivent dans l'eau et dans ceux qui vivent dans l'air. Mais cela n'empêche pas la plus exacte ressemblance de régner dans l'ensemble : il n'y a que leur extérieur qui diffère. Si nous voulions comparer un quadrupède avec un poisson, le premier coup-d'œil n'embrassant que les surfaces de ces animaux, ne nous laisserait voir entre eux que des différences. Mais si nous prenions chaque organe un à un, nous verrions d'exacts équivalens dans les deux êtres ; l'analogie serait constamment pour les choses essentielles, la différence pour les détails et les accessoires. Le poisson, à la première vue, paraît n'avoir ni cou ni poitrine ; mais en y regardant de plus près et plus profondément, on voit qu'il possède toutes les séries de vertèbres, et que les différentes pièces de sa poitrine sont venues se concentrer tout près du crâne, avec lequel elles se confondent. M. Geoffroy a fait de ce point curieux d'organisation une étude vraiment philosophique. Mais une différence bien essentielle qui sépare les animaux vertébrés - aériens d'avec les vertébrés - aquatiques, c'est que ces derniers ne respirant point d'air pur, sont privés et de la voix et des organes qui servent à la produire.

L'analogie des animaux vertébrés est si exacte, que l'étude assidue qu'on en a faite a dans tous les temps porté préjudice à la connaissance complète du règne animal. On est presque toujours parti de ce qu'on voyait manifestement chez les vertébrés pour l'admettre dans tous les animaux. Toujours plein de l'idée de leur structure et de leurs fonctions, on n'a dès lors pu concevoir rien de vivant sans circulation, sans cœur, ni sang, ni vaisseaux ; on a supposé des nerfs dans tout ce qu'on voyait sensible, des muscles partout où l'on voyait des mouvemens ; Tournefort allait même jusqu'à admettre des muscles dans les plantes, et, qui plus est, jusqu'à les décrire. Mais de nos jours de pareilles erreurs ne sont plus à craindre. Encore que nous voyions la plus grande analogie dans les fonctions de tous les animaux, nous ne les regardons plus comme identiques pour la structure.

CHAPITRE VIII.

Divers degrés d'organisation. Complication graduelle des êtres.

Nous ne pouvons, dans ces prolégomènes, qu'esquisser rapidement les premiers principes de la science des êtres organisés ; avant de sonder les profondeurs d'une pareille matière, il nous faut en explorer les surfaces. Il serait imprudent de marcher droit au cœur d'un pays inconnu, sans en avoir constaté la position, étudié les limites, évalué l'étendue. Nous nous attachons donc d'abord à ces élémens.

En parcourant la longue chaîne des corps organisés, nous les voyons se compliquer par degrés presque insensibles et sans disparates subits. Les premiers de ces êtres n'ont uniquement qu'une racine : les plus complexes ont un cerveau d'une organisation lui-même fort compliquée. Si nous allons d'un extrême à l'autre, nous trouvons des plantes imparfaites, je veux dire d'une grande simplicité, qui ne sont composées, les unes, que d'une tige à parasol ajoutée à la racine, organe essentiel de tout végétal ; les autres n'ont que des feuilles pour parties apparentes ; d'autres que des fleurs pédiculées sans feuilles. Enfin nous trouvons des plantes composées à-la-fois d'une racine, de feuilles, d'une tige, de fleurs ; et ces fleurs elles-mêmes présentent, ou seulement un ovaire, des étamines et des pistils, organes essentiels de la reproduction ; ou, avec ces pistils, ces étamines et ces ovaires, des pétales et un calice plus ou moins compliqués.

Dans le règne animal, la complication des organes a des degrés beaucoup plus nombreux : à l'estomac, que nous savons composer à lui seul les plus simples des animaux, nous voyons s'ajouter successivement des appendices, des tentacules mobiles, puis quelques vestiges de vaisseaux remplis d'un fluide blanc, quelques filets nerveux épars, quelques fibres musculeuses incolores, et dès-lors le canal digestif se complique ; au lieu d'une ouverture, on lui en voit deux ; l'intestin se contourne et s'allonge : ensuite on trouve des espèces de poumons, des trachées, des branchies, des muscles compliqués, occupés à mouvoir des pièces de plus en plus nettement séparées ;

puis un ou plusieurs cœurs imparfaits , des sens
évidens , des organes de la génération compliqués,
des nerfs noueux , une moelle renflée à son extrémité; et enfin un squelette vertébré, des sens parfaits , du sang rouge , un cœur unique , une moelle épinière renfermée dans un étui osseux, un crâne, un
cerveau. Du reste, cette chaîne progressive est fort
difficile à suivre dans les animaux inférieurs , depuis
les vers jusqu'aux vertébrés, pour la raison que les
organes de la nutrition et les organes du sentiment
ont des progrès de complication qui discordent en
plusieurs endroits de la chaîne. Les organes des sens
et ceux des mouvemens sont déjà arrivés à une grande
complication chez des êtres qui n'ont encore ni
cœur , ni circulation évidente , ni respiration notable. Ou bien , chez d'autres êtres, le cœur est déjà
manifeste , les vaisseaux déjà évidens , les organes
respiratoires déjà compliqués, sans qu'on voie les
organes des sens et du mouvement faire parallèlement des progrès. Ceci même est une grande objection à opposer aux faiseurs de chaînes universelles.

CHAPITRE IX.

Chaîne universelle des êtres.

Si nous voulions établir une chaîne universelle des
êtres qui composent le globe que nous habitons,
nous n'aurions qu'à douer, par la pensée, la roche
des montagnes ou le métal des filons de la faculté de

se nourrir et de s'accroître : nous aurions alors un
être semblable au végétal, lequel possède deux ordres
de fonctions, les unes essentielles à la conservation
de l'individu, les autres indispensables à la perpétuité
de l'espèce. A ces deux ordres subordonnés, et néanmoins bien distincts, ajoutons la propriété de se mouvoir spontanément et la propriété de sentir, ajoutons
aussi une cavité centrale qui dirige les alimens ; et
nous verrons naître un animal des plus simples qu'on
puisse observer. A cette masse mobile, sensible et
digérante, joignons des nerfs nombreux et de toutes
parts enchaînés, des sens spéciaux d'une structure
complexe, un cerveau central, servant d'instrument
à la perception et au vouloir ; ajoutons-y des muscles
pour obéir, un squelette que l'action de ces muscles
puisse déplacer, et nous verrons paraître les animaux
de l'ordre le plus élevé, de la structure la plus compliquée. Au sommet de cette série d'êtres supérieurs,
on trouve l'homme, être remarquable par la situation
verticale de son corps, par le volume de son cerveau,
par l'accord parfait de ses sens, par sa prudence, sa
curiosité et sa sagesse, par la puissance de sa volonté, par les lumières de sa raison et la sublimité de
son génie.

Plusieurs philosophes, mais surtout Donati et
Ch. Bonnet, avaient eu l'ingénieuse pensée de su-
bordonner les corps de la nature les uns aux autres,
d'après l'analogie progressive qu'ils offriraient à l'observateur. Ils voulaient que l'on passât par degrés
d'une production à une autre production voisine, à-
peu-près comme dans le spectre solaire on passe
presque insensiblement de nuance en nuance, du

violet au bleu, du bleu à l'indigo, de celui-ci au vert, au jaune, à l'orangé, et enfin au rouge, et du rouge, par un nouveau cercle, au violet, etc. Les savans que je viens de nommer pensaient donc que tous les corps de la nature forment une longue chaîne sans interruption; et voici comment Bonnet concevait cette chaîne naturelle.

Il croyait voir dans les talcs, dans les ardoises, dans les schistes, mais surtout dans l'amyanthe, un passage assez direct des minéraux vers les végétaux. La sensitive ensuite, ainsi que plusieurs algues et plusieurs fucus, forment (toujours d'après l'illustre Charles Bonnet) un lien fort naturel entre les plantes et les animaux les plus simples. Après cela mille différentes nuances spécifiques s'observent dans le règne animal et ses nombreux embranchemens : si quelques espèces de simples polypes forment le moyen d'union des deux règnes de corps organisés, elles servent en même temps d'intermédiaires entre les animaux infusoires, les orties de mer et les méduses ; puis ces derniers animaux conduisent aux vers et aux mollusques d'un côté, aux insectes, aux arachnides et aux crustacés d'un autre côté et pour d'autres motifs. Ensuite, les vers aquatiques s'unissent aux mollusques par les sangsues, et les mollusques aux reptiles par les limaces. Les reptiles, à leur tour, tiennent aux poissons par les têtards des grenouilles, comme les insectes, par une autre division, tiennent successivement aux vers, aux mollusques et aux reptiles par leurs larves et leurs chenilles. Les serpens d'eau ressemblent beaucoup aux anguilles; les poissons s'unissent à la classe des oiseaux par les poissons volans, les trygles et les exocœts; les oiseaux tiennent aux mammifères par les ornithorynques dans un sens, et par les chauve-souris et les écureuils volans dans un autre sens.

Bonnet admet encore beaucoup d'autres analogies : ainsi les oiseaux palmipèdes, selon lui, conduisent aux poissons, comme les manchots et les autruches conduisent aux mammifères. On va des mammifères aux poissons par les loutres et les baleines; des mammifères aux reptiles par les phoques, aux oiseaux par les chauve-souris et les échidnés, à l'homme par les singes, et à la divinité par l'homme. Toutefois le sage Bonnet ajoute avec son éloquence ordinaire : « Un » seul être est placé hors de la chaîne, et c'est celui » qui l'a créée. »

Je me serais bien gardé d'insister ainsi sur une idée toute systématique, si je n'étois persuadé que ces analogies et ces comparaisons même grossières, sont d'une grande utilité pour donner une première idée des êtres vivans aux personnes qui ignorent la zoologie. Rien n'attache comme les rapprochemens. Mais nous devons dire que cette chaîne universelle des êtres est loin d'être aussi parfaite que Bonnet et ses partisans ont paru le penser. Dans plusieurs endroits cette chaîne semble se ramifier et perdre ainsi de son unité. Elle présente, en outre, des lacunes trop évidentes pour rester inaperçues. Il existe un vide immense entre les mollusques, les insectes et les poissons : si l'on place les mollusques avant les insectes, il n'y a pas moyen de passer brusquement d'une mouche à une anguille ; et si l'on place les mollusques après les insectes, voyez quel choquant disparate il y aura entre une huître, par exemple, et une carpe ou tout autre poisson. Nous devons donc absolument renoncer à cette chaîne de Bonnet comme moyen de classer les êtres vivans, et nous borner, afin de soulager la mémoire, à diviser ces êtres par groupes ou familles d'espèces analogues; mais une pareille classification a des règles que nous devons dire.

CHAPITRE X.

Loi de subordination et de coexistence. Comment on peut juger de tout un être organisé par une de ses parties.

Dans tout corps organisé une fonction suppose une autre fonction, comme certains organes supposent d'autres organes. Tout être qui se meut sous l'impression d'un irritant doit être sensible ; le mouvement suppose donc du sentiment. La vie est temporaire de sa nature ; par conséquent, elle suppose la reproduction des individus ou l'extinction des espèces. Également, la circulation suppose une sorte de respiration ; il y a donc des espèces de poumons partout où l'on voit un cœur, comme il y a des nerfs où l'on voit des muscles. Enfin, la vie apparente n'est qu'un enchaînement de phénomènes produits par des organes entre eux coordonnés. La chose importante serait de saisir la coexistence et la hiérarchie des instrumens de la vie dans leurs combinaisons diverses. L'étude réfléchie des fonctions donne une partie de ces connaissances ; mais il est des rapports qu'il eût été impossible de prévoir avant de les avoir une première fois constatés. Voici, par exemple, des coexistences que la réflexion seule n'aurait pu nous faire deviner.

On a vu que toutes les plantes dont l'embryon est pourvu d'un ou de plusieurs *cotylédons*, ou espèces de feuilles séminales, étaient composées de tissu cellulaire et de vaisseaux ; tandis que les plantes dont l'embryon n'a pas de cotylédons sont composées seulement de tissu cellulaire sans vaisseaux appréciables. On s'est en outre assuré (et ceci est une des plus jolies découvertes modernes) que les végétaux dont l'embryon a plusieurs cotylédons opposés l'un à l'autre ont les vaisseaux disposés par couches excentriques, et que les plus jeunes et les plus molles de ces couches sont placées à l'extérieur. On a ensuite examiné celles des plantes dont l'embryon est pourvu ou d'un seul cotylédon, ou de plusieurs cotylédons alternes et non pas opposés, et l'on a vu que leur organisation était absolument inverse de ce qu'on voit dans les autres ; je veux dire que leurs vaisseaux, au lieu d'être disposés par couches, le sont par faisceaux, et que les derniers formés de ces faisceaux sont dirigés vers le centre de la plante, au lieu de l'être vers sa surface, comme dans les précédentes. Or, comme ces rapports sont d'une grande constance et qu'ils ont trait à des parties essentielles, on conçoit qu'il suffit de connaître un seul des caractères dont nous venons de parler pour deviner ceux qui lui sont toujours co-existans. Voilà même pourquoi la présence et l'arrangement des cotylédons sont devenus la base d'une classification des plantes qu'on s'est efforcé de rendre naturelle en l'établissant d'après la considération des organes les plus importans, et toujours selon les lois des coexistences organiques. On a fondé les divisions secondaires d'après la disposition des fleurs, et l'on s'est appliqué à mesurer l'importance comparée des organes qui les constituent, leur constance ou leurs variations, et leurs rapports entre elles ou avec d'autres parties des végétaux qui les produisent. On s'est d'abord assuré que certaines plantes sont Cryptogames, c'est-à-dire sans fructification connue, et la plupart de ces plantes sans fleurs visibles sont celles dont nous avons vu l'embryon manquer de cotylédons : de sorte que cryptogames et acotylédones sont deux mots presque synonymes. On a ensuite découvert que le nombre des étamines répondait presque toujours aux divisions du calice ou de la corolle ; qu'il était en général, ou exactement semblable, ou multiple de l'autre ; et que le nombre des divisions des stygmates était semblable aux compartimens de l'ovaire, etc. On a aussi découvert des rapports entre la forme de la fleur et la configuration d'autres parties des plantes : on a vu, par exemple, que des fleurs configurées en papillon répondaient à des fruits en gousses ; que des fleurs labiées étaient supportées par des tiges ordinairement quadrangulaires et dont les feuilles étaient opposées ; que la plupart des fleurs en rose avaient des fruits charnus ; que les fleurs en épis écailleux avaient des tiges noueuses et engaînées, etc.

Parmi les animaux, on a constaté que les uns avaient des vertèbres, et que d'autres en étaient dépourvus ; voilà un premier fait. On a vu ensuite que ceux qui sont Vertébrés ont tous une moelle épinière et un cerveau compliqué ; tous, quatre organes des sens plus ou moins parfaits à la tête, et des mâchoires horizontales ; jamais plus de quatre membres, quand ils en ont, et toujours du sang rouge. On a examiné par comparaison les Animaux sans Vertèbres, et l'on s'est assuré qu'aucun n'a ni un cerveau, ni une moelle épinière, ni des sens aussi manifestes ; qu'aucun n'a de sang d'un rouge aussi vif ; et que tous ont plus de quatre membres quand ils en ont.

En examinant comment les vertébrés se reproduisent, on a vu que la plupart d'entre eux sont ovipares, tandis que d'autres font des petits vivans. On s'est ensuite assuré que ces derniers ont seuls des mamelles pour allaiter leurs petits, et on les a nommés *Mammifères.* On a aussi observé que les organes génitaux des mammifères ont un orifice séparé de l'issue des intestins, tandis que les ovipares ont un *cloaque*, ou issue commune pour l'intestin et pour les organes génitaux.

On conçoit comment ces premières coexistences ont fourni les bases d'une classification des animaux. Il a suffi de voir un animal pourvu d'une colonne de vertèbres osseuses, pour être assuré que cet animal appartenait ou aux Mammifères, ou à l'une des trois classes d'Ovipares ; et voilà ensuite comment on a distingué les trois classes d'ovipares entre elles : on a nommé *Oiseau*, tout animal vertébré et ovipare ayant des plumes et des poumons ; *Reptile*, tout vertébré ovipare pourvu de poumons, mais sans plumes ; et *Poisson*, tout vertébré ovipare pourvu de branchies, sans véritables poumons. Et comme en scrutant plus avant dans la structure, on a trouvé d'autres différences constamment coexistantes avec les différences essentielles, il en est résulté qu'on a pu assigner précisément le rang d'un animal d'après la plus simple parcelle de quelques-uns de ses organes ; on a même été jusqu'à découvrir des rapports entre ces diversités de structure des animaux et leurs principales habitudes ou leurs instincts. On a vu que les animaux carnassiers, par exemple, avaient le canal digestif plus simple, plus court, moins puissant, et conséquemment le corps plus grêle ; qu'au contraire, ils avaient les mâchoires, ou les parties analogues aux mâchoires, plus fortes, mieux armées, mues par des muscles plus énergiques. Les oiseaux de proie ont les ongles des pattes plus déchirans, le bec plus fort et plus crochu. Les lions et tous les chats ont pareillement des griffes redoutables et rétractiles, des dents tranchantes et alternatives, une mâchoire solidement articulée et mue par des muscles puissans. Ces premiers changemens rejaillissent ensuite sur toute la structure ; de sorte qu'on peut, d'après la saillie d'une dent de mammifère carnassier, ou d'après le condyle de sa mâchoire, décrire tout le reste de sa charpente et faire l'histoire de ses habitudes. Pareillement, on peut juger de la force du vol d'un oiseau par la configuration du sternum, auquel se fixent les muscles de ses aîles. On peut affirmer que l'animal au bassin duquel on trouve deux petits os dits *marsupiaux*, on peut assurer, dis-je, que cet animal a une matrice dépourvue de col, que sa glotte est imparfaite, que ses petits avortent, qu'une poche placée sous le ventre de la femelle les reçoit et les protège. Enfin on sait que les animaux ruminans ont tous le pied fourchu, que tous ont quatre estomacs, qu'ils n'ont pas de dents incisives à la mâchoire supérieure, et que ceux d'entr'eux qui portent des bois ou des cornes au front n'ont pas de dents canines à la mâchoire d'en haut. L'histoire des corps organisés offre beaucoup d'autres faits analogues qui trouveront place dans d'autres endroits de cet ouvrage.

Mais il faut remarquer que tous les organes concordent dans chaque être vivant : jamais la nature ne réunit dans une espèce les parties contrastantes de plusieurs (1) ; on ne voit jamais s'associer des dents et des mâchoires de carnassiers avec des pieds d'herbivores. Voilà ce qu'ont ignoré les peintres, poètes et statuaires qui dans des temps antérieurs ont voulu représenter des êtres singuliers dont leur imagination ou leurs croyances leur suggéraient les trompeuses images. Tantôt ce sont des aîles immenses qu'aucun muscle ne saurait mouvoir ; tantôt les têtes unies de plusieurs animaux d'espèces différentes, associées à un corps et à des membres qui conviennent au plus à l'une d'elles. Or la nature n'offre en aucune créature les traits discordans des anges ou du cerbère de nos artistes et de nos poètes. Aucune pièce dans ses admirables machines n'est en désaccord avec l'ensemble : l'harmonie est le caractère de toutes ses œuvres.

Malheureusement l'importance et la subordination des organes n'est pas aussi bien connue pour les animaux inférieurs que pour les vertébrés ; aussi les divisions qu'on en a faites ne sont-elles ni très naturelles ni parfaitement stables. Sur quelque principe

(1) *Voyez* G. Cuvier : *Ossemens fossiles.*

qu'on se fonde, les quatre divisions des vertébrés sont les mêmes pour tous les savans; mais la division des invertébrés diffère pour chaque zoologiste.

CHAPITRE XI.

Quels sont les plus importans des organes? Premières bases de classification des êtres vivans.

Lorsqu'on envisage l'ensemble du règne animal, et qu'on voit dans beaucoup d'êtres l'estomac isolé de tout autre organe, sans nerfs visibles, sans muscles, sans vaisseaux, sans cœur, sans cerveau ni sens, on est porté à le considérer comme la partie la plus essentielle. Si les organes les plus variables sont réputés les moins importans, il faut bien regarder les nerfs et les muscles, le cœur, les poumons et le cerveau comme des parties subalternes. Il est impossible, en effet, que l'inconstance d'un organe aille plus loin qu'être ou n'être pas.

Mais dans un animal complexe, pourvu de tous les organes que nous venons d'énumérer, l'étude de ses développemens successifs enseigne que le cœur est, sinon le premier formé des organes, du moins le premier visible et celui dont l'action est d'abord évidente. Lorsqu'on étudie des êtres monstrueux, on voit le cœur se passer des autres organes beaucoup mieux que les autres organes ne peuvent se passer de lui. Lorsqu'enfin l'on envisage l'animal venu au jour et déjà accru, on voit des organes, le cerveau et la plupart des muscles, suspendre périodiquement leurs fonctions; on voit les poumons eux-mêmes momentanément cesser d'agir, tandis que le cœur ne discontinue jamais de palpiter tant que la vie subsiste : pour tous ces motifs, le cœur paraîtrait donc le plus important des organes dans les animaux les plus complexes.

Il faut avouer que dans un animal vertébré, sain, accru, d'une structure parfaite et dont chaque organe remplit exactement ses fonctions, il faut convenir que, dans un pareil être, il est difficile de préciser lequel des cinq organes principaux est le plus essentiel. Il est en effet avéré que si l'ensemble des organes suppose l'action de l'estomac, qui les nourrit; que si les poumons et les branchies ont besoin du cerveau, le cerveau à son tour a besoin de l'action du cœur, comme ce cœur lui-même ne peut se passer ni de l'action des poumons que le cerveau gouverne, ni de l'accession de la moelle épinière. C'est une chaîne de toutes parts adhérente. Il est vrai que si nous examinons un des organes subalternes en particulier, cet organe nous semble avoir besoin de sang plus que de nerfs, et pouvoir se passer plus long-temps de l'action du cerveau que de celle du cœur. Mais pour les rouages essentiels à la vie, l'enchaînement est réciproque et plusieurs fois compliqué. Si pourtant nous remarquons que le cœur a commencé d'agir avant l'estomac et les poumons; qu'il continue de battre en l'absence ou après la cessation de la respiration; que de profondes altérations du cerveau ne produisent pas toujours une mort instantanée, tandis que la destruction de la moelle épinière fait promptement cesser

et l'action du cœur et la vie ; nous aurons d'assez puissans motifs pour penser que la circulation du sang est
la première condition de l'existence d'un animal complexe ; nous regarderons le cœur, en conséquence,
comme la pièce essentielle d'une pareille organisation ; et puisque c'est la moelle épinière qui paraît
fournir au cœur le principe de ses mouvemens, nous
la regarderons comme l'organe le plus essentiel du
corps ; et comme nous verrons que la base de tout
squelette osseux est une colonne de vertèbres des-
tinée à envelopper cette moelle épinière, la considération de ces vertèbres sera pour nous le point de
départ de toute bonne classification des animaux.

Voici donc quelles sont les bases de notre classification, établie d'après l'importance comparée des
organes, d'après leur constance et d'après les lois de
leur subordination.

Une Racine représente à nos yeux tout le Règne
Végétal, comme un Estomac tout le Règne Animal.
Mais comme ces parties peuvent exister isolées de tout
autre organe, nous devons avoir recours à d'autres
parties pour établir les divisions secondaires des deux
règnes.

Pour les végétaux, nous prenons d'abord la graine,
qui suppose des fleurs ; puis les cotylédons, dont le
nombre, la position ou l'absence entraîne avec soi de
notables différences dans l'organisation de la tige ; ensuite nous examinons la fleur, ses étamines, ses pistils, son ovaire, etc.

Pour les animaux, nous avons à examiner s'ils sont
vertébrés, et, dans ce cas, s'ils sont vivipares ou ovipares, c'est-à-dire s'ils ont des mamelles ou s'ils en

manquent; s'ils sont aériens ou aquatiques, je veux
dire s'ils respirent par des poumons ou par des branchies; enfin s'ils sont ou non carnivores, s'ils volent,
s'ils marchent, s'ils nagent ou s'ils rampent, etc. Cela
nous conduit de degrés en degrés des premières
grandes divisions jusqu'aux groupes plus circonscrits
de genres et d'espèces. Si, au contraire, ils sont sans
vertèbres, nous examinons quelle est la forme de leur
corps, quels sont leurs mouvemens, s'ils respirent
par des branchies, par des trachées, ou seulement
par la peau; s'ils ont un ou plusieurs cœurs, ou s'ils
en manquent; s'ils sont pourvus d'ailes, de pattes,
d'antennes, de tentacules, recouverts de tests, de
coquilles ou d'élytres; s'ils ont des nerfs et une espèce
de moelle noueuse, un cerveau imparfait, des intestins plus ou moins compliqués, des métamorphoses, etc.

Nous aurons de cette sorte trois divisions principales pour les plantes :

I. Les ACOTYLÉDONES.

II. Les MONOCOTYLÉDONES.

III. Les DICOTYLÉDONES.

et six grandes divisions pour les animaux :

I. Les INFUSOIRES ou MICROSCOPIQUES ?

II. Les POLYPES.

III. Les VERS et les RADIAIRES.

IV. Les MOLLUSQUES.

V. Les ARTICULÉS (comprenant les *crustacés*,
les *insectes* et les *arachnides*).

VI. Les VERTÉBRÉS (*mammifères*, *oiseaux*, *reptiles* et *poissons*).

Ces premières divisions des corps vivans doivent nous

suffire pour le moment. Nous verrons dans la suite de
cet ouvrage le détail de leurs caractères et les bases de
leurs subdivisions, à propos des organes et des fonctions qui fournissent ces caractères.

Nous faisons reposer les divisions secondaires des
plantes sur la considération de leurs fleurs, sur le
nombre, la position respective, l'isolement ou les
adhérences de leurs étamines et de leurs pistils, sur
la réunion de ces organes sexuels dans les mêmes
fleurs ou les mêmes plantes, ou leur séparation sur
plusieurs, etc., etc. Quant aux subdivisions des animaux, elles sont fondées tantôt sur la forme des mâchoires et des membres, tantôt sur la forme du corps,
la nature de ses tégumens, et sur mille détails de
structure qui ne peuvent être ni sagement exposés,
ni suffisamment compris au point où nous sommes
de cet ouvrage. Toute bonne division des objets supposant la parfaite connaissance de leur nature, la
classification des êtres vivans sera mieux placée dans
nos corollaires que dans cette introduction prélimi-
naire.

Une remarque à faire au sujet des nomenclatures
naturelles, c'est la nécessité où se sont trouvés les
savans de différencier par des détails excessivement
minutieux une infinité d'êtres souvent très-analogues
entre eux par l'ensemble (1). A la vérité, il est résulté
de là une parfaite connaissance de la structure de
chaque être : les différences les moins appréciables
ont été remarquées avec un soin extrême ; mais les
analogies, les équivalens, les coexistences d'organi-

____

(1) *Voyez* Ch. Bonnet et Geoffroy-Saint-Hilaire.

sation sont restées inconnues. Tandis que l'anatomie faisait de grands progrès, la physiologie comparée est demeurée telle à-peu-près que nous la trouvons dans les immortels ouvrages d'Aristote, sans accroissement, sans lumières nouvelles. A force de distinguer toutes choses jusqu'à des degrés presque infinis, les généralités qui font les sciences ont été presque entièrement négligées. Excepté trois ou quatre naturalistes dont les ouvrages font la gloire des sciences modernes, là plupart de ceux qui se sont occupés de l'histoire de la nature en ont fait une science remplie de puérilités. Encore que les médecins aient presque toujours borné leurs études à l'homme; encore que ces études aient été de leur part souvent trop peu réfléchies, par trop de causes interrompues, et souvent détournées d'un but sage par de vulgaires intérêts; il faut pourtant convenir que c'est presque exclusivement dans leurs ouvrages qu'on trouve le germe ou les développemens du petit nombre de grandes vérités que la science de la vie possède. Pourquoi faut-il qu'elles s'y trouvent mêlées à tant de systèmes et à tant d'erreurs !

LIVRE SECOND.

De la Reproduction des Êtres Vivans.

CHAPITRE PREMIER.

Données incertaines sur la première origine des Animaux, et des Plantes.

La première origine des êtres vivans est un objet de croyance bien plus que de démonstration. On a fait beaucoup de systèmes sur cette matière sans la rendre plus claire et plus compréhensible. La version la plus probable, à ne la considérer même que par des motifs humains, est encore celle de Moïse. Si l'on prend les six jours de la Genèse pour des siècles, les récits de l'historien sacré paraissent d'une grande vraisemblance : les recherches des savans modernes en vérifient chaque jour l'exactitude. En fouillant dans les entrailles de la terre, on trouve des débris d'êtres organisés d'autant plus simples qu'on pénètre plus profondément : les incrustations de fougères et d'animaux radiaires se trouvent dans les terrains les plus anciens ; après cela viennent des plantes plus élevées, des animaux plus complexes, des coquilles, des crustacés, des poissons et des reptiles ; enfin, les ossemens fossiles de quadrupèdes et d'oiseaux ne se retrouvent que dans des couches récentes, et plus on approche de la surface, plus les êtres dont on voit les dépouilles pétrifiées sont semblables aux animaux et aux plantes qui existent encore sous nos yeux.

De ces faits bien avérés sont nés des systèmes bizarres. On a dit que toute la terre étant primitivement à l'état fluide, les élémens des roches cristallines se précipitèrent et s'agglomérèrent d'abord pour former le noyau du globe ; qu'ensuite, dans le fluide baignant toujours sa surface, se développèrent des animalcules, des polypes, des mollusques, des poissons, etc., et que les dépouilles de ces différens êtres, nés les uns des autres, donnèrent lieu aux terrains calcaires. On a ajouté que sur les premiers rochers mis à découvert, se développèrent les premières mousses, les plus simples végétaux, et que de leurs débris vinrent les couches d'argile et de silex dont le globe terrestre est en partie formé. Demaillet et M. de Lamarck ont surtout insisté sur cette proposition, que tous les êtres sont nés des liquides dont notre planète fut primitivement composée ou seulement recouverte, et qu'ensuite les différens corps vivans sont venus les uns des autres en se compliquant par degrés. Avec de pareilles idées, tout s'explique, la création successive des êtres aussi bien que la possibilité d'un déluge universel. Admettez, en effet, que la surface de la terre, déjà habitée, vienne à se recouvrir d'eau dans tous ses points, la difficulté n'a plus rien d'insurmontable, puisqu'il reste encore la plus grande partie des êtres vivans. Outre les graines des plantes et les germes de beaucoup d'animaux que l'eau ne peut détruire, tous les animaux aquatiques, les infusoires, les coraux, les radiaires, les vers et les mollusques, les crustacés, les poissons et les oiseaux nageurs, beaucoup de reptiles et les cétacés, continuent de vivre pendant ce cataclysme général; les animaux aériens et terrestres sont les seuls dont la destruction soit inévitable; mais comme, suivant nos auteurs, les animaux se reproduisent les uns des autres, vous voyez qu'il n'existe aucun embarras pour la reproduction des êtres détruits, puisque l'homme même, selon ces hypothèses, aurait commencé par être poisson.

Nous l'avons dit, tout absurdes qu'ils paraissent, ces systèmes reposent sur des faits certains, mais non probans (1) : il est sûr que les corps pétrifiés les plus simples occupent les terrains de la plus ancienne formation; les quadrupèdes et les oiseaux ne se trouvent que dans les couches les plus modernes, et l'on n'a encore trouvé en aucun lieu de débris fossiles de l'homme. Cela permet de penser qu'il fut le dernier formé des êtres, et cela même confirme les traditions de la Genèse et rend vraisemblables les systèmes dont nous venons d'esquisser les principales idées.

Mais c'est assez d'étudier comment se reproduisent les êtres actuellement existans, sans nous violenter en vain l'esprit pour dévoiler leur création première. Nous rechercherons plus loin par combien de causes physiques encore subsistantes les premiers êtres vivans ont pu être modifiés, et si les espèces connues aujourd'hui sont les mêmes, sont les seules qui vécurent autrefois et dont on retrouve en beaucoup de lieux les débris fossiles.

----

(1) *Voyez* Telliamed (anagramme de Demaillet), Werner, G. Cuvier, d'Aubuisson de Voisins, Brongniart, et le *Pentateuque*.

CHAPITRE II.

Idée de la Reproduction des Êtres vivans.

Il serait imprudent, il serait difficile de donner des règles générales sur une fonction qui offre presque autant de différences qu'il y a au monde d'espèces d'êtres vivans; qui varie dans chacune pour les instrumens qu'elle emploie, pour les voies qu'elle suit, pour le mode et la durée de ses phénomènes, et qui enfin n'a rien de général, si ce n'est son but, lequel consiste à perpétuer les espèces et à réparer sans relâche les continuelles destructions dues à la mort. Le caractère le plus universel de cette fonction est d'appartenir à tout ce qui existe; tout être vivant se régénère. La vie étant de sa nature temporaire, la rénovation perpétuelle des espèces était indispensable. Aussi Dieu, lorsqu'il eut achevé le monde, commanda-t-il à toutes les créatures sorties de ses mains de *croître* et de *multiplier*. Il ne dit pas : *sentez* et *agissez*, car il voulait une obéissance universelle.

Ainsi la vie semble n'être que pour se communiquer : elle n'est jamais plus active qu'à l'époque de l'amour et de la reproduction, qui est son but comme son principe. Elle commence à s'affaiblir aussitôt que le grand acte de la rénovation des individus est achevé : on voit des animaux qui vieillissent et meurent dès le moment où ils viennent de se reproduire, comme on voit des fleurs se faner et se flétrir bientôt

après la cérémonie nuptiale (1). Le mouvement per-
pétuel n'existe donc nulle part hors des grands corps
planétaires ; pas plus dans les machines vivantes que
dans les mécaniques ingénieuses que l'homme a savam-
ment combinées; même plus le mouvement est rapide,
plus vite il est communiqué, et plus tôt il se perd.
C'est ainsi que l'ordre général est constamment maintenu dans la nature : l'énergie de la vie conduit à la
transmettre, et la reproduction est un acheminement
vers la mort. Voilà comme la destruction est une conséquence de la perpétuité qu'elle rend nécessaire.

Nous comprenons bien le but de la génération sous
quelque aspect qu'elle se présente, mais nous répé-
tons qu'on ne peut énoncer rien d'absolu, rien de
général sur les procédés selon lesquels se font ses
opérations. Nous ne pouvons pas dire que cette fonction exige toujours le concours des sexes, car, outre
les plantes cryptogames et quelques vers intestinaux,
où ce concours est fort douteux, et dans lesquels même
l'existence des organes sexuels est loin d'être prouvée,
nous savons que les polypes se reproduisent sans ces
organes et sans ce concours. La plupart des corps organisés naissent d'une espèce d'œuf qui éclot en-dehors
ou au-dedans de l'être d'où il provient ; mais on ne
voit d'œufs ni pour les cryptogames ni pour certains vers, et l'on est sûr que les polypes n'ont, au
lieu d'œufs, que des bourgeons et des espèces de
gemmes. Presque tous les corps vivans ont un fluide
pour élément ; mais encore ici la chose n'est pas gé-

(1) Expression de Linné. *Voyez* sa dissertation intitulée :*Sponsalia
plantarum*, dans les *Amœnitates academicæ.*

nérale : il est des animaux qui se reproduisent par des fragmens solides détachés ou déchirés du corps principal. Enfin il est bien vrai que la plupart des êtres vivans proviennent d'êtres semblables à eux ; mais cette parenté n'est pàs incontestable pour tous ; et cela même nous conduit à examiner s'il y a des êtres dont la production soit spontanée.

CHAPITRE III.

Existe-t-il des êtres organisés dont la production soit spontanée?

Parmi les savans qui ont soutenu la génération spontanée des êtres vivans, les uns l'ont fait par système, et ceux-là se sont beaucoup moins occupés des preuves avérées de leur opinion que de ses conséquences finales ; les autres, adoptant cette doctrine sans arrière-pensée , sans parti pris d'avance, sans calcul délibéré , ont minutieusement examiné les faits les plus propres à l'établir. Or voici de quelles données ils se sont autorisés.

D'abord il est des plantes cryptogames dont le développement est si subit, qu'on ne peut assister à ses progrès, et dont les organes séxuels et les moyens de reproduction sont si cachés, qu'on ne saurait les découvrir dans un grand nombre : c'est donc spontanément qu'elles naissent ! Mais voici une réponse à de pareils argumens. Peu-à-peu on découvre des organes sexuels dans des végétaux qu'on en avait crus absolument privés : si beaucoup d'entre eux semblent encore

I.   4

dépourvus de cet ordre d'organes, au moins trouve-t-on des espèces de graines dans la plupart (1). D'ailleurs, comme il naît en divers lieux et chaque année de ces végétaux analogues entre eux, et pareils à ceux qui les ont précédés, cet air de ressemblance et de famille suppose une succession d'espèces; ces espèces démontrent une origine commune par des germes identiques: or, que ces germes proviennent d'associations d'organes sexuels ou qu'ils naissent sans cela, assurément les générations d'êtres analogues que ces germes perpétuent ne sauraient être réputées spontanées.

Autre fait. On a vu naître d'innombrables animalcules microscopiques dans les infusions des corps organisés; on les a vus remuer à la manière des animaux; on les a ensuite étudiés sous tous les aspects et dans les circonstances les plus variées : et, comme on les trouvait tous à-peu-près de la même grosseur et qu'avant de les découvrir dans les infusions on n'avait pu voir dans les corps employés à ces expériences ni œufs, ni germes, ni aucun vestige d'animaux pareils, on en a conclu qu'ils s'y étaient formés de toute pièce et d'une manière apparemment spontanée. Or, a-t-on dit, ce que font ces animaux informes, pourquoi des êtres plus élevés ne le feraient-ils pas également? On a alors cherché dans les liqueurs séminales des grands animaux; on a eu soin de se servir du microscope comme on l'avait fait pour étudier les infusoires, et l'on a découvert dans ces fluides des animalcules d'un autre genre, mais pourtant analogues aux précédens. Alors les imaginations se

(1) *Voyez* le bel ouvrage d'Hedwig : *Historia muscorum.*

sont échauffées : on n'a plus dès-lors mis en doute ni la formation spontanée de ces petits corps réputés vivans, ni la propriété qu'ils ont de s'accroître, de se transformer, et de composer de plus grands animaux. L'observateur anglais dont Buffon se servit dans ses recherches microscopiques, le subtil Needham, était convaincu que tout provenait de ces animalcules; qu'ils produisaient tantôt des plantes et tantôt des animaux : il alla même jusqu'à assurer qu'on avait vu des plantes se changer en animaux et des animaux redevenir plantes; et par cette puissance qu'il nommait *végétative*, il expliquait comment les premiers animalcules, en se transformant, avaient pu former le premier homme, et comment ensuite Eve, la première femme, avait pu provenir d'une des parties d'Adam. Et pourquoi tous ces systèmes? parce que beaucoup de liquides semblent donner naissance à des animalcules, et que certains organes séparés de certains êtres les reproduisent ensuite dans leur totalité. Mais laissons-là ces chimères, et raisonnons.

Est-il vrai que les petits corps infusoires soient des animaux? (1) Est-il vrai qu'ils se meuvent, et le mouvement de corpuscules aussi ténus les doit-il faire supposer doués de la vie? Enfin, en admettant que ces êtres soient animés, leur production est-elle réellement spontanée?

On a dit que les infusoires étaient des animaux, et pour quelle raison? parce qu'on les voit se mouvoir au microscope. Mais voici ce qu'il faut remarquer :

(1) *Voyez* les ouvrages de Leeuwenhoeck, de Needham, de Hartsocker, de Spallanzani, de O. F. Müller, de M. Bory Saint-Vincent, de M. Vaucher, etc.

4*

1°. ces corps sont si petits qu'au dire de Leeuwenhoeck, le premier qui les ait observés, il en faudrait plus de cinquante milliers pour égaler le grain de sable le plus fin. 2°. Ces petits corps se rencontrent surtout dans les infusions des corps organisés ; or, les liquides où l'on a fait macérer des débris de plantes ou d'animaux se chargent nécessairement de leurs molécules ; et comme elles sont très-divisées, très-légères, elles y restent suspendues. 3°. On trouve aussi ces animalcules dans les liqueurs animales ; mais songez à la nature, à la source de ces humeurs : le sang vient du chyle, le chyle des alimens, et toutes les humeurs, c'est ensuite le sang qui les fournit. Outre ce que le sang doit aux alimens, il est encore composé des débris peu à peu détachés et bientôt remplacés des organes : est-il donc étonnant d'après cela, qu'on voie des corpuscules dans la liqueur séminale, dans les urines et dans d'autres humeurs ? 4°. Mais, dit - on, ces corpuscules se meuvent ! Qui vous l'a dit ? le microscope. Mais ce moyen d'exploration est-il toujours sans mensonge ? comment pouvez-vous être certain des actions précises d'un corps qui n'a pas la cent millième partie du plus petit corps que vous pourriez apercevoir sans lentille ? S'il était possible de voir un être à l'extrémité la plus éloignée de la terre, serait-il raisonnable d'espérer le décrire aussi exactement que l'animal qu'on voit marcher tout près de soi ? D'ailleurs ne voit-on pas les observateurs microscopiques se contredire sans cesse sur les objets selon eux les plus importans : leurs récits varient selon leur âge, selon l'habitude qu'ils ont acquise, selon l'instrument dont ils se servent. Enfin, sans parler de leurs dissidences et de leurs disputes, nous savons à combien de faux systèmes leurs observations ont donné lieu. On ne cesse de s'extasier sur le nouveau monde qu'a fait découvrir le microscope, mais prenez garde que ce monde ne se peuple de chimères !

Ces corpuscules se meuvent donc. Mais sait-on la nature de ce mouvement, sait-on ce qui l'excite et s'il indique sûrement la vie ? ne peut-il pas dépendre de l'imprégnation de ces petits corps, de l'attraction, de l'électricité, etc. ? A coup sûr, du moins, on voit des mouvemens analogues dans tous les corps dont on a projeté quelques molécules, quelque poussière dans des liquides. A ce compte, ce seraient donc des animalcules qui composeraient tous les corps? 5°. Leur voit-on du moins exécuter quelques fonctions? Müller a cru voir sortir du corps de plusieurs d'entre eux, d'autres corps mobiles comme eux, et il en a conclu qu'ils se mangeaient les uns les autres. Mais n'est-il pas possible qu'on ait pris pour des animalcules se dévorant les uns les autres, des molécules inertes qui se divisaient de plus en plus par l'effet de l'imbibition ? On a cru voir aussi qu'ils se reproduisaient en se séparant par la moitié de leur corps, de sorte que chacune des divisions offrait le même aspect, les mêmes signes de vie que le corps entier : mais la confusion dont je parlais à l'instant, il serait encore possible qu'on l'eût commise ici. 6°. Sont-ils influencés par des substances irritantes? Spallanzani l'a cru, et comme il s'agit du plus sage, du plus ingénieux des expérimentateurs, cette opinion est d'un grand poids. Il a donc vu que le vinaigre et d'autres substances mêlées à l'eau dans laquelle les infusoires étaient suspendus, en dimi-

nuaient le nombre ou même les faisaient disparaître.
Mais en supposant que ce fussent des molécules purement inertes, n'est-il pas évident qu'il arriverait un
changement pareil? Un liquide qui se mêle à l'eau n'a-
t-il pas pour effet d'en changer la nature ou du moins la
densité et l'affinité? Une fois unie à cette nouvelle liqueur, elle laisse échapper les corps qu'elle tenait
suspendus ou dissous : ces choses se passent chaque
jour sous nos yeux. 7°. Sont-ils influencés par les
choses extérieures? Spallanzani a fait beaucoup d'expériences à ce sujet. Il a vu que la chaleur de l'eau
bouillante (lorsque les vases restaient ouverts) et
un froid de six à sept degrés ne parvenaient point à
les faire disparaître. Or, pense-t-on que des corps
aussi frêles puissent résister à de semblables influences
s'ils étaient vivans? ils seraient donc les plus réfractaires des animaux, eux dont la structure est si fragile. 8°. On dit qu'on les a vus ressusciter après plusieurs années d'immobilité et de dessiccation : le
même Spallanzani a fait à ce sujet sur le Rotifère qui
porte son nom, des expériences devenues célèbres.
Il desséchait ce petit corps imperceptible, il le tenait
renfermé durant un temps très-long loin de l'air et de
l'humidité, et lorsqu'il venait à le plonger de nouveau
dans un fluide, il lui voyait reprendre ses mouvemens.
Il obtint de pareils résultats d'un autre petit corps
qu'on a appelé Tardigrade; et toutes les expériences
qu'il fit sur ces êtres, il les consigna dans un très-long
mémoire, où l'on voit du moins une chose admirable,
c'est l'extrême sagacité et la bonne foi de l'expérimentateur. Mais, malgré tous les systèmes et les singulières
espérances que ce fait curieux a fait naître, peut-on

concevoir sans miracle la résurrection d'un animal mort depuis des années? Je vais plus loin, ce fait seul n'encourage-t-il pas à douter si ces corpuscules mobiles jouissent de la vie ? 9°. On conçoit d'ailleurs que des êtres assez petits, assez multipliés pour qu'une seule goutte d'eau en offre des millions, on conçoit que les espèces de ces êtres infinis pour le nombre et la petitesse devraient offrir des différences d'autant plus nombreuses que leur production serait spontanée : car là où la parenté disparaît, la ressemblance constante des individus n'est plus possible. Eh bien ! le conseiller d'état O. Fr. Müller, qui a décrit et figuré ces êtres, n'en a pu former qu'une quinzaine de groupes analogues. Peut-être pourrait-on arguer de ce fait que la reproduction de ces êtres n'est pas spontanée ; mais j'aime mieux en conclure qu'ils sont inanimés, car si peu de différences dans les formes semble indiquer qu'il s'agit là des molécules très-divisées de corps inertes.

J'avoue que ces difficultés m'ont paru assez fortes pour douter que les êtres infusoires ou microscopiques soient animés : d'ailleurs on ne leur voit d'organes d'aucune espèce ; comment donc vivraient-ils ? et quels rapports aurait une semblable existence avec celle dont nous voyons jouir les autres êtres vivans ? Ce n'est pas que je n'admette de vie possible que dans des corps assez grands pour être aperçus par nos sens grossiers ; mais qu'il est difficile de constater et d'étudier la vie dans des êtres microscopiques !

Il est clair qu'un moyen décisif de trancher la question de savoir si la production de ces êtres est spontanée, serait de révoquer formellement leur existence en tant que corps animés. Mais en admettant même qu'ils vivent, rien ne prouve sans réplique qu'ils se produisent spontanément. Spallanzani, qui croyait à leur existence comme à la sienne, pensait que leur reproduction n'avait rien de particulier. Ses expériences lui prouvaient que les uns s'engendraient en se divisant, par scission. Il croyait que la plupart étaient en outre ovipares, et même il était persuadé que l'on prenait pour des animalcules très-petits des œufs ou des larves d'animalcules réels et plus gros ; il allait même jusqu'à croire que plusieurs d'entre eux étaient vivipares à la manière des pucerons et de quelques poissons ou reptiles. Concluons donc de tous ces faits obscurs, qu'il serait peu raisonnable d'arguer de l'histoire des animalcules infusoires que certains êtres vivans soient engendrés spontanément.

Il est un fait qu'on pourrait alléguer à l'appui des productions spontanées des corps organisés, je veux parler des Vers parasites ou intestinaux (1). Ce ne sont pas cependant ceux de ces animaux qu'on trouve dans le conduit digestif dont l'origine cause de l'embarras ; car on conçoit que leurs germes peuvent y être importés du dehors par les alimens, par les fruits, par les boissons, etc. : on sait d'ailleurs que ces êtres, une fois établis dans les intestins, s'y reproduisent comme d'autres vers par des œufs ou par la division de leur propre corps. Toutefois, ces animaux n'ayant pas tous des analogues dans les vers qui

____

(1) *Voyez* les ouvrages de Bloch, Rudolphi, Gœtz, Bréra, Bremser, Brugnières, D. de Blainville, Laënnec, etc.

habitent ou la terre ou dans les eaux, il est naturel de penser qu'ils ont leur origine dans les corps vivans où on les trouve, et que les germes s'en transmettent par la génération : et ce qui confirme encore cette pensée, c'est que ces animaux parasites ne causent en aucun temps de la vie plus de ravages que durant l'enfance : ils sont donc contemporains des organes. Mais d'où proviennent ces vers et comment s'en transmettent les germes ?

Il aurait toujours fallu aborder cette difficulté de la transmission des vers des pères aux enfans, puisqu'on en trouve dans le corps même des fœtus, et que d'ailleurs plusieurs espèces de ces parasites occupent des viscères solides qui n'offrent aucun accès aux choses du dehors. Cette question est fort embarrassante. Il est sûr que si l'on ne trouvait dans le corps des animaux que des espèces de vers analogues à ceux qu'on voit sur la terre, on pourrait penser sans invraisemblance que ces êtres passent de la mère au fœtus par la même voie qui transmet une partie des alimens d'elle à lui, c'est-à-dire avec le sang par les vaisseaux; et puisque ce sang de la mère pénètre également tous les organes du jeune animal, il n'est pas plus difficile d'expliquer la transmission et la présence de ces vers dans la substance des organes inaccessibles que dans les conduits digestifs ou autres. Mais puisque la plupart des espèces de vers parasites sont particulières aux animaux ou même à certains de leurs organes, les vers trouvés dans les enfans supposent de semblables parasites dans leurs auteurs, ou plutôt seulement dans leur mère ; car pour le père,

on ne voit guère comment les germes pourraient provenir de lui par la semence. Il est des personnes qui
expliquent toutes les choses embarrassantes de ce
genre par des prédispositions obscures qu'ils nomment
spécifiques ; mais outre que de pareilles raisons ne
peuvent porter aucune lumière sur ces questions difficiles, cela conduirait droit à l'admission forcée des
reproductions spontanées ; et il faut avouer qu'un seul
fait obscur ne doit jamais faire admettre un principe
dont tant d'autres raisons certaines démontrent l'invraisemblance. Les savans dont je parle ont dit : la
preuve que les animaux parasites se développent spontanément comme le cancer ou les tubercules, c'est
que rien ne favorise leur production aussi bien que
l'état maladif ou d'extrême faiblesse. Ces auteurs
avaient oublié que les prétendus animalcules de la
semence et d'autres humeurs (qu'ils regardent comme
animés et dont la production est aussi, selon eux,
apparemment spontanée) ne se trouvent que dans
des hommes doués de force et de santé, et qu'ils
n'existent ni durant les maladies et les grands chagrins,
ni dans l'enfance et la vieillesse ! Rien ne cache la vérité aux yeux même les plus éclairés comme la préoccupation d'un système.

Enfin on a prétendu que des animaux, même des
animaux d'une structure très-complexe, avaient été
trouvés dans des troncs d'arbres intacts, dans des
pierres solides et sans nulle issue, n'offrant nulles
traces de brisures anciennes. Ces êtres vivaient et se
nourrissaient là sans alimens, y respiraient sans air, s'y
étaient formés sans germes, sans auteurs ! Assurément

si la superstition reprenait dans de pareilles histoires le merveilleux qu'elles lui doivent , nous n'aurions plus besoin ou de les combattre ou de les révoquer.

CHAPITRE IV.

Reproduction sans le concours d'organes sexuels.

Tout le monde sait avec quelle facilité les plantes vasculaires ou pourvues de cotylédons se reproduisent à l'aide de boutures, de drageons, de jets, de caïeux, de coulans, etc. Je dis les plantes vasculaires, car celles qui ne sont composées que de tissu cellulaire sans vaisseaux, autrement les acotylédones, ne sont pas susceptibles de cette espèce de reproduction. Pour favoriser la végétation des boutures, on a souvent recours à des ligatures ou à des incisions, afin de faire gonfler l'écorce en forme de bourrelet ; car c'est de ce dernier point que naissent les nouvelles racines. Quelquefois aussi on place une semence de graminée dans une fente pratiquée à l'extrémité de ces boutures ; comme cette graine ne tarde pas à se gonfler et à germer, elle appelle vers le nouveau végétal l'humidité dont elle a besoin, outre que la chaleur développée dans la semence qui germe, favorise la végétation de la tige nouvelle.

Nous devons dire que les végétaux provenant de boutures perdent à la longue la faculté de produire des graines. Mais il est remarquable que ce soient précisément les plantes pourvues de fleurs ou d'or-

ganes sexuels qui jouissent de la propriété de se reproduire par des fragmens détachés. Elles ont ainsi un
double moyen de multiplication.

Les plantes acotylédones ou vasculaires ne se
reproduisent ni par boutures, avons-nous dit, ni ordinairement par le concours d'organes sexuels : elles
n'ont ni fleurs, ni étamines, ni pistils appréciables.
Mais ces espèces de végétaux se perpétuent par des
germes ou rudimens dont la forme varie pour chacun,
et auxquels on a donné les différens noms de *propa-
gines* (dans les mousses), de *conides* (dans les lichens),
de *gondyles* (dans les algues), de bulbes ou *bulbi-
les*, etc. Beaucoup de botanistes regardent ces rudimens comme de véritables graines : mais l'absence
d'organes sexuels dans les végétaux d'où ils proviennent ne permet guère de partager cette opinion.
Ces petits corps occupent ordinairement des espèces
de cavités ou urnes d'une forme remarquable : leur
stratification perpendiculaire dans les champignons
mérite toute l'attention des observateurs : l'ouvrage
d'Hedwig en offre de merveilleuses images. Ces espèces de germes, ces bulbes ressemblent plutôt quelquefois à des plantes en miniature qu'à des graines comme
en produisent les fleurs. C'est à ce point, qu'on a regardé ceux des végétaux qui les produisent comme une
sorte de vivipares : on voyait il y a quelques années au
Jardin du Roi, un Agavé qui s'éleva à la hauteur de
vingt-sept pieds dans l'espace de six semaines; on
s'attendait qu'il finirait par donner des fleurs, mais
point : il en sortit des espèces de bulbes qui, tombés à terre, au lieu d'y germer à la manière des graines,
y prirent aussitôt racines. Si cette manière de se re-

produire ne ressemble pas à ce qu'on voit dans les animaux vivipares, assurément du moins elle a plus d'analogie avec les gemmes des polypes qu'avec les graines des végétaux à fleurs.

Au reste, ce genre de reproduction n'est pas particulier aux plantes ; on le voit aussi chez plusieurs animaux, dont les uns ont des sexes et dont les autres n'ont d'organes sexuels d'aucune espèce. Par exemple, les polypes dont je parlais à l'instant, se reproduisent, sans sexes, de deux manières différentes : d'abord ils ont des gemmes, espèces de germes qui, développés dans l'épaisseur de leurs membranes, font saillie au-dehors et au-dedans de leur corps ; et lorsque ces gemmes sont parvenus à une certaine grosseur, ils se détachent de l'animal pour former autant de nouveaux polypes. L'autre manière dont ces êtres se reproduisent, c'est par boutures, par divisions spontanées ou artificiellement opérées. Il pousse de la surface de leur corps des espèces de bourgeons, qui quelquefois s'en détachent pour donner lieu à de nouveaux animaux semblables au polype principal ; et il suffit de quelques jours ou même de quelques heures dans les mers équatoriales, pour que des jeunes polypes détachés de la souche commune proviennent successivement plusieurs générations nouvelles. Même chose arrive lorsqu'on les coupe par fragmens petits ou gros ; chaque tronçon devient un animal entier, et bientôt il naît de nouveaux animaux de chacun des bourgeons, de chacune des cloches dont il se recouvre. Il faut remarquer que le polype n'a point d'individualité, précisément parce qu'il est partout homogène : chaque tronçon

contient un estomac pour exister et des gemmes
pour se reproduire, c'est-à-dire tout ce qui est nécessaire à l'être et à l'espèce. Il en est de même chez
toutes les espèces de polypes, mais ces phénomènes
de régénération artificielle ou spontanée ne sont dans
aucun autre plus curieux et plus variés que dans
l'Hydre d'eau, sujet célèbre des belles expériences
de Trembley. Non-seulement chaque fragment détaché de cet être devient un nouvel animal, mais ces
fragmens se greffent les uns sur les autres à la manière des arbres d'espèces analogues ; la tête de l'un
peut être substituée à celle de l'autre et s'attacher
aussitôt et durablement au corps mutilé. On multiplie
de cette sorte, par sections ou par greffes, les queues
et les têtes du même polype ; il se forme des bouches
nouvelles, des bras nouveaux : et après avoir assisté
à de semblables expériences, l'histoire d'un des travaux d'Hercule, en perdant tout son merveilleux,
acquiert ainsi plus de vraisemblance.

Ces phénomènes de reproductions non sexuelles
ne se bornent pas à la seule et vaste famille des polypes : on les retrouve en d'autres êtres, en ceux
même qui ont des sexes et qui portent des œufs. Il
est plusieurs vers, plusieurs radiaires qu'on multiplie
ou qui engendrent ainsi d'eux-mêmes, par division.
Beaucoup de vers peuvent être divisés par fragmens,
chacun desquels redevient un vers parfait, parce qu'il
jouit de la faculté de réintégrer toutes les parties de
l'animal dont on l'a séparé. Ch. Bonnet a vu des
vers aquatiques dont seulement la vingt-sixième partie suffisait pour reproduire un animal parfait ayant
au bout de quelques mois plusieurs pouces de lon-

gueur. Toutefois chaque tronçon ne jouit pas également de la propriété de régénérer tout l'être : dans
les vers un peu complexes, la tête et la queue ne reproduisent aucune des autres parties ; mais ceux des
tronçons du centre qui renferment des viscères, reproduisent ordinairement tout l'animal.

L'abbé Dicquemare a constaté de semblables sin-
gularités en d'autres animaux. Il a vu des Actinies,
ou anémones de mer, dont les ligamens membraneux
se divisaient d'eux-mêmes par lambeaux, chacun desquels, après être resté quelque temps collé à la souche
commune, devenait une actinie complète. Il a essayé
d'imiter la nature par des divisions artificielles; et, soit
qu'il divisât ces corps gélatineux et animés par la
moitié ou par fragmens plus ténus, les résultats
étaient les mêmes et toujours certains.

CHAPITRE V.

Reproduction sexuelle des plantes.

Il résulte du précédent chapitre que tout être
vivant ne provient pas nécessairement d'un œuf,
puisque nous y avons acquis la preuve qu'il est beaucoup de corps vivans qui jouissent de la propriété
de se reproduire sans le concours d'organes sexuels,
soit qu'ils possèdent de pareils organes, ou qu'ils
en soient dénués. Mais dans la multitude d'êtres
dont il nous reste à parler, nous verrons partout
des espèces d'œufs où sont contenus leurs premiers linéamens, leurs embryons; et partout l'in-

tervention d'organes sexuels. C'est par les plantes que nous commençons l'histoire de cette génération véritable (1).

A l'exception des Cryptogames, qui, comme leur nom l'indique, ont des mariages cachés ou des sexes invisibles, tous les végétaux sont évidemment pourvus d'organes sexuels. Les pistils, les stigmates, les ovaires, sont les organes du sexe femelle ; les étamines, les anthères, les organes du sexe mâle. Les ovaires sont occupés par les rudimens des graines, par les embryons ; les anthères sont remplies d'une matière fécondante, nommée pollen : ensuite, des organes accessoires, les pétales de la corolle, les divisions du calice, entourent, protègent ou décorent ces organes essentiels, dont la durée n'est pas égale. Il faut remarquer qu'il existe une assez parfaite analogie entre les organes sexuels des plantes et les mêmes organes des animaux : les anthères sont l'équivalent des testicules ; le stigmate et l'ovaire représentent, et la vulve, et la matrice, et l'ovaire des animaux femelles ; s'il existe un conduit entre le stigmate et l'ovaire, il fait l'office et est l'analogue du vagin, ou plutôt des trompes : ensuite le pollen est une espèce de sperme, et l'embryon des graines est l'image de l'ovule des animaux. Mais comme les plantes n'ont ni instinct ni locomotion, il était essentiel que le principe fécondant fût à l'extérieur, contigu à l'organe femelle qui l'absorbe et en est fécondé, ou accessible aux

(1) *Voyez* Malpighi (1675) ; Camerarius, *de Sexu plantarum* (1694) ; Linné (1760) ; Ch. Bonnet ; Spallanzani (1777) ; Adanson ; Kœlreuter ; Gœrtner ; Volta ; Mirbel (1810-11) ; Turpin ; Decandolle ; A. Saint-Hilaire ; Dutrochet ; Amici ; Rob. Brown (1826) ; Ad. Brongniart (1827).

vents qui le lui transportent ; aussi est-ce là ce qu'on
observe. Par la même raison la matière fécondante
des anthères ne devait pas être liquide comme celle
des testicules; aussi est-elle pulvérulente et renfermée
dans de petites outres qui se rompent pour la transmettre au stygmate, au lieu d'être à nu comme le
sperme des animaux.

Dans le plus grand nombre des plantes les organes
des deux sexes sont réunis dans la même fleur, et
non séparés sur deux êtres différens, comme dans la
plupart des animaux : au lieu d'être unisexuelles,
elles sont donc presque toutes hermaphrodites. C'est
encore une conséquence de leur immobilité et de
leur apathie : il est clair que pour des êtres qui ne
peuvent ni se pressentir ni se chercher, le contact
des organes par qui s'opèrent la génération et la perpétuité de l'espèce était une condition nécessaire.
Toutefois les plantes ne sont pas à beaucoup près
toutes hermaphrodites : il en est dont les organes
mâles et les organes femelles sont placés en des fleurs
isolées sur la même tige ; d'autres, dont les sexes sont
séparés sur des tiges différentes. Il y a même des combinaisons de sexes encore plus compliquées. Chaque
fois donc que nous dirons Hermaphrodites, cela indi-
quera des fleurs renfermant les organes réunis des
deux sexes ; nous nommerons Monoïques, les plantes
où les sexes sont isolés en des fleurs supportées sur la
même tige ; et Dioïques, celles dont chaque tige ne
contient que les organes isolés d'un sexe.

Ainsi les plantes sont pourvues d'organes sexuels
comme les animaux. C'est une chose qui fut ignorée
des anciens et qui n'a même été bien démontrée,

I.   5

bien avérée et connue que dans des temps assez rapprochés de nous. L'illustre Tournefort lui-même, lui cependant qui fit des fleurs une étude si profonde, paraît n'avoir eu sur ce fait important de physique que des idées fort confuses. Il lui arrive de nommer femelles, avec le vulgaire, des plantes supportant des fleurs mâles : il va même jusqu'à prétendre assigner pour usage aux anthères de purger les fleurs de tous les principes nuisibles.

Millington, à ce que dit Grew, mais surtout Camerarius, ont émis les premières idées justes sur cette matière : mais il est impossible de douter que l'existence du sexe des plantes ne fût une tradition routinière des peuples avant de devenir une découverte scientifique. En 1759, Linné adressa à l'Académie de Pétersbourg une dissertation fort instructive sur ce sujet ; et malgré les expériences aussi équivoques qu'ingénieuses dont l'abbé Spallanzani embarrassa quelques années après ce beau fait de physiologie, trop d'expériences aujourd'hui le confirment, trop de témoignages l'attestent, pour qu'il ne s'empare pas des croyances de tous les hommes éclairés.

Voici donc ce qu'on observe au moment de la fécondation des plantes : les anthères, qui sont divisées en deux espèces de bourses à la manière des testicules, ordinairement ne paraissent contenir de pollen fécondant qu'à l'époque de l'épanouissement des fleurs. Toutefois cette règle n'est pas sans quelques exceptions : ainsi les fleurs de l'ordre des œillets (les Caryophyllées) et celles de l'ordre des Solanées sont déjà à demi-fécondées quand la fleur vient à s'ouvrir. A l'instant de cette fécondation, les anthères sont couvertes d'une poussière ordinairement jaunâtre, qui s'en échappe ; le stygmate, presque toujours placé dans l'atmosphère de cette poussière, est enduit d'une espèce de mucus glutineux où elle se fixe ; il est en outre hérissé de poils à sa surface, ce qui retient mieux les petits globules, et il paraît percé de pertuis très-fins par où s'introduiraient, sinon ces globules entiers, du moins les principes plus subtils qui en émanent. Nous verrons dans la suite de ce chapitre ce qu'il faut penser de cette apparence. Il est remarquable que le stygmate est toujours placé le plus favorablement possible pour se trouver en contact avec le pollen des étamines : il est d'ordinaire moins élevé que les anthères; s'il est plus haut qu'elles, il se recourbe pour redescendre à leur niveau, ou même au-dessous; et, dans les plantes monoïques, les fleurs femelles (où se trouve ce stygmate) sont presque toujours placées dans le bas de la plante, au-dessous des fleurs mâles. On a aussi observé (Linné) que les fleurs dont le pistil est plus long que les étamines sont ordinairement tombantes, ayant leur ouverture vers la terre; tandis que, si les étamines sont plus courtes, alors les fleurs restent presque toujours droites.

Ces premiers faits que nous venons de relater montrent déjà les grands rapports existant entre les anthères et les stygmates, et ils auraient suffi pour mettre sur la voie de la génération sexuelle des plantes ; mais les preuves positives qui l'établissent sont nombreuses. Lorsqu'on coupe les anthères d'une fleur un peu avant qu'elles soient devenues pulvérulentes, alors cette fleur reste stérile, ses graines avortent. Si l'on observe une plante monoïque, on voit d'un côté que les fleurs qui ne portent que des étamines n'ont jamais de graines, tandis que les fleurs à pistils en sont pourvues. S'agit-il d'une plante dioïque ? si on la tient isolée de toute autre plante d'espèce analogue, elle reste inféconde. On a fait cette expérience pour le chanvre, pour les épinards, les palmiers, la mercuriale et d'autres. Les paysans agissent en conséquence de ce fait lorsqu'ils ont le soin de n'arracher le chanvre mâle (qu'ils nomment femelle par inattention, par routine) qu'au moment où les graines déjà fécondées du chanvre femelle (le mâle selon eux) dénotent qu'ils le peuvent faire sans danger. Disons cependant que les expériences de Spallanzani ne s'accordent pas avec tous ces faits. Il assure, dans un style toujours persuasif, qu'il a vu du chanvre femelle prendre graines, quoiqu'il en eût séparé bien avant la floraison tous les pieds de chanvre mâle. Même Spallanzani ne se borne pas à cette moitié d'expérience; il l'achève avec sa sagacité accoutumée : il a un fait à opposer à chaque objection prévue. En vain dirait-on que ces graines ne sont pas fécondes : il les a semées et la plupart ont produit de nouveau chanvre. C'est le vent, pourrait-on dire, ce sont des insectes qui ont voituré le pollen d'un chanvre éloigné sur le vôtre : non, car Spallanzani avait ensemencé d'assez bonne heure pour avoir du chanvre en fleurs à une époque où celui des campagnes voisines de son château est encore en herbe et loin de fleurir. Enfin Spallanzani a prévu qu'on pouvait objecter que peut-être des fleurs mâles se trouvaient réunies sur le même pied avec des fleurs femelles : il avoue que la chose est possible, qu'il l'a

quelquefois observée ; mais que toujours il a eu soin
d'examiner chaque fleur une à une , et d'enlever les
fleurs rarement trouvées pourvues d'étamines. Cependant, et quoique cet observateur assure avoir obtenu
des résultats semblables d'autres expériences tentées
sur des végétaux différens , les botanistes n'en persistent pas moins à penser qu'il s'agit là d'une erreur.
Il faut se souvenir que Spallanzani était en correspondance suivie avec Ch. Bonnet, son ami ; qu'aussi
bien que Bonnet, il croyait à la préexistence du germe
dans l'ovule des femelles et au rôle très-secondaire du
mâle : on se rappellera ensuite combien la préoccupation d'un système exerce d'ascendant sur les hommes
même les plus capables d'y résister.

Toutefois, Spallanzani convient que pour la plupart des plantes l'intervention des étamines est nécessaire à la fécondation : il avoue avec tous les botanistes, que, sans pollen, sans étamines, presque toujours les graines avortent ou se dessèchent avant la
maturité , ou mûrissent imparfaitement sans pouvoir
reproduire de plantes nouvelles. A ce sujet, les voix
sont unanimes : Spallanzani est le seul qui admette
des exceptions à une règle universellement regardée
comme absolue. Cet habile expérimentateur était porté
à penser qu'outre le chanvre, les épinards et la courge
à écu pouvaient, comme les pucerons, engendrer sans
l'intervention des organes mâles. Il avait encore un autre pressentiment à ce sujet : il ne regardait pas comme
impossible que ces plantes pussent engendrer sans anthères ; et voici pourquoi : il avait vu à l'extrémité des
stygmates une poussière de même couleur que le pollen, mais étrangère à la dissémination de ce dernier ; et

il n'était pas éloigné de croire que cette matière ne pro-
vînt des stygmates eux-mêmes, et qu'elle n'eût la même
efficacité que celle des anthères. Mais les expériences
que le célèbre Volta a tentées depuis Spallanzani sur
le même sujet, ont prouvé que celui-ci était dans l'erreur, et que, s'il avait obtenu des graines fécondes des
fleurs femelles isolées de plusieurs plantes, cela venait
de ce qu'il n'en avait point séparé avec assez de soin
les étamines qui s'y trouvent jointes. La généralité
de la règle ne souffre donc plus aujourd'hui d'exceptions. Tout le monde connaît l'exemple des palmiers
femelles, lesquels restent toujours stériles lorsque
aucun palmier mâle ou à fleurs pourvues d'étamines
n'est dans leur voisinage. On cite ce palmier femelle
de Berlin, ne produisant jamais rien, restant infécond parce qu'il était isolé : on fit venir de Leipsick,
par la poste, du pollen d'un palmier mâle situé dans
cette ville ; ce pollen, on le répandit sur les fleurs
du palmier femelle jusques-là stérile, et pour la première fois on le vit produire. L'intermédiaire des vents
fut remplacé dans cette circonstance par l'entremise
industrieuse des hommes.

Nous disons donc que sans pollen il n'est pas de
fécondation possible, pas de fruit, pas de graines,
pas de reproduction. Lorsqu'on a coupé toutes les
étamines chargées de pollen d'une plante hermaphrodite, elle n'est cependant pas toujours stérile pour
cela : du pollen peut parvenir aux stygmates de ses
fleurs châtrées, par des fleurs analogues du voisinage.
Plusieurs fois des expériences ont été tentées à ce
sujet, et toujours avec succès. Il suffit pour qu'elles
réussissent, que le pollen dont on saupoudre les styg-

mates étrangers provienne de fleurs analogues aux leurs; il faut, pour que la fécondation soit parfaite, que les graines des unes et des autres emploient le même temps à se développer, à mûrir. Par ce moyen, on remplace les étamines excisées par le pollen pris sur d'autres étamines; et les plantes qui proviennent de ces unions adultérines sont hybrides, c'est-à-dire qu'elles réunissent les caractères de l'une et de l'autre.

Il est facile de pressentir par ce qui précède, de combien de causes peut provenir la stérilité des plantes, des plantes même qui ont des fleurs. 1°. L'excision des étamines est l'une des plus sûres. Mais il faut que cette opération précède la dissémination du pollen : il faut que de nouveau pollen ne puisse être transporté sur les stygmates isolés, ni par les vents, ni par des insectes, ni par l'homme. Il faut que cette castration soit opérée de bonne heure ; car il est des fleurs dont la fécondation est déjà commencée avant l'épanouissement de la corolle.

2°. Les pluies abondantes, qui enlèvent subitement le pollen, peuvent amener l'avortement des graines et la stérilité. C'est ainsi que les temps pluvieux, à l'époque de la floraison des graminées, du pommier ou de la vigne, produisent souvent une disette de blés, de cidre ou de vins ; c'est pour la même raison, et par la prévoyance de la nature, que les fleurs des plantes aquatiques s'élèvent au-dessus des eaux au moment de la floraison pour s'y replonger lorsque la fécondation est opérée (1). Toutefois il est des fleurs qui s'ouvrent dans l'eau et qui s'y fé-

____

(1) *Voyez* Théophraste, liv. iv, chap. x.

condent sans en sortir ; mais voici par quelle voie admirable se propage le pollen : il se développe une bulle d'air au milieu de la fleur épanouie et submergée, et par ce moyen le pollen se dissémine (1).

Les gelées et les coups de soleil brûlans ont quelquefois l'effet des pluies ; mais ils agissent différemment, je veux dire, en mortifiant ou desséchant le stygmate des fleurs à-demi épanouies. Toute atteinte profonde aux pistils ou aux ovaires a des effets analogues à la destruction des étamines ou à la disparition du pollen.

3°. L'isolement des pistils ou l'isolement des étamines produit toujours la stérilité. Il est en conséquence indispensable qu'une plante dioïque ait dans son voisinage une plante de son espèce et d'un sexe différent du sien : et s'il existe de grandes distances entre les deux êtres, il faut la main de l'homme ou l'intervention des vents pour les rapprocher.

4°. Ce n'est pas assez qu'une plante ait des fleurs mâles et des fleurs femelles, qu'une même fleur ait des étamines et des pistils, ou que les deux sexes des plantes dioïques soient voisins l'un de l'autre ; il faut, de plus, que les étamines et les pistils, les fleurs mâles et les fleurs femelles croissent au même degré, et soient pour ainsi dire du même âge, arrivant en même temps à la maturité : mais cette concordance, ordinaire pour la plupart des plantes, n'est pas toujours assez parfaite. Si, par exemple, les fleurs femelles sont plus hâtives que les mâles, si déjà elles sont flétries quand les fleurs mâles sont disposées à donner leur pollen, alors la fécondation est impos-

____

(1) *Voyez* Ramond, Bastard, A. Saint-Hilaire.

sible. Linné cite des cas de ce genre. Lorsque ce sont
les fleurs mâles qui s'épanouissent d'abord, la chose
n'est pas aussi embarrassante ; car le pollen pouvant
se conserver plusieurs jours et même des semaines
entières sans dommage, on le recueille d'avance, et
on a soin ensuite de le projeter sur les premières
fleurs femelles qui viennent à s'ouvrir. Le même et
illustre Linné a fait de ces expériences sur le *jatropa*.

5°. Il est bien vrai qu'on n'a jamais vu d'espèce de
plante qui eût exclusivement des fleurs femelles ou
exclusivement des fleurs mâles. Mais les deux sexes
ne se développent pas toujours également; et cela
produit encore la stérilité. Linné avait dans son jardin
d'Upsal du Chanvre de Crète qu'il était forcé de
multiplier par racines, par la raison que cette plante
n'ayant jamais eu que des fleurs femelles, il n'en
pouvait obtenir aucune graine : désespérant d'en ré-
colter chez lui, il en fit venir de Paris, et les sema ;
mais les plantes qu'elles lui donnèrent portaient toutes
des fleurs femelles comme celles d'Upsal. Enfin, de
nouvelles graines lui fournirent d'autres plantes, et
parmi elles il se trouva un mâle. Comme celui-ci était
éloigné des femelles, Linné prit le soin d'en recueillir
le pollen, de le répandre sur une ou deux plantes
portant des fleurs femelles à pistils, et pour la première fois celles-là, et elles seules, furent fécondes et
donnèrent des graines.

Les plantes monoïques et dioïques, ayant une fécondation plus incertaine, à raison de l'isolement des
organes sexuels sur des fleurs ou sur des pieds différens,
c'est probablement à cause de cela que leur pollen est
extrêmement abondant et que la terre environnante

en est quelquefois jonchée. C'est comme les œufs des poissons, dont le nombre est prodigieux. Toujours attentive à la conservation des êtres vivans, la nature semble avoir multiplié les moyens propices à la propagation des espèces, à mesure que cette propagation rencontrait plus d'obstacles et courait plus de dangers.

On ne peut douter, d'après ces différens faits, que le pollen des anthères ne joue un*rôle fort important à l'égard de la fécondation du fruit et des graines ; on ne peut douter non plus que le pistil ne serve d'intermédiaire entre le pollen et les graines rudimentaires que l'ovaire renferme. Mais comment toutes ces choses se font-elles, et quelle est la part d'influence de l'organe mâle et de l'organe de l'autre sexe ?

D'abord, si l'on examine une fleur encore en bouton, et par conséquent non encore fécondée, on trouve dans l'ovaire, au-dessous des étamines et des pétales recoquillés, les rudimens très-petits et imparfaits des graines futures. Si l'on ouvre avec soin ces graines rudimentaires, on les trouve entièrement composées d'une humeur pulpeuse et homogène qui disparaît toujours avant la maturité (1), et qui ressemble à une gelée un peu consistante. Ces petits grains se trouvent dans beaucoup de fleurs plus de vingt jours avant qu'elles soient ouvertes, long-temps donc avant que le pollen ait pu les féconder. Ces graines naissantes sont massives ; leur centre n'offre aucune cavité, ni rien qu'on puisse prendre pour le germe ou l'embryon de la nouvelle plante qui en aurait dû naître.

(1) *Voyez* Malpighi, Grew, Spallanzani, Mirbel.

Mais les choses prennent bientôt un autre aspect lorsque la fécondation est opérée, c'est-à-dire après que le pollen, devenu pulvérulent, a été mis en contact avec le stigmate correspondant aux jeunes graines. Alors ces graines se creusent vers leur centre. Ces cavités sont remplies par une humeur vitrée que Malpighi a nommée *amnios*, par analogie à ce qu'on observe dans l'ovule de quelques animaux; et l'on croit que ce liquide sert de nourriture à l'embryon, lequel paraît bientôt suspendu au milieu du fluide. Cet embryon, qui n'existe que dans les graines fécondes, n'offre pas d'abord de caractères bien distincts; mais bientôt on y aperçoit toutes les parties d'une plante en miniature : il est composé d'une radicule, d'une plumule (rudiment de la tige future), et d'un corps de cotylédons, qui sont les premières feuilles que cette graine aurait produites.

Nous voyons donc l'embryon paraître après que la fécondation des ovules ou jeunes graines a été opérée par la poussière des anthères, mais sans pouvoir assurer qu'il ne préexistait point à cette fécondation. Puisqu'on ne peut l'apercevoir que quelque temps après cette fécondation, et que l'ébullition nous le fait voir dans des graines où il paraissait invisible à froid, nous ne pouvons pas savoir de quelle époque date précisément sa première existence. Mais voici ce qu'on sait être sûr, malgré les dénégations du judicieux Spallanzani : c'est que, soit que l'embryon résulte de la fécondation ou qu'il lui préexiste, certainement du moins il ne se développe et ne devient productif qu'alors que la fécondation de l'ovule a eu lieu. Nous verrons cette question si délicate se reproduire à l'occasion des animaux.

Une chose porterait à penser que l'embryon, l'embryon inerte, préexiste invisible à la fécondation ; ce sont les liens, ce sont les rapports qu'on lui voit dès sa première apparition dans l'ovule. Nous avons déjà dit qu'il nage dans un liquide qui lui est contemporain; mais, outre cela, on le voit presque toujours lié par deux de ses points, souvent opposés l'un à l'autre, à l'ensemble de la graine. Le fluide *amnios*, qui le baigne (et qui ensuite portera le nom d'*albumen* ou *périsperme* alors qu'il sera solidifié), l'amnios, disons-nous, est entouré d'une membrane ou fine pellicule. Autour de cet ensemble est une nouvelle membrane protectrice.

Or, les deux ligamens de l'embryon correspondent aux deux endroits de l'amande où ces membranes sont ou adhérentes ou perforées, savoir : à l'ombilic et au sommet de la graine. Celui de ces ligamens qui est tourné vers l'ombilic ne va pas ostensiblement jusqu'à lui; il s'attache en dedans de l'amnios à un point qui correspond à la chalaze, et qui fait l'office comme d'un placenta interne; ensuite, ce placenta, cette chalaze reçoit des vaisseaux de l'ombilic; et c'est par l'ombilic que la graine adhère à l'ovaire et reçoit des vaisseaux de la plante-mère, vaisseaux qui pour cette raison sont appelés ombilicaux. De cette manière l'embryon tient à la graine comme cette graine tient à la plante, et par les mêmes vaisseaux.

Je dis que ces adhérences de l'embryon avec son ovule, au moyen des ligamens dont nous venons de parler, semblent indiquer une coïncidence dans l'origine de ces deux corps. En effet, comment le principe fécondant du pollen pourrait-il exercer efficacement son action au milieu d'un fluide sans conduits inter-

médiaires? Je vais plus loin : en supposant la formation spontanée de l'embryon au milieu du fluide,
comment se trouverait-il subitement en commerce
de vaisseaux avec l'ovule, et par celui-ci avec la plante
entière? Ne semble-t-il pas plus raisonnable, je le
demande, de regarder toutes les parties de la fleur
et l'embryon lui-même comme étant d'une origine
simultanée et contemporaine? Mais il faut convenir
que les expériences qu'on a tentées pour découvrir
l'existence de l'embryon dans des ovules non fécondés
ont toujours été vaines. Ce n'est même que plusieurs
jours après la fécondation qu'on parvient à le trouver :
encore même n'est-ce qu'à l'aide de la chaleur ou de
l'esprit-de-vin, lesquels le coagulent.

Ainsi donc, il est certain que l'embryon n'apparaît
et ne se développe que du moment où se fait l'émission
du pollen. Mais comment cette poussière est-elle
transmise de l'anthère jusqu'à l'ovaire ? quelle voie
suit-elle pour y parvenir? quelle est sa structure, et
est-ce par le stygmate qu'elle s'introduit?

On a beaucoup examiné le Pollen dans ces derniers
temps : on a donné la plus grande attention à sa forme,
à son volume, à l'arrangement des petits grains qui le
forment (1). On a vu que les corpuscules dont il est
composé étaient contenus dans l'intérieur des anthères, disposés par compartimens, par cellules, et renfermés dans autant de membranes particulières. Lorsque
les fleurs s'épanouissent et que le pollen arrive à l'état
de maturité, les anthères éclatent tout-à-coup, et les

____

(1) *Voyez* de Gleichen, Amici, Rob. Brown, Guillemin, Ad. Brongniart, Raspail.

grains de pollen en sortent avec vélocité, à-peu-près comme des grains de poudre enflammés sortent par la lumière d'une fusée. Après cela, si ces grains de pollen sont exposés à l'humidité, on les voit éclater de nouveau ; alors on s'aperçoit qu'il est sorti de leur intérieur un nombre infini de corpuscules excessivement déliés, formant une sorte de traînée ; et de plus, on en voit tout-à-coup saillir un long tuyau membraneux qui semble n'être qu'un débris de l'enveloppe interne de ces petits corps. Lorsque les grains du pollen tombent sur le stygmate des fleurs, l'humidité qu'ils y rencontrent les fait éclater comme nous venons de le dire ; et l'on croit que l'espèce de canal qui s'échappe de leur intérieur avec les grains de poussière, s'introduit dans la substance même du stygmate. Il suit de là que les petits grains de pollen sont directement projetés dans le pistil, et que le stygmate n'a pas besoin de les absorber. Aussi bien ne convenait-on pas que le pistil eût des ouvertures et des vaisseaux conducteurs ; et cela causait beaucoup d'incertitudes et sollicitait sans cesse de nouvelles hypothèses, la plupart vraisemblables, il est vrai, mais peu dignes de confiance comme imaginaires. En supposant donc l'introduction immédiate des grains de pollen au moyen des tuyaux membraneux dont il s'agit, il reste toujours de grandes difficultés pour expliquer comment ces corpuscules vont du pistil jusqu'à l'ovule. S'il ne s'agissait que d'hypothèses à faire, voici ce qu'on pourrait supposer : 1°. le pistil est composé de petits globules unis et séparés par du tissu cellulaire ; le pollen ne peut-il pas pénétrer jusqu'à l'ovule par ces intervalles celluleux ? Comme le stygmate ordinairement paraît avoir autant

de compartimens, autant de divisions que l'ovaire a
de cellules, on avait cru que le pistil était percé
d'autant de petits conduits : mais ces conduits, leur
existence est mise en doute. Linné, qui les admettait
comme certains, croyait que la fécondation d'un stygmate n'avait d'effet que pour l'ovule correspondant ;
mais on sait aujourd'hui qu'il suffit d'un seul stygmate
pour féconder tout un ovaire. 2°. Toutes les parties
de la plante absorbent apparemment par des vaisseaux
exprès ; pourquoi donc le pistil, qui a sans doute les
mêmes vaisseaux, n'exercerait-il pas la même absorption? 3°. A l'instant de la fécondation, le stygmate et
le pistil sont enduits et imprégnés de sucs ; mais dès
que le pollen est disséminé, toutes les parties de la
fleur se dessèchent et se flétrissent : or, n'est-il pas
probable qu'une partie de l'humidité dont le stygmate
était inondé se trouve attirée vers l'ovaire, lequel s'hu-
mecte à son tour et se dilate de plus en plus? 4°. A
l'instant de la fécondation, il se développe beaucoup
de chaleur dans les organes sexuels de la plante ; or
cela dilate les sucs dont ces organes sont imprégnés ;
et comme le reste de la plante se trouve à une température plus basse, et que le calorique tend toujours
à se mettre en équilibre, cela même n'est-il pas une
des causes qui font affluer les liquides du stygmate vers
l'ovule, et avec ces liquides les émanations du pollen?

Quel que soit le mode d'introduction du pollen
dans l'ovule, toujours est-il qu'il communique jusqu'à lui, et l'on croit que cette communication a lieu
par les vaisseaux déliés et presqu'imperceptibles qu'on
trouve vers le mamelon ou le sommet de l'amande :
c'est aussi vers ce point de la graine que s'attache l'un

des ligamens de l'embryon dont il a été question plus haut; c'est en ce lieu pareillement que les tuniques de l'amande sont perforées, ainsi que l'a prouvé M. R. Brown. Mais on ignore si ce sont les globules du pollen lui-même ou des fluides subtils émanés de lui qui s'introduisent dans l'ovule pour former ou animer l'embryon. Koelreuter, Adanson, Ad. Brongniart et d'autres ont émis différentes opinions à ce sujet.

Comme on a cru voir remuer les globules du pollen, on a pensé que ce pouvaient être des animalcules, et que peut-être il s'en introduisait dans la jeune graine pour former l'embryon. Mais il est évident que toutes ces choses sont hypothétiques, et que c'en serait fait de la physiologie si on lui donnait de pareilles bases.

Toujours est-il que l'embryon n'apparaît que plusieurs jours après la dissémination du pollen, et lorsque déjà les différentes parties de la fleur sont fanées. C'est qu'en effet il est évident que n'importe comment les granules des anthères pénètrent jusqu'à l'ovaire, leur passage ne saurait être instantané ni leur action aussitôt manifeste. Le moment où le pollen s'introduit dans le stygmate est toujours marqué par la flétrissure de la fleur entière : on a remarqué que les fleurs châtrées et les fleurs femelles et veuves des plantes dioïques conservaient plus long-temps leur fraîcheur que les fleurs hermaphrodites dont les anthères sont restées intactes. Il en est de même des fleurs doubles et stériles, et pour la même raison (1).

En récapitulant toutes les parties de la fleur servant à la génération sexuelle des plantes, nous trou-

____

(1) *Voyez* Linné et Mirbel.

vons : les divisions vertes ou colorées du Calice ou de la Corolle, lesquelles entourent et protègent les vrais organes sexuels; les Étamines, ou organes mâles, terminées par des anthères; celles-ci, recélant dans leurs cellules de petits sacs formés de la matière séminale nommée Pollen; le Pistil, ou organe femelle, dont l'évasement terminal prend le nom de Stygmate, et le support, le nom de Style; les vaisseaux très-fins et très-délicats du sommet de l'amande, que l'on croit être le conduit de la matière fécondante émanée du pollen; l'Ovaire ou fruit, réunion des semences et de leurs enveloppes; la Graine, qui est formée de l'embryon et du périsperme; l'Embryon lui-même, lequel date ostensiblement de l'époque de la fécondation, est entouré d'un fluide nommé amnios, et communique par des vaisseaux, d'un côté avec le pistil, et par lui avec le pollen des anthères, et d'un autre côté avec l'ombilic du fruit, et par lui avec le reste de la plante; enfin la Plantule, ou l'embryon grandi, offrant les différentes parties d'une plante nouvelle : la Radicule, la Plumule ou jeune tige, le Collet, ou partie intermédiaire, et les Cotylédons ou feuilles séminales.

Les organes de la fructification varient rarement pour les plantes de la même famille, ou plutôt c'est surtout d'après l'examen de ces organes qu'on juge de l'affinité ou de l'éloignement des espèces et des genres. Les végétaux qui se ressemblent par la disposition des fleurs et du fruit diffèrent rarement pour le reste de la structure : aussi les principaux botanistes ont-ils pris les organes de la fleur ou les différentes parties du fruit pour bases de leurs systèmes

I.   6

de classification (1). Tournefort, envisageant avant tout l'apparence extérieure des fleurs, distinguait les plantes en campaniformes, infundibuliformes, cruciformes, rosacées, personnées, flosculeuses, radiées, anomales, etc. B. et A. de Jussieu ont fondé leur méthode, surnommée naturelle malgré ses grandes difficultés, sur l'existence ou l'absence, sur le nombre et la disposition des cotylédons de la plantule renfermée dans la graine. Il est sûr, en effet, que les plantes qui se ressemblent en ce premier point sont analogues de toute manière. Linné, qui ne se dissimulait point la paresse des hommes, s'efforça de créer un système d'une étude plus expéditive, d'une conception plus facile : il aima mieux, en conséquence, fonder ses distributions sur le nombre, sur l'arrangement visible des organes sexuels, mâles et femelles, étamines et pistils. Nous croyons devoir donner ici une idée de sa classification.

D'abord, Linné considérait si les organes sexuels étaient visibles, s'ils étaient réunis dans la même fleur, libres et non adhérens entr'eux ; et, lorsque les étamines étaient égales entr'elles, il les comptait, de manière à ce que ses dix premières classes reposassent uniquement sur ce nombre des étamines, variant d'une à dix ; puis, unissant le nom de nombre grec avec un autre mot grec signifiant *mari*, il désignait ces dix premières classes par les noms suivans : Monandrie, Diandrie, Triandrie, Tétrandrie, Pentandrie, Sexandrie, Heptandrie, Octandrie, Ennéan-

____

(1. *Voyez* les ouvrages de Tournefort, Linné, Adanson, Jussieu, Lamarck et Decandole.

drie, Décandrie ; et il rangeait dans la Dodécandrie les plantes dont les fleurs ont moins de vingt étamines, mais plus de dix.

Quant aux plantes ayant au moins vingt étamines, elles étaient de l'Icosandrie lorsque les étamines adhéraient au calice, et de la Polyandrie quand elles tenaient à l'ovaire ou réceptacle. Si de quatre étamines renfermées dans la même fleur deux se trouvaient plus longues, c'était la Didynamie ; si sur six étamines il y en avait deux courtes et quatre longues, alors c'était la Tétradynamie.

A l'égard des plantes dont les étamines adhéraient entr'elles par leurs filets, il les rangeait dans la Monadelphie, la Diadelphie ou la Polyadelphie, selon qu'elles formaient un, deux ou plusieurs faisceaux ; et lorsque cette adhérence des étamines se faisait par les anthères, il en faisait une dix-neuvième classe sous le nom de Syngénésie. Était-ce avec le pistil que les étamines adhéraient, ou se trouvaient-elles posées sur lui, alors c'était la Gynandrie.

Après cela venaient les fleurs ne renfermant chacune qu'une partie des organes sexuels : dans ce cas, lorsque les fleurs mâles et les fleurs femelles naissaient sur la même tige, la plante était classée dans la Monœcie ; dans la Diœcie, au contraire, lorsque les fleurs mâles étaient toutes sur un pied et toutes les fleurs femelles sur un autre ; enfin la Polygamie renfermait les plantes ayant des fleurs mâles, des fleurs femelles et des hermaphrodites, isolées les unes des autres, mais réunies sur la même tige, ou bien séparées sur deux ou sur trois individus différens. Linné formait sa vingt-

quatrième et dernière classe avec des plantes n'ayant
point de fleurs visibles : c'était la Cryptogamie.

Si cette méthode de classification des plantes n'est
ni la plus profonde ni la plus philosophique , il faut
avouer du moins qu'elle est la plus facile et la plus
générale : il n'existe aucune plante qui n'y ait sa place
marquée. Elle est d'ailleurs la plus utile à connaître ,
puisque la plupart des grands ouvrages de botanique
sont distribués d'après les principes de Linné, d'après
le Système sexuel.

CHAPITRE VI.

Reproduction sexuelle des Vers et des Animaux Radiaires (1).

Il y a peu de ressemblance entre les Vers pour les
organes du sexe : les uns sont unisexuels, d'autres
hermaphrodites, et d'autres androgynes.

Les lombrics, ou vers de terre, sont de ce dernier genre : ils réunissent dans un seul être les organes des deux sexes et ils ont besoin d'un accouplement réciproque. Leurs organes génitaux sont placés
vers l'extrémité antérieure de l'animal, près de la tête :
ils consistent dans une espèce de corps glanduleux,
apparemment le testicule, lequel communique avec
une sorte de poche ; et ces différens organes ont deux
issues à l'extérieur. C'est probablement par ces ori-

(1) *Voyez* Ellis, Cavolini, Bruguières, Rudolphi, R. Grant.

fices que se fait leur accouplement ; accouplement
non douteux, quoiqu'on ne connaisse point les organes destinés à l'opérer. On a aussi trouvé dans ces
vers plusieurs paires de paquets d'œufs, rangés à
la file les uns des autres comme des grains de chapelet. Il y a des vers dans le corps desquels on trouve
un tas d'œufs éparpillés de toutes parts et sans aucun
ordre.

A l'égard des vers intestinaux, il en est plusieurs
espèces qui ont les sexes séparés. Le mâle du grand
ver lombric des intestins a une verge manifeste, sortant par la queue, et, près de ce lieu, une vésicule
séminale qui s'étend au tiers environ de la longueur
du corps. Une humeur laiteuse la remplit : c'est probablement un testicule que l'espèce de corps pelo-
tonné que l'on voit près de là. La femelle présente
pour organes génitaux une suite de vaisseaux où l'on
voit beaucoup d'œufs très-petits, nageant dans une
liqueur laiteuse. Les ténias portent aussi des œufs
destinés à la reproduction.

La sangsue est androgyne comme le ver de terre.
Ses vésicules séminales sont si considérables, qu'on
a vu des personnes les prendre pour un cerveau. Elle
a aussi deux testicules glanduleux rubanés, et deux
conduits déférens qui versent le sperme dans les vésicules séminales, lesquelles à leur tour le font couler jusqu'à la base de la verge, qui est très-manifeste
et très-flexible. M. Cuvier dit que cette verge peut
se replier en arrière comme celle du limaçon. L'orifice par où cet organe sort de la sangsue est voisin
d'une espèce de vulve, et ces deux ouvertures sont
situées vers l'extrémité antérieure de l'animal, et sur

le côté droit du cou. Les sangsues s'accouplent doublement, et leurs œufs éclosent dans leur corps : elles font des petits vivans.

Les radiaires, les étoiles de mer, les oursins, tout cela est hermaphrodite, se reproduit par des œufs et sans accouplement préalable : chaque individu réunit les organes des deux sexes, ou du moins des œufs et le fluide propre à les féconder. Les ovaires forment ici des paquets énormes qui composent toute la partie mangeable de ces animaux. On a remarqué que les œufs de beaucoup de radiaires. offraient des mouvemens manifestes à la manière des animaux parfaits. Il sont aussi garnis d'une sorte de cils ou de poils qui les disposent à flotter à la surface des eaux. Il paraîtrait d'après cela qu'ils ont besoin d'éprouver le contact de l'air.

CHAPITRE VII.

Reproduction sexuelle des Arachnides et des Crustacés (1).

Les Araignées ont des sexes isolés et une espèce d'accouplement : les organes de la génération sont placés à la base de l'abdomen chez le mâle comme chez la femelle. Cependant les mâles des aranéides ou araignées fileuses ont ces organes placés dans des espèces de mains qu'on a nommées palpes. L'accouplement de ces animaux est assez singulier : comme

(1) Voy. Réaumur. Swammerdam, Latreille, Walckenaër, Leach, etc.

plusieurs d'entr'eux s'entre-dévorent, ce n'est pas sans d'extrêmes précautions que le mâle se risque à aborder la femelle. Poussé par un besoin devenu irrésistible, il approche de celle-ci; mais avant de la toucher, de la caresser (car il y a de l'amour et une sorte de caresses partout où la reproduction des espèces exige des accouplemens); avant donc d'aborder la femelle renfermée dans sa toile, le mâle suspend un peu plus haut un fil assez fort pour le supporter et lui servir de retraite en cas de surprise et de danger. Après tous ces préparatifs de prudence qu'il faudrait croire intelligens s'ils n'étaient pas les mêmes chez tous et dans tous les temps sans nulle variation; après ces précautions machinales, l'animal approche de sa femelle, la touche, et aussitôt se retire, comme pour observer à quelle réception il doit s'attendre. Si la femelle paraît le souffrir ou le désirer, alors il s'expose à en approcher de plus près, et c'est alors que se fait l'accouplement, lequel paraît résulter de l'introduction, dans les organes génitaux de la femelle, d'une petite antenne, sorte de bouton qui est une dépendance des palpes renfermant les organes reproducteurs. Ensuite les femelles pondent des masses d'œufs dans des cocons, variables pour la couleur et la forme : plusieurs même portent patiemment ces œufs dans leurs pattes, et les petits venant à éclore sont quelquefois placés sur le dos de leurs mères. Il est singulier que des animaux si voraces à l'égard des mâles aient quasi la tendresse des didelphes pour leurs petits.

Les crustacés sont unisexuels : les mâles ont deux verges situées vers la cinquième paire de pattes, et

la femelle a deux vulves répondant à la troisième paire;
et ce qui est assez singulier, c'est que, quoique les
organes de l'accouplement soient doubles ; les organes intérieurs, les testicules des mâles et les ovaires
des femelles sont presque toujours uniques pour
chaque animal. Lorsque les œufs sont pondus, bientôt
les femelles les collent et les fixent aux membranes
dont le dessous de leur queue est garni : et c'est là
qu'ils éclosent. Cette particularité fait que les sexes
sont faciles à reconnaître dans cette sorte d'animaux :
la queue des femelles est plus large.

CHAPITRE VIII.

Comment se Reproduisent les Mollusques.

Nous sommes loin de connaître la génération des
Mollusques aussi bien que celle des animaux vertébrés ; il est difficile d'étudier des êtres vivant presque
toujours dans les eaux, souvent entourés de tests ou
de coquilles épaisses, et dont l'histoire toute entière a
d'ailleurs si peu d'années d'existence (1).

Beaucoup de ces animaux réunissent sur un seul
individu les organes sexuels mâles et femelles ; et
parmi eux, les uns ont besoin d'un accouplement
réciproque pour se reproduire; les organes des deux
sexes qu'ils possèdent n'ont d'action que par le concours des mêmes organes d'un animal de la même

(1) *Voyez* Bruguières. Denis de Montfort, G. Cuvier, Poli, Lamarck,
Blainville, Savigny, Péron, Quoy, Gaymard, Chamisso, etc.

espèce : ce sont par conséquent de véritables androgynes. D'autres s'engendrent d'eux-mêmes sans union
double ou simple, sans accouplement : ce sont en
d'autres mots de véritables hermaphrodites. Enfin, il
est des mollusques ayant des sexes séparés, et qui ne
se fécondent qu'en s'accouplant à la manière de la
plupart des animaux. Pareillement leurs œufs diffèrent : tantôt ils sont couverts d'une croûte calcaire
comme ceux des oiseaux, tantôt mous comme ceux
de beaucoup de poissons : ensuite les uns éclosent
après leur sortie, et les autres dans le corps même
de l'animal, ce qui fait paraître ces derniers vivipares.
On ne pense pas qu'il y ait de véritable copulation
dans aucun de ces animaux, quoique plusieurs d'entre
eux aient une espèce de pénis et même une prostate ;
mais on croit que la fécondation des œufs se fait par
une sorte d'arrosement séminal comme dans beaucoup de poissons ; et la ponte des œufs est ordinairement précédée, comme on le voit pour les grenouilles
et les crapauds, par de longs embrassemens qui paraissent exciter les contractions de l'oviducte.

Les œufs des Sèches sont gros, et enchaînés ensemble en forme de grappe, ce qui les fait nommer
raisins de mer. Les limaçons et les mollusques des coquilles univalves, ou pour mieux dire les gastéro-
podes, ont, presque tous, les organes de la génération
placés sur le côté droit du corps, et souvent près de
la tête. Leurs organes sont nombreux et compliqués :
ils ont un ovaire, un oviducte, une matrice, et de
plus, un testicule, un conduit déférent, une verge,
une bourse commune des organes de la génération.
Cela est encore plus compliqué dans les colimaçons :

ceux-ci ont des espèces de vésicules séminales ; leur verge ressemble à un long fouet, et elle est percée en dessous : il faut même qu'elle se replie pour darder la semence. Chaque colimaçon a, de plus une bourse à dard, laquelle peut se renverser sur elle-même à la manière de la bourse de la génération. Du fond de la première sort une espèce d'éminence tranchante à quatre pans, et à l'aide de laquelle ces animaux semblent chercher à se piquer réciproquement, au moment de la double copulation. « Ce n'est qu'après ces » cérémonies préliminaires, dit M. Cuvier, que le » véritable accouplement a lieu par l'insertion réci- » proque des verges. Mais ce dard, à quoi sert-il ? » est-ce pour réveiller un peu par sa piqûre l'énergie » de ces animaux apathiques ? mais alors pourquoi » manquerait-il à la limace et à tant d'autres mol- » lusques qui n'ont guère plus de vivacité (1) ? »

Il y a une espèce de paludine surnommée vivipare, qui, en effet, produit des petits vivans : même Spallanzani a prétendu qu'il en était de cet animal comme des pucerons observés par Bonnet, c'est-à-dire qu'élevés séparément, quoiqu'assurément unisexuels, ils produisent plusieurs générations sans accouplement. Cela est d'autant plus surprenant, ainsi que l'observe M. Cuvier, qu'on trouve parmi ces animaux autant de mâles que de femelles, et même des mâles dont le pénis est assez évident pour que l'examen le plus superficiel puisse toujours le faire distinguer de la femelle.

Les mollusques acéphales, dont les différentes

______

(1) Cuvier : *Mémoires pour servir à l'Histoire des Mollusques.*

espèces d'huîtres font partie, sont tous hermaphrodites : ils se fécondent sans accouplement, et même ils n'ont d'évidens que les organes du sexe femelle. Un seul individu suffirait probablement pour perpétuer l'espèce entière. Les conduits des œufs communiquent avec une espèce de vésicules glanduleuses qui peut-être sécrètent une humeur séminale par laquelle ces œufs sont fécondés. Tous ces mollusques acéphales font des petits vivans : ce ne sont pas des œufs, ce sont de petits animaux réunis dans leurs coquilles qui sortent de leurs corps. Voici, au reste, ce qu'on raconte de la production des huîtres proprement dites : « Les œufs sont rejetés sous la forme » de frai ou d'une sorte de fluide blanc assez sem- » blable à une goutte de suif : c'est au milieu de cette » liqueur qu'on aperçoit au microscope une quantité » innombrable de petites huîtres. Cette matière, dans » laquelle elles nagent, sert sans doute à les agglu- » tiner aux corps sous-marins et plus souvent aux » individus de la même espèce. Alors les jeunes huî- » tres, en se développant, étouffent pour ainsi dire » les anciennes, car elles empêchent l'eau d'arriver » jusqu'à elles et entravent même l'ouverture de leurs » coquilles. C'est ainsi que se forment ces énormes » bancs d'huîtres qui garnissent nos côtes, et qui » malgré l'immense consommation que l'on fait de » ces animaux depuis plusieurs siècles, semblent ne » devoir jamais s'épuiser. » On dit qu'il en est de même de plusieurs sortes de bivalves, dans les branchies desquels on trouve de petits mollusques vivans et pourvus de leurs coquilles. Mais il est des savans qui ont prétendu qu'il s'agissait là d'animaux parasites et non de fœtus sortant des ovaires par les branchies de leurs mères : MM. Rathke, Jacobson, Blainville, E. Home et Bauër, discutent maintenant sur cet objet à Londres, à Copenhague et à Paris.

Pour prouver combien de choses restent à éclaircir relativement à la génération des mollusques, il suffit de citer ce qu'on rapporte de la reproduction des Biphores. On dit que non-seulement leurs œufs sont adhérens, mais que les petits qui sortent de ces œufs restent enchaînés entr'eux et nagent ainsi par agglomérations constantes et régulières jusqu'au parfait accroissement de chaque individu. On ajoute que les petits ne ressemblent nullement à leurs parens, et que ce n'est qu'au bout de deux générations qu'après s'être transformés, cette ressemblance a lieu.

CHAPITRE IX.

Idée générale de la Génération chez les Poissons (1).

Les Poissons sont ovipares et unisexuels. On a prétendu cependant que plusieurs étaient hermaphrodites : on avait surtout insisté sur les lamproies, parmi lesquelles, disait-on, ne se rencontraient jamais d'individus mâles : mais des hommes dignes de foi se sont assurés du contraire dans ces derniers temps. Les poissons sont donc unisexuels; mais la plupart engendrent sans accouplement. La femelle incommodée par une

(1) *Voyez* Aristote, Artédi et Linné, Gouan, Daudin, Lacépède, Jacobi, Ed. Home, etc.

masse d'œufs souvent énorme (on en a compté jusqu'à neuf millions dans une seule morue), les dépose tantôt près des rivages des eaux, tantôt dans la vase : le mâle, attiré là soit par l'attachement désintéressé d'un sexe pour l'autre, soit par l'instinct de société, soit enfin par quelques émanations échappées de ces œufs vers lui, répand l'humeur séminale provenant de la laite, c'est-à-dire des testicules, sur le frai des femelles, et par là les œufs sont fécondés, et des petits en naissent dans l'espace d'environ huit à neuf jours.

Le premier jour, ces petits œufs paraissent simplement composés de jaune sans albumen, et entourés d'amnios ; le deuxième jour, il paraît déjà comme un point animé et opaque au centre du petit œuf ; le troisième jour, on peut apercevoir le cœur et ses battemens ; l'embryon paraît tenir au jaune et ne faire qu'un avec lui ; ce jaune, contenu dans un double sac séreux, communique avec l'intestin du jeune poisson, comme nous le verrons pour le poulet : la queue seule reste libre. Du cinquième au septième jour, la colonne vertébrale est déjà apparente ; le huitième jour, on voit deux points noirs à la tête, ce sont les yeux : les nageoires pectorales sont également visibles; la queue est repliée ; l'embryon s'agite en tous sens. Le neuvième jour enfin, la queue brise les membranes de l'œuf, et le poisson sort de ses enveloppes, emportant avec lui la portion du jaune qui adhère à son ventre et dont il se nourrissait. Ce résidu du jaune sert à le nourrir encore les premiers jours. Il croît ensuite le premier jour plus qu'il ne croîtra les vingt jours suivans. Ordinairement il acquiert finalement une étendue cent fois plus considérable qu'elle n'était à sa naissance.

Ainsi beaucoup de poissons pondent leurs œufs, et c'est après la sortie de ces œufs que le mâle les féconde : mais il n'en est pas ainsi de tous les êtres de cette famille. Il est d'autres poissons (les raies, les squales, les requins) qui font des petits vivans; je veux dire que leurs œufs restés dans l'abdomen y ont éprouvé une sorte d'incubation maternelle, après laquelle ils ont éclos avant d'être rejetés dans les eaux. Par conséquent ces derniers animaux s'accouplent; car il est clair que des œufs éclos au dedans du corps n'ont pu être fécondés sans l'intromission du fluide séminal.

Mais quel que soit le lieu où ils éclosent, les œufs des poissons ne sont pas toujours assez mous ou assez petits pour être expulsés du corps sans difficultés et par les voies naturelles : ces œufs ont quelquefois une conformation si singulière, leurs enveloppes sont si coriaces et leur masse offre un volume si grand, que, pour leur livrer passage, il faut que l'abdomen se rompe; alors voici ce qui arrive : ou bien l'abdomen s'ouvre tout-à-coup par une plaie sanglante que les inégalités des œufs ont produite; ou bien, par suite de la pression qu'exercent les œufs, les tissus peu-à-peu ramollis se déchirent insensiblement et sans trop de douleurs.

CHAPITRE X.

De la Génération chez les Reptiles (1).

Les Reptiles ont les sexes séparés ; tous s'accouplent, mais plusieurs sans intromission. Les mâles ont toujours et des testicules et des canaux déférens ouverts dans le cloaque ; les femelles ont des ovaires et des oviductes : ce sont là les organes essentiels de la génération. Chez les deux sexes, les organes reproducteurs ont la même issue que le conduit intestinal et les organes urinaires. Beaucoup de mâles n'ont pas de vésicules séminales ; et cela, joint à la lenteur naturelle à ces animaux, rend leur accouplement souvent fort long. J'ai dit que plusieurs s'accouplent sans intromission ; ces derniers n'ont point de pénis.

Les Serpens s'accouplent en s'entrelaçant ; le pénis dont les mâles sont pourvus rend leur conjonction parfaite. Leurs œufs sont encroûtés ; et la chaleur du soleil, chez le plus grand nombre des espèces, suffit pour les faire éclore sans incubation. Cependant toutes les espèces ne pondent pas ainsi leurs œufs au grand air : les vipères, par exemple, les conservent dans leurs entrailles jusqu'à ce que les petits soient éclos. Ce sont donc de véritables vivipares, à cette différence près, que les petits n'ont aucune communication avec les organes et le sang de la mère,

(1) *Voyez* Swammerdam, Valisnieri, Roesel, Demours, Daudin, Prevost et Dumas, Dutrochet, mais surtout le judicieux Spallanzani.

comme cela a lieu chez les animaux à mamelles : ils sont isolés dans leur coquille comme ils le seraient posés sur la terre, quoi qu'ait pu dire de contraire M. Dutrochet; seulement, ils sont échauffés par la chaleur vitale des organes qui les tiennent renfermés.

Les Tortues s'accouplent aussi avec intromission : elles ont une verge, des testicules, des ovaires, etc. Mais cet accouplement des tortues est lent comme toutes leurs actions : on le voit durer souvent de quinze à trente jours. Les œufs de la femelle ne sont que glaireux et mous en sortant de l'ovaire; mais ils se couvrent d'une croûte calcaire en parcourant l'oviducte. Ils éclosent sans incubation au bout d'un temps variable.

Les Lézards ont tous les organes de la reproduction, excepté des vésicules séminales chez le mâle et un clitoris chez la femelle : la plupart même ont deux pénis hérissés d'épines. Mais le crocodile n'en a qu'un. L'accouplement se fait à distance et sans intromission dans les Salamandres : les mâles de ces espèces n'ont point de pénis. Cependant ils embrassent leurs femelles, ils les stimulent en leur prodiguant des caresses. Mais la semence du mâle n'arrive dans le cloaque de la femelle que par l'intermédiaire de l'eau; de manière que l'émission séminale ne féconde que les œufs déjà sortis et ceux qui sont au moment de sortir. Ici, l'accouplement et ses préludes d'amour sont beaucoup plus courts que dans les tortues et les grenouilles. L'œuf de la salamandre une fois pondu et fécondé par le mâle, il en sort un têtard au bout d'à-peu-près sept jours : et quelque temps après, ce petit animal se dépouille de ses organes de poisson, et il devient un vrai reptile par ses membres, par ses poumons et toute sa structure. Seulement, il conserve long-temps ses nageoires.

Dans les grenouilles et les crapauds, les étreintes des mâles sont vives et durent long-temps. Les bras des mâles sont appliqués sur les flancs de la femelle, et lui forment comme une ceinture fortement serrée, ce qui ne laisse pas que de favoriser ses efforts pour l'expulsion des œufs. Ces animaux (je parle des mâles) sont alors insensibles à la douleur comme à la faim et à tout autre sentiment que l'amour. On a beau les blesser, les amputer, les brûler avec cruauté jusqu'aux os, ils ne quittent leurs femelles qu'aux approches de la mort : on en a même décapité qui ne cessaient pas aussitôt pour cela leurs étreintes. Ils semblent conserver l'ardeur de la procréation aussi long-temps que la vie. C'est pendant ces embrassemens singuliers que les œufs de la femelle sortent de son corps ; et le mâle ne cesse de les arroser de son fluide prolifique à mesure qu'ils paraissent au-dehors. Ces vives étreintes du mâle ont une durée variable comme la température du pays ou de la saison ; mais elles peuvent continuer jusqu'à dix jours, et même par-delà. Il paraît cependant que Roesel est parvenu à séparer ces animaux si ardens en coupant aux mâles les petits tubercules de leurs pattes de devant : et c'est probablement d'un fait semblable qu'est venue l'opinion singulière que les grenouilles mâles et les crapauds fécondent leurs femelles par le pouce gonflé de leurs membres antérieurs ! C'est pendant l'accouplement que se fait l'expulsion des œufs, et c'est un véritable accouchement pour les difficultés et la len-

1.   7

teur des résultats. Le mâle, outre la fécondation qu'il opère, est un aide indispensable à l'expulsion des œufs. Si on sépare la femelle du mâle avant que les œufs soient tombés dans le cloaque, alors tout accouchement est impossible. C'est encore ici une prévoyance de la nature, d'avoir uni et associé dans le même acte et dans le même individu la puissance qui fait sortir le frai et celle qui le féconde.

Linné avait prétendu que dans aucun corps de la nature la fécondation ou l'imprégnation des germes ou des œufs n'avait lieu hors du sein de la mère : les reptiles dont nous parlons maintenant offrent la preuve du contraire. Les œufs de grenouilles et de crapauds ne sont féconds qu'alors qu'ils sont sortis, et sortis pendant l'accouplement. Ceux qu'on arrache ou qu'on fait forcément sortir de l'intérieur du corps sont toujours stériles si l'on ne fait pas intervenir le fluide séminal du mâle. L'abbé Spallanzani, de judicieuse mémoire, a fait des expériences sans réplique pour prouver ce fait. Toutes les fois que cet habile physiologiste a tiré des œufs de grenouilles soit des ovaires, soit des oviductes, il a eu beau les placer dans les circonstances les plus favorables, ces œufs n'ont jamais rien produit ; mais ceux qui étaient sortis pendant l'accouplement étaient toujours féconds : au temps dit, des têtards en éclosaient. Il fit plus : pour s'assurer de l'intervention du mâle, il en cuirassa plusieurs au moment de l'accouplement ; il leur mit des caleçons de tafetas ciré (s'inquiétant peu des railleries que ce genre d'expériences ne pouvait manquer d'attirer à un pieux abbé), et il vit qu'alors les œufs de ces reptiles restaient stériles. Il essaya d'arroser quelques portions de frai du fluide dont il trouvait ces petits caleçons mouillés, et il vit qu'il s'y développait alors des têtards. En transportant ces reptiles dans l'eau limpide d'un bocal, ou bien en les tenant accouplés dans sa main, il assista à cette aspersion des œufs de la femelle par le fluide prolifique du mâle, et constamment alors le frai était productif. Voilà même pourquoi l'accouplement de ces animaux est si long, le mâle ayant à féconder les œufs à mesure qu'ils sortent de la femelle. Spallanzani a trouvé en effet quarante-trois pieds de long à un chapelet d'œufs sortis d'une seule grenouille, et cette masse de frai, composée de plus de douze cents œufs, avait été arrosée par le mâle successivement et de distance en distance. Cette sorte d'accouchement et de copulation, ce mélange de douleurs et de jouissances pour l'un des sexes, dure souvent l'espace de huit à quatorze jours. Cela est d'autant plus lent que les animaux frayent dans une saison ou dans un pays plus froid, plus long chez le crapaud que chez la grenouille, plus long en Allemagne qu'en Italie. Il y a eu, à l'égard de ces reptiles, les mêmes différences entre les résultats de Roesel et ceux de Spallanzani, qu'entre les expériences de Malpighi et celles du baron de Haller concernant la formation du poulet. Rien ne hâte ces choses comme la chaleur du climat.

Les embrassemens du mâle sont si violens dans cette sorte d'animaux, que la mort des femelles en est quelquefois le résultat : souvent du moins les oviductes se déchirent et les œufs passent dans le ventre ou dans la poitrine ; mais comme le mâle n'a pu les féconder au milieu des organes, il est impossible

7*

qu'il s'y développe jamais de têtards, impossible également que ces animaux fassent jamais de petits vivans.

Chez la plupart de ces reptiles le mâle reste accouplé et vivement uni à la femelle pendant la ponte de celle-ci, et s'il concourt à l'expulsion des œufs hors de leurs réservoirs, cela ne peut être que par les fortes pressions qu'il exerce sur les flancs de la femelle. Toutefois il est une espèce de crapaud, je veux parler du Pipa, qui emploie ses pattes antérieures à tirer les œufs du corps de sa femelle et à les pelotonner avec adresse tout en les arrosant de l'humeur fécondante. Cet animal, que ce genre d'instinct a fait surnommer le *crapaud accoucheur*, finit par placer ces œufs sur le dos de sa femelle, qui les porte dans autant de cellules creusées dans sa peau jusqu'à leur entière maturité, à-peu-près comme la sarigue et le kanguroo conservent leurs petits dans l'espèce de poche qui protège leurs mamelles. Ce crapaud est pour ainsi dire le didelphe des reptiles.

CHAPITRE XI.

Idée de la Reproduction des Oiseaux.

Les oiseaux, comme on sait, sont ovipares. Les femelles n'ont qu'un seul ovaire (le gauche), où sont renfermés tous les œufs qu'elles doivent pondre en plusieurs années. Ces œufs sont de différentes grosseurs : ceux qui sont le plus près de sortir sont beaucoup plus gros et déjà jaunâtres ; ils ne contiennent point encore d'albumen. Les autres sont successivement plus petits et incolores. Les premiers sont les seuls susceptibles d'être actuellement fécondés par le mâle. Presque toujours cette fécondation s'opère quelque temps avant la sortie des œufs ; cependant l'approche du mâle et le contact de la semence ne sont pour rien dans leur expulsion ni même dans leur accroissement. Ainsi donc, fécondés ou non, le pavillon dilaté de l'oviducte s'applique sur les œufs les plus gros, les plus mûrs, et les détache de l'ovaire. Nous avons dit qu'ils étaient exclusivement composés de jaune sans albumen ; mais pendant leur trajet et leur séjour dans l'oviducte, le jaune s'entoure des glaires albumineuses qui lubréfient ce canal ; et ces glaires auxquelles le jaune s'unit, composent ensuite le blanc de l'œuf. Jusque-là l'ovule était mou et sans enveloppe résistante ; mais arrivé à l'extrémité de l'oviducte et dans le cloaque, il se trouve bientôt enveloppé par la matière calcaire que la surface de ces conduits sécrète. Ensuite l'expulsion de l'œuf est opérée par la contraction musculaire du cloaque et des parois du ventre, et c'est par l'incubation que le jeune animal se développe.

A l'égard de la fécondation de l'œuf, elle est l'ouvrage de la liqueur séminale du mâle, avec accouplement, mais d'ordinaire sans intromission. La plupart des oiseaux n'ont, en effet, aucun organe visible pour une copulation véritable : à l'exception de l'autruche et de quelques oiseaux de l'ordre des canards, ces animaux n'ont point de verge ; seulement on aperçoit près de l'orifice du cloaque un petit tubercule imperforé qui est l'équivalent très-imparfait du pénis des autres animaux, de sorte que l'accouplement du plus grand nombre des oiseaux n'a lieu que par un simple contact de l'anus des deux sexes. Ces animaux sont pareillement dépourvus de vésicules séminales servant de réservoir au sperme; et leurs testicules, qui restent collés à la partie postérieure de l'abdomen dans le voisinage des reins, ne sortent jamais à l'extérieur et sont privés de toutes ces enveloppes qui composent les bourses des mammifères. Du reste, ils sont composés d'un tissu blanchâtre et délicat comme chez ces derniers; et l'immensité des petits vaisseaux dont ils sont formés aboutissent finalement à un conduit unique pour chaque testicule : ce sont les canaux déférens, lesquels ont leur terminaison finale dans le cloaque.

Une chose paraît étonnante dans cette structure des organes génitaux des oiseaux : je veux parler de la puissance de fécondation attachée à la liqueur séminale de ce genre d'animaux. Nous avons dit, en effet, que le sperme passe sans impulsion visible, sans copulation véritable, du cloaque du mâle dans celui de la femelle; et cependant ce fluide parvient constamment à travers la filière étroite des oviductes jusqu'aux ovaires, où il féconde plusieurs œufs à-la-fois. Une autre chose surprenante ici, comme chez les autres animaux, c'est que le pavillon libre de l'oviducte aille précisément s'appliquer, pour l'en détacher, sur celui des ovules qui est le plus gros et le plus près de la maturité. Ne serait-on pas tenté d'attribuer à ce tube contractile et sans conscience une espèce d'instinct au moins égal à l'instinct qu'on voit en des animaux entiers plus imparfaits ?

Parmi les oiseaux, les uns vivent en polygames : je veux dire que le même mâle féconde plusieurs femelles, non sans choix, mais toujours sans constance. D'autres s'accouplent et vivent unis, du moins durant l'époque des amours, partageant en commun les soins de la famille. Ce sont les oiseaux de ce dernier ordre qui apportent à la construction de leurs nids l'industrie la plus admirable ; ce sont eux également qui, après l'éclosion de leurs petits, leur prodiguent le plus assidûment tous les soins attentifs que réclame leur faiblesse. Ce n'est pas que l'incubation des œufs soit toujours plus prolongée chez les oiseaux polygames ; mais les petits de ceux-ci sont ordinairement plus forts au moment de leur naissance, et plus capables, aussitôt après leur éclosion, de se mouvoir et de subsister sans le secours, sans la protection de leurs parens. Nous retrouvons partout la même prévoyance de la nature pour le parfait achèvement de ses œuvres : elle a donné plus de force aux jeunes animaux dont la conservation n'était point garantie par l'union et la tendresse mutuelles de leurs auteurs.

CHAPITRE XII.

De la Composition et de la Structure de l'œuf avant et durant l'incubation.

Pour ne pas compliquer ce sujet déjà assez difficile par lui-même, nous nous bornerons dans ce chapitre uniquement à ce qui concerne l'œuf des oiseaux (1).

Cette espèce d'œuf est revêtu d'une enveloppe calcaire, poreuse, et dont la couleur varie suivant le genre d'oiseaux ; mais la forme en est si invariable, qu'on la cite pour modèle. Cette coque calcaire est doublée d'une épaisse membrane ; c'est la membrane commune de l'œuf. Au-dedans d'elle est l'Albumen ou le blanc d'œuf, au centre duquel se trouve le vitellus ou le jaune. Ce dernier a, comme dit l'illustre Haller, la forme de la terre ; c'est un globe aplati vers ses pôles, lequel est de toutes parts entouré par l'albumen. Outre cela, toute la masse fluide de l'œuf est attachée aux deux bouts de la coque par des espèces de ligamens blanchâtres qu'on a nommés Chalazes. Le vitellus est la partie la plus légère de l'œuf, de sorte qu'il tend toujours à se rapprocher de la surface ; mais la structure des deux chalazes est telle, qu'elle rend ce déplacement impossible tant que l'œuf reste plein. Nous devons ajouter que le vitellus est entouré d'une membrane fine qui lui est particulière ; c'est elle qui empêche la diffusion du jaune. Une chose singulière, c'est que la cicatricule de ce jaune est constamment tournée vers le gros bout de la coquille : nous verrons avec quelles autres conditions cette première disposition coïncide, et combien la nature se montre conséquente dans le plan de ses desseins.

Le premier effet de l'incubation est d'élever la température de l'œuf et d'en évaporer l'humidité à tra-

____

(1) *Voyez* Aristote, Fabrice d'Aquapendente, G. Harvey, N. Sténon, A. Maître-Jean, Malpighi, Lancisi, A. Haller, Needham, Vicq-d'Azyr, Dutrochet, G. Cuvier, Prévost et Dumas.

vers les porosités de la coque calcaire. Il résulte de
cela que l'intérieur de l'œuf diminue à-peu-près
comme diminuerait un liquide qu'on ferait chauffer
dans un vase inerte. Alors il se forme un vide dans
l'œuf, et la membrane de la coquille se sépare en deux
feuillets vers le gros bout. Le feuillet extérieur reste
adhérent à cette coquille ; l'interne suit la chalaze qui
le tiraille, et s'applique sur les parties fluides de l'œuf.
Ensuite la chalaze affaiblie de ce feuillet de membrane
s'en détache, et c'est alors que tout l'albumen gagne
le petit bout de l'œuf et que le jaune se rapproche
du bout opposé, de manière à exposer la cicatricule,
où se trouve renfermé le germe du nouvel être, en
contact avec l'air qui remplit le vide. Cela fait que la
même chaleur qui détermine le développement du
germe, lui procure en même temps les moyens de respirer dès les premiers instans de son accroissement.

Toutefois nous devons dire qu'il y a dans ce premier phénomène autre chose qu'un pur effet physique. D'abord rien n'explique la rupture d'une chalaze
plutôt que la rupture de l'autre, si elles n'avaient été
organisées en conséquence. Ensuite, ce n'est pas une
chose physique que la tendance du jaune à se porter
vers le gros bout de l'œuf; car nous avons dit que
ce jaune est plus léger que le blanc, et l'on voit bien
que le gros bout de la coquille, comme le plus pesant,
doit tendre à devenir le plus déclive : il y a donc ici
quelque chose de vital.

Voilà les premiers préparatifs pour la formation du
nouvel être. Cependant on voit paraître des vaisseaux
dans l'œuf aux environs de la cicatricule. Ces vaisseaux, qui forment bientôt une belle figure veineuse

en auréole , sont le premier indice de la vie du nouvel être ; mais est-ce de lui qu'ils proviennent? On ne voit encore de vaisseaux nulle part ailleurs : ni dans l'épiderme du vitellus, ni dans la membrane par qui la coque de l'œuf est revêtue ; et à l'égard de la membrane moyenne et du chorion, nous verrons qu'elles proviennent du nouvel être , et que conséquemment elles ne précèdent point l'incubation. Lorsqu'on examine un œuf couvé seulement depuis trois jours, on s'assure , en dépouillant le vitellus de son épiderme, qu'il n'y a de vaisseaux que dans ce vitellus, c'est-à-dire autour du germe qui s'accroît.

Mais bientôt l'organisation de l'œuf éprouve d'autres changemens. Au lieu de perdre de son volume, le jaune ou vitellus prend de l'accroissement, au point de rompre sa membrane propre : en même temps il devient plus fluide, moins consistant. Et comme il n'a de rapports qu'avec l'albumen, et avec l'air par qui le vide de l'œuf est occupé, on conçoit que ce n'est qu'aux dépens de ces deux fluides qu'il peut s'accroître, car le nouvel animal dont il contient le germe ne peut rien lui fournir. L'épiderme du vitellus se rompt spontanément vers le quatriéme jour de l'incubation , mais il est aussitôt remplacé par une autre membrane dont on aurait jusques-là vainement cherché les traces, tant le tissu en est délicat. Le jeune animal est renfermé sous cette fine enveloppe du jaune, il est de plus entouré d'une autre membrane qu'on nomme amnios, laquelle adhère à la tunique du vitellus vers le dos de l'embryon.

Ainsi le vitellus a sa membrane comme le jeune fœtus a la sienne : voilà presque tout ce qu'on peut

voir vers le quatrième jour de l'incubation. Mais alors
les choses se compliquent. L'amnios, dont nous avons
vu le fœtus entouré, ne lui forme pas une poche parfaite qui ne permettrait aucun accès. La disposition de
l'amnios n'est point telle. Cette membrane adosse
ses feuillets de manière à laisser, juste vis-à-vis de
l'ombilic du fœtus, un espace tubuleux qui sert de
passage au cordon ombilical, très-compliqué dans ce
genre d'animaux. C'est par cet intervalle laissé par
l'amnios que le vitellus communique avec le jeune
animal, et celui-ci avec tout l'œuf. Étudions maintenant comment se font ces communications réci-
proques de l'œuf et du fœtus.

Jusqu'au quatrième jour nous n'avions trouvé que
la membrane commune de la coque et l'épiderme du
jaune ; mais bientôt le déploiement successif de l'allantoïde va former deux nouvelles membranes. Voici
comment a lieu ce déploiement d'abord obscurément
indiqué par le grand Haller, et démontré depuis
avec tous les caractères d'une véritable découverte par
Dutrochet, lequel d'ailleurs ignorait absolument ce
qu'avait énoncé Haller à cet égard. L'Allantoïde est
une dépendance de la vessie : elle tient à celle-ci jusqu'à l'heure de l'éclosion par un canal nommé Ouraque; et, comme la vessie, elle est remplie, à ce qu'on
croit, par de l'urine. Ce sac urinaire sort de l'abdomen
de l'embryon vers le quatrième jour de l'incubation;
elle traverse l'ouverture ombilicale entre les feuillets
adossés de l'amnios, et, comme nous l'avons dit, en
dehors de la cavité de cette dernière membrane. Ainsi
c'est de l'intérieur même du fœtus que provient l'allantoïde, à laquelle nous verrons bientôt prendre un

grand accroissement. En même temps, dès la même heure, et pareillement à l'ouverture de l'ombilic, on aperçoit très-distinctement le pédicule aminci du vitellus qui va aboutir finalement dans l'intestin de l'embryon, de sorte que le jaune de l'œuf communique avec la cavité intestinale. Mais ce n'est pas tout : ce vitellus et son pédicule est entouré de deux membranes. Nous avons dit comment la première de ces tuniques se rupture à l'époque où le jaune se dilate ; nous avons dit qu'une nouvelle tunique apparaissait au-dessous de l'autre après sa rupture : eh bien ! ces deux membranes accompagnent le vitellus vers l'ombilic de l'embryon. La plus extérieure se joint avec le péritoine costal du fœtus ; la seconde, la plus interne, continue d'envelopper le vitellus jusqu'à l'intestin, et elle s'unit là avec cette partie du péritoine qui revêt extérieurement le canal digestif. De cette manière le péritoine et les enveloppes du vitellus ne font qu'un ; et si la tunique la plus superficielle du vitellus n'avait pas d'abord été déchirée, le péritoine serait encore imperforé dans tous ses points. Il est impossible d'assigner l'origine de ces connexions du jaune avec l'intestin du jeune animal, et du péritoine de l'un avec les tuniques de l'autre : on ne sait si cette parfaite union résulte de la fécondation de l'œuf ou seulement de l'incubation ; mais cette connexion, tout mystérieux qu'en soient et la cause et le principe, n'en est pas moins du plus haut intérêt : c'est-là même vraisemblablement qu'est le secret caché de la génération.

Il suit de ce que nous venons de dire que le vitellus communique avec l'intestin du jeune animal, et les enveloppes de ce vitellus avec le péritoine ; de même que la vessie du fœtus communique par l'ouraque avec l'allantoïde. Or, nous avons laissé ces deux parties, je veux dire le vitellus et l'allantoïde, renfermées dans la tunique du vitellus ; par conséquent, ces deux poches se croisent et s'enclavent l'une dans l'autre vers l'ouverture ombilicale. Cependant, vers le cinquième et le sixième jour de l'incubation, l'allantoïde prend un plus grand volume : bientôt, dilatée de plus en plus par le liquide urinaire qu'elle renferme, elle finit par rompre la tunique interne du jaune, par se juxtaposer à la membrane commune de la coque et par lui adhérer. Après cela, elle se plisse en mésentère pour entourer les vaisseaux qu'elle rencontre sur sa route, et, continuant toujours à se dilater, elle parvient vers la fin du neuvième ou dixième jour à entourer l'œuf dans toutes les directions, à-peu-près comme une goutte d'huile répandue sur une petite sphère s'étend de proche en proche jusqu'à en enduire bientôt tout le contour. L'endroit de l'œuf où les extrémités de l'allantoïde se rencontrent est le petit bout ; c'est en effet là qu'elle éprouve le plus de difficultés à s'étendre, à cause de la chalaze inférieure, qui jusqu'alors était restée persévéramment adhérente. Ce déploiement de l'allantoïde autour de l'œuf produit deux membranes nouvelles : la plus antérieure est collée à la membrane de la coque ; on la nomme Chorion (Harvey), ou membrane ombilicale (Haller) : c'est la plus vasculaire des deux, et l'on dit qu'elle remplit à l'égard du jeune être l'usage à quoi serviront plus tard les poumons : c'est elle, dit-on, qui rougit le sang et qui l'imprègne d'oxygène ; elle opère une sorte de respiration. L'autre feuillet de l'allantoïde est plus interne ; il enveloppe à-la-fois le vitellus et l'embryon, et ce qui reste de l'albumen : on lui donne le nom de Membrane moyenne : celle-ci est plus mince et un peu moins vasculaire que l'autre. Le canal compris entre les deux feuillets de l'allantoïde est rempli par un fluide urinaire dont la source est probablement aux reins du jeune embryon. Ce qui avait mis obstacle à la découverte des deux membranes nées du déploiement de l'allantoïde, c'est qu'on avait confondu ce liquide urinaire avec l'albumen de l'œuf ; et justement ce dernier diminue jusqu'à disparaître complètement à mesure que le liquide de l'allantoïde s'accroît. Ceci même est une harmonie remarquable. Puisque le liquide des reins augmente sans cesse, il fallait bien un espace où il pût s'accumuler sans inconvénient pour l'existence de l'embryon. Or, les deux feuillets de l'allantoïde s'écartent de plus en plus pour le contenir ; ces feuillets vont même jusqu'à se séparer tout-à-fait l'un de l'autre. En même temps, par un accord parfait, l'albumen est absorbé par le vitellus qu'il délaye et qu'il liquéfie, et le vitellus lui-même se dégorge dans l'intestin du fœtus ; ce qui même est apparemment la principale source où ce dernier puise sa nourriture. Quant au jaune, il conserve toujours à-peu-près le même poids et le même volume jusqu'à la fin de l'incubation : il augmente plutôt qu'il ne diminue. Haller pesa le jaune d'un œuf qui n'avait que sept heures d'incubation, il pesait trois gros ; il en pesa un autre qui avait éprouvé une incubation de cinquante-quatre heures, son poids était de quatre gros. Mais si le jaune augmente d'abord, si même il ne diminue guère avant l'éclosion, et si, rentré dans le ventre du jeune oiseau, on en retrouve encore des traces trente ou quarante jours après la naissance, il n'en est pas de même de l'albumen, qui diminue d'abord beaucoup et qui finit par disparaître en totalité dès le quinzième jour de l'incubation. Ainsi, le fluide qu'on trouve à l'ouverture d'un œuf déjà avancé n'est point le blanc ou l'albumen; mais c'est le fluide urinaire de l'allantoïde. Cependant, vers la fin de l'incubation, ce dernier fluide diminue pour faire place au fœtus plus accru; et vers les derniers jours de l'incubation, on ne trouve plus entre les deux feuillets de l'allantoïde qu'un enduit visqueux, mêlé à des flocons calcaires. Nous examinerons plus tard comment il peut se faire que l'urine du poulet soit si abondante avant même que les reins soient visibles, tandis que ce fluide semble se tarir à une époque où les glandes qu'on en croit la source sont très-développées. Maintenant, nous devons parler des vaisseaux qui se distribuent dans la membrane de l'œuf.

Ces vaisseaux sont de deux sortes, veineux et artériels; et ces artères ont deux sources différentes. Les vaisseaux du chorion et de la membrane moyenne sont les ombilicaux : ils naissent par trois troncs comme chez les mammiferes. Il y a deux artères qui proviennent des iliaques primitives du fœtus, et une veine qui va traverser le foie pour se rendre au cœur : enfin, je le répète, c'est comme pour les mammifères. Mais les vaisseaux du vitellus et de ses tuniques ont une autre source, ils proviennent des vaisseaux mésentériques; l'ouverture s'en fait près du pancréas, et ils se rendent au vitellus en suivant le pédicule que ce dernier envoie à l'intestin du fœtus. Ceci offre la plus grande analogie avec ce que nous verrons en étudiant la vésicule ombilicale des mammifères. Il suit delà que les vaisseaux mésentériques sont les premiers visibles sur les membranes de l'œuf, puisqu'ils ne se distribuent qu'au vitellus et à ses tuniques : ce sont eux qui composent cette *figure veineuse* que Malpighi a vue dans l'œuf dès la douzième heure, et que Haller, Harvey et Sténon n'ont aperçue que plusieurs heures plus tard. Mais les vaisseaux ombilicaux ne laissent voir leurs admirables réseaux qu'après plusieurs jours d'incubation ; et ce qui précède en fait deviner la cause : effectivement, puisque ces derniers vaisseaux ne se distribuent qu'aux membranes chorion et moyenne, autrement les deux feuillets de l'allantoïde, on voit bien que leurs réseaux ne peuvent être aperçus qu'après le déploiement de ce sac urinaire. Cela explique un fait bien naturel qui causait l'étonnement de l'illustre Haller : c'est que la figure veineuse est déjà bien dessinée au bout de quarante à cinquante heures, tandis que ce qu'il nomme le beau cercle veineux, c'est-à-dire ce vaste réseau de vaisseaux qui entoure l'œuf en totalité, ne se voit bien que du septième au neuvième jour.

Si maintenant nous récapitulons les différentes parties dont nous venons de faire l'histoire, nous aurons le tableau suivant :

La coquille, dont la forme est ovale et la substance poreuse : elle est de nature calcaire et perméable à l'air et aux fluides aqueux réduits en vapeurs par l'incubation.

Membrane commune : qui revêt la coque et est dépourvue de vaisseaux. L'action de l'air et de la chaleur la sépare en deux feuillets vers la grosse extrémité de l'œuf ; alors il se forme un vide que l'air extérieur vient remplir.

Vitellus ou jaune : globe sphérique déprimé vers ses pôles ; plus léger que l'air, il surnage et se met en contact avec l'air intérieur. Il porte à sa surface une tache ou cicatricule blan-

(Embryon.) châtre où le germe est renfermé : Malpighi a aperçu les premiers linéamens du poulet dans cette cicatricule au bout de six heures d'incubation, et même avant l'incubation.

Albumen ou blanc : entourant d'abord le vitellus dans toutes les directions, rejeté ensuite vers la petite extrémité de l'œuf après la rupture de la chalaze supérieure ; disparaît entièrement après le quinzième jour d'incubation.

Chalazes : ligamens blanchâtres par qui le vitellus était attaché aux deux bouts de l'œuf. L'évaporation détache d'abord celui d'en haut, et vers le neuvième jour le déploiement de l'allantoïde rompt celui d'en bas.

Tuniques séreuses du jaune : Au nombre de deux, la plus superficielle est bientôt rompue par l'augmentation du vitellus ; l'autre l'est ensuite par le passage de l'allantoïde. C'est alors qu'on trouve le jaune de toutes parts diffluent lorsqu'on vient à ouvrir l'œuf incubé.

Pédicule du vitellus : Il communique avec l'intestin de l'embryon, et est entouré jusqu'à l'ombilic d'un double canal formé par les deux tuniques du vitellus : la plus superficielle s'unit au péritoine costal ; et l'interne, au péritoine de l'intestin.

Amnios : Membrane propre et immédiate de l'embryon. Celui-ci est entouré par elle jusqu'à l'ombilic, qu'elle laisse libre en se réfléchissant sur le cordon ombilical. Cette membrane existe dès la première origine du fœtus : il y a entre elle et lui un fluide aqueux formant une sorte d'atmosphère.

Allantoïde : Prolongement de l'ouraque et de la vessie. Composée de deux feuillets ; un fluide cru urineux en remplit l'intervalle. Elle franchit l'ombilic vers le quatrième jour de l'incubation, et au bout de cinq autres jours elle entoure la

(Chorion.) totalité de l'œuf de ses deux membranes vasculaires ainsi que

(M. moy.)   de la cavité qui les sépare et du liquide que cette cavité renferme ; elle traverse le vitellus, rompt la chalaze inférieure, adhère à la membrane commune, et communique d'abord avec la vessie du fœtus, ensuite avec le cloaque. Son adhérence avec les tuniques du vitellus empêche celui-ci d'entrer tout entier dans l'abdomen à l'époque de l'éclosion.

Vaisseaux blancs : ceux qui, selon Haller, introduisent l'albumen dans le vitellus.

Vaisseaux rouges : De deux sortes : les ombilicaux, veines et artères, lesquels se distribuent dans les deux feuillets de l'allantoïde ; et les mésentériques, qui se bornent au vitellus et à ses tuniques. Ceux-ci sont beaucoup plus précoces que les autres, parce que les tuniques du vitellus sont bien antérieures au déploiement de l'allantoïde.

Figure veineuse : Réseau formé par les vaisseaux mésentériques dans les tuniques du jaune. Visible dès la douzième heure.

Cercle veineux : Réseau né des divisions des vaisseaux ombilicaux dans les deux feuillets de l'allantoïde, c'est-à-dire le chorion et la membrane moyenne.

Cordon ombilical : Réunion des vaisseaux mésentériques et ombilicaux, de l'ouraque, du pédicule du vitellus et des tuniques séreuses de ce dernier. L'amnios se réfléchit sur ces diverses parties, d'où résulte leur union.

Nous verrons au livre suivant dans quel ordre apparaissent et selon quels progrès se développent les divers organes du jeune animal. Il nous suffit de remarquer dès à présent que le fœtus a près de lui et uni à ses propres organes tout ce dont il a besoin pour commencer d'exister : le vitellus charrié dans ses intestins peut le nourrir ; les vaisseaux ramifiés dans les membranes superficielles de l'œuf peuvent exercer une sorte de respiration ; lui-même peut respirer véritablement au moyen de l'air que l'œuf tient en réserve ; son urine peut fluer vers l'allantoïde ;

enfin, indépendamment de l'incubation, il a autant de sources de chaleur qu'il exerce déjà de fonctions différentes.

CHAPITRE XIII.

Comparaison des Œufs de Reptiles et de Poissons avec les précédens.

Il paraît que les Œufs de vipère et ceux de tous les Reptiles qui ne subissent point de métamorphoses sont semblables aux œufs des Oiseaux : la seule différence est qu'ils sont dépourvus d'albumen. Mais on y trouve, comme dans ceux des oiseaux, un vitellus logeant le petit embryon ; on y trouve le pédicule de ce même vitellus allant communiquer avec l'intestin du fœtus. On y voit en outre la membrane commune de la coque, les deux feuillets de l'allantoïde, la cavité de cette dernière communiquant avec l'ouraque et la vessie, et s'étendant par degrés, comme chez les oiseaux. Il y a de même un amnios entourant l'embryon, et deux sortes de vaisseaux : les mésentériques, destinés au vitellus, et les ombilicaux, se distribuant dans les feuillets de l'allantoïde. Enfin les phénomènes sont analogues comme la structure : on voit le vitellus rentrer dans l'abdomen des petits serpens qui sont près d'éclore, comme cela a lieu dans les oiseaux. On a parlé d'une autre analogie qui rapprocherait les vipères des véritables vivipares : on a dit que lorsque les œufs de ces animaux éclosaient dans leurs oviductes, le jeune embryon, entouré de ses mem-

8*

branes, finissait par contracter des adhérences et par avoir un vrai placenta comme les mammifères; mais il est bien probable qu'il s'agit là d'une apparence trompeuse admise comme réalité sans assez d'examen.

Ce que nous avons dit des œufs de serpens est également vrai des œufs de lézards et de tortues, à ce qu'on assure; c'est-à-dire que tous les animaux qui ont des poumons dès leur première origine naissent d'un œuf pourvu d'une allantoïde. Au contraire, ceux des reptiles qui subissent des métamorphoses, ceux qui avant d'avoir des poumons n'ont d'abord que des branchies tant qu'ils sont à l'état de têtards, les grenouilles, les crapauds, les salamandres, ces animaux ont des œufs d'une grande simplicité et dépourvus d'allantoïde, tout comme les œufs des poissons. Ces derniers reptiles, alors qu'ils sont à l'état d'embryon, n'ont pour toute enveloppe que la membrane amnios. Leur œuf ne contient ni d'allantoïde, ni par conséquent de membranes chorion et moyenne : on voit dans cet œuf l'ébauche d'un têtard de couleur noire; ce têtard a un vitellus renfermé sous la peau et continu à ses intestins : il n'envoie au reste de l'œuf ni vaisseaux ombilicaux ni vaisseaux mésentériqués; enfin il vit absolument isolé de sa coque. Voilà ce qu'a observé M. Dutrochet. M. Cuvier assure que la structure de l'œuf des poissons est en tout semblable : dépourvu des mêmes parties, il a la même simplicité, et l'embryon qu'il recèle est dans le même isolement.

Voici maintenant les conséquences physiologiques qu'on peut tirer de tous ces faits (1).

(1) *Voyez* Blumenbach, Hochstetter et Emmert, Viborg, Dutrochet, G. Cuvier.

Puisque les Têtards des grenouilles et des salamandres, puisque les Poissons ont des branchies, il leur est possible, dit-on, de respirer dans un liquide dès leur première origine : ils n'ont donc besoin ni d'un autre liquide que l'amnios dont ils sont baignés, ni d'autres organes que leurs branchies. Ils doivent respirer dans l'œuf comme ils respireront dans les eaux, car ils y trouvent un fluide analogue et ils y ont les mêmes organes. Mais la chose est différente pour les reptiles sans métamorphose et pour les oiseaux : ces animaux, n'ayant jamais que des poumons, ne peuvent assurément respirer dans l'œuf, car il faut de l'air à des poumons : cependant il faut bien que le sang soit respiré ; ce n'est qu'à cette condition qu'il sert à la vie. Lorsque ce fluide n'est pas aéré et rougi par la mère, comme dans les mammifères, il faut qu'il le soit par le fœtus, comme cela a lieu pour les poissons et les têtards ; et s'il n'est respiré ni par la mère ni par l'embryon, il faut qu'une partie de l'œuf lui-même subvienne jusqu'à l'éclosion du jeune animal à cette fonction nécessaire. Et d'abord on a prouvé qu'il se fait une espèce de respiration dans l'œuf : on a vu que le sang rapporté au fœtus du lézard et de l'oiseau par la veine ombilicale est plus rouge que celui qui va du fœtus à l'œuf par les artères ombilicales. L'académie de Copenhague a cherché à faire éclore des œufs dans des gaz irrespirables, et elle n'a pu y parvenir : l'incubation n'a rien produit. D'ailleurs, il y a dans la structure même de l'œuf plusieurs particularités qui semblent indiquer qu'il s'y opère une espèce de respiration : la coque est poreuse, tout près d'elle sont des tuniques très-vasculaires et baignées d'un sang abondant ; et même l'incubation de l'œuf des oiseaux a pour premier effet d'y déterminer un vide , et ce vide devient un réservoir d'air bon à respirer.

Il se fait donc une espèce de respiration dans l'œuf des animaux privés de branchies; mais quel est l'organe de cette respiration ? Il est clair qu'il le faut chercher parmi les choses particulières à l'œuf des oiseaux et à l'œuf des reptiles privés de branchies à toutes les époques de leur existence. Or ce n'est ni l'amnios, ni le vitellus, ni la coque et sa membrane, puisque ces différentes parties sont communes à l'œuf des poissons et à l'œuf de tous les reptiles comme à celui des oiseaux. C'est donc l'allantoïde et ses membranes, c'est-à-dire la tunique moyenne et le chorion. Je dis que c'est l'allantoïde , car cette poche et ses tuniques n'existent que dans les œufs des animaux à poumons, dans les oiseaux, les serpens, etc. Cette membrane reçoit un grand nombre de vaisseaux , et l'air y a facilement accès à travers la coque criblée de pores. A la vérité cette poche n'étant pas de première formation , on peut demander par quelle autre partie elle est d'abord remplacée. On répond que jusqu'à l'apparition de l'allantoïde, c'est le vitellus qui est en contact avec les parois de la coque ; et comme les enveloppes de ce vitellus reçoivent beaucoup de vaisseaux des mésentériques , il est probable qu'il a pour usage , à cette première époque, de remplacer l'allantoïde. Ainsi ce serait donc l'allantoïde qui ferait l'office d'organe respiratoire dans les œufs des fœtus à poumons. Cependant on peut faire quelques objections à cette théorie remarquable : on peut d'abord

demander s'il est sûr que les œufs respirent. A ce
sujet un physicien de Berlin a fait des expériences
contradictoires avec celles que nous avons rapportées :
il a mis incuber des œufs dans toutes sortes de gaz,
et cela n'a eu, à ce qu'on assure, aucun inconvénient
pour les jeunes embryons : chaque œuf est venu à
bien. Mais on peut élever des doutes sur cette expérience : comment est-il possible d'isoler des œufs
d'avec l'air de l'atmosphère ? Ne faut-il pas, s'il s'agit
d'œufs d'oiseaux, que la couveuse respire ? or, comment vivrait-elle dans un air sans oxygène ? D'ailleurs,
ne faut-il pas qu'elle mange, qu'elle bouge, qu'elle
se promène ? Veut-on parler d'œufs incubés artificiellement par la chaleur, ou seulement d'œufs de serpens et de lézards, qui éclosent sans incubation ?
alors on peut encore répondre victorieusement à cette
nouvelle objection, car nous avons dit qu'il se forme
dans l'œuf, près du germe, une cavité que l'air vient
remplir ; et on aura beau placer l'œuf dans un air
irrespirable, il faudra toujours qu'il reste pourvu de
ce petit réservoir que nous avons vu s'y former.

Mais il est une autre difficulté beaucoup plus forte :
je veux parler de l'allantoïde, que nous verrons exister
dans les mammifères comme elle existe dans les oiseaux. Cependant les mammifères reçoivent de leur
mère un sang tout prêt respiré ; d'ailleurs comment
l'allantoïde pourrait-elle servir chez eux à la respiration ? elle n'est entourée d'aucun fluide aérien, et les
organes qui l'environnent sont tous solides et sans
communication avec l'extérieur. On pourrait dire que
son objet est peut-être d'extraire des liquides qu'elle
renferme le peu d'air qui s'y trouve mêlé, et qu'elle

sert ainsi d'organe supplémentaire aux poumons de la mère ; mais alors pourquoi son volume est-il si variable dans les animaux quadrupèdes, et pourquoi n'existe-t-elle nullement chez l'homme ? il y a donc encore quelque obscurité relativement à l'allantoïde, surtout dans les mammifères ; mais il paraît certain qu'elle opère une véritable respiration dans les œufs qui en sont pourvus.

En nous résumant nous devons dire, que les œufs des poissons et ceux des reptiles originairement pourvus de branchies n'ont point d'allantoïde ; qu'ils n'ont par conséquent ni de chorion ni de membrane moyenne. Une autre différence importante, c'est que les embryons renfermés dans ces œufs sont pareillement privés de vaisseaux ombilicaux et d'un véritable cordon ombilical. A la vérité les poissons ont une espèce d'ombilic, car c'est par cette ouverture que le vitellus de l'œuf s'introduit dans l'abdomen et communique avec l'intestin ; c'est aussi par-là que sortent les petits vaisseaux mésentériques qui vont se répandre dans ce vitellus ; mais le cordon ombilical est fort imparfait, fort simple, puisqu'il ne contient ni d'ouraque ni de vaisseaux ombilicaux, partie essentielle à ce cordon. Au contraire, tous les animaux dont l'ovule est pourvu ou d'une allantoïde ou d'un placenta, ont en même temps un cordon ombilical, renfermant une grosse veine qui va traverser le foie pour se rendre au cœur, et deux grosses artères qui naissent des iliaques primitives. Cette disposition est manifeste et incontestable dans les oiseaux, dans les serpens et dans les mammifères. Il n'y a donc que les embryons pourvus de branchies qui manquent d'un cordon ombilical ; ce cordon est donc l'intermédiaire entre l'embryon et la partie de l'œuf qui reçoit ou qui fabrique un sang nouveau, un sang rouge, aéré, artériel. On en pourrait conclure que l'allantoïde est l'organe par qui l'œuf exerce une espèce de respiration ; mais comme ce serait une pétition de principe, il faut se borner à émettre cette proposition incontestable, savoir : que les vaisseaux ombilicaux d'un embryon sont le signe assuré que le sang dont sont imprégnés ses organes est aéré et respiré au-dehors de lui ; par conséquent il y a dans l'œuf des oiseaux et dans l'œuf des serpens un organe chargé d'exercer cette respiration ; et comme c'est dans les feuillets de l'allantoïde que se distribuent les vaisseaux ombilicaux, il est fort probable que c'est par elle que cette respiration s'effectue.

Il résulte de ce que nous venons de dire que les vaisseaux ombilicaux n'existent point chez les fœtus pourvus de branchies, et que toujours ils annoncent des poumons. On peut conséquemment juger de l'un par l'autre : les zoologistes sentiront l'importance de ce principe.

Autrefois on pensait que les fœtus des vrais vivipares étaient seuls pourvus d'un cordon ombilical ; alors on regardait ce cordon comme indiquant toujours et certainement des mamelles : un de ces organes faisait supposer l'autre. On sait aujourd'hui que cette règle prétendue est une erreur. Un cordon ombilical indique certainement des poumons dans l'embryon qui le porte ; il indique de plus un placenta ou une allantoïde dans l'œuf d'où provient cet embryon, ou à-la-fois une allantoïde et un placenta : il est le signe certain que le fœtus n'a point de branchies, et que le sang de ce fœtus est aéré par sa mère ou par ses propres enveloppes, lui-même ne pouvant respirer. J'ose espérer que les principes exposés dans ce chapitre obtiendront l'assentiment des physiologistes.

CHAPITRE XIV.

Des Enveloppes fœtales des Mammifères, et de leur analogie avec l'OEuf des Oiseaux.

Nous n'avons pas le dessein d'étudier dans ce chapitre l'origine et les progrès de l'OEuf et de l'embryon des Mammifères ; nous ne voulons pour le moment que décrire la composition de cet œuf et l'arrangement des membranes, des humeurs et des vaisseaux dont il est formé. En conséquence, nous le supposons arrivé à sa plus grande perfection.

Nous devons d'abord parler de ce qui différencie essentiellement les ovules des mammifères et les œufs des oiseaux. Le fœtus de ces derniers est tout-à-fait isolé de l'animal qui l'a produit ; l'œuf qui le renferme a tout son volume dès le premier moment, et doit suffire à tous ses besoins ; l'embryon doit y trouver de quoi se nourrir, avec quoi respirer : jusqu'à la naissance, c'est là tout son univers. Chaque

(1) *Voyez* C. Galien, Vésale, R. Columbus, Fallope, Eustache, F. d'Aquapendente ; G. Harvey, N. Sténon, G. Needham, A. Haller, G. Hunter, Blumenbach, Baudelocque, Sœmmerring, Trevern, Oken, Hochstetter et Emmert, F. Meckel ; Dutrochet, G. Cuvier, Velpeau.

partie de cet œuf lui est d'une aussi grande importance que les organes mêmes qui composent la trame de son propre corps ; l'allantoïde, s'il est sans branchies, lui sert de poumons, et le vitellus verse dans ses intestins les matériaux de son accroissement.

Mais les choses ne sont plus entièrement les mêmes dans les mammifères : l'embryon de ces animaux a bien à-peu-près les mêmes enveloppes; on le trouve entouré, dans la plupart de ces animaux, d'un chorion, d'une allantoïde, d'un amnios et d'une vésicule ombilicale; ce qui forme en tout quatre membranes et trois humeurs. Ces parties équivalentes à ce qu'on voit dans l'œuf des oiseaux, n'ont plus ici ni la même importance, ni les mêmes fonctions : aussi les voit-on varier d'un quadrupède à l'autre ; il y a même de ces membranes qui manquent absolument dans certains genres. Mais ce qui caractérise essentiellement les ovules des quadrupèdes et de tous les animaux mammifères, c'est le placenta simple ou multiple dont l'extérieur du chorion est nanti. Cette masse sanguine et charnue retient le nom de placenta, lorsqu'elle est unique et concentrée comme dans l'homme ; et on l'appelle cotylédon, lorsqu'elle est multiple et par petits fragmens isolés les uns des autres, comme dans le cochon et la brebis. C'est dans ce placenta que viennent finalement se ramifier les vaisseaux ombilicaux ; il sert d'intermédiaire entre les vaisseaux de l'embryon et ceux de la mère : sa surface est hérissée de petites éminences qui sont reçues dans des sinus correspondans de la matrice, et c'est par ces points de contact intime que les vaisseaux des deux êtres s'abouchent ensemble.

Ce n'est point assurément par le placenta que le sang du fœtus est aéré et renouvelé ; mais cette espèce d'organe est le moyen de transition du sang d'un de ces êtres à l'autre. Nous avons dit que les vaisseaux ombilicaux indiquent des poumons et une respiration empruntée dans l'embryon pourvu de ces vaisseaux ; nous disons maintenant qu'un placenta est l'indice que l'embryon ne respire ni par lui-même, comme les fœtus des poissons et des grenouilles, ni par ses enveloppes, comme les fœtus des oiseaux. Il forme par conséquent un des traits distinctifs des vrais vivipares : lui et les glandes mammaires s'entre-supposent toujours. Voici, au reste, quelle est la disposition de l'ovule des mammifères :

Il est composé, avons-nous dit, de quatre membranes dans la plupart des animaux de cette classe. 1°. Le *chorion* est la plus extérieure de ces membranes : un placenta, simple ou multiple, l'unit au tissu de la matrice. La partie externe de cette première enveloppe est ordinairement recouverte d'une pellicule que G. Hunter a nommée *membrane caduque :* c'est un enduit apparemment inorganique, et qui, à cause de cela, finit par s'exfolier à mesure que le produit de la conception prend de l'accroissement. Le chorion est en quelque sorte l'équivalent de la membrane commune de l'œuf des oiseaux, dont la caduque représente assez bien la coquille.

2°. L'*amnios* enveloppe immédiatement le fœtus jusqu'à l'ombilic ; mais, en ce lieu, elle se réfléchit sur le cordon ombilical : c'est la même membrane que nous avons indiquée dans les œufs des autres animaux comme entourant toujours les fœtus.

3°. L'*allantoïde* est un prolongement de la vessie, et elle s'unit à cette vessie jusqu'à la dernière heure de la gestation par l'ouraque. Elle forme ordinairement une double voûte entre le chorion et l'amnios; et son union avec ces membranes est formée par un lacis de vaisseaux dont quelques personnes voudraient faire une membrane à part, sous le nom d'*arachnoïde fœtale*. Cette membrane allantoïde est l'analogue de celle des oiseaux portant le même nom; mais elle en diffère en ce que son développement est en tout semblable à celui des autres enveloppes de l'œuf : à l'inverse de celle des oiseaux, son étendue relative diminue plutôt que d'augmenter à mesure que l'embryon s'accroît; et elle a, dès les premiers momens, les connexions qu'elle conserve durant la gestation; d'ailleurs, elle ne paraît point servir à la respiration comme dans ces derniers. Enfin, l'homme est le seul des mammifères qui n'ait point d'allantoïde, encore qu'il ait un ouraque.

4°. La *vésicule ombilicale* est la quatrième membrane de l'ovule des mammifères; elle tient ordinairement au chorion par des ligamens ou chalazes, et ne communique avec l'embryon que par les vaisseaux qu'elle reçoit des mésentériques à la hauteur du pancréas. Toutefois, on l'a vue adhérer par un mince pédicule avec l'intestin grêle; mais cette disposition est rare. Cette poche est l'équivalent du vitellus des oiseaux, avec cette différence qu'elle ne paraît pas communiquer avec la cavité intestinale du fœtus, qu'elle diminue beaucoup aux approches de la naissance du nouvel être, qu'elle ne rentre jamais, comme le vitellus, dans l'abdomen de l'embryon, et que, si elle sert à sa nourriture, cela ne peut avoir lieu que par une absorption opérée par les seuls vaisseaux mésentériques.

De ces quatre membranes, le chorion ne fournit aucun fluide; mais les trois autres en contiennent un, dont la nature diffère pour chacune. Ces diverses enveloppes, mais surtout l'allantoïde et la vésicule ombilicale, varient beaucoup dans les différentes classes de quadrupèdes. Ainsi la vésicule ombilicale, si petite et si vite disparue dans le fœtus de l'homme et dans ceux des animaux, a au contraire un grand volume dans les carnassiers et dans les rongeurs. Elle l'emporte même de beaucoup sur l'allantoïde, dans ces derniers animaux. Il y a dans ce genre d'êtres une véritable inversion entre ces deux membranes, inversion pour la situation et pour le volume; ce qui a causé et qui cause encore, au moment où nous écrivons ces lignes, beaucoup de démêlés et de contestations. Toutefois il faut vouloir l'erreur pour confondre ensemble la vésicule ombilicale et l'allantoïde : on reconnaîtra toujours celle-ci à l'aide de sa communication avec l'ouraque, et à l'aide des vaisseaux ombilicaux qu'elle reçoit sans mélange d'autres vaisseaux ; tandis qu'on peut toujours distinguer la vésicule ombilicale, en ce qu'elle reçoit uniquement les vaisseaux omphalo-mésentériques, qu'elle les reçoit tous à elle seule, et qu'elle n'a pas d'autres moyens de communication avec le fœtus. Le liquide des deux membranes est de même dissemblable ; mais il varie tellement d'une classe à l'autre, qu'il serait peu sûr de fonder la distinction de ces membranes d'après les caractères de ce liquide.

Nous voyons donc que l'allantoïde des rongeurs est entièrement réduite, mais elle a de très-grandes dimensions dans les chiens et les autres carnassiers ; cette membrane diffère autant, dans ces deux classes de quadrupèdes, qu'elle diffère dans deux œufs d'oiseau, dont l'un a quatre jours d'incubation et l'autre neuf. Elle est aussi très-petite et en forme de boyau dans les ruminans ; et comme ce fut dans un de ces animaux que Galien l'étudia, elle doit le nom que cet illustre médecin lui a donné à sa disposition dans ces derniers êtres.

A l'égard des vaisseaux de l'œuf des mammifères, ils ont deux sources, comme dans l'œuf des oiseaux ; je veux dire qu'ils se composent des ombilicaux et des mésentériques, veines et artères. Les premiers vont seuls, et vont tous se répandre dans la vésicule ombilicale, à-peu-près comme nous les avons vus se distribuer au vitellus de l'œuf des ovipares ; mais les vaisseaux ombilicaux ne se bornent pas à l'allantoïde, comme ils s'y bornent dans l'œuf : après avoir formé de magnifiques réseaux sur cette membrane, ils la transpercent, elle et le chorion, toujours en se divisant et se ramifiant ; et finalement ils aboutissent à la matrice après avoir traversé le placenta ou les cotylédons, qui sont pour ainsi dire leur ouvrage. Il résulte de là de grandes différences entre l'embryon du mammifère et celui de l'oiseau : ce dernier se nourrit principalement aux dépens du vitellus ; l'autre tire peu de secours de la vésicule ombilicale et de la liqueur de cette vésicule : sa nourriture lui vient toute préparée et presque en totalité du sang de sa mère ; ensuite, c'est exclusivement par l'allantoïde que l'oiseau respire avant de naître, tandis que le jeune mammifère reçoit par la matrice et le placenta un sang tout prêt chargé d'air comme de chyle : les poumons et l'estomac de sa mère agissent à-la-fois pour deux êtres. Une autre différence importante entre les vivipares et les ovipares, est celle-ci : comme le jeune ovipare emporte avec lui dans son abdomen le résidu du vitellus qui l'a jusqu'alors nourri, il en résulte qu'il peut presque toujours se suffire à lui-même dès le premier moment de sa naissance ; il porte au-dedans de lui un réservoir de nourriture. Mais le mammifère n'a rien de semblable : il naît seul et dépouillé de toutes ses enveloppes , sans forces pour agir , et sans réservoir pour subvenir à ses besoins sans action. Il naît d'ailleurs sans habitude de l'isolement; .et, à l'exception de son cœur, aucun de ses organes n'a encore agi. Aussi voit-on la plupart des ovipares se nourrir seuls, ou au moins de la même nourriture que ses parens, soit qu'il la cherche seul ou qu'il la reçoive d'eux ; tandis qu'il faut à tout vivipare nouveau-né un fluide nourricier que lui donne sa mère aussitôt qu'elle a cessé de lui donner du sang. Voilà pourquoi tout vivipare est mammifère , pourquoi toute femelle à placenta a des mamelles : tout fœtus qui a d'abord vécu d'un sang étranger, a besoin de lait pour première nourriture.

CHAPITRE XV.

Organes génitaux des femelles. Origine de l'œuf et de l'embryon des Mammifères.

Pour aller plus directement au but de ce chapitre , nous faisons abstraction pour le moment de la structure génitale du mâle , des propriétés de la semence et de son émission pendant le coït : nous reviendrons plus tard sur ces différentes choses. Nous ne devons parler maintenant que des organes génitaux de la femelle, et des changemens qui s'y font remarquer à la suite d'un coït fécondant (1).

Les organes génitaux des femelles de mammifères se composent de deux Ovaires , de deux Trompes , canaux de communication entre les ovaires et la matrice ; de cette Matrice elle-même , laquelle est ordinairement bifurquée dans les animaux portant à-la-fois plusieurs petits , et simple au contraire dans ceux n'engendrant d'habitude qu'un fœtus à-la-fois. Après la matrice vient le Vagin, dont l'ouverture extérieure, garnie de Nymphes, d'un Clitoris et d'un Méat urinaire , porte le nom de Vulve.

Comme la matrice ne communique au-dehors par le vagin qu'à l'aide d'une ouverture étroite et toujours fermée, qu'on nomme Orifice du col utérin , il est certain que rien ne saurait s'en échapper hors de

(1) *Voy.* les ouvrages d'Aristote, d'Harvey, 1651 ; de Coiter (Volcher) 1575 ; de R. de Graaf, 1671 ; de Malpighi, de N. Sténon, de A. Nuck, de Vallisneri, de J. G. Duverney, de G. Hunter, de Buffon, de Haller, etc.

I.   9

l'accouchement, et que par conséquent on doit y retrouver, dès qu'il existe, le produit visible de la conception.

Dans l'état ordinaire, on trouve le col de la matrice fermé, les parois solides de cette matrice accolées sans intervalle appréciable, et son intérieur n'offrant aux yeux que quelques mucosités filantes et les orifices plus ou moins apparens de quelques vaisseaux. Les trompes, qui s'attachent à ses côtés, ont une cavité excessivement étroite, ne contenant rien non plus : elles ont une petite ouverture souvent invisible mais réelle dans la matrice ; et leur extrémité opposée, libre et flottante dans le ventre, s'épanouit en une espèce de pavillon, et se trouve placée dans le voisinage des ovaires. Ceux-ci n'ont pas d'autre voie de communication avec le dehors que le canal des trompes et la cavité de la matrice ; le prétendu conduit excréteur qu'on a cru y voir est tout-à-fait chimérique, chimérique aussi est la semence qu'on a dit s'y former. Enfin, si tant d'écrivains distingués ont cru voir dans les ovaires des femelles l'équivalent des testicules des mâles, si même ils sont allés jusqu'à leur donner ce nom de testicules, cela n'a pu provenir que d'un examen trop superficiel de ces organes, et peut-être aussi de ce qu'on s'était laissé prévenir par quelque hypothèse attrayante qui nécessitait des testicules et du sperme dans les femelles comme dans les mâles. C'est en particulier dans ce cas que nous semble s'être trouvé l'illustre Buffon.

Cependant ce nom d'*ovaires* que portent aujourd'hui ces organes nous est une preuve que tout le monde n'a pas partagé l'idée que ce fussent des testicules et qu'il s'y formât de la semence, car il faut remarquer que le nom de chaque objet exprime souvent beaucoup moins sa vraie nature que l'opinion de celui qui l'a dénommé. Or ce fut Sténon qui leur donna ce nom d'ovaires, fondé sur ce qu'on y trouvait des espèces d'œufs dans les femelles de tous les animaux alors connus : c'est du reste à l'époque où Sténon vivait que l'étude plus cultivée de l'anatomie, et surtout les beaux travaux d'Harvey, faisaient naître l'idée que tout corps vivant provient d'un œuf; et ce fut une raison puissante pour mieux étudier ces organes. On les examina donc dans diverses circonstances et aux différens âges de la vie : chez le fœtus, dans l'adulte, après le coït, pendant la gestation. On vit qu'il ne paraissait aucun œuf, aucune vésicule dans les premiers temps de la jeunesse ; mais qu'ensuite il s'en développait à mesure que l'animal approchait de la puberté. Ces espèces d'œufs, ces petites vésicules ne sont pas toutes de la même grosseur : il y en a de plus apparentes, il y en a de plus cachées. Ce volume varie selon l'âge, selon l'espèce de mammifère, selon la santé de l'individu ; il augmente surtout par le coït et la fécondation ; mais il n'est pas toujours en proportion avec la grosseur de l'animal : l'éléphant, par exemple, a ces vésicules fort petites.

Il n'y a rien de constant pour leur nombre : Haller, il est vrai, n'en a jamais compté plus de quinze dans un ovaire de femme ; mais d'autres auteurs y en ont trouvé jusqu'à cinquante. D'autres fois il n'y en a que six, ou même que deux. La même inconstance existe pour le reste des mammifères. On remarque que le nombre de ces petits corps diminue souvent dans les femelles qui ont fait des petits, non-seulement parce que plusieurs de ces œufs ont été employés aux fécondations précédentes, mais aussi parce que les autres se rapetissent et s'effacent même jusqu'à disparaître entièrement. Il paraît certain qu'il ne se forme jamais de nouvelles vésicules dans les animaux dont nous parlons. Lorsqu'on examine les ovaires des vieilles femelles, on n'y trouve plus que des grains miliaires solides, sans fluide intérieur, souvent même tout-à-fait endurcis et comme cartilagineux.

Jamais ces petits œufs n'ont de pédicule; le péritoine leur forme à tous une enveloppe commune; mais en-dessous de cette membrane séreuse sans vaisseaux visibles, chaque vésicule a sa membrane particulière, et cette tunique propre a des vaisseaux. Le fluide renfermé dans ces petits corps est homogène; il n'est pas composé de deux parties comme les œufs des oiseaux. Cette humeur est ordinairement transparente, souvent jaunâtre; le feu et l'alcool la coagulent. Il paraîtrait que ce liquide est analogue au blanc d'œuf. Vésale, Fallope, Albert le Grand, Riolan, et tous les anatomistes jusqu'à Sténon, avons-nous dit, donnèrent à ces petits corps le simple nom de Vésicules; Harvey lui-même fit taire sa propre conviction pour céder à l'ascendant des vieilles traditions et de la routine; mais Sténon, restant plus conséquent et avec la théorie de ce grand homme et avec les faits eux-mêmes, fut le premier qui osa donner le nom d'OEufs à ces granulations des ovaires.

On prétendit ensuite non-seulement que ce n'étaient point de véritables œufs, mais que l'existence

de ces corps n'était pas naturelle et résultait d'un état
maladif ; qu'enfin ce n'étaient là que des Hydatides.
Il est bien vrai qu'il se forme quelquefois des hydatides à la surface des ovaires ; mais leur groupement
n'est pas semblable, leur situation est toujours limitée,
et ordinairement ces espèces de kystes sont pédiculés et deviennent très-gros. D'ailleurs, l'existence
des hydatides est assez rare, tandis que celle des petits
œufs est constante dans les ovaires de tout mammifère
femelle encore jeune. Il se forme encore d'autres espèces de kystes ou de loupes dans les ovaires, mais
toujours fort différens des œufs dont nous faisons
l'histoire.

Nous voyons donc que la matrice communique avec
le vagin par un col saillant, dont l'ouverture étroite
est toujours fermée hors le temps du coït, hors le
temps des règles et de l'accouchement ; nous savons
que cette matrice est percée vers les côtés de son sommet par les deux conduits très-étroits des trompes de
Fallope ; que ces trompes, composées d'un tissu dilatable et contractile comme la matrice, se terminent en
s'épanouissant par une sorte de pavillon, au-delà mais
tout près des ovaires ; et que ces derniers sont composés de petites vésicules ou d'œufs, n'ayant ni conduits excréteurs ni aucune voie de communication
avec la matrice autres que les trompes de Fallope. Maintenant il s'agit d'examiner quels changemens surviennent dans ces différentes parties à la suite du coït
et lorsque la conception est opérée : nous devons surtout nous attacher à montrer l'œuf et l'embryon des
mammifères dans ses premiers commencemens.

Si l'on examine la matrice et les trompes peu après

la conception, on trouve ces organes plus colorés, plus imprégnés de liquides ; les trompes contiennent même quelquefois des mucosités sanguinolentes. Il paraît certain également que les trompes s'érigent, et que leur extrémité évasée se recourbe vers les ovaires en s'adaptant à l'une de leurs vésicules : Haller ayant ouvert une lapine six jours après l'approche du mâle, trouva la trompe collée à l'ovaire par son pavillon, ainsi que nous venons de le dire; il vit aussi qu'un des œufs s'était séparé de l'ovaire, et il trouva cet œuf dans le canal déjà un peu élargi de la trompe. Nuck, avant Haller, avait cité une observation encore plus décisive : cet anatomiste lia vers le milieu de sa longueur la trompe d'une chienne trois jours après l'approche du mâle ; au bout de quatre autres jours il trouva deux fœtus entre l'orifice libre de la trompe et la ligature qui en étreignait le canal. Santorini, Riolan, Duverney ont vu des fœtus dans les trompes. Les dénégations les plus formelles des auteurs ne sauraient infirmer un fait positivement articulé par un homme comme Haller, surtout lorsque tant d'autres observateurs l'attestent; aussi regardons-nous ce fait comme avéré. D'ailleurs, que trouve-t-on de douteux ou d'incroyable dans cette observation? est-ce la route suivie par l'ovule? Mais ne sait-on pas que la trompe a son ouverture libre près de l'ovaire, et qu'elle est percée d'un canal ayant issue dans la matrice? n'a-t-on pas vu des fœtus s'accroître plus ou moins complètement dans les trompes? Ces canaux sont à la vérité fort étroits; mais les parois n'en sont-elles pas dilatables? On ne comprend pas comment la trompe peut détacher l'œuf; mais est-ce une raison de ces corps n'était pas naturelle et résultait d'un état maladif; qu'enfin ce n'étaient là que des Hydatides. Il est bien vrai qu'il se forme quelquefois des hydatides à la surface des ovaires; mais leur groupement n'est pas semblable, leur situation est toujours limitée, et ordinairement ces espèces de kystes sont pédiculés et deviennent très-gros. D'ailleurs, l'existence des hydatides est assez rare, tandis que celle des petits œufs est constante dans les ovaires de tout mammifère femelle encore jeune. Il se forme encore d'autres espèces de kystes ou de loupes dans les ovaires, mais toujours fort différens des œufs dont nous faisons l'histoire.

Nous voyons donc que la matrice communique avec le vagin par un col saillant, dont l'ouverture étroite est toujours fermée hors le temps du coït, hors le temps des règles et de l'accouchement; nous savons que cette matrice est percée vers les côtés de son sommet par les deux conduits très-étroits des trompes de Fallope; que ces trompes, composées d'un tissu dilatable et contractile comme la matrice, se terminent en s'épanouissant par une sorte de pavillon au-delà mais tout près des ovaires; et que ces derniers sont composés de petites vésicules ou d'œufs, n'ayant ni conduits excréteurs ni aucune voie de communication avec la matrice autres que les trompes de Fallope. Maintenant il s'agit d'examiner quels changemens surviennent dans ces différentes parties à la suite du coït et lorsque la conception est opérée : nous devons surtout nous attacher à montrer l'œuf et l'embryon des mammifères dans ses premiers commencemens.

Si l'on examine la matrice et les trompes peu après

œufs, qu'elles semblaient tout près de se rompre. En les examinant plus soigneusement, une heure ou deux après le coït, on s'est assuré qu'il y avait des vaisseaux sanguins à leur intérieur, et qu'ordinairement elles paraissaient fendues par le milieu. On a vu que ces vésicules se vident au bout de quatre à cinq heures, qu'après cela les membranes s'en épaississent, que des vaisseaux s'y développent: vers la vingt-deuxième heure, la vésicule rompue est remplie d'un corps jaune que Haller a rendu célèbre. Ce corps ensuite s'accroît beaucoup, est entouré d'un lacis de vaisseaux, et ressemble finalement, dit Haller, au mamelon rosé d'une jeune fille. Au bout de quelques jours la fente médiane n'est plus visible. Quel que soit l'usage du corps jaune, et quoi qu'ait pu dire Buffon pour en nier l'importance, assurant, par exemple, qu'on le trouvait dans les animaux vierges comme dans les autres, le témoignage et les recherches de de Graaf, de Morgagni et de Haller établissent comme un fait très-certain qu'il n'existe que dans des femelles qui ont déjà conçu ou qui viennent de concevoir. Ce corps jaune finit par prendre l'aspect d'une petite glande; il commence, après quelques jours de fécondation, par occuper une grande partie de l'ovaire; il diminue ensuite à mesure que la gestation avance vers son terme; mais il en reste presque toujours des traces, même après l'accouchement. Il persévère long-temps, principalement chez les femmes; long-temps aussi on y remarque les indices de la fente primitive de la vésicule rompue. On a cru remarquer que les ovaires contenaient autant de corps jaunes qu'il y avait eu de fœtus : Haller n'en a trouvé qu'un après le premier accouchement de la femme, et dix-huit dans les ovaires d'une truie qui avait mis bas dix-huit petits d'une première gésine. Il faut d'ailleurs remarquer que dans les femelles où l'on trouve des corps jaunes, la matrice offre en même temps les empreintes plus ou moins conservées des cotylédons ou placentas. On trouve, en outre, dans plusieurs femelles, une cicatrice au col utérin, des éraillures à la peau du ventre, et sensiblement plus de volume aux mamelons. Ce sont là autant de signes de la maternité, ces derniers principalement chez la femme. Buffon assure que le corps jaune est tout formé dans l'ovaire au moment de la conception; mais c'est une conjecture que détruit l'observation impartiale des faits.

Si nous réfléchissons un peu sur les détails précédens, nous verrons que cette vésicule trouvée distendue après la conception, que la fente ou cicatrice de son sommet, que le corps jaune qui lui succède et qui persévère souvent toute la vie; tous ces faits, dis-je, porteront à penser qu'il s'échappe quelque chose de l'ovaire au moment de la fécondation.

Outre ces premières preuves, tirées d'une vésicule qui se gonfle après le coït, et des trompes, dont l'extrémité dilatée s'applique à l'ovaire, et d'une cicatrice qui succède à la fécondation, il y a d'autres observations qui démontrent que le principe du nouvel être provient de l'ovaire.

1°. On voit quelquefois le fœtus se développer dans le ventre des femelles fécondées par leurs mâles, et dans ce cas encore on trouve une des vésicules de l'ovaire ouverte, déchirée et désemplie : c'est qu'alors probablement les trompes ont mal fait leur office ; elles sont obstruées ou malades.

2°. On a plusieurs fois trouvé dans un ovaire des débris de fœtus, chez des femelles qui avaient reçu les approches du mâle sans engendrer : ces espèces de kystes contiennent ordinairement des os , des cheveux, des dents, en un mot toutes les parties les moins destructibles d'un corps organisé. D'où toutes ces choses viendraient-elles, si ce n'est d'un embryon développé dans son premier berceau?

3°. On peut châtrer une femelle aussi bien qu'un mâle , l'extirpation des ovaires, comme celle des testicules, produit toujours la stérilité : la chose est avérée pour les mammifères comme pour les animaux ovipares. Les ovaires servent donc à la génération : or, comment y concourent-ils , sinon par ces petits œufs, par ces vésicules qui le composent ; comment ensuite y serviraient-ils efficacement si les trompes ne les conduisaient pas dans la matrice. D'ailleurs, ces petits œufs ont été trouvés dans les trompes peu de temps après la copulation : de Graaf, il y a plus d'un siècle, et de nos jours MM. Cruikshanks, Prévost et Dumas ont observé ces petits corps dans le canal même des trompes. Ils s'y trouvaient libres d'adhérences, étaient d'une extrême petitesse , et composés d'une sorte de petite sphère de liquide transparent, revêtue d'une tunique excessivement ténue : c'est du moins ainsi que ces auteurs en parlent dans leurs ouvrages. Il faut ajouter que ces petits ovules ne sauraient être confondus avec des hydatides, puisque ces dernières sont constamment adhérentes aux parois des trompes, lorsque c'est dans leur cavité qu'on les trouve. On a même cru découvrir à leur surface, examinée au microscope, de petits prolongemens cotonneux analogues à ceux que présente plus tard et dans de grandes proportions la membrane caduque dont le chorion du fœtus est extérieurement revêtu : on a dit aussi qu'on apercevait à l'un de leurs pôles un point blanchâtre qu'on croyait être la cicatricule résultant apparemment de l'action du fluide séminal. On ajoute encore que ces ovules augmentent en grosseur à mesure qu'ils approchent de la matrice, c'est-à-dire de l'orifice interne des trompes, et qu'on a pu y découvrir les premières traces d'un fœtus dès le douzième jour de la conception.

Voilà sans doute assez de détails sur les œufs des mammifères ; peut-être même est-ce parler avec trop de précision de corps auxquels ceux qui assurent les avoir observés n'accordent pas une demi-ligne de diamètre. Mais quand même on admettrait que de pareilles observations ont peu de certitude et méritent peu de confiance, ce que nous avons dit des changemens visibles de l'ovaire et des trompes, ce que nous savons de l'organisation de ces parties, plusieurs phénomènes dont nous avons parlé, et surtout les grossesses extra-utérines sans rupture de la matrice, tous ces faits ne permettent pas de douter si c'est réellement de l'ovaire que proviennent les linéamens de l'embryon et de ses enveloppes.

On a dû remarquer, dans le cours de ce chapitre, à combien de conditions difficiles la génération des animaux vivipares est assujettie : la petitesse de leurs œufs, l'étroit canal qu'ils ont à traverser, la distance

où ils sont des approches possibles des organes génitaux du mâle, et surtout la circonstance que des corps
si fragiles puissent parcourir, sans se briser mille fois,
des conduits aussi solides que le sont les trompes;
j'avoue que tant d'obstacles à surmonter pour l'achèvement d'un seul acte, me semblent ajouter à ce qu'il
a de merveilleux. Ne nous étonnons donc plus si la
fécondité est beaucoup moins grande qu'ailleurs dans
les gros animaux qu'on nomme mammifères! Outre
que ces animaux ont un bien moins grand nombre
d'œufs que les vrais ovipares, nous voyons de nombreuses occasions de stérilité dans les détails de leur
structure; mais nous n'en voyons dans aucune espèce
autant que chez l'homme, à cause de sa longue enfance et de l'immensité de ses besoins; à cause de
l'excès de ses passions et des innombrables maladies
qu'engendrent ses vices.

CHAPITRE XVI.

Les Êtres organisés engendrent-ils tous par une sorte d'œufs?

Si l'on se rappelle ce que nous avons dit dans les
chapitres précédens, on verra que nous avons d'abord
récusé comme improbables les générations spontanées
des corps vivans; qu'ensuite, pour les êtres dont la génération est connue, nous avons vu les plantes à fleurs
se reproduire par des graines, et les champignons et
d'autres cryptogames, et même les polypes, par des
espèces de gemmes ou de bulbes : nous n'avons ensuite
trouvé dans la longue chaîne des animaux que des

opivares et des vivipares; c'est une distinction qui date du temps d'Aristote, et qu'on voit établie dans les ouvrages de ce grand homme. La question, maintenant, est de savoir quelle idée on doit attacher à ce qu'on nomme *œuf* (1). Assurément, si nous prenions l'œuf des oiseaux pour type, il serait difficile d'en trouver l'équivalent dans la plupart des autres êtres : il faudrait commencer par refuser cette dénomination d'œuf aux germes des polypes et aux bulbes des plantes cryptogames; car ces sortes de germes, composés d'une substance homogène, n'offrent ni enveloppes, ni compartimens, ni le principe essentiel et séparé d'un embryon; c'est la totalité de ces petits corps qui reproduit les êtres entiers dont ils sont les premiers rudimens. Ne pouvant donc les assimiler aux œufs, nous ne verrions plus en eux qu'une sorte de bourgeons, ainsi que nous l'avons dit au commencement de ce IIe livre. Mais si nous appelons *œuf tout corps duquel peut provenir un être semblable à l'être dont lui-même provient,* les germes dont nous parlions à l'instant seront eux-mêmes des œufs, aussi bien que les graines plus compliquées des plantes à fleurs, et il ne restera plus à examiner que les animaux distingués entre eux par les noms d'*ovipares* et de *vivipares.*

Quant aux ovipares, leur nom, tiré de leur genre de reproduction, ne permet pas de mettre en doute que ce soit par des œufs qu'ils naissent et se perpétuent : la chose ne serait donc incertaine qu'à l'égard des vrais vivipares ou mammifères. Mais

____

(1) *Voyez* Aristote, lib. 1, et Harvey, *Exercit.* LXII.

comme nous avons vu ces derniers n'avoir eux-
mêmes pour origine que des espèces d'œufs ou de
petites vésicules; comme ces vésicules ont certainement leur source dans les ovaires, et qu'elles se manifestent, soit dans les trompes, soit dans la matrice,
plusieurs jours avant que l'embryon n'y devienne
visible, il en résulte que les vivipares, nonobstant
leur nom, naissent d'un œuf comme les oiseaux,
comme les poissons et les reptiles; qu'enfin c'était
avec justesse et vérité qu'Harvey disait : *Omne vi-
vum ex ovo.*

CHAPITRE XVII.

Génération équivoque de l'Ornithorynque.

L'Ornithorynque de Blumenbach est un animal
fort singulier à beaucoup d'égards (1); les détails de
sa structure en font l'être le plus équivoque qu'il y ait
au monde. Quelques auteurs disent que, bien qu'il
n'ait point d'ailes, cependant il faut le ranger parmi les
oiseaux, à cause de son bec aplati, de ses pieds à ergots
et de son cloaque. On dispute d'un bout de l'Europe à
l'autre pour savoir si cet animal est ovipare ou vivipare : les uns tirent de son cloaque et de ses oviductes
la preuve qu'il pond des œufs; les autres soutiennent

---

(1) *Voyez* Shaw, Blumenbach, Everard Home, Geoffroy Saint-
Hilaire, Lamarck, Cuvier, Blainville, Tiedemann, Quoy, F. Meckel,
Garnot et Lesson, Knox, Rudolphi, Van-Der-Hoeven, et Isid. Geof-
froy.

qu'il a des mamelles ; M. Fr. Meckel a même décrit et figuré ces organes, et cela est un argument puissant en faveur de ceux qui affirment qu'il s'agit d'un vivipare. Néanmoins on réplique qu'on a vu les œufs assez gros de cet animal ; on ajoute que l'on prend pour des mamelles des organes étrangers à l'allaitement ; on va même jusqu'à faire entendre , assurément contre les bons principes de physiologie, qu'un animal peut porter des mamelles sans être vivipare ! Toutefois la disposition de ses trompes utérines, la structure de son bassin, les poils dont son corps est couvert (1) , la similitude de ses quatre membres, et la longueur de son urèthre, toutes ces choses portent à penser que l'ornithorhynque est un véritable vivipare ou mammifère. Il est étonnant qu'après tant de voyages à la Nouvelle-Hollande, la difficulté dont nous parlons n'ait pas été résolue. Espérons que nos compatriotes MM. Quoy et Gaymard seront plus heureux ou plus habiles que leurs célèbres devanciers ! On recoit à l'instant même (sept. 1828) de ces voyageurs infatigables, des lettres où l'on semble annoncer de grandes découvertes concernant la génération encore si conjecturale des ornithorhynques et des kanguroos.

Observons toutefois que l'ignorance où l'on est touchant la reproduction de ces animaux ne saurait détruire la conséquence du chapitre précédent : que ces êtres engendrent à la manière des oiseaux ou des mammifères, ils auront toujours une sorte d'œuf pour première origine.

(1) *Voyez* Aristote , *de Animalibus* : « Les animaux velus sont vivipares. » Lib. I, cap. 5.

CHAPITRE XVIII.

De la Liqueur Séminale des mâles et de la Fécondation des femelles.

Tout être vivant, avons-nous dit, naît d'un œuf; mais les œufs ne deviennent féconds que par l'intervention du fluide séminal : toute femelle séparée des mâles de son espèce demeurerait stérile. A l'exception des hermaphrodites, qui ont les organes des deux sexes réunis dans chaque individu, les animaux isolés ne sauraient se reproduire. La génération nécessitait donc l'association des êtres par couples ou par des rassemblemens plus nombreux ; or c'est par l'attrait du plaisir que la nature a formé partout des familles : l'origine des sociétés, c'est l'amour.

Nous avons montré en quoi les animaux femelles concourent à la génération, indiqué par quels organes, et d'après quel ordre, quelle succession : nous avons vu des vésicules de différentes grosseurs se former ou du moins s'accroître dans les ovaires, parcourir ensuite de longs conduits qui aboutissent, tantôt dans un cloaque où ils ne peuvent long-temps séjourner, tantôt dans une matrice extensible aux parois de laquelle ils adhèrent tout le temps nécessaire au développement de l'embryon, dont ils recèlent les rudimens; et cette matrice, nous avons dit qu'elle communique au-dehors par un vagin que termine une vulve garnie de nymphes charnues et d'un clitoris.

Mais, jusqu'à présent, nous ne nous sommes occupé ni des organes génitaux des mâles, ni du fluide que ces organes ont pour objet ou de produire ou de projeter loin de sa source. Cela même va former la matière de ce chapitre ; mais nous éviterons tout détail étranger au but présent, qui est l'examen du mode selon lequel les œufs de la femelle sont fécondés par la semence du mâle.

Les organes génitaux des mâles sont presque aussi compliqués que ceux des femelles. D'ordinaire, voici de quoi ils se composent : 1°. de deux Testicules par qui le sperme est sécrété ; tantôt ces organes restent fixés dans l'abdomen sans jamais en sortir, comme dans les oiseaux et les reptiles ; tantôt ils sortent au-delà du ventre, et s'y revêtent de plusieurs enveloppes nommées Bourses, comme dans la plupart des mammifères ; d'autres fois, ils séjournent habituellement dans le corps, et ils n'en sortent qu'à l'époque du rut ou de l'amour, comme cela a lieu dans les rats : mais toutes ces choses ne changent nullement les fonctions de ces organes. 2°. Les testicules sont composés de petits vaisseaux très-déliés, et dont la réunion donne lieu à deux Conduits excréteurs ou déférens. 3°. Ces conduits déférens se rendent quelquefois dans leurs réservoirs, nommés Vésicules séminales, et d'autres fois directement dans la cavité du cloaque (chez les ovipares), ou dans le canal de l'urèthre (chez les mammifères). 4°. Lorsque c'est dans le canal de l'urèthre qu'aboutissent finalement les conduits spermatiques, alors cet urèthre est garni et fortifié par des Corps caverneux très-vasculaires, très-extensibles, et susceptibles d'érection : ce tissu érectile

1.   10

a pour effet de tendre le canal, d'en augmenter la
longueur et en même temps de le rétrécir par des
courbures, toutes circonstances propres à donner
plus de rapidité aux jets de la semence chassée de
ses réservoirs : l'urèthre, ainsi compliqué, porte le
nom de Verge ou de Pénis. La forme en est très-
variée selon l'espèce d'animal : il est tantôt simple
et effilé, tantôt surmonté par une espèce de gland ou
par des renflemens en forme de bourrelets, quelquefois même il est en partie osseux. Mais la verge
est surtout fort différente chez les animaux ovipares,
dans lesquels elle est séparée de tout urèthre et rarement perforée ; presque toujours alors elle offre simplement à sa surface des sillons plus ou moins pro-
fonds, destinés à recevoir la semence et à la répandre.
Le pénis a pour principal usage de projeter le fluide
séminal dans les organes de la femelle, ou seulement
sur les œufs qu'elle rend, le plus loin et le plus rapidement possible : le contact réitéré de ce corps est
d'ailleurs un moyen de titillation et un élément de
jouissances.

La Semence provient donc des testicules. Ce fluide
est blanchâtre dans tous les animaux ; il est composé
de deux parties, dont l'une est plus pesante que l'eau,
tandis que l'autre, dit Haller, reste attachée à la surface du liquide sous la figure de toiles d'araignées.
Cette liqueur porte une odeur singulière extrêmement pénétrante ; les chairs et les humeurs des animaux s'en imprègnent désagréablement à l'époque du
rut. Le pollen de beaucoup de végétaux a une odeur
en tout semblable, et ceci est d'autant plus digne
d'attention, que le pollen est pour les plantes ce

qu'est la semence pour les animaux. Il serait curieux de comparer chimiquement ces deux liquides, mais ce n'est point notre objet.

La sécrétion de la semence ne date que de l'époque de la puberté, et d'ordinaire elle tarit dans la vieillesse; mais la durée du fluide prolifique est bien difficile à fixer chez l'homme, à cause de ses passions, qui devancent quelquefois les besoins réels et souvent leur survivent. Pour les animaux, ils n'ont guère de semence au-delà de l'époque de leurs amours : leurs testicules se rapetissent et semblent s'atrophier le reste de l'année. Il en est même qui n'ont de semence qu'une fois dans leur vie, et qui meurent après l'avoir répandue; à-peu-près comme on voit les étamines se flétrir après la dissémination du pollen : je veux parler des insectes, lesquels périssent après qu'ils ont engendré. La chaleur du climat, l'abondance de la nourriture, le bon état de la santé, le repos, un sommeil tranquille et prolongé, toutes ces choses ont beaucoup d'action sur la semence pour en accroître la puissance et la quantité : les animaux à qui l'homme fait partager les commodités de la vie domestique et les précieuses acquisitions dues à son industrie et à sa prévoyance, sont plus enclins à l'amour, sinon plus aptes à la propagation, que les animaux des mêmes espèces vivant à l'état sauvage. Rien n'agit sur le sperme autant que les longues privations, les maladies et surtout les chagrins; ce fluide alors perd sa consistance et son odeur en même temps que la quantité en est moindre; pour être propre à féconder, le fluide séminal des grands animaux doit être consistant et comme granuleux.

10*

Mais d'où provient et en quoi consiste la propriété fécondante du sperme? voilà ce qu'il nous importe d'examiner. Il est vrai de dire qu'on voit s'accroître les œufs de beaucoup d'animaux ovipares sans que la semence y soit intervenue ; mais on ne voit jamais d'embryon se développer sans cette intervention du fluide séminal. Les œufs même de grenouilles et de salamandres, dans lesquels on croit voir des embryons ébauchés avant toute approche des sexes, ces œufs ne produisent jamais rien s'ils ne reçoivent le contact de quelques particules de sperme : Spallanzani en a fait plusieurs fois l'essai. L'action intime de ce fluide sur les œufs n'est pas connue, mais elle se manifeste à tous les yeux par des phénomènes qu'on ne saurait récuser. Lorsqu'il s'est répandu sur des œufs de vers à soie un peu de la semence du mâle de cette espèce, de jaunes qu'ils étaient ces œufs deviennent violets ; ceux des poissons se troublent légèrement par un pareil contact ; ceux des grenouilles, des crapauds et des salamandres, déjà à moitié noirs dès qu'ils sortent, noircissent bien davantage aussitôt qu'on les a arrosés du fluide séminal ; en même temps on remarque qu'ils se sillonnent de rides nombreuses, se creusant de plus en plus. L'œuf d'oiseau a déjà une cicatricule à l'un des pôles de son vitellus avant l'imprégnation spermatique ; mais après l'imprégnation cette cicatricule devient plus large et plus épaisse, de manière qu'il est impossible qu'une personne habituée à ce genre de recherches confonde jamais un œuf coché avec celui qui ne l'a pas été ; mais l'effet du contact de la semence est encore plus marqué sur l'ovule des vivipares. Les œufs des autres animaux peuvent du moins s'accroître et sortir avant d'avoir éprouvé ce contact, tandis que chez les mammifères ces petites vésicules ne rompent leur membrane, ne parcourent les trompes et ne parviennent dans la matrice pour s'y accroître qu'après l'émission séminale du mâle. On croit même que le sperme en obscurcit un peu la transparence, et macule légèrement l'une des extrémités; mais comme ces corps sont excessivement petits, il faut se tenir sur ses gardes quant aux observations dont ils sont le sujet.

La semence du mâle, en quelque animal qu'on l'observe, a donc pour usage de féconder par son contact les œufs contenus dans la femelle ou déjà expulsés de son corps; mais cet arrosement spermatique se fait très-diversement selon les espèces d'animaux : dans les hermaphrodites, par exemple, il y a communication directe entre les conduits séminifères et les réservoirs des œufs, de sorte que la fécondation est opérée sans accouplement et par les organes unis du même animal; c'est ce qui arrive chez les huîtres et la plupart des mollusques. Cette fécondation est aussi simple que celles des fleurs réunissant dans la même corolle des étamines et des pistils. D'autres animaux portent aussi dans le même individu les organes des deux sexes, mais trop séparés, trop éloignés pour se suffire. Les animaux ainsi conformés sont obligés à un double accouplement avec d'autres êtres de la même espèce, ayant à-la-fois des organes mâles et femelles : cela se voit pour les limaces, les sangsues, pour plusieurs vers et plusieurs mollusques; ce sont ces êtres-là que nous avons nommés androgynes.

On ne trouve rien d'analogue dans les plantes. Ensuite, depuis les insectes jusqu'à l'homme, tous les
animaux sont à sexe simple, et la plupart s'accouplent. Il y a bien dans quelques espèces des êtres
neutres ou Mulets n'ayant les organes d'aucun sexe,
comme on le voit pour les abeilles et les fourmis ;
mais il existe toujours parmi ces animaux assez d'individus à sexes distincts pour perpétuer la famille.

L'accouplement des sexes n'est pas toujours visible
ni même constant pour tous les animaux unisexuels :
on doute, par exemple, que beaucoup de poissons
s'accouplent jamais; et comme on ne sait par quelle
influence le mâle peut être attiré vers les œufs frayés
par la femelle, on a douté qu'il les fécondât : on a vu
des poissons femelles avaler la laite répandue des
mâles, des mâles manger les œufs des femelles, et l'on
a prêté à cela un but et des motifs fort bizarres. Si
Linné (1) avait tenu compte de la voracité des poissons, s'il avait remarqué que les individus des deux
sexes mangent également des œufs, souvent même
dès qu'ils les ont frayés, et surtout s'il avait fait attention que les intestins où ces œufs s'introduisent
n'ont guère de communication avec les organes formateurs du sperme ; alors sans doute Linné aurait
moins vite partagé un préjugé antérieur à Aristote.
Toutefois, comme beaucoup de ces animaux ont un
cloaque, c'est-à-dire une cavité terminale servant
d'aboutissant commun aux intestins, à la vessie et
aux organes génitaux, peut-être ne serait-il pas im

____

(1) *Voyez* l'ouvrage d'Artédi, publié par Linné, son ami.

possible que des œufs avalés par quelques espèces éprouvassent en cet endroit l'impression du fluide séminal.

Quant à beaucoup de reptiles, nous savons qu'ils se fécondent sans coït et sans intromission véritable ; les grenouilles et les salamandres mâles projettent immédiatement leur semence sur les œufs expulsés des femelles. On dit même chose des abeilles et de plusieurs autres insectes. Mais il y a émission intérieure de sperme dans les femelles des oiseaux, dans les serpens, les tortues, la plupart des insectes, et dans les mammifères. Cependant, et quoique les pénis des mâles soient en général proportionnés aux organes des femelles, on n'est pas certain que le sperme soit projeté jusqu'à l'extrémité des trompes ou des oviductes : il y a plus, Harvey et Haller ne l'ont presque jamais trouvé dans la matrice des mammifères. Voilà ce qui a porté quelques personnes à conjecturer que peut-être la seule vapeur de la semence suffisait à la fécondation des œufs des femelles, car conçoit-on que ce fluide puisse être lancé par le pénis jusqu'aux ovaires, au delà des conduits si déliés qui séparent ces ovaires d'avec la matrice ! On a donc pensé qu'il s'élevait du sperme éjaculé dans la matrice, une vapeur, un esprit essentiel, un *aura*, comme on dit. Mais les expériences de Spallanzani sont venues détruire ces pressentimens. Cet illustre observateur a plusieurs fois exposé les œufs de divers animaux à cette vapeur de semence encore récente, et jamais il n'a pu réussir à les féconder : au lieu que le sperme en substance, le sperme pur ou mitigé, déterminait toujours le développement des embryons.

Plus l'action de la semence paraissait surprenante, et plus on mettait d'attention, plus on mettait de zèle à l'étudier. Le microscope une fois trouvé, on en fit bientôt usage pour examiner le sperme de plusieurs animaux; ce fut alors qu'on découvrit dans ce fluide d'innombrables petits corps mobiles, ayant une queue, portant une grosse tête, et présentant mille phénomènes singuliers (1). Cette découverte fut faite par un écolier nommé Louis Hamme, lequel s'empressa de la communiquer à Leeuwenhoek à qui finalement l'honneur en est resté; tant il est rare qu'une invention illustre le nom de son premier auteur. Toutefois Hartsoeker publia presque aussitôt que Leeuwenhoek des ouvrages sur les Animalcules spermatiques; il lui disputa même la gloire de l'antériorité, et s'il en faut croire Fontenelle, ce fut à d'assez justes titres. Les observations se multipliant toujours nonobstant les discussions de l'amour-propre, on grossit peu-à-peu l'histoire de ces corpuscules des détails les plus merveilleux. Comme on les voyait se mouvoir, on dit que c'était par une volonté délibérée : on ajouta qu'ils avaient des sexes, qu'ils s'accouplaient, qu'à leur tour ils répandaient une sorte de sperme, apparemment aussi peuplé d'animalcules proportionnés à leur grosseur; qu'enfin ils concevaient, engendraient, subissaient des métamorphoses; et tout cela dans l'espace de quelques heures qu'on assignait à leur durée !

On mesura leur volume, et l'on vit avec étonnement qu'il variait peu dans le sperme des différens

---

(1) *Voyez* Leeuwenhoek (1675), Hartsoeker, Lieberkuhn, Ledermuller, Needham, de Gleichen, Vallisneri, Verheyen, Buffon, Bory, Prévost et Dumas, Spallanzani, Maupertuis, etc.

animaux : car il faut dire qu'on trouva des animalcules dans la semence de toutes les espèces. Il fallait aussi étudier les circonstances propices à leur
développement ; et l'on assura qu'il y avait peu ou
point d'animalcules dans le sperme des animaux ou
tout jeunes, ou très-vieux, malades ou éjeûnés. On
n'en vit point non plus dans la liqueur imparfaite des
mulets, peu ou point dans les autres humeurs ; et
l'on a assuré tout récemment que le fluide séminal
des oiseaux, à l'exception du coq et du pigeon, n'a
d'animalcules qu'à l'époque des amours, une ou deux
fois l'année.

Dans l'origine de cette découverte on mêla beaucoup de faits incroyables à ce que laissait voir de réel
le foyer grossissant du microscope, et plusieurs accré-
ditèrent ces erreurs ; les uns par une crédulité excessive, d'autres dans le but de rendre ridicules des faits
qu'ils regardaient tous comme fabuleux, d'autres
enfin, dans l'intérêt de quelque système déjà émis ou
projeté ; car il est des personnes qui trouvent toujours
les faits assez avérés, s'il doit en résulter un système.
On prétendit donc qu'on avait vu des animalcules à
longues oreilles dans la semence de l'âne, et un petit
poulet déjà bien conformé dans le fluide séminal du
coq ; bien plus, on assura qu'un animalcule spermatique de l'homme s'étant par hasard dépouillé de son
enveloppe, avait laissé voir une figure humaine, bien
petite à la vérité, mais pourtant reconnaissable (1).
Et ce qui mérite une sérieuse attention au milieu de

____

(1) C'est Haller qui raconte ces faits : voyez *Elem. Physiologie.*

fables aussi ridicules, ce sont les conséquences qu'on
crut pouvoir en déduire: on émit ce principe, par
exemple, que toute femelle (sans excepter la femme)
ayant reçu les approches du mâle, peut féconder
une autre femelle, une femelle vierge, au moyen des
petits animalcules se transportant de l'une à l'autre.

Il est facile de pressentir quel rôle on a fait jouer
aux animalcules spermatiques dans les phénomènes
de la génération. Nous entrerons dans quelques détails à ce sujet, lorsque nous examinerons les principales hypothèses dont cette belle fonction a été le
motif. Nous avons déjà exposé, au chapitre des *Générations spontanées*, les raisons qui nous font douter
que ces prétendus animalcules soient des êtres animés. Il est certain, cependant, que tout est vivant
dans un corps jouissant de la vie; le sang, la semence
et toutes les humeurs, aussi bien que les organes eux-
mêmes : il serait donc possible que ce mouvement de
molécules, observé dans le fluide séminal, fût une
manifestation de cette vitalité dans une des parties
qui se la partagent. Mais il ne faut point oublier qu'il
s'agit là de véritables atômes, dont le microscope a
fait des géans; et comme nous ne devons donner à
chaque chose qu'une importance méritée, il est sage
de ne tenir compte de ces corpuscules qu'à raison de
la réalité, et non d'après une apparence mensongère.
Retournons donc à l'observation.

On accordait beaucoup aux animalcules au temps
où Spallanzani faisait ses expériences, et il tenta plusieurs essais pour s'assurer du fait : il avait observé
que lorsqu'on projette du vinaigre sur la semence dé-

layée des reptiles, cela fait disparaître du fluide tous les corpuscules mobiles. Il fit son expérience, et elle eut un plein succès : quoique sans animalcules, la semence fut toujours fécondante.

Quelqu'un ayant prétendu que peut-être la semence agissait à la manière de l'électricité, Spallanzani en fit l'essai. Il vit bientôt qu'un courant électrique laisse inféconds des œufs non spermatisés, mais que cela influe sur le développement de l'embryon en des œufs fécondés; que ce développement devient par là plus précoce et plus rapide. Il fit de semblables tentatives avec d'autres substances, et il n'en trouva aucune par quoi le sperme pût être remplacé.

Cette puissance de la semence une fois bien établie, nulle fécondation n'ayant lieu sans son contact avec les ovules des femelles, Spallanzani voulut en connaître le degré d'énergie.

CHAPITRE XIX.

Fécondations artificielles.

Spallanzani réfléchissant sur la manière dont beaucoup de poissons et de reptiles fécondent les œufs de leurs femelles, il lui vint à la pensée d'opérer artificiellement de ces fécondations. Il commença par faire des essais sur les œufs des salamandres : or, tant qu'il n'employa que la semence pure des mâles pour en arroser les œufs des femelles, il n'obtint aucun résultat ; les œufs ainsi imprégnés furent stériles.

Mais le sperme délayé dans l'eau les fécondait constamment. Il répéta cette expérience sur des œufs de grenouilles et de crapauds ; ce furent toujours mêmes résultats. Il mêla la semence avec différens liquides, avec du vinaigre, de l'urine, du sang, de la bile ou d'autres humeurs ; et la fécondation continua de même. Le sperme conserve encore cette propriété fécondante plusieurs heures après la mort de l'animal qui le fournit, mais surtout dans un temps froid. Également les œufs de la femelle (je parle des reptiles de l'ordre des grenouilles) sont susceptibles d'être fecondés dix à douze heures après la mort de l'animal. Mais ils demeurent stériles s'ils sont restés plongés dans l'eau plus de douze minutes avant d'avoir reçu le contact du fluide séminal.

Spallanzani a voulu s'assurer jusqu'où pouvait aller la puissance fécondante du sperme des reptiles : il a délayé trois grains de sperme dans douze onces d'eau ordinaire, et ce mélange spermatique a suffi pour féconder et amener à bien les œufs réunis de cinquante grenouilles. Peu importait même que ces œufs n'eussent été plongés que peu de temps ou un moment, qu'ils en fussent partout imprégnés ou touchés seulement par un point de leur surface. Il suffit, par exemple, qu'une pointe d'aiguille trempée dans le fluide séminal soit appliquée sur un œuf pour féconder celui-ci, et même la fécondation s'étendra à un deuxième œuf collé au premier et non touché par l'aiguille. On a calculé dans quelles proportions étaient la semence et la masse d'œufs fécondés par elle, et l'on est arrivé à des résultats étonnans. Il a souvent suffi qu'un instrument eût approché des testicules pour transmettre

une vertu fécondante à tout ce qu'il touchait ensuite. Spallanzani en cite un exemple : il avait plongé
dans du sang des œufs non encore fécondés de crapauds ; il s'attendait à les voir rester stériles, mais il
fut trompé ; bientôt il vit paraître des têtards vivans et
bien formés. Surpris de ce résultat, il finit par se
rappeler que les œufs avaient été tirés de l'oviducte
de la femelle avec des pinces qui ayaient servi à disséquer les testicules d'un mâle de la même espèce. Ne
dirait-on pas que nous faisons l'histoire de phénomènes électriques ou magnétiques !

On a varié ces opérations à l'infini ; on a vu que
l'eau spermatisée conserve plus long-temps sa vertu
fécondante que le sperme pur ; que la chaleur lui
communique d'abord plus d'énergie, mais qu'ensuite
elle la lui fait perdre par l'effet de la vaporisation ; que
lorsqu'on la filtre, elle perd sa vertu, tandis que le dépôt resté sur le filtre la conserve en entier ; que l'agitation à l'air lui est également nuisible ; qu'enfin elle
cesse bientôt d'être fécondante quand on l'expose à un
froid glacial ou à une chaleur de plus de trente-cinq
degrés, aussi bien que lorsqu'on la mêle à de l'alcool
ou à du sel marin. Ce dernier fait prouve, pour le dire
en passant, que les poissons de mer ne peuvent féconder les œufs de leurs femelles qu'en répandant leur
semence immédiatement sur eux. Mais les reptiles et
les poissons d'eau douce peuvent opérer cette fécondation à distance ; l'eau sert de véhicule à leur semence, à-peu-près comme l'air sert d'intermédiaire
au pollen des plantes dioïques. Les expériences de
Spallanzani en sont la preuve. Ce judicieux et illustre
physiologiste a été plus loin : il a mis des masses

d'œufs de grenouilles non fécondés dans une eau qui contenait d'autres œufs fécondés, et tous ont été productifs, ils ont tous donné le jour à des têtards. Il suit de là que l'émission séminale d'une seule grenouille suffirait pour féconder tous les œufs de même espèce contenus dans la même pièce d'eau. Admirable providence !

Le même expérimentateur a voulu voir si les testicules avaient la même propriété que le sperme dont ils sont la source, et voici ce qu'il est résulté de ses essais : lorsque les testicules sont demeurés entiers, jetés dans de l'eau avec des œufs non fécondés, ils ne leur font rien produire; mais ils les fécondent toujours quand on a eu soin de les couper par morceaux.

Ces expériences de Spallanzani sur des grenouilles et des salamandres ont été répétées pour les poissons, et elles ont donné les mêmes résultats. On peut repeupler les étangs et les viviers en y jetant les œufs artificiellement fécondés des poissons qu'on détruit. On s'est autorisé de ces faits remarquables pour conclure que même les mammifères peuvent se féconder à distance, leur semence ayant un liquide pour véhicule et pour intermédiaire : on a été jusqu'à assurer qu'une fille avait conçu (à la manière de quelques poissons et reptiles) pour avoir pris le bain spermatisé de son amant ! Cependant les faits que l'abbé Spallanzani raconte sont assez merveilleux sans y joindre des fables aussi ridicules : il est vrai qu'ils ont le tort d'être d'une extrême exactitude, et que l'auteur en fait l'histoire dans un style simple comme la vérité.

Spallanzani ne borna pas ses expériences sur les fécondations artificielles, aux seuls reptiles. Malpighi avait essayé sans succès de féconder les œufs du papillon du ver-à-soie avec la semence du mâle ; Spallanzani échoua aussi dans ses premières tentatives, mais il réussit à une seconde épreuve.

Des insectes et des reptiles, Spallanzani passa aux mammifères ; car, pourquoi des êtres si analogues à tant d'égards vivraient-ils sous des lois différentes ? Comment n'engendreraient-ils pas de la même manière ? Il injecta donc dans l'utérus d'une chienne en chaleur environ vingt grains de sperme pur éjaculé spontanément par un chien de sa race ; ce fluide fut maintenu avec soin à la température de 30° R., naturelle à l'animal : au bout de soixante-deux jours, durant lesquels on la séquestra absolument de la société de ses pareils, la chienne mit bas trois petits, qui ressemblaient au père encore plus qu'à la mère. Cette expérience fit du bruit ; on la répéta, et chaque fois elle eut de semblables résultats (1).

Il restait à savoir si la semence d'une espèce pourrait féconder les œufs d'une espèce différente. Linné avait fait des expériences à ce sujet pour le pollen des végétaux ; Koelreuter et Gœrtner en ont depuis tenté de nouvelles : ce fut Spallanzani qui résolut la question pour les animaux. Il répandit du sperme de crapaud sur des œufs de grenouilles ; il injecta aussi de la semence de son même chien barbet dans l'utérus d'une chatte en chaleur, et jamais il n'y eut de fécondation par de semblables moyens.

(1) Un physiologiste de nos jours a proposé de féconder des femelles en injectant du sperme dans leurs veines.

Spallanzani s'assura également que la semence d'une espèce de grenouilles ne saurait servir à féconder les œufs d'une autre espèce ; mais que le mélange des deux sortes de sperme jouit de la propriété de féconder les deux sortes d'œufs. D'où vient cette inaction du fluide séminal passant d'une race à l'autre ? Est-ce l'effet du volume ou de l'arrangement des molécules? Est-ce l'effet des élémens chimiques ou d'une affinité cachée ? Nous ne savons rien sur ces choses ; mais nous en voyons les conséquences, et elles nous semblent dignes d'admiration.

Dans un univers rempli d'êtres aussi variés, ayant chacun sa destination ; son but, son lieu, ses besoins, ses usages, il fallait bien que la confusion ne pût s'introduire parmi tant de créatures diverses ; car leur donner les moyens d'assimiler leur nature c'eût été changer leurs rapports, compromettre leur existence et détruire le grand système dont ils font partie. L'harmonie de l'ensemble, dans un monde comme le nôtre, résulte de la diversité constante des élémens ; l'identité de deux rouages originairement différens eût entravé le sublime jeu de la machine. Je dis donc qu'il était nécessaire que tant d'êtres divers, de toutes parts unis comme individus, demeurassent éternellement séparés comme espèces : il fallait qu'ils pussent vivre ensemble, s'entre-aider, s'entre-détruire, sans pouvoir jamais s'engendrer les uns les autres en confondant leurs grandes familles : il fallait assigner pour toujours des limites à chaque espèce, et nous venons de voir que la nature a posé ces limites à la source même des générations.

CHAPITRE XX.

Remarques d'Aristote sur les Sexes et l'Accouplement des animaux.

L'histoire des sexes et de l'accouplement des animaux est une des choses que les naturalistes de l'antiquité ont le mieux connues : c'est effectivement un
sujet plein d'intérêt et d'une observation facile ; il ne
demande ni recherches pénibles, ni longues expériences, ni dissections. Aussi Aristote s'y est-il particulièrement complu. Son immortel ouvrage sur les
animaux renferme un grand nombre de détails intéressans sur cette matière ; et quoiqu'il s'y mêle souvent quelques préjugés des vieux âges, nous croyons
faire une chose utile en empruntant quelques passages
à cet ouvrage, sans modèle à sa naissance, sans pareil
encore aujourd'hui ; toujours original après tant de
copies, toujours jeune après deux mille ans ; simple
et fécond comme la nature, sublime et vrai comme
le génie. Si nous citons ce grand homme, c'est pour
la vérité, non pour sa gloire, car cette gloire est
telle, qu'un suffrage de plus ne saurait l'accroître. On
a raison d'admirer Aristote sur parole ; mais que l'on
gagne à le méditer !

« .... La plupart des animaux ont des sexes, mais
tous n'en ont point ; et ce n'est que par métaphore
qu'on dit de ces animaux qu'ils portent des petits et
qu'ils les mettent bas. Chez ceux qui restent attachés
à une place fixe, il n'y a point de mâle et de femelle.

I.   11

Mais cette différence de sexe a lieu chez les animaux qui se meuvent avec des pieds, bipèdes comme quadrupèdes, et généralement chez tous ceux dont l'accouplement est suivi de la production d'un animal, d'un œuf ou d'un ver. En général, à l'égard des animaux qui ne sont ni poissons ni insectes, on peut nier ou affirmer d'eux l'existence du sexe d'une manière absolue. Par exemple, dans tous les quadrupèdes, chaque individu est mâle ou femelle; dans les testacés, au contraire, il n'y a ni mâle ni femelle (hermaphrodites); ils ressemblent aux plantes, dont les unes sont fécondes et les autres stériles (Aristote ignorait, comme on voit, que les plantes eussent des sexes). On ne saurait avancer rien de général pour les sexes des insectes et des poissons : il y a des espèces où la distinction des sexes n'a aucunement lieu; par exemple, *il n'y a ni femelle ni mâle parmi les anguilles :* l'anguille ne produit rien de soi. On prétend, il est vrai, avoir vu des espèces de vers adhérens à l'anguille ; mais les conséquences qu'on veut tirer de cette observation ne sont pas rigoureuses, faute d'avoir fait attention au lieu du corps où ces vers se trouvaient. Premièrement, aucun animal du genre de l'anguille ne produit de petits vivans qu'après avoir eu des œufs, et jamais on n'a trouvé d'œufs dans l'anguille (cela est encore vrai aujourd'hui) ; d'autre part, les animaux vivipares portent leurs petits dans la matrice où ils sont attachés : *ils ne les ont pas dans le ventre, car les petits seraient digérés tout comme les alimens.* Quant à la différence qu'on dit être entre les anguilles mâles, qui ont, à ce qu'on prétend, la tête plus grosse et plus allongée, et les anguilles femelles, qui l'ont plus aplatie , cette diversité de forme n'est pas relative à la différence de sexes; elle indique seulement différentes espèces d'anguilles.

» Il y a de certains poissons qu'on nomme *bréhans*, qui n'ont ni œufs ni laite. Il s'en trouve de tels parmi les poissons des fleuves, parmi les cyprins et les βαϱινος. Quelques poissons ont des individus qui conçoivent et produisent, *comme les testacés et les plantes, sans avoir de mâles qui les fécondent :* tels sont les plies, les rougets, les serrans. On ne trouve que des œufs dans les individus de ces espèces.

» Chez les animaux qui se meuvent avec des pieds et qui ont du sang, le plus ordinaire , quand ils ne sont point ovipares, est que le mâle est plus gros que la femelle , et qu'*il vit plus long-temps*. Il faut excepter le mulet, par rapport auquel on observe le contraire. À l'égard des animaux qui se reproduisent au moyen d'un œuf ou d'*un ver*, les poissons , par exemple, et les insectes, la femelle est plus grande chez eux que le mâle. Voyez les serpens, les stellions , les batraciens (grenouilles) , les sélaques, les poissons qui vivent par troupes, et tous ceux qu'on nomme saxatiles. La preuve que parmi les poissons la femelle vit plus long-temps que le mâle, c'est qu'on pêche des femelles plus vieilles qu'aucun mâle de même espèce.

» Voici une autre différence qui distingue les deux sexes dans quelque genre d'animaux que ce soit : les parties les plus grosses et les plus vigoureuses sont, dans le mâle, les parties antérieures et supérieures; dans la femelle, ce sont les parties postérieures et inférieures. La même observation est vraie pour l'homme aussi bien que pour tous les animaux vivipares qui se meuvent avec des pieds. La femelle est moins *nerveuse* (musculeuse); ses traits sont moins prononcés; son poil, lorsqu'elle en a, ou ce qui répond au poil lorsqu'elle n'en a point, est plus fin; sa chair est plus humide, *ses genoux sujets à craquer*, ses jambes plus grêles, et si la nature de l'animal est d'avoir des pieds, ceux de la femelle sont mieux faits. Parmi les animaux qui ont de la voix, celle de la femelle est plus claire et plus aiguë que celle du mâle : il n'y a d'exception que pour l'espèce du bœuf, où la voix de la femelle est plus grave. Dans certaines espèces, les armes que la nature a données à l'animal pour se défendre, telles que les dents, les crocs, les cornes, les ergots et autres parties semblables, manquent absolument à la femelle : le mâle les a seul. Ainsi la biche n'a point de bois, et dans le nombre des oiseaux à ergot, il y a des espèces où les femelles n'en ont point du tout. De même la femelle du sanglier n'a point de crocs saillans. Dans d'autres espèces le mâle et la femelle ont les mêmes armes; seulement celles du mâle sont plus fortes. Les cornes du taureau, par exemple, sont plus fortes que les cornes de la vache (1).

» ...... L'accouplement a lieu dans les espèces qui ont des individus de l'un et de l'autre sexe, mais il n'est pas partout le même; il ne se fait pas toujours de la même manière. Les mâles de tous les animaux qui sont vivipares et qui se meuvent sur la surface de la terre avec des pieds, ces animaux ont tous un or-

____

(1) Aristote, *Hist. des Animaux*, liv. IV.

gane destiné à l'œuvre de la génération ; mais les approches des sexes ne sont pas pour cela semblables : ceux qui jettent leur urine en arrière, comme les lions, les lynx, les dasypodes, *s'approchent à reculons et s'accouplent en arrière* (c'est-à-dire que c'est dans cette position que le coït finit de s'accomplir, comme chez plusieurs autres quadrupèdes dépourvus de vésicules séminales). Entre les dasypodes, c'est souvent la femelle qui saute la première sur le mâle : c'est l'inverse chez la plupart des autres animaux, chez les quadrupèdes, les oiseaux, les batraciens, etc. Quelquefois la femelle fléchit les pattes pour faciliter l'accouplement. Malgré l'élévation de ses jambes, la grue reste debout ; le mâle saute sur elle, et l'accouplement est aussi prompt que chez le passereau.

» Pour revenir aux quadrupèdes, l'ourse se couche par terre, et elle reçoit le mâle tout comme les autres femelles, qui demeurent sur leurs pieds pendant cette action, c'est-à-dire que le dessous du corps du mâle est sur le dos de la femelle. Les hérissons se tiennent droits, le devant du corps de l'un contre le devant du corps de l'autre. Les femelles des animaux vivipares ayant une certaine grandeur, la biche, la vache, par exemple, ne souffrent le cerf et le taureau que rarement, à cause de la roideur de la verge. Elles ne reçoivent la liqueur prolifique qu'en cherchant à se soustraire aux efforts du mâle : on en a fait l'expérience sur des cerfs privés. Le loup s'accouple comme le chien. Les Chats ne s'accouplent pas à reculons, mais le mâle se dresse et la femelle se place sous lui. La chatte est naturellement ardente ; elle excite le mâle à la satisfaire ; elle crie pendant l'accouplement (le pénis du mâle disposé en croissant et comme hérissé d'épines la blesse). Dans l'accouplement du Chameau, la femelle fléchit les jambes de derrière, le mâle la couvre, et les croupes ne sont pas opposées : la situation du mâle est telle que dans les autres quadrupèdes. Ils demeurent dans cet état des jours entiers, mais ils se retirent alors dans les lieux écartés où ils ne se laissent approcher que du pâtre. La verge du chameau est si nerveuse, qu'on en tire des cordes pour les arcs. Les Éléphans ne s'accouplent non plus que dans les lieux solitaires : ils choisissent le voisinage des rivières et les lieux où ils ont coutume de se retirer. La femelle s'abaisse et écarte les jambes, tandis que le mâle monte sur elle. L'accouplement des Phoques est le même que celui des animaux dont le canal urinaire est en arrière ; ils restent attachés long-temps croupe à croupe comme les chiens.

» ...... L'union des serpens est si intime durant l'accouplement, qu'ils semblent ne plus former qu'un corps et un seul serpent à deux têtes. Les Lézards aussi s'entrelacent. L'accouplement de tous les Poissons, si l'on excepte les Sélaques, dont le corps est large, consiste à se glisser le ventre l'un contre l'autre. Les sélaques larges et qui ont une queue, la raie, par exemple, et autres de ce genre, ne se glissent pas seulement ainsi l'un contre l'autre : le mâle applique son ventre sur le dos de la femelle, à moins que l'épaisseur de la queue n'y mette obstacle. Ceux qui ont la queue fort grosse, tels que la lime, ne font que se frotter le ventre l'un contre l'autre. On prétend avoir vu des sélaques liés l'un à l'autre comme des chiens. Dans toute la classe des sélaques, la femelle

est plus grosse que le mâle : il en est assez généralement de même de tous les poissons. La dénomination
de Sélaques comprend les chiens marins, la torpille,
la raie, etc. Leur accouplement a été plus facile à observer : on a pu voir qu'il se faisait de la manière que
je viens de décrire, parce qu'en général les animaux
vivipares demeurent plus long-temps accouplés que
les animaux ovipares. Le dauphin et tous les Cétacés
s'accouplent de même ; le mâle se frotte contre la
femelle. La durée de cet accouplement n'est ni fort
longue ni fort courte. Il y a des sélaques chez lesquels
on reconnaît le mâle à deux appendices qui lui pen-
dent auprès de l'orifice par lequel sortent les excrémens, appendices que les femelles n'ont point. Il est
aisé d'étudier ces appendices dans les chiens de mer,
car tous les ont.

» ..... Il est difficile de bien voir la manière dont
s'accouplent les Poissons ovipares, et c'est ce qui a fait
croire à plusieurs personnes que les femelles des poissons se fécondaient *en avalant la liqueur que jette le
mâle.* Il faut convenir d'un fait dont on est assez souvent témoin : *lorsque le temps de l'accouplement est
venu, la femelle suit le mâle, elle avale la liqueur qu'il
jette, et en lui frappant sous le ventre avec la bouche elle
rend la sortie de cette liqueur plus prompte et plus abondante ; mais après le frai, les mâles suivent les femelles
à leur tour et avalent leurs œufs : les poissons ne naissent
que de ce qui échappe à cette voracité.* De là est venu,
sur les côtes de Phénicie, l'idée de se servir réciproquement des mâles et des femelles de quelques poissons
pour les prendre les uns et les autres. On présente aux
muges femelles des muges mâles; elles se rassemblent

autour d'eux et les pêcheurs les enferment. On fait
de même pour les muges mâles à l'égard des muges
femelles. Ces observations souvent répétées ont fait
naître sur la fécondation des poissons le système que
j'ai exposé; mais on aurait dû remarquer qu'il n'y a
rien là de particulier aux poissons. Les quadrupèdes
mâles et femelles distillent dans la saison de leurs
amours quelque chose de liquide; ils se flairent l'un
l'autre les parties génitales ; *il y a plus , c'est assez
pour rendre une perdrix féconde qu'elle se trouve sous
le vent , plus bas que le mâle* (comme les palmiers!);
*souvent même il a suffi qu'elle eût entendu le chant du
mâle dans un temps où elle était disposée à concevoir ,
ou que le mâle eût passé en volant au-dessus d'elle, et
qu'elle eût respiré l'odeur qu'il exhalait* (vieille erreur).
Ces oiseaux, mâles comme femelles, tiennent le bec
ouvert et la langue hors du bec pendant l'accouplement. Dans l'exacte vérité, les poissons se séparent
presque aussitôt qu'ils se sont approchés, et on les
voit rarement réunis ; mais j'ai rendu compte à cet
égard des faits que l'on a vus.

» ...... Les sèches et les calmars nagent unis ensemble pendant l'accouplement, bouche contre bouche , bras contre bras. Le mouvement commun se
fait par rapport à chacun d'eux dans des sens opposés :
la trompe de l'un est ajustée à celle de l'autre, et
nageant ainsi accouplés, si l'un va en avant, l'autre
va en arrière.

» Les Crustacés, tels que les langoustes, les écrevisses, les squilles et autres semblables, s'accouplent
comme ceux des quadrupèdes qui jettent leur urine
en arrière : l'un des deux relève sa queue et en pré-

sente le dessous ; l'autre y applique la sienne. La saison de cet accouplement est quand le printemps
commence à paraître. On voit dès-lors ces différens
animaux s'accoupler : quelques-uns s'accouplent encore lorsque les figues commencent à mûrir. L'accouplement des écrevisses et des squilles n'a rien de
différent ; mais les cancres s'unissent par leurs parties
antérieures, en ajustant les unes sur les autres les
tablettes écailleuses qui les enveloppent. Le plus petit
des deux (le mâle) monte le premier sur l'autre par
derrière, et alors le plus grand se retourne sur le
côté. On n'aperçoit ici d'autre différence entre les
deux sexes, si ce n'est que la femelle a l'écaille plus
grande, plus détachée du corps et plus velue à la
partie où elle dépose ses œufs et par laquelle elle se
décharge de ses excrémens. Leur accouplement n'est
accompagné de l'intromission d'aucun membre.

« On vient de voir, poursuit Aristote, comment
les animaux s'accouplent : il faut ajouter que leur accouplement a dans chaque espèce un âge et des saisons marquées. Le temps que la nature a indiqué à
la plupart pour se reproduire est celui où l'hiver fait
place à l'été, je veux dire le printemps. Dans cette
saison, la plupart des animaux qui habitent l'air, la
terre et les eaux, sont pressés du besoin de s'unir ;
cependant quelques espèces d'animaux aîlés et d'animaux aquatiques s'accouplent et mettent bas en automne et en hiver. L'homme à cet égard est plus in-
dépendant des saisons qu'aucun autre animal. Plusieurs des animaux qui, vivant avec lui, jouissent
d'une température d'air plus chaude et d'une nourriture plus abondante, en sont moins dépendans aussi,

pourvu que d'ailleurs le temps de leur gestation ne soit pas trop long. Le porc, le chien, et les oiseaux dont la ponte se répète souvent en sont la preuve. Beaucoup d'animaux semblent songer d'avance aux besoins de leurs petits, car ils s'accouplent précisément dans le temps le plus favorable pour qu'en naissant leurs petits trouvent leur nourriture. Dans l'espèce humaine, on remarque que l'homme a plus d'ardeur en hiver, la femme en été (1). »

Voilà ce que dit Aristote, et il faut convenir qu'il reste peu de choses à y ajouter. Nous avons eu soin de souligner quelques détails dont l'inexactitude est connue de nos jours. Chaque siècle a ses préjugés, ses erreurs, et il ne suffit pas toujours d'avoir du génie pour savoir les apprécier et les combattre. Par exemple, cette idée émise par Aristote, que les lions s'accouplent à rebours, est un vieux préjugé qui s'est étendu à plusieurs animaux sauvages. Si l'espèce du chien ne nous était pas aussi familière, nous dirions même chose à son égard ; mais cette erreur était impossible au sujet d'un animal qui accompagne l'homme en tous lieux. Il faut remarquer que l'accouplement des animaux est presque toujours plus long dans ceux qui manquent de vésicules séminales : le sperme n'ayant chez eux aucun réservoir, son émission est plus lente, et la nature a conformé la verge de manière à en rendre le retour difficile avant son entier relâchement. Voilà ce qui a lieu pour le chien, qui a le pénis terminé par un gros gland en bourrelet.

En général les deux sexes sont proportionnés et à-

____

(1) Aristote, liv. v.

peu-près en même nombre chez tous les animaux.
Si l'on a cru ne trouver que des femelles dans certaines espèces, cela vient de ce qu'il s'agissait d'hermaphrodites, dans lesquels effectivement les organes
mâles sont d'ordinaire les moins apparens. Il faut
toutefois excepter les abeilles, parmi lesquelles il
n'y a que quelques femelles pour plusieurs centaines de mâles et des milliers de neutres. Les sexes
sont de même en proportion égale dans les plantes : à
la vérité les plantes hermaphrodites ont plus d'étamines
que de pistils ; mais dans les végétaux monoïques et
dioïques on ne remarque pas qu'il y ait de disproportion manifeste entre les fleurs mâles et les fleurs femelles. Il faut convenir qu'on observe quelquefois cette
inégalité pour plusieurs animaux, soit seulement pour
certains individus isolés, soit même pour certaines
familles cantonnées dans quelques pays. Il y a des
individus qui ne produisent que des mâles, d'autres qui
engendrent presque uniquement des femelles : cela
est vrai en particulier pour l'espèce humaine. En général, le nombre des mâles prédomine chez tous les
peuples, de sorte que les millions d'hommes massa-
crés par les armes ont peu d'effet sur les populations
futures. On a cru qu'il y avait des pays où l'autre sexe
était en majorité, et c'est la plus forte raison que
Montesquieu ait alléguée pour expliquer la polygamie
de beaucoup de peuples d'Orient ; mais la chose est
loin d'être certaine : si vraiment le nombre des femmes
prédominait dans un pays où l'homme les asservit par
volupté, je regarderais cet excédent d'un sexe sur
l'autre non comme la cause naturelle de la polygamie, mais comme l'effet de l'excès des jouissances

énervant les hommes. On pense également que dans les capitales il y a plus d'enfans femelles que d'enfans mâles, et que toutes les circonstances favorables à la production des enfans naturels font prédominer le nombre des femmes. Il paraît du moins prouvé que les peuples actuels de l'Irlande comptent beaucoup plus de femmes que d'hommes, et cela même accroît la population de ce malheureux pays. Est-ce l'effet de l'oppression et de la misère? et serait-ce un signe de décadence?

Nous dirons dans l'un des chapitres suivans à quels signes on a prétendu connaître le sexe des fœtus pendant la gestation même. On a fait plus, on a dit qu'on pouvait à volonté procréer un sexe plutôt que l'autre. Voici de quelle manière. On a supposé que les fœtus mâles avaient leur source dans les ovaires droits des femelles, ou, selon d'autres systèmes, dans le testicule droit des mâles, ou à-la-fois dans les deux organes; les organes gauches ont été assignés à l'autre sexe. Or, il suffirait, dans une pareille hypothèse, que les organes d'un côté fussent extirpés, comprimés ou sensiblement altérés, pour que la progéniture fût d'un même sexe; et l'on pourrait ainsi prévoir lequel. Otez, a-t-on dit, le testicule droit, ou comprimez-en le cordon; ôtez pareillement l'ovaire droit de la femelle, ou comprimez, oblitérez la trompe droite, ou au moins que la femelle soit inclinée à gauche durant le coït et la conception, et toujours l'animal ainsi procréé sera du sexe femelle; du sexe mâle, au contraire, dans les circonstances opposées. Je répète, je répète avec insistance, que cela n'est qu'un système; mais ce système, tout bizarre qu'il est, tout inexact que le montre l'observation désintéressée des faits, on lui connaît encore des partisans, sinon des défenseurs. L'auteur de cette hypothèse aurait dû dire de quel sexe devrait être l'animal dont le père n'aurait que le testicule d'un côté, et la mère, le seul ovaire du côté opposé. D'ailleurs les oiseaux n'ont point d'ovaire droit.

On a cru aussi pouvoir pressentir le sexe des oiseaux à la forme des œufs qui en renferment le premier germe : mais on s'est assuré que les mâles naissent, non pas des œufs les plus arrondis, comme on l'avait prétendu, mais des plus volumineux ; ou plutôt voici quel résultat on a obtenu. On a pesé comparativement des œufs de différentes formes en nombre égal, mais d'une forme semblable, pour chaque lot, pour chaque couvée ; et l'on a vu qu'il naissait plus de mâles de ceux qui avaient été trouvés les plus gros et les plus pesans.

CHAPITRE XXI.

Limites des Espèces. Adultérisme. Bâtards. Métis. Mulets.

On reconnaît que deux êtres sont d'espèce différente en ce qu'ils ne peuvent engendrer ensemble, encore qu'ils soient de sexes différens et féconds l'un et l'autre. Nous avons déjà dit la raison finale de cet isolement des espèces ; nous allons maintenant en chercher les causes physiques. D'abord le pollen et le sperme d'une espèce ne jouit de la propriété fécondante que dans les limites de cette espèce : nous ignorons la cause de cette particularité, mais nous avons cité les faits qui la constatent. Ensuite chaque plante a son temps de floraison et de maturité, chaque animal son époque de rut et d'accouplement, sa durée d'incubation ou de gestation; et l'on conçoit que deux êtres d'espèce différente ne pourraient engendrer ensemble qu'autant que toutes ces choses seraient dans une parfaite concordance dans les deux espèces. Ajoutons à cela que les animaux n'ont de propension à s'accoupler qu'avec des êtres de leur sorte : jamais, dans l'état de nature, on ne voit les animaux d'espèces différentes s'entrechercher ni s'unir; d'ailleurs les organes génitaux sont quelquefois trop discordans pour permettre ces conjonctions adultérines. S'il arrivait qu'on ne pût distinguer entr'elles deux espèces d'une apparence semblable en toutes choses, on n'aurait qu'à attendre l'époque de la reproduction, et l'on verrait l'amour établir ces démarcations douteuses. C'est qu'en effet le même instinct qui rassemble en famille les animaux analogues, sépare par la même raison les animaux différens.

Cependant on est parvenu à apparier des êtres qui naturellement ne produisent jamais ensemble. On a fécondé les pistils d'une plante avec le pollen provenant d'une plante d'une autre espèce, dans le cas toutefois où ces espèces n'étaient pas trop différentes : on est parvenu à faire accoupler ensemble la louve et le chien, le lapin et le lièvre, l'ânesse et le cheval, le bouc et la brebis, le faisan et la poule, le serin et le chardonneret, le moineau et le bouvreuil, etc. Les animaux nés de ces unions adultérines ressemblaient aux deux parens également, ou quelquefois davantage à l'un des deux, mais ils étaient inféconds, eux ou leur progéniture. Si ces animaux métis ou mulets s'accouplent, c'est d'ordinaire sans résultat :

ils ne peuvent concevoir, ou, s'ils conçoivent, ils avortent. Quelquefois, cependant, des animaux mi-partis ont produit de nouveaux êtres, mais ceux-ci étaient stériles. Il en est de même des plantes : les graines provenant du croisement de deux espèces ou ne mûrissent point, ou sont improductives. Il n'y a d'exception à cette loi que pour les métis de quelques oiseaux, lesquels paraissent conserver la faculté de se reproduire et de transmettre ainsi la bâtardise à plusieurs générations ; mais, même pour les oiseaux, les métis n'ont pas une longue postérité : les descendans finissent bientôt par être stériles.

Ces unions hétéroclites ne sont point naturelles : on ne les obtient ordinairement que par la captivité d'animaux jeunes, forts et abondamment nourris ; encore de pareilles tentatives échouent-elles souvent. Assurément du moins on ne voit jamais s'accoupler des animaux d'espèces très-différentes : ce qu'on a dit du commerce adultérin du taureau et de la jument, du lapin femelle et du chat, du canard et de la poule, d'un oiseau avec un quadrupède, etc., toutes ces choses me paraissent fabuleuses. Ce n'est pourtant pas l'accouplement entre des êtres aussi dissemblables dont je nie la possibilité ; je dis seulement que de pareilles conjonctions ne peuvent rien produire. A la vérité, plusieurs auteurs estimés paraissent croire à l'existence des jumars et d'autres productions aussi monstrueuses ; mais nous ne voyons pas que de pareils phénomènes se soient offerts aux observateurs modernes. Les progrès des sciences diminuent le nombre des prodiges. Il paraît prouvé que les animaux analogues pour la structure et pour les mœurs, pour l'époque de leurs amours et pour la durée de la gestation ou de l'incubation, peuvent bien engendrer ensemble dans quelques cas assez rares, et alors c'est l'espèce du mâle qui régit la durée de l'incubation ou de la gestation; mais toutes les fois que les deux êtres unis appartiennent à des espèces pour lesquelles la durée de la gestation diffère beaucoup, comme le taureau et la jument, la chatte et le lapin, alors toute conception adultérine est impossible. Il y a plus, le croisement entre des espèces voisines produit de grands changemens dans les organes génitaux femelles : par exemple, l'âne et le cheval sont analogues pour la structure ; ils entrent en chaleur à la même époque ; la gestation a chez les deux la même durée ; eh bien ! cependant la matrice de la jument qui a d'abord produit un mulet, a éprouvé par-là de si grands changemens, que les poulains qu'elle produit ensuite conservent quelque chose du mulet. La bâtardise semble s'étendre jusqu'aux productions légitimes.

Les animaux métis tiennent ordinairement de leurs deux parens, comme on le voit pour les mulâtres et les différens mélanges de l'espèce humaine. Nous entrerons plus tard dans quelques détails sur le mélange des sangs, sur le croisement des races et les ressemblances héréditaires. Nous devons dire dès à présent qu'il y a de certains caractères qui viennent du mâle et d'autres caractères qui viennent de la femelle. C'est même sur la constance de pareilles transmissions qu'on a fondé des règles pour le perfectionnement de certaines races d'animaux, ou plutôt pour quelques-uns de leurs organes ou de leurs produits.

CHAPITRE XXII.

Esquisse d'une Histoire critique et comparée de la Génération de
l'Homme.

Nous n'avons encore parlé de la Reproduction de
l'Homme qu'à l'occasion des mammifères; ce n'est
pas assez. Outre sa prééminence morale sur les autres
animaux, l'homme se distingue du plus grand nombre par plusieurs endroits de sa structure, mais en
particulier par quelques détails de la fonction servant
à le procréer. D'ailleurs il n'est pas d'animal dont
l'histoire ait été aussi bien, autant de fois étudiée que
la sienne : il y a dans le monde une classe entière
d'observateurs qui consacrent à cette étude tous les
instans d'une vie réfléchie. L'homme est donc le
mieux connu de tous les êtres, et c'est pourquoi nous
le choisirons toujours de préférence comme sujet de
comparaison : non pour assimiler tout à sa nature, mais
pour rendre plus sensibles les caractères distinctifs
des autres espèces. Nous ne reviendrons pas sur les
organes et les phénomènes que nous avons indiqués
comme appartenant en commun à l'homme et à d'autres animaux : les remarques suivantes se rapportent
presque entièrement à notre espèce.

L'homme est pubère vers sa quinzième année. Alors
son pubis s'ombrage de poils, le fin duvet de son
menton se colore et s'épaissit, l'accroissement des
organes génitaux devient plus sensible, déjà un fluide
séminal imparfait s'y prépare ; les forces viennent,

I.

la vie est plus active : inquiet, timide, incertain, mais quelquefois audacieux, le caractère ne serait déjà plus celui de l'enfance, si la volonté avait moins d'inertie : ce n'est encore que l'adolescence, mais c'est l'époque de l'amour. Vers cet âge la voix change, devient rauque et voilée ; sans être grave, elle n'est plus aiguë. Ce changement de la voix suit les premières jouissances et quelquefois les précède.

La même révolution s'annonce en même temps chez la jeune fille, mais elle a des phénomènes différens. Ici ce n'est pas la voix qui change ; mais les mamelles se développent, les formes s'arrondissent, les organes génitaux, plus accrus, se pénètrent de sang, et finalement le flux menstruel s'établit et revient par périodes fixes : en outre des poils naissent au pubis, comme chez le jeune homme, et même un peu plus tôt.

« Le sang menstruel, dit Aristote, est tel que » celui qui sortirait d'une plaie récente. Ordinaire- » ment ce flux périodique arrive quand les mamelles » s'élèvent déjà de deux doigts. Les jeunes filles ont » la voix plus aiguë que les garçons de leur âge, plus » aiguë aussi que les vieilles femmes : cela vient de » la glotte, dont l'ouverture est plus étroite. »

C'est alors que le tempérament se forme et que la force du corps se prononce davantage. La révolution qui s'opère, guérit souvent les maladies de l'enfance ; d'autres fois elle prépare des souffrances pour toujours. La puberté est pour ainsi dire le nœud de la vie : à partir de cette époque, la fraîcheur et la santé des femmes dépendent de la régularité du flux menstruel. La tempérance dans l'union des sexes produit l'énergie du corps, la supériorité de l'intelligence et la longévité : trop de précocité dans les jouissances de l'amour énerve l'homme et hâte sa fin après l'avoir abruti. Souvent les maux dont on accuse une continence excessive, c'est l'onanisme ou le libertinage qui les ont causés.

La puberté ne décide pas seulement du bien-être de la vie et de sa durée : elle produit aussi tous les vices, toutes les passions, ou l'habitude des vertus ; car tout s'enchaîne dans les mœurs comme dans les fonctions de l'homme, et c'est à l'âge où tant d'impressions rejaillissent sur l'âme qu'il faut se prémunir contre leur danger.

Ce n'est guères qu'à l'âge d'environ vingt ans que la semence de l'homme est prolifique. Les très-jeunes filles conçoivent aisément dès qu'elles sont réglées ; mais à partir de la première grossesse leur crue se ralentit, outre que des accouchemens trop précoces sont toujours très-laborieux. La femme, toutefois, est plutôt nubile que l'homme : ses mamelles et son bassin ont déjà pris tout leur accroissement à un âge où l'autre sexe n'a pas encore de barbe ; et ce sont là les indices les plus sûrs de la nubilité.

L'homme est celui des animaux qui, proportionnellement au volume de son corps, a le sperme le plus abondant. Ce fluide est toujours blanchâtre : Aristote réprimande Hérodote pour avoir prétendu que les peuples de l'Éthiopie l'ont noir. L'épaisseur de la semence varie et fait varier la propriété fécondante : elle est inerte si elle est trop claire. Aristote ajoute qu'elle donne plutôt des enfans mâles lorsqu'elle est épaisse et grenue, « ou composée de glo» bules ressemblans à des grains de grêle ; claire et

» sans globules, elle ne produit rien, ajoute-t-il, ou » seulement des filles (1). » On a beaucoup développé cette conjecture, surtout depuis quelques années : on a dit que les animaux trop jeunes et ceux qui sont affaiblis par des maladies ou par les années produisent surtout des femelles, et que deux animaux accouplés engendrent plus de femelles ou plus de mâles, selon celui des deux sexes qui a le plus d'ardeur et de puissance. D'après cette opinion, un mâle robuste, un mâle vigoureux et sain, ni trop jeune ni trop vieux, devrait surtout produire des mâles, si sa femelle est plus faible et plus délicate que lui. Il est bien vrai que l'homme est presque toujours plus fort et moins jeune que sa compagne ; il est vrai aussi que pour notre espèce le nombre des mâles paraît l'emporter sur le nombre des femelles, et cela vient à l'appui de la conjecture. On dit de plus qu'on a vérifié ce principe pour quelques animaux, pour quelques oiseaux domestiques ; mais comme les unions des animaux à l'état libre et de nature n'ont lieu qu'entre des individus de même âge et de même force, l'opinion ci-dessus fût-elle exacte, il n'en résulterait pour eux aucun désaccord, aucune inégalité dans la proportion des deux sexes. Toutefois il faudrait voir si les espèces où l'un des sexes prévaut sur l'autre par le volume et la force ont plus d'individus du sexe prépondérant.

L'écoulement des règles revient tous les mois, et voilà d'où vient le nom de menstrues. C'est un des caractères de l'espèce humaine, car hors le temps

(1) Aristote, *de Animalibus*, lib. VII, cap. 1.

du rut et de l'accouplement, aucun animal ne rend de sang par les parties génitales. La première éruption des règles est plus tardive ou plus précoce, suivant la chaleur du climat et les mœurs du pays : elle est plus hâtive au midi qu'au nord, dans les capitales que dans les provinces, chez les peuples faits que chez les sauvages. L'état de la santé aussi l'avance ou l'éloigne. Nous avons dit qu'elle indique la puberté. D'ordinaire les menstrues s'interrompent après la jeunesse, et la fécondité cesse avec elles. Les femmes non réglées sont rarement fécondes, et les femmes enceintes sont rarement réglées. La cessation des règles est un des signes de la conception, surtout dans les femmes jeunes et non malades. Aristote attribue à la nudité de l'homme l'abondance de la liqueur séminale chez le mâle et les menstrues chez la femme : le surcroît des humeurs employé dans les autres animaux à produire des poils, des plumes ou des écailles, afflue dans notre espèce vers les parties génitales. D'ailleurs, la nudité fait une nécessité des vêtemens, et la chaleur de ces derniers ajoute souvent à la vélocité du sang et à la réplétion des vaisseaux. Les menstrues et le sperme sont plus abondans dans des corps maigres et bruns, si d'ailleurs ils sont sains, que dans les circonstances opposées. Aristote assure que les personnes blondes sont plus sanguines et plus spermatiques : cela pouvait être chez les Grecs, mais c'est le contraire dans nos climats tempérés.

Les premiers signes de la conception sont fort obscurs : Hippocrate dit que les femmes ont alors un claquement de dents ; Aristote insiste particulièrement sur ce que le vagin se sèche aussitôt après le coït ; d'autres disent qu'il y a des frissons, des convulsions vives et appréciables dans l'utérus, des sensations qui participent à-la-fois du plaisir et de la douleur, un certain trouble dans les entrailles, un sentiment pénible vers l'ombilic et un chatouillement vers l'ischion. On a aussi prétendu que le cou de la femme devient plus gros dès qu'elle a conçu : de-là beaucoup de pratiques aussi ridicules que chimériques. Les auteurs grecs étaient persuadés que la conception était d'autant plus certaine que le vagin avait plus d'inégalités, parce qu'ils pensaient qu'il fallait avant tout que la semence fût retenue dans l'utérus. Les vrais signes de la conception sont la suppression des règles sans maladie, un léger gonflement et quelques douleurs aux mamelles, le trouble des digestions, des nausées, des douleurs vagues, des frissons, des irrégularités de caractère, des goûts singuliers, des caprices changeant d'objet à chaque instant : quelquefois aussi il survient du gonflement et des pesanteurs dans les aines. Il paraît certain que toutes ces incommodités et ces malaises se manifestent principalement au temps où les menstrues avaient coutume de fluer. Plus tard la femme sent les mouvemens du fœtus. On a dit que les enfans mâles remuaient dès le quarantième jour, et les filles seulement vers le quatre-vingt-dixième ; mais il est difficile d'assurer quelque chose de précis à ce sujet. Aristote, qui rapporte cette opinion et qui semble y croire, y joint des détails propres à l'infirmer : il assure en effet qu'un embryon de quarante jours a le simple volume d'une grosse fourmi, encore bien que, selon lui, tous les organes soient déjà apparens : or,

comment croire qu'un corps si petit ait des mouvemens assez marqués pour que la femme en ressente
le choc?

Les anciens avaient la prétention de distinguer
long-temps avant l'accouchement si la femme porte
un enfant mâle ou femelle : selon eux, le fœtus mâle
remue plus tôt et davantage, est plus gros, occupe le
côté droit, et fait sentir là ses mouvemens ; la femme
grosse d'un enfant mâle est plus colorée, et surtout
à la joue droite ; son pouls est plus fort, et principalement aux artères de ce même côté droit ; sa mamelle
droite est de même plus grosse ; elle a moins d'envies,
moins de malaises ; enfin elle accouche plus tôt, mais
avec plus de douleurs, et les eaux qui s'écoulent lors
de l'accouchement sont plus claires. Nous avons
montré dans notre Physiologie de l'homme l'origine
et les causes probables de ces préjugés d'Hippocrate
et d'Aristote, ou plutôt de leur siècle. Pour résumer
nos raisonnemens à ce sujet, nous devons dire que
les signes énumérés ci-dessus sont plus fréquens que
les signes contraires, de même que le nombre des
garçons l'emporte ordinairement sur celui des filles.
Or, il est aisé de voir ce qu'il a dû arriver, c'est qu'on
a regardé deux événemens d'une coïncidence accidentelle comme des choses ayant entre elles les
relations constantes de cause et d'effet (1).

La durée de la grossesse est ordinairement de neuf
mois. On est d'abord étonné de voir les anciens faire
une règle de ce dont nos lois font prudemment une
exception, en fixant à dix mois le terme ordinaire de

(1) Bourdon, *Physiologie médicale.*

la grossesse ; mais lorsqu'on se rappelle leur manière de diviser le temps par périodes lunaires, on trouve que leurs dix mois de vingt-sept jours ne donnent qu'un total de deux cent soixante-dix, juste comme neuf de nos mois de trente jours. Il faut au reste remarquer que notre espèce n'est pas la seule où les naissances n'arrivent pas à jour fixe et d'une manière constante : le poulet n'éclot pas toujours précisément après 501 heures d'incubation; le chien ne naît pas constamment au bout de 62 jours. Rien donc d'étonnant si la femme peut accoucher d'un fœtus viable au bout de 240 jours, ou quelquefois seulement après 300 jours. Observez en outre que l'intempérance des sexes, à laquelle l'homme est si enclin, rend de pareils calculs fort difficiles à préciser, fort incertains.

Si l'on songe aussi à combien de mensonges honorables conduit le respect des mœurs et le besoin de l'estime d'autrui, on découvrira alors les vrais motifs de ces fixations de l'accouchement de sept à dix mois par toutes les bonnes lois. Les institutions des peuples n'ont-elles pas pour but de servir à leur bonheur en assurant leur tranquillité ? Ainsi, c'est la pudeur des femmes, c'est l'honneur des familles, c'est une juste sollicitude pour les enfans, c'est le respect dû au mariage, et l'incontinence naturelle à notre espèce, qui donnent à la naissance de l'homme une fausse apparence d'incertitude et d'inconstance. Chez les peuples sauvages, les femmes accouchent toujours à neuf mois ou deux cent soixante-dix jours; et il n'y a guère de variations chez nous que pour les enfans posthumes ou les premiers-nés. Toutefois il faut ajouter que mille causes morales absolument étrangères aux ani-

maux rendent l'avortement naturel beaucoup plus fréquent dans notre espèce qu'en aucune autre.

Il paraît certain que l'enfant est moins viable, moins capable de vivre à huit mois qu'à sept. Sans doute cela peut provenir quelquefois de ce que l'enfant à qui l'on ne donne que sept mois en a réellement neuf; mais il est présumable aussi qu'il survient durant le huitième mois une inégalité dans les organes essentiels qui n'existait pas un mois plus tôt et qui disparaît le mois suivant. Nous reviendrons plus loin sur cet objet.

La femme ne conçoit ordinairement qu'un enfant à-la-fois : il en est de même de quelques gros animaux, tels que la jument et la vache. Il arrive que la femme enfante deux jumeaux; on en a même vu jusqu'à quatre; quelques auteurs disent cinq, jamais davantage. Aristote cite une femme qui avait eu vingt enfans en quatre couches. Ordinairement les enfans jumeaux sont du même sexe, et c'est un motif de plus pour penser qu'il y a de certaines circonstances propices à la production d'un sexe plutôt que d'un autre. On assure qu'il est rare que les jumeaux survivent tous à l'accouchement lorsqu'ils sont de sexe différent.

On nie la superfétation dans l'espèce humaine , je ne sais pourquoi : elle doit être rare chez les animaux, car presque toutes les femelles repoussent le mâle aussitôt qu'elles ont conçu; mais il n'en est pas ainsi de la femme. On allègue contre la superfétation que le col de l'utérus se ferme hermétiquement dès que la conception est consommée ; mais que peut-on assurer à ce sujet ? On dit aussi que l'œuf humain une fois descendu dans la matrice en occupe la capacité entière, que l'orifice des trompes n'est plus dès-lors accessible, et que la matrice étant simple et sans bifurcation dans la femme, rien n'y saurait plus parvenir dès qu'un premier embryon en occupe la cavité; mais sait-on exactement comment le sperme s'insinue et selon quel mode il agit? Ensuite, dit-on, la matrice est simple, non bifurquée. Presque toujours, il est vrai ; mais cette règle a ses exceptions : on a cité des exemples de matrice double; j'ai vu il y a quelques années (et plusieurs médecins et naturalistes de Paris l'ont vue comme moi) une matrice bifurquée dont un jeune médecin de beaucoup d'instruction a fait l'histoire. Il faut observer que tous les organes sont doubles ou divisés par moitié dans l'origine, et que la matrice partage cette disposition. Or, il arrive quelquefois que cet état natif persiste toute la vie dans de certaines parties d'une importance secondaire. Toujours est-il qu'on cite quelques observations de matrices doubles. Enfin, ajoute-t-on, les trompes sont inaccessibles, l'utérus déjà rempli en rend l'orifice impénétrable. Oui sans doute, mais cela est-il subit? le petit œuf détaché de l'ovaire n'est-il pas plusieurs jours renfermé dans la trompe qu'il parcourt? d'ailleurs il y a des preuves positives de la superfétation. Sans parler d'Aristote, qui prend cette fois ses exemples dans la mythologie, en citant la double origine des jumeaux Hercule et Iphiclée, d'autres auteurs ont cité des faits plus décisifs. On sait l'histoire de cette femme adultère qui, recevant le même jour dans sa couche un nègre, son esclave aimé, et son mari, de race blanche comme elle, eut

de ce double commerce, neuf mois après, deux enfans de deux couleurs, ressemblant l'un au mari,
l'autre à l'esclave. Aristote lui-même, dans un second
exemple plus grave que l'autre, rapporte qu'une
femme, « ayant fait infidélité à son mari, mit au monde
» deux enfans, dont l'un ressemblait au mari, l'autre
» à l'amant. » Le même auteur ajoute qu'on a vu
sortir de l'utérus (dans une fausse couche) jusqu'à
douze embryons dus à la superfétation. Ajoutons que
ces jumeaux d'origine différente ne peuvent venir à
bien et ne sont même admissibles qu'autant qu'ils
seraient à-peu-près contemporains. Quelques personnes admettent aussi la superfétation pour la jument, et pour des raisons semblables.

Ordinairement, avons-nous dit, les femmes restent
fécondes depuis la première apparition des menstrues
jusqu'à leur entier tarissement ; mais les termes de la
fécondité ou de la puissance de reproduction sont
moins précis, moins certains chez l'homme, surtout
le terme final. Comme exemple de précocité on cite un
prince qui, à seize ans, fut père de deux jumeaux (1).
On connaît, en sens contraire, des exemples de paternité non douteuse d'hommes âgés de cent ans et
au-delà. Harvey assure que Thomas Parre, qui vécut
un siècle et demi, se livra aux plaisirs de l'amour
jusqu'à cent quarante ans : il est vrai qu'il s'était
marié à cent vingt ans, qu'il était d'une santé robuste,
et que sa longue vie ne fut marquée ni par des infirmités ni par des excès. En général, l'homme de nos
climats ne procrée guère passé soixante ans. Les

____

(1) Haller, *Elementa physiologiæ.*

peuples du midi sont plus précoces que ceux du nord, mais aussi plus tôt impuissans. Au reste, il n'y a rien de fixe, rien de constant dans le règne de la fécondité; mille causes en font varier la durée : cela dépend de la force, de la santé, et surtout des mœurs : rien ne hâte la vieillesse et l'époque de l'impuissance autant que l'abus des forces et l'excès ou la précocité des jouissances. Il faut tenir compte aussi de l'amour qu'on ressent ou qu'on inspire : un vieillard aimé a plus de chances de paternité. L'extrême lenteur de l'acte vénérien dans un âge avancé en signale d'ailleurs l'inutilité autant que le danger.

Il existe pour notre espèce des causes nombreuses de stérilité. Sans parler de la difformité ou de l'absence entière des organes essentiels au commerce fécondant des sexes , sans parler de l'euneuchisme turc ou romain , l'impuissance peut provenir de l'oblitération des canaux déférens , de la fausse direction ou de la compression des conduits éjaculateurs, de la perforation maladive ou congénitale de l'urèthre au-dessous du gland, de l'engorgement de la prostate, des rétrécissemens de l'urèthre, etc. Chez la femme, la stérilité a d'autres causes fort nombreuses aussi : les trompes peuvent être oblitérées, les ovaires malades, la matrice pleine de corps étrangers, son col squirrheux et toujours fermé ; le vagin peut être fort rétréci , ou manquer entièrement , ou s'ouvrir dans l'intestin. On cite une femme qui devint mère dans un cas de cette dernière espèce, mais l'exemple est unique.

Il est un autre obstacle à la fécondation et au commerce des sexes ; je veux parler de la persévérance

de la membrane hymen, dont l'orifice de la vulve est garni et comme fermé dans les très-jeunes filles. Les anciens auteurs ont beaucoup parlé de cette membrane : ils la regardaient comme l'indice certain de la virginité, et cette exagération a fait le tourment de beaucoup d'époux ; mais l'hymen a perdu de son importance depuis qu'on s'est assuré qu'il manque quelquefois chez les plus jeunes enfans, et que d'autres fois il persiste dans sa presque intégrité jusqu'à l'accouchement. On a vu des femmes enceintes dont la membrane hymen était à peine perforée, et plusieurs accoucheurs ont été obligés de couper cette membrane pour faciliter la sortie de l'enfant. Les anatomistes modernes, habitant presque tous des villes capitales, conviennent presque unanimement que l'hymen est une chose assez rare ; mais il est surtout très-rare qu'il naisse delà des obstacles réels à la copulation.

Souvent aussi, les organes étant parfaitement conformés, la stérilité est le simple effet d'un défaut de convenance ou de sympathie entre les époux. Voilà pourquoi l'ancienne épreuve du congrès était déraisonnable, indépendamment du ridicule et de l'indécence attachée à une coutume aussi indigne. Le marquis de Brinvilliers, juridiquement déclaré impuissant sur le témoignage de son infâme épouse et d'après l'épreuve si peu sûre du congrès, eut ensuite plusieurs enfans d'une autre femme. Même chose arriva à un marquis de Langey en 1677, et ce fut même à cette occasion que le Parlement renonça pour toujours à des pratiques aussi honteuses que mensongères.

Les enfans retiennent ordinairement quelque chose

de leurs deux parens : ils leur ressemblent pour la taille, la stature, pour les traits de la physionomie, pour l'organisation non moins que pour l'intelligence, les passions et le caractère. Il n'y a pas jusqu'aux défauts corporels, jusqu'aux difformités et maladies, qui ne se transmettent d'une génération aux générations suivantes. On voit dans quelques familles plusieurs lignées de boiteux, de myopes, de bossus, de phthisiques, de calculeux, de rhumatisans, d'épileptiques, de goutteux, de maniaques, etc. Les taches, les signes naturels, les tics, les mouvemens désordonnés, se transmettent fréquemment aussi des pères aux enfans; mais, dans ces derniers exemples, l'influence de l'imitation s'unit à l'empire de la succession et de l'hérédité. On voit pendant des siècles les mêmes caractères moraux et physiques distinguer les mêmes familles, principalement parmi les classes élevées et puissantes, jouissant de l'oisiveté corporelle et d'une situation parfaitement stable ; souvent même il en résulte pour elles des surnoms et des sobriquets caractéristiques que l'usage finit par consacrer durablement. Nous en voyons des exemples parmi nous, mais principalement chez les anciens Romains. Les Grecs attachaient beaucoup d'importance à ces caractères de famille et d'hérédité : on en voit la preuve dans les écrits d'Homère, d'Hippocrate et d'Aristote. Hélène, dans l'Odyssée, reconnaît le fils d'Ulysse en Télémaque parcourant les mers et visitant la cour du roi Ménélas, uniquement à la couleur de ses yeux et à la forme de ses mains :
« Vous êtes le fils d'Ulysse, lui dit Hélène ? — Ma
» mère, la vertueuse Pénélope l'atteste, répond le
» jeune prince : *c'est le témoin le plus sûr.* » Alors la

reine lui dit à quels caractères infaillibles elle l'a reconnu. Nous verrons combien cette vieille tradition
des peuples perpétuée par un grand poète est d'accord avec les observations des naturalistes modernes,
et vers quelles conséquences cela conduit. Ajoutons
cependant que les caractères de familles ne se transmettent pas toujours exactement à chaque génération
nouvelle : quelquefois les enfans ressemblent, non à
leur père, mais à leur aïeul. Aristote assure avec
conviction « qu'une Sicilienne eut d'un noir une fille
» qui se trouva blanche, mais que l'enfant de cette
» fille fut noir comme son aïeul. » Cet auteur ne dit
pas si l'union était légale ; il n'élève même aucun
doute sur la moralité des personnes. On croit avoir
remarqué, nous l'avons dit, que les garçons ressemblent davantage à leur père et les filles à leur mère ;
mais la chose n'est pas sans quelques exceptions :
tantôt c'est au père que ressemblent tous les enfans,
tantôt c'est à la mère. On a fait la même observation
pour les animaux : la jument Dicœa, dit à ce sujet
Aristote, faisait tous ses poulains ressemblans au mâle
qui l'avait fécondée. Une remarque que chacun a
faite, c'est que les jumeaux se ressemblent toujours.

Toutefois les Anciens allaient plus loin que nous
pour les idées de ressemblance : ils prétendaient
qu'un homme privé d'une partie du corps, d'un membre, d'un organe isolé, engendrait des êtres incomplets comme lui. La chose n'est pas exacte : l'observation la plus superficielle montre le contraire. Nous
ne voyons pas qu'un borgne, un manchot, un am-
puté, produise des enfans mutilés à son image. Cette
opinion paraît née de l'ancienne *théorie du mélange des*

liqueurs; et si elle était vraie, elle fortifierait beaucoup le *système* plus moderne *des molécules organiques* (1); mais nous avons dit qu'elle ne mérite aucune confiance.

Le fœtus humain communique avec la matrice ou plutôt avec la mère par le cordon ombilical et le placenta : c'est par cette voie que lui vient du sang nourrissant tout prêt respiré. Il est entouré de liquides comme les autres mammifères; il a les mêmes membranes qu'eux, à l'exception de l'allantoïde : sa vésicule ombilicale , ainsi que nous l'avons dit, est fort petite et bientôt oblitérée. Le corps du fœtus est plié et fléchi sur lui-même ; la tête repose ordinairement sur les genoux ; elle est la partie la plus rapprochée du col de l'utérus, parce qu'elle est la plus pesante, et aussi vraisemblablement pour d'autres raisons peu connues, puisque cette disposition est la même dans tous les mammifères : c'est la tête qui sort la première. Ensuite viennent les autres parties du fœtus, et après elles le placenta et les débris des membranes rompues : c'est là ce qu'on nomme le *délivre*. La femme a ensuite des *lochies* , après quoi vient la fièvre de lait. L'accouchement de la femme est plus lent et plus laborieux qu'en nul autre animal : il paraît certain qu'elle éprouve aussi plus de douleurs.

Le nouveau-né respire , crie aussitôt , rejette par le même effort le *méconium* , son premier excrément ; bientôt un instinct de conservation le conduit vers les mamelles , et c'est là qu'il se fixe comme à un autre utérus.

(1) *Voyez* Buffon, *Histoire naturelle.*

CHAPITRE XXIII.

Principaux Systèmes sur la Génération.

Après avoir exposé par quelle suite d'actions et de phénomènes les êtres vivans se reproduisent, avoir prouvé qu'aucun n'est engendré spontanément, mais que beaucoup le sont sans organes sexuels, sans accouplement, sans amour, plusieurs même sans accouplement quoiqu'ils aient des sexes ; après avoir exposé les différences de la génération dans les animaux et les végétaux, dans les animaux ovipares et dans les vivipares ; après avoir montré que ces derniers êtres ne diffèrent entr'eux, quant à la reproduction, qu'en ce que le fœtus reste attaché à sa mère jusqu'à la naissance dans les uns, tandis qu'il en est isolé dès ses commencemens dans les autres ; après nous être assuré que le mâle et la femelle sont également indispensables au grand acte de la procréation, que le sperme n'a d'action que sur l'œuf, et que l'œuf ne devient productif que par l'intervention du sperme, il nous reste à examiner comment a lieu ce concours, et à chercher pour quelle part chacun des sexes contribue à la première origine du fœtus, ou si les premiers linéamens de ce fœtus proviennent plus particulièrement de l'un des sexes.

Tout est dit à ce sujet, et cependant tout reste à savoir. On a épuisé la somme des vraisemblances et des probabilités dans les systèmes presque innom-

I.

brables dont la génération a été le sujet ; mais la vérité est une , et elle reste à trouver. C'est comme une loterie mystérieuse dont on aurait pris tous les billets, tous les numéros jusqu'au dernier : certainement il n'y a qu'un bon numéro dans ce grand nombre, et ce billet fortuné, quelqu'un le possède, mais lequel est-ce? Pareillement on a peut-être dit ce qui a lieu en réalité dans la génération ; mais comment s'en assurer parmi tant d'hypothèses composées au hasard et choisies sans motif ? Nous ressemblons, dans ces parties obscures de la science (comme le disait le célèbre Huet, évêque d'Avranches) , à des aveugles puisant dans un vaste sac rempli de jetons tous de cuivre, à l'exception d'un seul, qui est d'or; chacun prend le sien, et tous se persuadent tenir le jeton précieux.

CHAPITRE XXIV.

Système d'Hippocrate : Mélange des Semences.

Du temps d'Hippocrate, on faisait déjà des systèmes sur la génération ; c'était même une époque favorable aux hypothèses, car la nature des choses étant peu connue, chacun devait s'évertuer à les deviner, à les interpréter à sa manière. Hippocrate céda donc à l'ascendant de la philosophie d'alors. Selon lui, la femelle a sa semence comme le mâle : la source de cette semence n'embarrasse point Hippocrate ; il la fait provenir, dans les deux sexes, des veines et

des nerfs distribués dans tout le corps, et voici quelles
voies il lui assigne : répandue dans toutes les parties,
elle se concentre principalement vers le cerveau et la
moelle de l'épine ; des lombes elle passe par les reins,
des reins par les testicules des deux sexes, et enfin dans
les autres parties génitales. Ensuite, lorsqu'une fois les
deux semences se sont mêlées ensemble dans le coït,
le froid, le chaud et les esprits vitaux interviennent,
les parties similaires s'unissent et s'organisent, et le
fœtus se forme et s'anime. Comme Hippocrate ne
doute nullement de ce mélange des semences, il
ajoute que le fœtus ressemble ou plutôt au père ou
plutôt à la mère selon que la semence de l'un des
deux est en plus grande quantité. Mais comment se
forment les sexes? Hippocrate l'explique également :
chaque semence, celle du père et celle de la mère,
est formée de deux parties, l'une forte, l'autre faible;
si c'est la partie faible des deux semences qui s'unit,
alors il se produit une femelle ; au contraire, c'est
un mâle si les parties fortes des deux sexes se mêlent
et se confondent seules. Voilà pourquoi, ajoute Hippocrate, certaines femmes n'ont que des garçons
d'une première union, et au contraire des filles d'un
nouveau mariage.

Il suffit d'une simple réflexion pour détruire ce
système : les femmes n'ont ni testicules ni véritable
semence ; d'ailleurs, nous ne savons pas à quels
signes on pourrait reconnaître la semence forte d'avec
la semence faible. Il résulterait ensuite de l'hypothèse
d'Hippocrate que le fœtus provenant de la semence
forte du mâle et de la semence faible de la mère
ou serait hermaphrodite ou ne serait d'aucun sexe.

Notre juste respect pour Hippocrate ne doit pas aller jusqu'à nous faire partager les erreurs de sa philosophie.

CHAPITRE XXV.

Système d'Aristote : Forme et Matière.

Près d'un siecle s'écoula entre Hippocrate et Aristote. D'ailleurs celui-ci était meilleur anatomiste qu'on ne l'avait été jusqu'alors : les idées vagues et sublimement chimériques de son maître, le divin Platon, le tenaient dans une sage défiance contre les vues de l'esprit pur et le portaient vers l'observation des choses : plus il sentait la puissance de sa raison, plus il se défiait de ses lumières. Les erreurs d'Aristote sont un tribut à la faiblesse humaine : elles ont plus de grandeur, plus d'enchaînement et plus de danger que celles d'Hippocrate.

Aristote admet d'abord une sorte de génération spontanée par pourriture des corps ayant joui de la vie, ou simplement par l'agglomération du limon du fond des mers. Nous avons déjà montré le peu de fondement de ces idées. Après cela, le reste des animaux, selon lui, s'engendrent tous avec ou sans copulation, les uns ayant des sexes séparés, les autres les réunissant dans le même individu. Or, voici comment ce grand homme conçoit le rôle de chacun des sexes. La femelle fournit le principe matériel de la génération : cette matière n'est point une semence, car la femelle n'en a point; mais ce que fournit la femelle, c'est le sang dont ses organes génitaux sont imprégnés; et la preuve que la chose est ainsi, selon Aristote, c'est que les femelles qui ont des menstrues ne commencent à en avoir qu'à l'époque de la fécondité, n'en ont plus dès qu'elles ont conçu ou dès qu'elles cessent d'être fécondes. Aristote ajoute que le fœtus est formé par ce sang de la matrice, et qu'ensuite c'est par son entremise qu'il s'accroît et se nourrit. Quant au mâle, il ne fournit rien de matériel au nouvel être; la semence qui vient de lui ne fait que donner la *forme* à la *matière* provenant de l'autre sexe; ce qui émane du sperme est une sorte d'esprit aussi peu matériel que la lumière des étoiles, et c'est cet éther qui donne la vie et le mouvement à la trame du fœtus : c'est comme le feu de Prométhée qui vient animer une machine formée pour la vie, mais ne vivant que par lui. Enfin, selon Aristote, la femelle fournit le bloc de marbre ou la toile, le mâle fait l'office de sculpteur ou de peintre, et le fœtus est la statue ou le tableau provenant de ce concours des sexes.

Pour résumer ce système d'Aristote, nous dirons que le sang génital ou menstruel contient l'ensemble des matériaux du fœtus; que l'esprit prolifique du mâle assemble, coordonne et anime tous ces linéamens disséminés et jusqu'alors inertes : la vie commence par le cœur, et c'est ensuite par lui que les autres organes reçoivent la vie et le mouvement par l'entremise du sang.

Il est facile de voir, je ne dis pas les inconséquences, mais les erreurs d'un pareil système. Il faudrait, pour qu'il fût vraisemblable, que tous les animaux eussent du sang et un cœur : or il en est beaucoup qui n'ont ni l'un ni l'autre ; ce système exigerait donc que tous les animaux fussent organisés comme l'homme, et nous savons combien peu la chose est exacte. Cela posé, il est inutile de combattre les idées de ce grand philosophe. Il est d'ailleurs une manière d'interpréter favorablement sa théorie, c'est qu'il est certain qu'il ne se produit absolument rien sans l'entremise du sang dans les corps où du sang circule : le sperme du mâle en provient, aussi bien que les vésicules des ovaires de la femelle et les organes du fœtus.

Aristote n'a erré au sujet de la génération que pour avoir été trop conséquent avec les grands principes de sa philosophie.

CHAPITRE XXVI.

Système d'Harvey : Contagion séminale.

Pendant environ deux mille ans les systèmes d'Hippocrate et d'Aristote au sujet de la génération ont régné sans opposition dans les écoles : les médecins conservant les idées du premier, les philosophes donnèrent la préférence à Aristote. Au lieu de rechercher comment agit la nature, on se bornait à faire prévaloir les opinions d'un de ces deux grands hommes. Enfin les temps d'examen succédèrent aux siècles de l'autorité des maîtres ; et, du jour où l'on scruta les faits, les systèmes de l'antiquité perdirent de leur crédit. Harvey fut un des premiers à suivre les voies de la raison en étudiant la nature : il cita souvent Aristote, mais presque toujours pour le contredire.

Cet homme illustre fut favorisé par la fortune presqu'autant que par la nature, et, ce qui est bien rare, il fit tourner tant d'avantages au profit de la vérité. Élevé à l'école d'un des grands anatomistes du temps, je veux parler de F. d'Aquapendente (lequel florissait vers la fin du seizième siècle), il puisa dans les savantes leçons de son maître les germes de son immortelle découverte de la circulation du sang. Tant de gloire due à son application et à son génie attirèrent sur lui les regards de l'Europe savante et les faveurs de son roi, l'infortuné Charles Ier. Il faut avouer que sa découverte de la circulation du sang lui fit perdre beaucoup d'années par les attaques qu'elle lui suscita de la part de l'ignorance ou de l'envie, ardentes à se venger du génie en le privant de la paix et lui refusant justice ; mais, malgré tous ces tourmens, Harvey, jeune encore, Harvey communiquant avec les hommes éclairés de tous les pays, Harvey médecin d'un roi qu'il rivalisait en gloire, ne pouvait passer sa vie en stériles discussions ou en cures vulgaires : les découvertes appellent d'autres découvertes, comme de premières victoires entraînent d'autres combats. L'Europe décida donc autant qu'Harvey luimême, qu'il s'occuperait désormais du grand problème de la génération des animaux. Précisément F. d'Aquapendente lui avait beaucoup appris à ce sujet, en l'initiant à ses recherches sur la formation de l'embryon des oiseaux. Alors Harvey résolut de tirer parti de sa belle position : il demanda au roi les moyens de faire en grand les expériences que nécessitait son entreprise, et Charles Ier lui abandonna son parc de cerfs avec une munificence toute royale, sans condition et sans aucune réserve ; sacrifice aisé pour un roi que les dissensions de ses sujets et les dangers de sa couronne détournaient de la dissipation des cours et des plaisirs de la chasse. J'avais donc raison de dire qu'Harvey fut favorisé de toutes les manières et par toutes choses, puisque les malheurs même de son pays et de son auguste protecteur tournèrent à son avantage. Ses expériences faites, il eut, à la vérité, le malheur de perdre ses papiers dans la tourmente politique qui le priva de son roi et mit Cromwel sur le trône d'Angleterre; mais forcé bientôt de s'éloigner de Londres, la solitude et l'oisiveté dont il jouit dans son exil servirent encore ses travaux, car ce fut alors qu'il mit de l'ordre dans ses découvertes et qu'il en écrivit l'histoire sans notes et sans presque aucun livre, si ce n'est un Aristote. Il faut dire pourtant qu'il dut à la perte de ses journaux de commettre quelques erreurs; mais son ouvrage, tel que nous l'avons, n'en mérite pas moins toute notre estime, et il est impossible de ne pas gémir de la sévérité avec laquelle Buffon l'a jugé dans le but de mettre en crédit son propre système des molécules organiques, système dont chaque page du livre d'Harvey contient la critique anticipée. Au reste, nous ne parlons point ici des découvertes d'Harvey, nous ne faisons qu'exposer son système.

J'ai dit précédemment qu'Harvey était dans l'opinion que tout être vivant provient d'un œuf, les animaux vivipares aussi bien que les ovipares. Cependant Harvey, il faut bien l'avouer, ignorait la source de l'œuf et la vraie nature des ovaires dans les mammifères, bien que V. Coiter eût déjà démontré ce fait de physiologie. Seulement Harvey avait remarqué que l'embryon des vivipares a, dès sa première origine, une assez grande analogie avec l'œuf des ovipares, que les deux principales enveloppes surtout sont fort ressemblantes pour l'embryon des deux classes d'êtres; mais comme il n'avait remarqué aucun changement dans les ovaires des biches et des daines qu'il ouvrait à différentes époques de la conception, il ne prévoyait pas que l'œuf des mammifères fût déjà ébauché dans l'ovaire de ces animaux, et qu'il préexistât à l'accouplement des sexes, et cela du moins établissait à ses yeux une notable différence entre la génération des vivipares et celle des ovipares.

Harvey avait bien observé des espèces de caroncules et comme des toiles d'araignées dans les cornes de la matrice des biches éventrées plusieurs semaines après le coït; mais je répète que les ovaires lui paraissant intacts et leurs vésicules sans mécompte, il attribuait ces premiers linéamens de l'œuf ou de l'embryon des mammifères, à la seule action de la matrice. Comme il n'avait jamais trouvé de semence dans cette matrice après l'accouplement, Harvey pensait que le sperme lui-même était étranger comme matière à la formation de cet œuf; il niait même que cette liqueur eût aucun contact avec l'œuf déjà à demi-formé des oiseaux. Parisanus avait avancé que la cicatricule de cet œuf était due à la semence du mâle, mais Harvey prouva le contraire en montrant

que cette tache blanche ou cicatricule existe dans
les œufs infécondés des oiseaux vierges tout comme
dans les œufs fécondés : c'est même là une des découvertes dues à Harvey. Quant aux mammifères,
Harvey pensait que leur embryon et ses enveloppes
se formaient par la seule action de la matrice et que
cet organe en était la source exclusive. D'abord il n'a-
vait observé aucun changement, ainsi que nous l'a-
vons dit, dans les ovaires ; outre cela, c'était vainement qu'il avait cherché les traces du sperme dans la
matrice : jamais il n'en avait trouvé. Harvey concluait
de toutes ces choses, que l'œuf des mammifères n'est
formé exclusivement ni par le mâle ni par la femelle,
puisqu'il ne provient immédiatement ni de la semence
ni des ovaires (qu'Harvey nommait testicules) ; mais il
admettait que la formation de l'œuf des vivipares résulte de l'action spontanée de la matrice, fécondée,
ainsi que tout le corps de la femelle, par le sperme du
mâle. Harvey admettait donc une espèce de *contagion
séminale* ; il allait jusqu'à employer ce mot de contagion, et voici comme il concevait la chose.

Il supposait que le sperme du mâle, instillé dans
le vagin de la femelle, laissait exhaler quelque
principe subtil qui fécondait instantanément et universellement cette dernière. Harvey n'admettait pas
que cette semence produise une action locale et maté-
rielle sur l'utérus, mais seulement une contagion générale en fécondant tout le corps à-la-fois, à-peu-près
comme l'aimant communique la vertu magnétique à
l'acier qu'il a touché ; ou encore, comme un atôme de
fluide variolique inoculé au bras d'un enfant communique la variole à la personne entière. Après cette con-

tagion générale du corps, après cette fécondation de tous les organes, il admet que la seule matrice reçoit la faculté de concevoir un nouvel être ; et Harvey compare cette propriété de la matrice à la faculté qu'a le cerveau, et qu'il a seul, de concevoir des pensées par l'advention des sens, lesquels cependant ne lui fournissent que des images. Il ajoute que le fœtus ressemble au mâle qui a fécondé la mère, comme les pensées ressemblent aux sensations qui les produisent, et de la même manière.

Il est évident que ces idées sont d'une bizarrerie et d'une complication extrêmes : mais ce qui détruit ce système de fond en comble, c'est l'observation tant de fois répétée que l'œuf des mammifères vient des ovaires, comme chez les ovipares eux-mêmes.

Ainsi nous admettons comme Harvey que tout être vivant provient d'un œuf, que tout œuf provient de la femelle dans les êtres ayant des sexes, et qu'il n'est pas de fécondation sans le mâle ; mais nous différons avec Harvey touchant la manière dont toutes ces choses arrivent.

CHAPITRE XXVII.

Système des Œufs. L'Embryon provient de la Mère. Swammerdam, Spallanzani, etc.

Je donnerai peu de détails sur le Système des Œufs, par la raison que l'ensemble de ce *deuxième livre* en renferme les divers élémens et en montre la

réalité (voy. le chap. XVI et ceux qui le précèdent).
Je rappellerai seulement les recherches d'Aristote,
de Parisanus, de Fabrice d'Aquapendente, sur la
formation de l'embryon des oiseaux; les beaux travaux d'Harvey, lequel a démontré que la cicatricule
de l'œuf en est la partie essentielle, et que c'est de là
que l'embryon tire son origine; je citerai l'ouvrage
si remarquable où Malpighi a prouvé que le poulet
provient de cette cicatricule et qu'il préexiste même
à l'incubation, puisqu'il l'a pu découvrir dans des œufs
récemment pondus : enfin je cite encore les expériences de Swammerdam, de Roesel, de Spallanzani,
sur les œufs de reptiles, et celles de Jacobi, de Réaumur et de Needliam, sur les œufs des poissons, ceux
de quelques mollusques et des insectes.

Tous ces travaux sont parfaitement d'accord
pour montrer que la plupart des animaux ont un
œuf pour première origine; mais ce n'est pas tout :
outre les analogies que nous avons vu exister entre
les œufs des animaux et les graines des plantes, avec
ces mêmes œufs et les bourgeons des polypes, comme
entre ces graines des plantes à fleurs et les bulbes
visibles de quelques végétaux réputés cryptogames,
nous devons ajouter que toutes ces choses ont fait
penser que les mammifères eux-mêmes ont un œuf
pour premier berceau ou pour première origine.
De Graaf, Nuck, Sténon, Vallisneri, Haller et plusieurs autres anatomistes ont découvert cet œuf des
quadrupèdes; ils en ont montré la route et décrit les
développemens. Buffon ayant douté de ces observations, d'autres physiologistes les ont répétées et rendues
irrécusables : nous avons rapporté ces différens faits,

et nous en avons tiré la conséquence que tout être vivant provient d'une sorte d'œuf.

Mais tout en s'accordant sur ce point, que tout animal vient d'un œuf, la plupart des physiologistes modernes sont loin d'être unanimes relativement à l'opinion qu'ils se forment de la première origine des êtres vivans. Les uns pensent que l'embryon préexiste à la fécondation, l'œuf lui-même et lui seul en renferment les premiers rudimens; d'autres attribuent les premiers élémens du fœtus à la liqueur prolifique du mâle par qui l'œuf a été fécondé; enfin il est des physiologistes qui pensent que le nouvel être résulte du juste et soudain concours de l'œuf de la femelle et de la semence du mâle, à-peu-près comme un courant voltaïque composé de l'eau avec deux gaz invisibles; ou un cristal salin avec deux élémens différens mis en contact.

Nous ne devons pas nous dissimuler que la plupart des preuves qu'on a alléguées à l'appui de cette opinion que l'embryon préexiste dans l'ovaire des femelles, ne méritent pas toutes une égale confiance. Par exemple, on a dit avoir découvert les premières traces du poulet dans des œufs non cochés, mais ce fait ne paraît pas croyable : Malpighi a bien vu ces premiers rudimens du poulet dans des œufs qui n'avaient pas été couvés (fait que Haller a cru sans pouvoir s'assurer par lui-même de sa réalité); mais aucun observateur digne de confiance n'a pu voir ces vestiges de l'embryon du poulet dans des œufs non fécondés. Il est bien vrai qu'on trouve de petits ovules dans le réceptacle de quelques fleurs non encore épanouies et non fécondées par le pollen, et même Spallanzani affirme que ces graines ébauchées se développent sans le concours du pollen, dans des fleurs châtrées, il a été jusqu'à prétendre que ces graines peuvent mûrir et germer, mais nous avons dit dans le *chapitre V* ce qu'il faut penser de ces expériences de Spallanzani. Il est des animaux qui engendrent sans accouplement, la chose est vraie; mais il faut remarquer que ces êtres sont hermaphrodites, je veux dire qu'ils réunissent des organes mâles et des organes femelles dans le même individu. L'exemple le plus probant et le plus difficile à récuser est celui des pucerons : on a dit que ces animaux engendrent plusieurs fois sans accouplement ; que les femelles vierges, nées d'un premier accouplement, produisent à leur tour des femelles fécondes sans l'intervention d'aucun mâle : on a beau isoler chaque petite femelle aussitôt qu'elle est née, elle n'en produit pas moins des petits pucerons, lesquels produisent comme elle sans accouplement, et cela pendant huit ou neuf générations successives ; mais est-on sûr que ces femelles réputées vierges n'aient pas été fécondées dans le ventre de leur mère par les mâles de la même ponte? est-on sûr qu'aucun de ces petits animaux ne soit hermaphrodite? ne pourrait-on pas s'être mépris à l'égard des pucerons comme Spallanzani s'est mépris pour le chanvre? je veux dire qu'on pourrait avoir pris pour des femelles, des animaux réunissant les organes des deux sexes. Plus j'ai confiance dans la logique de Bonnet, et plus je me crois obligé de me défier de ses observations. Enfin, sans parler de Littre, qui assure avoir observé les premiers linéamens très-reconnaissables de l'embryon dans la vésicule d'un ovaire de mammifère (observation évidemment controuvée, la chose n'étant supposable que pour une grossesse extrà-utérine), il ne reste plus que les observations de Needham et de Spallanzani sur des œufs de poissons et de reptiles, qui puissent faire admettre que l'embryon est visible dans l'œuf des femelles avant le contact de la liqueur spermatique du mâle.

Je commence par avouer que ces dernières observations, celles de Spallanzani principalement, ont un grand poids ; à elles seules elles établiraient la preuve que l'embryon préexiste dans l'œuf non fécondé : en effet, ces œufs présentent aussitôt qu'ils sont sortis, et même alors qu'ils sont dans le corps de la femelle, des embryons déjà noirs et discernables, et cependant le mâle ne les arrose de sa semence qu'après qu'ils sont pondus. Voyons cependant s'il ne reste pas quelque moyen de nier la chose. D'abord on pourrait dire que les points noirs des petits œufs de grenouilles et de salamandres, etc., ne sont pas de vrais fœtus ; mais il est évident que les têtards proviennent de ces points noirs progressivement accrus, et qu'on peut aisément reconnaître les vestiges d'un être animé dans les enveloppes dont ce point noir est en partie formé. Une autre difficulté qu'on pourrait faire naître à l'égard de ces embryons préexistans, est celle-ci : il est bien vrai, pourrait-on dire, que ces œufs sont arrosés de la semence du mâle après qu'ils sont sortis du corps de la femelle ; mais qui peut assurer qu'ils n'ont pas déjà été fécondés dans le corps de la femelle ? cela serait même d'autant plus probable, que la plupart des espèces de reptiles dont nous parlons sont accouplés plusieurs jours avant la

sortie des œufs. La réponse à cette objection est facile : on pourrait admettre que ces œufs de reptiles
dans lesquels paraît déjà l'embryon ont été fécondés
une première fois dans le corps même de la femelle;
mais si l'on fait attention que ces embryons, tout
visibles qu'ils sont, ne s'accroissent jamais lorsque le
mâle ne les a pas arrosés de sperme à leur sortie de
la femelle, il faudra bien convenir qu'ils n'ont encore
reçu le contact d'aucune semence; car il faut remarquer qu'encore que ces embryons préexistent à la
fécondation, cependant il leur faut le contact du
fluide prolifique pour s'accroître. Ainsi, qu'ils vivent
déjà ou qu'ils soient inanimés, il est sûr que les embryons des grenouilles préexistent dans les œufs des
femelles avant toute intervention du sperme des
mâles ; mais il est également certain qu'ils ne s'accroissent jamais sans l'entremise, sans le contact du
fluide séminal : tous les faits cités contradictoirement
à ce principe sont révocables.

Haller toutefois a beaucoup insisté sur un fait
propre à établir, non pas que l'embryon se développe
sans l'intervention du fluide prolifique, mais qu'il
préexiste au contact de ce fluide avec l'œuf. Voici
cette observation dont il a déjà été parlé dans un autre
endroit de cet ouvrage à propos de la structure de l'œuf
des oiseaux. Nous avons dit que le jaune est revêtu de
deux feuillets membraneux, de deux épidermes assez
faciles à démontrer à une certaine époque de l'incubation : il est certain que ces deux feuillets du jaune le
revêtent dans tous ses points, qu'ils accompagnent
son pédicule jusqu'à son union avec le jeune fœtus,
et qu'ils s'unissent, le feuillet extérieur avec le péri-

toine des parois abdominales, et le feuillet intérieur
avec le péritoine qui enveloppe l'intestin. Or, demande Haller, est-il possible d'attribuer au hasard
cette union si constamment la même des enveloppes
du jaune avec le nouvel être? est-il raisonnable de
croire spontanée une jonction aussi compliquée et
dont le but d'utilité est si manifeste? Non, poursuit
Haller; il est plus naturel de penser que cette greffe
a existé dès l'origine de l'œuf dans l'ovaire, entre les
tuniques du jaune et le germe préexistant de l'embryon; ou plutôt, ce fait seul est la preuve évidente
que tout œuf contient dès son commencement les
premiers rudimens d'un petit animal. Ce n'est donc
point le fluide séminal qui engendre instantanément
l'embryon dans l'œuf; mais son rôle paraît être de lui
donner la vie et la faculté de croître : aussi bien la
ressemblance des jeunes êtres avec leurs deux parens
prouve que tous les deux contribuent en quelque
chose à leur production.

Ainsi le principe de l'embryon préexiste à la fécondation, tout invisible qu'il est dans l'œuf; mais il
naît delà même de nouvelles et de grandes difficultés :
car si tout œuf, même non fécondé, contient le premier germe d'un nouvel être, il faut admettre également que chaque embryon femelle porte en lui les
germes inappréciables, mais nécessairement réels,
de nouveaux œufs, et chacun de ces œufs, les germes
d'autant de nouveaux embryons; par conséquent la
première femelle de chaque espèce recelait dans son
ovaire la suite entière des générations futures : c'est
un emboîtement, un enchâssement de germes propre
à effrayer les imaginations les plus calmes et les con-

I.   14

sciences les plus crédules. Nous traiterons bientôt de cette hypothèse de l'emboîtement des germes à l'infini, et cette question même nous obligera d'exprimer avec plus de précision que nous ne le faisons ici ce qu'il faut entendre par ces germes que nous supposons préexister dans des œufs non encore fécondés par le fluide séminal.

CHAPITRE XXVIII.

Système de Leeuwenhoek ou des Animalcules. Tout vient du Mâle.

Nous avons déjà parlé des animalcules de la semence, et fait pressentir qu'on a profité de leur excessive petitesse et de leur nombre prodigieux pour expliquer la génération ou la première origine du fœtus. Nous avons vu qu'une seule goutte de sperme en contient des milliers : Leeuwenhoek a supputé que la laite d'un seul poisson renferme un nombre plus grand de ces animalcules qu'il n'y a d'hommes à la surface du globe, en supposant même les différens pays aussi peuplés que l'est la plus grande partie de l'Europe.

Ces petits corps mouvans, nous l'avons dit, fixèrent l'attention de beaucoup de savans dès qu'une fois Leeuwenhoek les eut découverts. L'importance qu'on leur attribuait augmenta beaucoup quand on se fut assuré que la semence seule en contient, et seulement la semence des hommes pubères, capables de se procréer. Une fois qu'on eut constaté que ni les femelles ni les mâles, encore enfans ou déjà très-vieux, malades ou très-affaiblis, n'offrent rien de semblable, et que plusieurs oiseaux n'ont de ces animalcules que dans la saison de leurs amours, alors on n'hésita plus à attribuer l'origine de tous les animaux pourvus d'organes sexuels à ces petits corps mouvans de leur semence; mais on proposa à ce sujet des explications très-diverses.

Les uns ont prétendu que ces animalcules sont autant de jeunes embryons; on a ajouté que ce petit ver s'accroît peu-à-peu dans l'œuf des ovipares ou dans la matrice des mammifères, et qu'il se complique successivement en subissant des métamorphoses, à la manière des insectes ou de quelques reptiles : on a dit de plus qu'il forme autour de soi ces toiles, ces enveloppes dont Harvey a recherché l'origine dans la matrice des biches, à-peu-près comme le ver-à-soie protège sa larve d'un cocon ; mais d'autres personnes ont prétendu que ces animalcules spermatiques ont d'abord la forme exacte de l'animal qui les produit, de sorte que, pour devenir semblables à l'animal parfait, ils n'ont besoin que de croître sans subir de métamorphoses. Nous avons cité les singulières observations de Plantade, de Gautier, etc., desquelles il résulterait (s'il était permis d'y ajouter quelque confiance) qu'on a vu des fœtus d'hommes, d'oiseaux et de quadrupèdes dans le sperme récent des mâles de ces différens êtres, embryons déjà assez formés, malgré leur extrême petitesse, pour offrir l'image très-ressemblante des animaux d'où ils émanent ou qu'ils reproduisent. Les auteurs dont nous parlons n'éprouvent quelque embarras que pour assigner un gîte précis à ces fœtus en miniature. Or, pour ce qui est des vrais ovipares , il faut bien qu'ils admettent qu'un animalcule se niche dans chacun des œufs déjà sortis ou encore adhérens de la femelle ; mais quant aux mammifères , les uns conjecturent qu'un ou plusieurs animalcules se fixent à la matrice, et qu'ils s'y entourent de membranes, comme nous l'avons dit plus haut. La plupart ont préféré l'explication suivante : On suppose qu'un des innombrables animalcules du sperme , après avoir traversé la matrice et parcouru l'une de ses trompes, va se ficher dans l'une des vésicules de l'ovaire correspondant , et qu'il ne s'introduit dans cette vésicule qu'au moyen d'une petite ouverture à soupape , dont la valvule se ferme pour ne plus s'ouvrir aussitôt que l'animalcule est entré. D'autres personnes (car nous ne nous soucions pas d'attacher des noms célèbres à des hypothèses qui choquent aussi manifestement le bon sens) , d'autres auteurs , disons-nous , ont expliqué cela d'une autre manière : ils ont dit qu'il se fait une adhérence , une sorte de greffe entre l'animalcule et le petit œuf, aussi bien qu'une anastomose réciproque entre leurs vaisseaux. Ils ont cru expliquer par cette supposition comment le nouvel être ressemble à sa mère comme à son père , quoique ce dernier, selon eux, en fournisse entièrement les premiers rudimens. Enfin , d'autres physiciens ont prétendu que l'animalcule introduit dans l'une des vésicules de l'ovaire a seulement pour but, pour usage de former la moelle épinière du nouvel animal. Cette dernière opinion a été professée tout dernièrement encore par deux hommes d'un grand mérite. J'observe que, de quelque manière que l'on explique la formation des fœtus par les animalcules de la semence, cette hypothèse n'est pas de nature à résister à un examen un peu sérieux. Voici, au reste, les principales objections dont elle est susceptible.

Il est bien vrai que la semence des animaux présente, dans l'âge de la fécondité, de petits corps mobiles qui semblent encore animés; mais comme ces corpuscules perdent bientôt leurs mouvemens, si l'on admet que ceux des animalcules qui s'introduisent dans des vésicules de l'ovaire ont seuls la propriété de conserver la vie, il faut convenir que la cause de cette particularité étant inconnue, on ne fait ainsi que reculer la difficulté d'un degré : on est toujours forcé de se demander, ou comment le nouvel être acquiert la vie, ou comment il la conserve, si c'est un animalcule déjà vivant. D'ailleurs est-il naturel que de tant de milliers d'animalcules accumulés dans quelques gouttes de semence, il s'en trouve précisément un ou plusieurs qui jouissent seuls de la faculté de s'accroître? Cela est-il probable? Je sais bien qu'on cite le nombre immense de certaines graines parmi lesquelles il n'en est qu'un très-petit nombre qui se développent; mais existe-il une vraie similitude entre ces deux exemples? N'est-il pas évident que la germination de ces graines dépend de mille causes diverses à la réunion desquelles on peut donner le nom de hasard, tant elle est fortuite? mais la même espèce d'animal produisant toujours le même nombre de petits, n'est-il pas démontré par cela même qu'une précision aussi constante dans l'œuvre ne saurait dépendre d'agens aussi multipliés que le sont les animalcules spermatiques? J'ajoute encore que ces corps mobiles sont si ressemblans à ceux qu'on obtient de certaines infusions, qu'il est difficile d'admettre que les uns soient autrement vivans que ne le sont les autres; et si l'on veut soutenir que ces animalcules se forment spontanément, ne faudra-t-il pas convenir que la formation spontanée du fœtus serait tout aussi concevable?

Si l'on avait fait attention 'que non-seulement les animalcules ne sont pas proportionnés pour le nombre aux fœtus produits à-la-fois par chaque espèce, mais qu'ils ne sont pas proportionnés davantage au volume de ces animaux, de petits animaux en ayant de plus gros que d'autres animaux beaucoup plus volumineux; si l'on avait fait attention que l'on ne trouve jamais d'animalcules dans l'œuf fécondé des oiseaux, même lorsque la fécondation de l'œuf pondu date de dix-huit à vingt jours, il est sûr qu'on se fût épargné tant de soins et d'efforts pour faire prévaloir durant près d'un demi-siècle cette théorie singulière, due tout entière à l'admirable invention et à l'abus du microscope. Il est naturel de penser que l'habitude de contempler des corps si exigus a été pour beaucoup dans cette ferveur si générale et si persévérante pour un système aussi inconséquent qu'improbable.

Cependant Leeuwenhoek était si convaincu que les corpuscules mouvans du sperme sont de vrais animaux servant à la formation d'autres animaux plus parfaits, qu'il allait jusqu'à admettre qu'ils ont des sexes et engendrent ensemble. Il croyait avoir remarqué deux variétés d'organisation parmi eux, et il ne doutait nullement que les uns ne fussent des mâles et les autres des femelles; il croyait aussi en avoir re-

marqué de plus petits après ces prétendus accouplemens, et cette succession de générations lui servait
à expliquer comment il avait pu trouver de ces petits
corps vivans six à sept jours encore après l'émission
de la semence, car ces corpuscules ne conservent
guère de mouvement au-delà de quelques heures.
Mais remarquez que cette observation des sexes, de
l'accouplement et de la reproduction des animalcules,
détruirait de fond en comble, si elle était avérée,
les hypothèses de Leeuwenhoek, de Boerhaave et
d'Andry. Effectivement, si ces petits corps s'engendrent entr'eux à la manière des animaux eux-mêmes,
il est probable qu'ils sont analogues à ces derniers
sous plusieurs autres rapports; or ces animaux ne
s'accouplent et n'engendrent que lorsqu'ils sont accrus, lorsque leur organisation est parfaite; toute
métamorphose est désormais impossible, la chose est
certaine, pour des animaux en état de s'accoupler:
comment donc conçoit-on que des animalcules assez
parfaits pour se procréer, puissent éprouver subsé-
quemment d'assez grands accroissemens, des métamorphoses assez considérables, pour donner naissance
à des êtres qui sont des millions de fois plus gros
qu'eux-mêmes !

Cependant, la preuve, a-t-on dit, que la génération est l'œuvre des animalcules, c'est qu'on trouve
toujours de ces corpuscules mouvans dans l'ovaire des
femelles fécondées des mammifères. Je n'examine pas
si cette observation a autant d'exactitude et de constance qu'on le prétend; je veux seulement montrer
qu'elle ne prouverait rien pour la chose dont il s'agit:
car si l'on admet que le sperme parvient jusqu'à

l'ovaire pour en féconder les vésicules, il est sûr qu'on doit trouver dans cet ovaire les animalcules que le fluide prolifique contient toujours et en si grand nombre. La présence des animalcules dans les ovaires ne prouverait donc qu'une chose, je veux dire que ces corpuscules indiqueraient seulement quelle voie suit la semence et jusqu'où elle s'introduit.

Je répète donc que l'hypothèse de Leeuwenhoek n'est pas soutenable ; et s'il était besoin d'une preuve positive pour en établir la fausseté, on n'aurait qu'à se rappeler l'expérience suivante que nous avons déjà citée : Spallanzani prit du sperme de reptiles dont il avait soigneusement détruit tous les corpuscules mouvans, et cependant les œufs qu'il arrosa de cette liqueur vinrent à bien.

CHAPITRE XXIX.

Système de Buffon : Molécules organiques, Moule intérieur.
Égal Concours des Sexes.

A l'époque où M. de Buffon publiait son bel ouvrage sur l'Histoire naturelle, le système des animalcules et celui des œufs se partageaient les opinions des physiologistes. Les découvertes de Leeuwenhoek servant de base à l'un de ces systèmes, les observations de Graaf et d'Harvey motivant assez puissamment l'autre, Buffon employa tous ses soins et son grand talent à combattre ces trois auteurs ; après quoi il se mit lui-même à construire un système nouveau, n'ayant rien d'analogue avec les opinions alors reçues ; je veux parler de sa fameuse hypothèse des *molécules organiques*, dont voici les principaux fondemens.

Buffon commença par reprendre en sous-œuvre les expériences microscopiques de Leeuwenhoek et de Hartsoeker sur les animalcules spermatiques : il observa d'abord des corps mouvans dans la semence des mâles adultes et dans les corps jaunes de l'ovaire des femelles ; il mit ensuite infuser dans des liquides des organes de divers animaux, des portions de plantes ou des plantes entières, et il trouva partout des globules mouvans ; partout, dans les humeurs même et dans tous les liquides. Alors Buffon confondit tous ces corps mouvans d'une apparence animée, ou plutôt il assimila ces corpuscules des liquides simples et des infusions aux animalcules de la semence ; il admit, non pas que tous ces globules mouvans sont des animaux véritables, ainsi que Leeuwenhoek l'admettait des corps mouvans de la semence, mais que ces corpuscules des êtres vivans sont eux-mêmes animés, sans être pour cela de vrais animaux. Alors Buffon (ou plutôt Needham) supposa qu'il existe dans la nature une immensité de globules mouvans comme ceux qu'il apercevait dans ses expériences, que ces globules composent tantôt des animaux, tantôt des plantes ; que cette matière passe ainsi de l'un de ces corps à l'autre sans s'altérer, sans éprouver de changemens notables ; et cette matière vivante et active qu'il voyait se mouvoir, Buffon la désigna sous le nom de molécules organiques.

Ces molécules, selon Buffon, composent le chyle

et les alimens dont le chyle provient ; elles sont employées à former tous les organes, à les nourrir et à les accroître. Si ces molécules sont plus abondantes qu'il ne faut dans certaines parties d'un corps organisé, elles s'y accumulent dans un lieu quelconque, et elles y donnent lieu à des productions spontanées, à des animaux parasites, à des vers, à des insectes. Souvent, ajoute Buffon, elles se réunissent et s'organisent ainsi dans la nature, en dehors même des corps vivans, et c'est de la sorte qu'elles composent de vrais corps organisés sans le secours d'une génération sexuelle. Aussi, suivant Buffon, y a-t-il autant de corps vivans formés spontanément par la rencontre fortuite des molécules organiques, qu'il y en a d'engendrés par l'assortiment et le concours des sexes.

Tant qu'un corps vivant continue de s'accroître, dit le même auteur, toutes ses molécules organiques sont employées à sa nourriture et à son développement ; il ne s'en accumule aucune spécialement dans nul organe, il ne s'en dissipe point à l'extérieur. Mais lorsqu'au contraire les corps vivans sont totalement accrus, qu'ils sont jeunes, pleins de force et de vie, alors ces molécules, devenues trop abondantes pour les besoins ordinaires d'un corps parachevé, s'amassent dans les testicules et les vésicules séminales des animaux mâles, dans les ovaires des femelles, dans les anthères et le réceptacle des plantes ; et il en résulte le pollen des fleurs, le sperme des animaux mâles, les corps jaunes de l'ovaire des mammifères femelles, et la cicatricule des œufs des femelles ovipares (car pour l'œuf lui-même, Buffon le regarde

comme une vraie matrice) : telles sont, suivant
notre célèbre naturaliste, les vraies sources de la génération des êtres vivans.

Comme ces molécules organiques, toujours actives
et toujours vivantes, circulent également dans toutes
les parties de chaque corps, tous les organes et toutes
les humeurs en sont imprégnés, et aussitôt qu'il y a
excédent, chaque humeur et chaque organe renvoient
de la même sorte des molécules organiques vers le
réservoir commun où elles se rassemblent. Par conséquent, dit Buffon, il y a dans la semence du mâle
un peu des molécules organiques de tout le corps de
l'animal, et l'on conçoit que le nouvel être, né de
cette semence, doit ressembler à son père. Également,
ment, le corps jaune de l'ovaire des femelles étant
composé des molécules organiques de chaque organe
de la femelle, offre en extrait le corps entier de cette
femelle ; et par conséquent le nouvel être, né de la
combinaison du corps jaune de la femelle et de la
semence du mâle, doit ressembler à-la-fois à ses deux
auteurs. Les molécules similaires du mâle et de la
femelle se réunissent et se combinent ensemble ; les
molécules venues de l'œil du père, pour citer un
exemple, se combinent avec les molécules semblables, provenant de l'œil de la mère, et ainsi de tous
les organes.

Si l'on demande à Buffon comment ces molécules
organiques, extraites de tous les organes des deux
parens, se rassemblent en un tout aussi parfait que
l'est chacun des deux êtres d'où elles proviennent,
Buffon répond que cela se fait en vertu d'un moule
intérieur ; autrement, elles se rassemblent et s'orga-

nisent par la raison qu'elles s'organisent et se rassemblent, car les faits physiques généraux n'ont pas
d'autre raison pour nous que leur existence et leur
réalité même.

Voilà une idée abrégée, mais suffisante, du célèbre
système de Buffon sur la génération des êtres : système combattu, contredit par les savans de tout un
demi-siècle, par la raison que les contemporains de
Buffon attachèrent à cette hypothèse originale une
importance que Buffon lui-même était loin de lui
donner. Cependant, pour être juste envers cet homme
si éminent, il eût fallu tenir compte des considérations suivantes.

Buffon, lorsqu'il conçut le plan de son immortel
ouvrage, dut réfléchir avant toute chose sur les
grandes lois de la vie, principalement sur la Reproduction des êtres vivans, et il fut obligé de consulter
tous les ouvrages remarquables qui avaient paru jusqu'alors sur cet acte si important et si mystérieux.
Or, que trouva-t-il dans ces ouvrages ? souvent nul
accord dans les faits, rien d'exact et de satisfaisant
dans les théories. Buffon vit bien que lui-même ne
pouvait créer un système parfait avec les faits alors
connus : d'ailleurs, il ne pouvait ni prévoir ni devancer
les travaux entrepris depuis lui, par Haller, par Spallanzani, par Dutrochet, etc. Il se résigna donc à faire
le recensement de toutes les richesses de la science ;
il récapitula presque toujours avec impartialité les
découvertes d'Aristote, d'Harvey, de Graaf, de Malpighi, de Vallisneri, de Leeuwenhoek, de Duverney,
et de son propre associé Needham : et lorsqu'une fois
il eut disposé tous ses matériaux, Buffon s'aperçut plus

que jamais qu'il fallait à tant de faits épars un lien commun pour l'unité de son œuvre, une idée dominante pour le soulagement des esprits. Il faut ajouter que chaque siècle a ses exigences et ses besoins, et que tout grand homme qu'était Buffon, il fut dominé par l'ascendant du sien : nécessité déplorable, mais universelle. L'époque où Buffon écrivait était éminemment littéraire : le public de son temps ne quittait les écrivains admirés du siècle précédent, que pour des philosophes tels que Voltaire, Montesquieu et Rousseau, les auteurs florissans d'alors. Ce n'était déjà plus la même simplicité, le même abandon, mais plus de profondeur dans la pensée rachetait ces précieux avantages ; et à mesure que le langage perdait de sa pureté, la nation devenait plus réfléchie. Il n'est pas inutile pour notre objet présent, d'observer que le XVIIIᵉ siècle offrit en France trois périodes fort remarquables, trois caractères d'esprit très-différens : le dégoût de la licence produisit insensiblement une tendance manifeste à la réflexion et à la philosophie, et vers la fin du siècle cet esprit philosophique engendra l'amour des sciences exactes et leurs prodiges. C'est dans la seconde de ces périodes que Buffon écrivait ; j'ajoute que lui seul, parmi les auteurs ses contemporains, n'a jamais sacrifié au mauvais goût et au dévergondage de la période qui avait précédé, et que c'est être injuste envers lui que de refuser à ses ouvrages d'avoir puissamment hâté la dernière de ces périodes, qui s'est prolongée jusqu'à nos jours.

Cependant, il faut convenir qu'on ne trouve point aux sciences, dans tous les écrits de Buffon, cette physionomie régulière qu'elles ont prise dans nos temps modernes : l'esprit public n'avait encore ni ce dédain des futilités et des ornemens, ni cette tendance sérieuse vers le vrai, vers l'utile, qu'on lui voit aujourd'hui. La science, à cette époque, ne pouvait se montrer, sinon sans parure, du moins sans résultats coordonnés et sans ensemble : il était de mode alors d'introduire dans tous les genres d'écrits cette unité de vues et d'intérêt dont on se dispense aujourd'hui souvent même au théâtre. Il résultait de là pour les savans la nécessité de remplacer par des conjectures les vérités ignorées de leur temps ; de sorte que les mêmes causes qui produisaient la supériorité et la perfection des autres ouvrages, ont déterminé les défauts de ceux de Buffon. Toutefois, il est vrai de dire que tout en cédant à la force des circonstances, cet écrivain resta homme de génie jusqu'en ses erreurs. Au lieu de s'attacher au joug commun, hypothèses pour hypothèses, il résolut de remplacer des théories surannées et reconnues pour imparfaites, par des conjectures du moins originales et plus vraisemblables ; et d'ailleurs il ne donna son Système des Molécules organiques que comme il avait donné sa Théorie de la Terre, c'est-à-dire moins pour une chose parfaite que comme une conjecture ayant le mérite d'être partout conséquente avec elle-même. Buffon ne cachait point à ses lecteurs, pas plus qu'il ne se le dissimulait à lui-même, que ce n'était là qu'une pure hypothèse : un auteur se fait bien rarement illusion à ce sujet, et Buffon devait s'y tromper moins qu'un autre en sa qualité d'homme supérieur. Au reste, on verra par l'Exposé suivant des principales objections dont cette Théorie de Buffon est susceptible, s'il était possible que lui-même pût s'en dissimuler la faiblesse et l'imperfection.

On peut d'abord demander quelles sont les preuves irrécusables de l'existence des molécules organiques, et s'il est bien vrai qu'elles aient l'usage que Buffon leur a assigné. La raison qu'il donne pour démontrer que ce ne sont point des animalcules, est de nature à faire douter que ce soient même des globules mouvans et animés, comme il le prétend ; car, par cela même qu'il les a trouvés dans tous les liquides simples et dans les infusions des corps organisés privés de la vie, on peut penser que ce sont là des molécules matérielles qui n'ont rien de plus dans les corps vivans que dans ceux qui ont cessé de vivre; et il faut convenir qu'il y a loin de pareilles molécules au fœtus dont la génération est la source ; qu'en un mot l'hypothèse de Buffon, fût-elle même fondée, avancerait bien peu le problème de la reproduction des êtres. D'ailleurs, a-t-on vu ces molécules se détacher de chaque organe, les a-t-on vues se rassembler dans les testicules pour en composer le sperme? Loin de là, on sait que la semence émane du sang comme les autres humeurs, que si quelque fluide des grands animaux contient un extrait et les nouveaux principes de tous les organes, cela doit être le sang, puisqu'il est la source commune et le réceptacle des autres fluides et des organes; et si l'on admettait que le fœtus émané de la semence ressemble à son père par la raison que cette semence provient du sang, et que ce sang renferme un peu de tout ce qu'il y a dans le corps, on voit bien qu'il faudrait admettre la même propriété de reproduction et de ressemblance pour chacune des autres humeurs, puisqu'elles ont une origine toute pareille.

On peut aussi objecter à Buffon que s'il est vrai, comme il semble en être convaincu, que les semences des deux sexes ne donnent la vie à un nouvel être que parce qu'elles réunissent l'une et l'autre un extrait du corps des deux individus, on ne conçoit pas pourquoi chaque sexe isolé ne produit pas un être semblable à lui. Si les choses, en effet, étaient comme il le conçoit, on ne voit pas pourquoi le mâle ne produirait pas un mâle sans le concours de la femelle, ni pourquoi cette femelle n'engendrerait pas d'autres êtres de son sexe sans le concours du mâle. Mais une autre difficulté bien plus grande est celle-ci : comment peut-il se faire que les molécules des deux sexes, unies par ordre d'organes, ne produisent jamais d'hermaphrodites par leur mélange ? Comme Buffon a prévu ces deux dernières objections, nous devons dire comment il a cherché à les détruire ; et nous saisissons cette circonstance pour remarquer combien Buffon possède à fond l'art d'écrire, puisque, même dans un sujet aussi obscur, son style ne perd jamais rien de sa clarté, de son élégante précision, de sa correction si parfaite ni de son harmonie.

« Tant que les molécules organiques sont seules de leur espèce, comme elles le sont dans la liqueur séminale de chaque individu, leur action ne produit aucun effet parce qu'elle est sans réaction ; ces molécules sont en mouvement continuel les unes à l'égard des autres, et il n'y a rien qui puisse fixer leur activité, puisqu'elles sont toutes également animées, également actives ; ainsi il ne se peut faire aucune réunion de ces molécules qui soit semblable à l'animal, ni dans l'une, ni dans l'autre des liqueurs séminales des deux sexes, parce qu'il n'y a , ni dans l'une ni dans l'autre, aucune partie dissemblable, aucune partie qui puisse servir d'appui ou de base à l'action de ces molécules en mouvement ; mais lorsque ces liqueurs sont mêlées, alors il y a des parties dissemblables, et ces parties sont les molécules qui proviennent des parties sexuelles, ce sont celles-là qui servent de base et de point d'appui aux autres molécules, et qui en fixent l'activité ; ces parties étant les seules qui soient différentes des autres, il n'y a qu'elles seules qui puissent avoir un effet différent, réagir contre les autres et arrêter leur mouvement.

• Dans cette supposition les molécules organiques qui , dans le mélange des liqueurs séminales des deux individus, représentent les parties sexuelles du mâle, seront les seules qui pourront servir de base ou de point d'appui aux molécules organiques qui proviennent de toutes les parties du corps de la femelle ; et de même les molécules organiques qui , dans ce mélange, représentent les parties sexuelles de la femelle, seront les seules qui serviront de point d'appui aux molécules organiques qui proviennent de toutes les parties du corps du mâle, et cela, parce que ce sont les seules qui soient en effet différentes des autres. De là on pourrait conclure que l'enfant mâle est formé des molécules organiques de la mère pour le reste du corps, et qu'au contraire la femelle ne tire de sa mère que le sexe, et qu'elle prend tout le reste de son père : les garçons devraient donc, à l'exception des parties du sexe, ressembler davantage

I.   15

à leur mère qu'à leur père, et les filles plus au père qu'à la mère; cette conséquence, qui suit nécessairement de notre supposition, n'est peut-être pas assez conforme à l'expérience.

» En considérant sous ce point de vue la génération par les sexes, nous en conclurons que ce doit être la manière de reproduction la plus ordinaire, comme elle l'est en effet. Les individus dont l'organisation est la plus complète, comme celle des animaux dont le corps fait un tout qui ne peut être ni séparé ni divisé, dont toutes les puissances se rapportent à un seul point et se combinent exactement, ne pourront se reproduire que par cette voie, parce qu'ils ne contiennent en effet que des parties qui sont toutes semblables entre elles, dont la réunion ne peut se faire qu'au moyen de quelques autres parties différentes, fournies par un autre individu; ceux dont l'organisation est moins parfaite, comme l'est celle des végétaux dont le corps fait un tout qui peut être divisé et séparé sans être détruit, pourront se reproduire par d'autres voies, 1°. parce qu'ils contiennent des parties dissemblables; 2°. parce que ces êtres n'ayant pas une forme aussi déterminée et aussi fixe que celle de l'animal, les parties peuvent suppléer les unes aux autres et se changer selon les circonstances, comme l'on voit les racines devenir des branches et pousser des feuilles lorsqu'on les expose à l'air, ce qui fait que la position et l'établissement du local des molécules qui doivent former le petit individu se peuvent faire de plusieurs manières.

» Il en sera de même des animaux dont l'organisation ne fait pas un tout bien déterminé, comme les polypes d'eau douce, et les autres qui peuvent se reproduire par division ; ces êtres organisés sont moins un seul animal que plusieurs corps organisés semblables, réunis sous une enveloppe commune, comme les arbres sont aussi composés de petits arbres semblables, qui sont leurs branches et leurs bourgeons. Les pucerons qui engendrent seuls, contiennent aussi des parties dissemblables, puisqu'après avoir produit d'autres pucerons, ils se changent en mouches qui ne produisent rien. Les limaçons se communiquent mutuellement ces parties dissemblables, et ensuite ils produisent tous les deux ; ainsi dans toutes les manières communes dont la génération s'opère, nous voyons que la réunion des molécules organiques qui doivent former la nouvelle production, ne peut se faire que par le moyen de quelques autres parties différentes qui servent de point d'appui à ces molécules, et qui par leur réunion soient capables de fixer le mouvement de ces molécules actives.

» Si l'on donne à l'idée du mot sexe toute l'étendue que nous lui supposons ici, on pourra dire que les sexes se trouvent partout dans la nature ; car alors le sexe ne sera que la partie qui doit fournir les molécules organiques différentes des autres, et qui doivent servir de point d'appui pour leur réunion. Mais c'est assez raisonner, ajoute Buffon, sur une question que je pouvais me dispenser de mettre en avant, que je pouvais aussi résoudre tout d'un coup, en disant que Dieu ayant créé les sexes, il est nécessaire que les animaux se reproduisent par leur moyen. En effet, nous ne sommes pas faits pour rendre raison du pourquoi des choses : nous ne sommes pas en état d'expliquer pourquoi la nature emploie presque toujours les sexes pour la reproduction des animaux; nous ne saurons jamais , je crois, pourquoi ces sexes existent, et nous devons nous contenter de raisonner sur ce qui est , sur les choses telles qu'elles sont , puisque nous ne pouvons remonter au-delà qu'en faisant des suppositions qui s'éloignent peut-être autant de la vérité , que nous nous éloignons nous-mêmes de la sphère où nous devons nous contenir, et à laquelle se borne la petite étendue de nos connaissances. »

Que de réflexions fait naître ce passage de Buffon ! que d'idées ! comme elles s'enchaînent ! et après cela , comme l'auteur de ce bel édifice le détruit d'un souffle ! Nous admirons d'abord le physicien accomplissant son devoir d'interprétateur de la nature ; mais bientôt le philosophe vient nous humilier en s'humiliant lui-même par l'aveu sincère de son ignorance. Quelle leçon pour les savans, quel préservatif contre la tentation des systèmes !

Ce qu'on a coutume de dire d'un premier mensonge obligeant à de nouveaux mensonges , nous le voyons se réaliser ici pour les hypothèses : Buffon n'a pas sitôt supposé qu'il se détache ou reflue de chaque partie des corps organisés vivans des molécules conservant l'empreinte de ces parties diverses, qu'il se voit entraîné, pour n'être pas inconséquent, à beaucoup d'autres suppositions. Appréciant de lui-même la plupart des objections dont son système est susceptible , Buffon se hâte de les prévenir par ses réponses, et chaque nouvelle preuve qu'il allègue à l'appui de sa théorie confirme et souvent fortifie les premiers doutes loin de les détruire. Lui demandet-on par quelle raison ses globules mouvans et animés ne s'organisent pas isolément dans chaque individu ? C'est, répond-il, parce qu'ils sont trop similaires, et que ne se faisant point mutuellement obstacle, ils se meuvent sans relâche, ce qui les empêche de se rapprocher et de s'unir, car le mouvement nuit à l'attraction; au lieu que, dans le mélange des semences des deux individus, les globules provenant des parties sexuelles se font mutuellement équilibre, et les globules sexuels de l'un des individus deviennent ainsi la première base de tout l'édifice, en même temps qu'ils déterminent le sexe du nouvel être. Mais qu'arrive-t-il pour les êtres qui n'ont point de sexes? comment se reproduisent les polypes, et les plantes naissant de boutures? car puisque les molécules sont ici toutes similaires, comment, restant toujours agitées des mêmes mouvemens, peuvent-elles s'unir et s'organiser? Ensuite, pour les êtres qui ont des sexes, pourquoi l'un des individus fournit-il seul les globules destinés aux parties sexuelles? que deviennent les globules sexuels de celui des deux individus qui ne fournit rien pour le sexe du nouvel être? comment, si les globules mouvans des deux semences sont composés des molécules organiques formant l'excédent des organes des deux parens, comment, dis-je, peuvent-elles conserver l'image ressemblante de ces organes, puisqu'elles n'ont pu en pénétrer la trame? Comment.... mais, nous l'avons vu, Buffon construit d'abord un système que le plus grand nombre des faits évidens rend vraisemblable, et une fois ses principes posés, il explique la réalité par des fictions, et rétorque chaque argument par autant de conjectures nouvelles.

S'il rencontre un exemple formellement opposé à son système, comme celui des pucerons engendrant sans accouplement quoiqu'ayant des sexes, Buffon explique ce cas exceptionnel par l'hypothèse même que ce seul cas bien interprété renverserait. Assailli de tous côtés par des faits inflexibles, Buffon, interrogeant sa conscience, finit par partager lui-même les doutes qu'il voulait dissiper ; et ce retour soudain d'un sage détruit l'œuvre de son génie.

Ainsi, nous voyons le système de Buffon perdre toute sa vraisemblance, à ne le considérer uniquement que comme une suite de raisonnemens et d'opinions, et tout en admettant comme réels les faits mêmes que Buffon suppose ; mais, que serait-ce donc, si nous examinions avec toute la sévérité d'un critique ces faits dont il s'autorise ? Nous avons vu que ce système repose tout entier sur l'existence et le mélange des semences du mâle et de la femelle, et il est manifeste que cette dernière n'a pas de semence. Buffon suppose que la source du fluide séminal de la femelle est dans le corps jaune de son ovaire, et cependant ce corps jaune, loin de préexister à la conception, résulte tout simplement de la rupture d'une des vésicules de l'ovaire ; par conséquent, alors même que la femelle aurait une sorte de semence, l'origine n'en pourrait être attribuée au corps jaune. Mais, je répète que les femelles n'ont point de semence : l'espèce d'éjaculation qu'elles semblent éprouver dans le coït a sans doute inspiré cette erreur, si universelle parmi le peuple et les philosophes, que les femelles répandent un fluide prolifique comme les mâles ; mais personne n'a vu cette prétendue semence. D'ailleurs, d'où proviendrait-elle? Puisqu'on la suppose analogue au sperme du mâle, il faudrait, ainsi que chez le mâle, qu'elle fût sécrétée dans une espèce de testicule : conséquemment, ce n'est que de l'ovaire qu'elle pourrait émaner. Or, les ovaires ne laissent rien transpirer de leur substance ; ils sont entièrement formés de vésicules sans conduits excréteurs et sans accès. De toutes parts adhérentes au tissu de l'ovaire, ce n'est qu'en se rompant qu'elles produisent quelque chose, et nous avons vu que cette sorte de rupture n'a lieu que dans les cas de conception. Si donc la semence qu'on attribue aux femelles provenait de l'ovaire, on trouverait au moins une vésicule rompue par chaque copulation ; or, nous savons, par ce qu'on voit dans l'espèce humaine, combien cela est contraire à la réalité. Les ovaires ne produisent donc point de semence. On objecterait vainement que les trompes, que l'utérus ou le vagin peuvent produire une sorte de semence ; car il ne flue jamais de ces organes qu'une sorte de mucus qui n'a rien d'analogue avec le sperme. Et, d'ailleurs, où serait la source de ce fluide séminal dans les femelles des ovipares, elles dont l'œuf est déjà tout formé dans leurs ovaires à l'époque où le sperme du mâle le féconde? où serait-elle dans les grenouilles, dans les salamandres, et dans ceux des poissons qui engendrent sans accouplement, puisque les mâles de ces espèces ne fécondent les œufs qu'après qu'ils sont sortis du corps des femelles? Comment admettrait-on un mélange de semence, là où il n'y a point de vrai coït?

Sans l'illustre nom de son auteur, ce serait sans doute déjà trop d'objections contre un système si fragile ; cependant nous ne devons point passer sous silence la plus puissante des difficultés. D'ailleurs, ne s'est-on pas aperçu que tout en retraçant les erreurs d'un grand homme, nous écrivons doublement l'histoire de la nature, puisque nous montrons à-la-fois l'ignorance des hommes, les mystères de cette nature, et l'impuissance même du génie à concevoir ces mystères. Mais j'ai parlé d'une dernière objection au système de Buffon et à plusieurs autres systèmes, et je vais essayer de la présenter ici dans toute sa simplicité, et, s'il m'est possible, dans toute sa force.

On dit que le fœtus résulte des semences des deux individus, que chacune de ces deux semences est composée de globules mouvans et animés, et que ces globules sont de véritables molécules organiques, provenant de l'excédent des organes des deux sexes, et formant l'extrait complet de toutes les parties de chacun de ces deux corps, et l'on dit qu'elles en conservent l'image. On ajoute que ces molécules forment en petit le nouvel être, absolument comme d'autres molécules semblables composent en grand le corps des deux individus d'où naît l'embryon. Il suit de là que l'être engendré doit être l'image parfaite de ses auteurs, et c'est même dans le but d'expliquer les ressemblances des jeunes animaux avec leurs parens, qu'on a inventé cette supposition vraisemblable. On corrobore ce système en ajoutant que les enfans héritent de leurs auteurs pour les infirmités, pour certains signes, et pour les irrégularités ou l'excès de quelques organes, tout comme ils en héritent pour une structure plus exacte et normale. Il est évident que, dans l'esprit d'une pareille hypothèse, non seulement le nouvel être doit offrir l'empreinte mitigée de tous les organes des deux parens ; mais que, par plus forte raison, il doit être formé des mêmes organes que ses auteurs, et n'en doit posséder aucun qu'ils n'aient eux-mêmes. Or, indépendamment des organes sexuels, qui ne ressemblent qu'aux mêmes parties de l'un des deux parens, nous ne voyons pas que cette ressemblance soit aussi exacte que ce système le ferait supposer. Par exemple, l'homme et la femme adultes n'ont plus de thymus, et cependant le fœtus a cet organe très-développé, très-manifeste ; il présente des vaisseaux ombilicaux très-spacieux, un canal artériel allant de l'artère pulmonaire à l'aorte, et une ouverture très-visible à la cloison des oreillettes du cœur, et néanmoins ses parens n'ont plus que les vestiges presque inappréciables de ces dispositions natives. Enfin, on ne voit pas qu'un animal privé d'un membre, d'un testicule, ou de toute autre partie non indispensable à la vie, qu'un homme privé de cristallins par une opération de cataracte, qu'une femme à qui les mamelles ou le col utérin ont été amputés, on n'observe pas que des individus ainsi mutilés donnent jamais naissance à des êtres d'une structure moins parfaite que si aucun organe ne leur eût manqué : en d'autres mots, les mutilations des êtres vivans ne se transmettent point des parens à leur progéniture.

Que doit-on conclure de toutes ces choses? C'est qu'il existe un type primordial pour chaque espèce des corps organisés, c'est que, la structure acquise, les défauts contractés par les parens ne peuvent que modifier légèrement ce type originel, ce patron indé-

pendant, jusqu'à un certain degré, des êtres qui
lui donnent l'existence ou la manifestation ; c'est
qu'en outre le mode de formation du fœtus est un
mystère qui nous est impénétrable. Si jamais quelqu'un conservait l'espérance d'une découverte aussi
admirable que celle de la première cause de la reproduction des êtres, nous l'invitons à lire Buffon et
Haller pour se dispenser d'une entreprise n'ayant ni
de succès possible, ni de but raisonnable. Si néanmoins il persistait toujours dans le même sentiment
de confiance en son génie, je l'en avertis encore,
qu'il redoute les saillies d'une imagination qui ne
saurait que le trahir ! Pour moi, j'avoue. qu'après
avoir long-temps médité le système de Buffon sur
cette matière, système si remarquable, si ingénieux,
si mûrement pensé, si merveilleusement lié en toutes
ses parties, et au premier abord si vraisemblable ; je
confesse qu'après cette longue étude, et toutes les
recherches qu'elle exige, j'en ai conçu une défiance
de moi-même, un scepticisme, un dédain des systèmes hypothétiques, une prédilection décidée et
un goût exclusif pour l'observation pure et raisonnée,
enfin, une sorte de découragement d'esprit que je
n'avais jamais autant éprouvé.

CHAPITRE XXX.

Conclusion de ce Livre.

Nous l'avons vu, aucun être vivant n'est produit spontanément : il est vrai que la reproduction de ces êtres n'est pas toujours le résultat du concours des sexes, mais elle suppose constamment une souche-mère, une parenté, une espèce d'œuf pour origine, ou comme berceau. Nous avons exposé combien les phénomènes de la génération diffèrent pour les êtres ayant des sexes ; mais au milieu de cette diversité d'actes, nous avons vu du moins qu'il existe dans tous un principe commun qui est l'œuf, et dans tous un concours nécessaire des deux sexes : c'est constamment de la femelle que nous avons vu provenir cet œuf ; mais nous savons qu'il n'est jamais fécond sans l'intervention de la semence du mâle ; de sorte que nous n'avons pu partager l'opinion des auteurs qui ont supposé que le fœtus provenait *exclusivement* de l'un des sexes. Nous aurions eu plus de propension à adopter d'autres opinions qui admettent, pour la procréation d'un nouvel être, l'égal concours des deux individus de sexes différens ; mais comme, malgré la réalité de ce concours, tout ce que nous avons dit jusqu'à présent nous en montre le mode sans en indiquer l'essence, nous avons dû n'envisager ces théories qu'uniquement à cause de leur vraisemblance et de leur probabilité. Hippocrate, l'inter-

prête des opinions des anciens, pense que le nouvel
être résulte de l'union des semences ; et nous rejetons
cette hypothèse par la raison que les femelles n'ont
point de semence. Aristote prétend que la femelle
fournit la matière, la trame inanimée du nouvel être ;
il ajoute que la liqueur prolifique du mâle communique la vie et la forme à ce principe inerte ou matériel ; mais nous rejetons encore ce système d'un
grand homme, parce qu'il est clair que cette *matière*
préexistante dans la femelle, et cette *forme* ajoutée
par le mâle, sont choses purement hypothétiques.
Nous rejetons pareillement le système de la *contagion
séminale* d'Harvey ; nous le rejetons par des motifs
encore plus puissans, mais surtout parce que nous
connaissons l'origine de l'œuf des mammifères, origine ignorée d'Harvey, et parce que la semence dont
cet homme célèbre niait l'accès dans la matrice, a
été trouvée dans cet organe par plusieurs anatomistes
postérieurs à Harvey. Enfin, Buffon expliqua cette
production d'un être nouveau par l'attraction mutuelle
de ce qu'il nomme les *molécules organiques* des semences des deux sexes ; mais, outre que les femelles
n'ont point de semence, nous avons démontré combien de raisons rendent cette belle hypothèse invrai-
semblable.

Après avoir ainsi rejeté avec justice ces différens
systèmes d'hommes admirés pour la puissance de leur
génie, nous aurions pu commettre une faute impar-
donnable et la plus grave des inconséquences, c'eût
été de substituer nous-même un nouveau système à
toutes ces théories que nous avions combattues et
délaissées. Mais cette faute si grave, nous ne l'avons

point commise : arrivé au terme de l'évidence ,
nous nous sommes gardé de le franchir. Après avoir
fait l'histoire des faits les plus certains, nous nous
bornons à porter nos regards sur la longue route que
nous venons de parcourir ; et c'est cette vue générale
que l'on verra consignée ici. *Point de productions
spontanées : tout être vivant a des liens de parenté avec
ce qui a vécu. Tout embryon provient d'une sorte d'œuf,
cet œuf vient de la femelle, et dans les espèces qui ont
des sexes, c'est la semence du mâle qui le féconde.* Mais
quelle est la part de la femelle, quelle est celle du
mâle dans cet acte admirable ? voilà ce que nous re-
connaissons ignorer.

Cependant il nous reste plusieurs questions à examiner. Est-il quelque nouveau moyen de s'assurer si
le principe de l'embryon préexiste dans les femelles ?
ou bien, s'il se forme au moment de l'union des
sexes, est-ce seulement pièce à pièce, et, dans ce cas,
quelles sont les parties qui se forment les premières ?
Cette production de l'embryon est-elle, au contraire,
simultanée pour tous les organes, et alors quelles
sont les parties d'abord apparentes ? enfin, quelles
sont les lois de la Formation, de l'Évolution, ou du
Développement des corps organisés ? quels sont les
plus âgés de leurs organes ? quels sont les progrès,
le terme et les irrégularités de leur accroissement ?...
C'est ce dont nous allons traiter dans le livre suivant.

LIVRE TROISIÈME.

De l'Accroissement des Corps vivans ;

De l'Origine, de la première Apparition et de l'Age comparé de leurs principaux Organes ; des Métamorphoses et des Monstruosités.

CHAPITRE PREMIER.

Détails et Considérations sur l'Origine et les Progrès du Poulet dans l'Œuf.

Nous allons exposer rapidement dans ce chapitre selon quels progrès se manifestent les différentes parties de l'embryon des oiseaux dans un œuf fécond soumis à l'incubation. Nous parlerons des parties accessoires du nouvel être aussi bien que de ses organes essentiels ; et si nous commençons par le poulet, c'est parce qu'il a été observé, dès sa première origine, avec un soin, avec une exactitude qu'il est impossible d'appliquer à aucune autre espèce d'animal.

Tout le monde sait que le jaune d'un œuf, même infécond, porte une tache blanche et arrondie à la surface du plus léger de ses deux pôles : c'est là ce qu'on nomme la *cicatricule*. Nous avons dit que Parisanus avait cru à tort que cette tache était formée par la semence du mâle, opinion d'après laquelle cette zône blanche serait un indice assuré de la fécondation de l'œuf ; et nous avons ajouté qu'Harvey avait détruit ce préjugé. Cependant il est vrai de dire que cette cicatricule du vitellus est plus épaisse et plus large dans un œuf qui a reçu l'influence du fluide séminal, qu'elle ne l'est dans un autre : mais c'est principalement l'incubation qui agrandit cette cicatricule dans toutes ses dimensions. Si nous parlons avant tout de cette tache du jaune, c'est à cause de son importance : c'est là, en effet, que se manifestent les premiers vestiges du jeune être. Au-dessous d'elle, on voit paraître, dès les premiers temps de l'incubation, un petit sac nommé *follicule du jaune :* c'est le premier indice de l'embryon, c'est la première marque de l'organisation commençante. Ce follicule ou bulle est manifeste dès le commencement de l'incubation ; Malpighi l'a même observé dans des œufs féconds qui n'avaient pas encore été couvés. Ce petit corps est d'une teinte blanche ; on ne sait pas très-précisément si c'est là le sac ébauché de l'amnios, et si l'embryon y est dès-lors renfermé.

La membrane *amnios*, dont nous avons déjà parlé en décrivant la structure de l'œuf, est apparente vers la douzième heure de l'incubation ; elle est adossée à la cicatricule et lui adhère.

On a nommé *halons*, une sorte de cercles concentriques les uns aux autres, lesquels se forment et grandissent dans l'œuf durant les premières heures de l'incubation : on les observe dès la septième heure, et ils prennent ensuite un grand accroissement depuis cette époque jusqu'à la quarantième heure. La chaleur ordinaire les fait également grandir. On ne sait pas ce que deviennent ces halons ; bientôt on les perd de vue : quelques personnes ont pensé que ce pouvait être l'origine obscure des vaisseaux.

L'*embryon* lui-même est visible au microscope dès la douzième heure de l'incubation. Malpighi l'a distingué dès la sixième heure, quelquefois même il l'a vu avant que l'incubation eût commencé ; mais nous devons dire qu'en général les obervations de Malpighi ont devancé de plusieurs heures celles des autres observateurs, ce qui semble dû et à la puissance de ses microscopes, et au climat plus chaud en Italie qu'en France, qu'en Angleterre et en Allemagne. Nous ferons les mêmes remarques pour les embryons, des reptiles et les métamorphoses des insectes. Toutefois, nous l'avons déja dit, Malpighi lui-même n'a jamais aperçu aucun vestige d'embryon dans des œufs non fécondés.

On a d'abord observé (1), vers la douzième heure, une tête dépassant supérieurement le follicule du jaune, et à cette époque, cependant, ce follicule avait plus de volume que l'embryon entier. Mais, à partir de cette douzième heure jusqu'à la vingt-quatrième, l'accroissement du jeune être est d'une rapidité extrême ; il est plus que doublé dans ce court période d'une demi-journée. A trente-une heures, la tête du poulet paraît fendue : Haller dit que cela tient à la transparence des parties intermédiaires ; mais nous verrons à quelle loi générale ce fait appartient. Comme dans ces premiers temps de la

(1) *Voyez* Harvey, Malpighi, Haller, Maître-Jean, etc., etc.

vie du poulet l'amnios a plus d'étendue que l'embryon n'a de volume; celui-ci se tient dans une grande rectitude, son cou n'est point courbé. A quarante heures, la tête du poulet prend l'apparence d'un trèfle, effet dû aux parties déjà cartilagineuses des principaux os du crâne. De quarante à quarante-huit heures, la tête prend la forme d'une massue, à-peu-près comme les globules mouvans de la semence; elle est tournée vers le petit bout de l'œuf et inclinée vers le côté droit de l'embryon. L'accroissement qui avait été si rapide depuis la douzième heure jusqu'à la vingt-quatrième, et même jusqu'à la quarantième, semble alors tout-à coup se ralentir : il y a plus, l'embryon semble s'amincir à son milieu vers la cinquantième heure ; et l'on devinera la cause de ce phénomène, si l'on se rappelle ce que nous avons dit du sac de l'allantoïde, qui commence alors à sortir du poulet pour aller se répandre au-dehors de lui. Environ à la cinquantième heure , les mouvemens du cœur deviennent visibles ; c'est vers la soixantième que les courbures du tronc commencent à se dessiner ; alors aussi la veine jugulaire devient manifeste. Les ailes apparaissent vers la soixante-dixième heure, le foie à la quatre-vingt-seizième , c'est-à-dire vers la fin du quatrième jour. Le cerveau est encore totalement fluide à la fin du cinquième jour. A cent vingt-quatre heures, à-peu-près , apparaissent les rudimens des intestins, le rectum, le cœcum, etc. Vers la cent trentième heure , le petit animal se meut, par conséquent ses muscles sont formés, et des nerfs en traversent le tissu, comme du sang l'arrose. Les poumons sont visibles à la cent trente-huitième heure, les reins à la cent quarante-deuxième ; alors aussi les intestins sont achevés, ou, si l'on veut, tout-à-fait évidens : car ce changement si léger dans les termes exprime deux théories formellement opposées l'une à l'autre. A la cent soixante-huitième heure, ou septième jour révolu, le cerveau devient à moitié solide ou, comme muqueux. Les côtes sont visibles au huitième jour : à cette même époque (la cent quatre-vingt-sixième heure), la tête forme environ la moitié de l'embryon ; elle est égale au reste du corps. Mais bientôt les parties inférieures du jeune animal prennent de l'accroissement. Au neuvième jour, on voit paraître le sternum; au dixième, la vésicule biliaire : c'est à cette époque que les plumes commencent à poindre. Les yeux sont excessivement grands le onzième jour, et l'on peut les distinguer dès le quatrième. Les poumons ne sont entièrement couverts, la poitrine n'est fermée qu'au douzième jour : l'embryon alors est long d'environ deux pouces. La rate n'est visible que le quatorzième jour : alors les poumons sont de toutes parts adhérens aux parois du thorax, qui, comme nous l'avons dit, est maintenant achevé depuis deux jours. Le poulet semble chercher à respirer le quinzième jour : il avait ouvert le bec dès le huitième. A seize jours, l'animal a environ trois pouces ; à dix-huit jours, il a trois pouces et demi. Le dix-neuvième jour, il commence à piauler, bien que la coquille soit toujours intacte ; mais nous savons qu'il existe de l'air dans l'intérieur de l'œuf. A vingt jours, le poulet est de partout en contact avec ses membranes et la coque de l'œuf. Enfin, l'éclosion se fait le vingt-unième jour. L'animal a alors au moins quatre pouces, et il grandit ordinairement à-peu-près d'un pouce dans la quinzaine suivante.

On a supposé que l'accroissement du poulet était cent fois plus rapide le premier jour que le vingt-unième jour ; mais cette crue du jeune animal est encore bien plus lente après l'éclosion qu'elle ne l'avait été les derniers jours de l'incubation, puisque, n'ayant que trois pouces environ le seizième jour, il en avait quatre le vingt-unième, et qu'il n'a augmenté que d'un pouce quatorze jours après sa naissance, c'est-à-dire le trente-cinquième jour de son existence entière. Nous verrons que ces progrès graduellement ralentis de la crue sont un des caractères communs à tous les corps organisés, à l'homme, aux animaux, et même aux plantes. C'est moins l'œuvre totale qui coûte à la nature, que sa conception et son achèvement.

Dans cette chronologie du poulet, nous n'avons fait qu'indiquer les organes à-peu-près dans l'ordre où ils se manifestent ; mais, dans le but d'enseigner plus précisément les changemens qu'ils éprouvent et leurs progrès, nous allons reprendre, un à un, chacun des principaux organes, et montrer comment ils naissent, à quelle heure et sous quelle forme ils se manifestent, enfin dans quel ordre et quelles proportions ils s'accroissent.

Cœur. Haller a vu distinctement le cœur, encore incomplet, battre dès la fin du deuxième jour : il était blanc ou transparent, avait la figure d'un fer à cheval à convexité tournée vers la tête, était très-rapproché de celle-ci, et toujours entouré de membranes dès sa première apparition. Il n'est engagé dans la poitrine que lorsque les parois en sont achevées, ce qui arrive vers la cent quarante-deuxième heure. À quarante-neuf heures, on distingue deux vésicules palpitantes qui s'envoient l'une à l'autre un sang coloré. L'une de ces vésicules est formée par le ventricule gauche, l'autre présente le commencement de l'aorte, et voilà justement ce qui donne à l'ensemble de ces parties l'apparence d'une flèche colorée en rouge. Ce n'est ordinairement qu'à la cinquantième heure qu'on commence à apercevoir les trois *points sautillans* d'Aristote ; ce sont trois vésicules rouges qui ne cessent de palpiter, et qui sont formées par l'origine dilatée de l'aorte, par le ventricule gauche qui alors existe seul, et par une seule oreillette. Les battemens de l'oreillette précèdent les battemens des deux autres cavités ; mais il est vrai de dire qu'il faut une vue bien perçante, bien attentive, pour voir le sang rouge passer de l'oreillette dans le ventricule, encore bien que les parois de l'ouverture intermédiaire soient incolores. Toutefois, on peut s'assurer que le ventricule et l'oreillette pâlissent au moment de leur contraction.

C'est dans le haut de la veine cave-inférieure, continuation de la veine ombilicale, que se forment les oreillettes du cœur, lesquelles commencent par ne faire qu'une seule cavité ; mais vers la fin du quatrième jour, on voit apparaître les premières traces de la séparation des deux oreillettes : la gauche est d'abord la plus grande, elle déborde l'autre postérieurement, et bientôt ces deux cavités se prononcent et s'isolent de plus en plus. Toutefois, la gauche reste la plus grande ordinairement jusqu'au vingtième jour.

Le *ventricule* du cœur est unique durant les quatre premiers jours de l'incubation ; il est blanc, il est incolore et transparent, mais pourtant déjà musculeux lorsqu'il commence à paraître. Il devient pointu dès la soixante-sixième heure : sa forme générale est celle d'un rein. Vers la cent quarante-quatrième heure, c'est-à-dire au sixième jour révolu, on aperçoit les rudimens d'un deuxième ventricule ; c'est d'abord une sorte de tubérosité cachée presque entièrement par l'origine de l'artère aorte. Cette petite masse est de forme ovale ; elle est placée en travers, au-dessus de l'autre ventricule, et beaucoup plus courte que lui. Rien ne change pour le premier ventricule déjà formé ; le nouveau se place à sa droite, demeure toujours plus court, plus faible que lui, et ne participe nullement à la formation de la pointe du cœur. En un mot, cette dernière cavité du cœur est ce qu'on nomme le *ventricule droit* : Malpighi a erré en disant le contraire. Lorsque le cœur du poulet est ainsi composé, alors il paraît contenir deux gouttelettes de sang, isolées l'une de l'autre par une ligne blanche ou incolore.

Le cœur du poulet est formé dès sa première apparition par une autre partie dont je n'ai pas encore parlé, et à laquelle Haller donnait le nom de *canal auriculaire*. On ne connaît pas bien l'usage de cette partie accessoire, qui n'a d'ailleurs qu'une existence temporaire. Elle disparaît en effet vers le sixième jour, ou plutôt elle se confond avec le reste du cœur, à l'endroit même où ses différentes cavités s'unissent. Cette sorte de canal reste incolore jusqu'à sa disparition. Mais pourquoi se raccourcit-il à mesure que le reste du cœur prend de l'accroissement? Serait-il un instrument, un moyen d'union entre les oreillettes et les ventricules? Les accolerait-il intimement l'un à l'autre comme un étau, en se resserrant et se concentrant? Enfin, pourquoi reste-t-il blanc, alors même que les cavités du cœur sont rouges? Toujours est-il que le cœur du poulet a, dès la fin du sixième jour, toute la perfection dont il est susceptible.

Aorte. On voit l'artère aorte aussi tôt que le premier ventricule, sans qu'on sache bien si elle lui préexiste. Haller réprimande doucement Malpighi pour avoir regardé l'origine dilatée de l'aorte comme étant le ventricule gauche. Au-dessous du bulbe d'origine de cette grosse artère on aperçoit les racines bientôt unies et concentrées de l'aorte dorsale : ce bulbe lui-même disparaît totalement vers la fin du sixième jour. Alors, dit Haller, l'aorte paraît divisée en trois branches. On ne voit pas à cette heure de battemens dans les trois divisions de l'aorte ; mais les pulsations sont manifestes dans les artères ombilicales, et ce pouls est très-rapide dans un fœtus resté intact et bien vivant. L'artère pulmonaire, qui est à-peu-près du même volume que l'aorte, se divise en deux branches, envoyant l'une et l'autre une grosse division au poumon correspondant ; mais ces deux branches de l'artère pulmonaire fournissent chacune un rameau très-volumineux à chacun des deux troncs de l'aorte dorsale, et l'on distingue ces deux divisions artérielles d'après leur cours, c'est-à-dire en *canal artériel droit*, et *canal artériel gauche*. Ce dernier vaisseau est analogue au canal artériel des quadrupèdes et de l'homme, l'autre est particulier aux oiseaux, et il est le premier à s'oblitérer ; il commence déjà à s'épaissir et à se fermer par le bout supérieur dès le premier jour de l'éclosion, et il n'en reste plus aucun vestige quarante jours après la naissance du poulet. L'oblitération du canal artériel gauche suit de près celle de l'autre canal.

Nous avons dit que dès le sixième jour la structure du cœur est aussi parfaite qu'elle le sera jamais. Dès lors, les quatre cavités sont formées et distinctes, le canal auriculaire qui occupait l'intervalle des deux oreillettes, ce canal, qui peut-être est le premier rudiment du cœur, disparaît en se confondant avec le reste de l'organe un peu avant la cent cinquantième heure ; alors aussi les deux grosses artères qui naissent des ventricules sont très-évidentes, et c'est à la même époque que le cœur devient perpendiculaire ; mais en vertu de quelle affinité tant de parties s'unissent-elles ? quelle est l'intelligence qui produit avec une telle constance un aggrégat aussi bien coordonné ? quelle est la puissance qui rend cette succession de parties si régulière, et le jeu de ce merveilleux assemblage si concordant ? C'est là ce qu'on ignore, et précisément voilà le motif, mais aussi l'écueil de tant de systèmes différens. Mais revenons aux organes et à leur première apparition.

Poumons. Nous avons dit qu'on apercevait les poumons vers la cent trente-huitième heure ; ils ont alors une longueur d'environ une ligne, et leur transparence est la cause qui empêche de les distinguer plus tôt. Haller a plusieurs fois augmenté leur consistance et leur capacité en projetant sur eux un peu de vinaigre. Le développement ultérieur de ces organes est extrêmement rapide ; ils rougissent en même temps qu'ils s'accroissent. Nous avons dit à quelle époque les parois solides et charnues de la poitrine les enveloppent, et à quelle autre heure ils adhèrent à ces parois. Il est remarquable que le poumon du poulet se précipite toujours au fond de l'eau, alors même que le petit animal a déjà piaulé dans sa coque ; mais il surnage constamment dans un poulet éclos, qui a respiré l'air libre.

FOIE. Le foie est visible à la fin du quatrième jour, c'est-à-dire deux jours après le ventricule gauche du cœur, et plus de quarante heures avant la première apparition des poumons. Ses lobes ne sont bien dessinés que vers le sixième jour : l'estomac est embrassé par eux, et la pointe du cœur, à l'époque dont nous parlons, est reçue dans leur intervalle. Cet organe est d'un beau jaune le dix-neuvième jour, mais il est quelquefois vert deux jours auparavant. La vésicule biliaire est bien apparente vers le huitième jour. Tout le temps qu'elle reste blanche ou transparente, la bile n'est point amère ; elle verdit le dixième jour, et quatre jours plus tard elle prend de l'amertume.

ESTOMAC ET ORGANES DIGESTIFS. L'estomac date à-peu-près de la même heure que le poumon ; je veux dire qu'on en voit les premières ébauches vers la cent trente-huitième heure. Au dixième jour, environ, on trouve pour la première fois, dans la cavité de l'estomac et celle de l'œsophage, un caillé blanc, ordinairement mêlé de bile. Quelques personnes ont pensé, entr'autres Haller, que ce pouvait être un résidu des eaux de l'amnios que le poulet, suppose-t-on, aurait avalées ; et l'on ajoute qu'il est fort possible que cette amnios soustraite soit remplacée par l'albumen de l'œuf, lequel effectivement diminue, quelle qu'en soit la cause. Le conduit digestif, ainsi que nous l'avons dit, commence à paraître vers le cinquième jour. Nous savons déjà quelles sont ses connivences avec le pédicule du jaune de l'œuf, et comment le péritoine se continue doublement avec les tuniques de ce vitellus : Haller va jusqu'à prétendre que ce prolongement du jaune contient des valvules, absolument comme l'intestin auquel il s'unit. Le conduit digestif entier ne contient, jusqu'à l'éclosion de l'animal, que des glaires filantes, ou quelquefois aussi des grumeaux verts : la matière, comme calcaire, que nous avons indiquée dans l'œsophage et dans l'estomac, n'occupe l'intestin qu'après l'éclosion du poulet. La vessie existe d'abord isolée de l'intestin ; en insufflant l'allantoïde, on voit cette vessie se gonfler tout près du rectum ; mais elle finit par se confondre avec ce dernier organe pour former le cloaque, triple cavité formant le terme commun des organes génitaux, urinaires et digestifs.

MOELLE ÉPINIÈRE (1). Malpighi en a découvert les premières traces dès la quinzième heure de l'incubation : Serres ne les a pu apercevoir qu'au bout de vingt heures. Cette moelle était alors composée de deux cordons extrêmement déliés, divisés dans toute leur étendue ; mais dès la trente-sixième heure, ces deux cordons étaient partout réunis, excepté dans la région du sacrum. Il n'y a aucun renflement visible jusqu'au septième jour ; mais alors, on aperçoit le renflement inférieur, et, le jour suivant, le renflement su-

____

(1) *Voyez* Tiedemann, Pander, et surtout Serres.

périeur. Ces petites tubérosités de la moelle épinière correspondent aux membres de l'animal, et leur paraissent destinées; mais ces membres les devancent de quelques heures. On observe que c'est le renflement inférieur qui est le plus gros jusqu'à l'époque de la naissance, et qu'il reste, jusque-là, divisé en deux parties. Il résulte de ce que nous venons de dire, que la moelle épinière existe manifestement plus de vingt heures avant que les mouvemens du cœur ne soient apparens. Nous voyons aussi, par l'époque où cette moelle est visible, et surtout par sa bifurcation originaire, combien sont vaines les hypothèses de ceux qui font provenir cette moelle d'un des animalcules de la semence, et qui ensuite font naître le cœur de la moelle épinière, et du cœur tous les autres organes.

Le Cerveau. De la trentième à la trente-sixième heure, on voit paraître les trois vésicules cérébrales, premiers rudimens des trois divisions principales et originaires du cerveau. La vésicule antérieure correspond aux *lobes antérieurs,* ou cerveau proprement dit; la plus apparente et la première formée de ces vésicules représente les *lobes postérieurs* ou *optiques* (tubercules quadrijumaux); enfin, la troisième vésicule est l'origine de la *moelle allongée :* le cervelet se montre plus tard.

Vers la quarantième heure, la tête est volumineuse comparativement à la masse du corps entier : cela dépend de l'augmentation des vésicules cérébrales, toutes remplies alors d'un liquide incolore. Le quatrième jour, la tête grossit beaucoup; elle forme à elle seule le tiers de l'embryon. C'est de ce moment que date la séparation médiane des vésicules cérébrales, car, jusque-là, elles composaient une masse informe partout continue. Jusqu'au septième jour, la vésicule des lobes optiques est beaucoup plus volumineuse que celle des lobes antérieurs ; puis elles deviennent presque égales du septième au huitième jour ; mais, à partir du dixième, les lobes antérieurs l'emportent définitivement pour toujours, et de plus en plus, sur les lobes optiques ou quadrijumeaux.

Le *cervelet* ne paraît que du cinquième au sixième jour ; il semble provenir des parties latérales de la moelle allongée, et est d'abord tout simplement composé de deux lames minces, séparées l'une de l'autre par un assez grand intervalle, et recouvertes à cette première époque par les lobes optiques, alors très-volumineux : ces derniers, en effet, composent à eux seuls, le sixième jour, la moitié de la masse cérébrale, c'est-à-dire plus de la quarantième partie de la totalité de l'embryon.

Le neuvième jour, les lobes optiques se sillonnent à leur surface, et ils se doublent ou plutôt se divisent. Ils ne formaient jusqu'à cette heure que deux éminences, maintenant ils en forment quatre, et, pour la première fois, ils méritent le surnom de *tubercules quadrijumeaux* ; mais les deux éminences antérieures ont seules beaucoup de volume ; les postérieures sont excessivement petites en comparairaison des autres.

Bientôt toutes les parties du cerveau se réunissent vers leur milieu, et le raphé de séparation disparaît. Cette jonction médiane des parties latérales a lieu vers le dixième jour pour le cervelet. Au quatorzième jour, les feuillets ou lames de ce dernier organe se

multiplient : mais les changemens les plus remarquables du cerveau du poulet, c'est la concentration
de toutes ses parties, et l'espèce de bascule qu'é-
prouvent, en se rapprochant l'un de l'autre, le cervelet
et le cerveau proprement dit. Cette révolution singulière, qui intervertit tous les rapports jusque-là existans entre les organes cérébraux, a lieu du quinzième
au dix-neuvième jour de l'incubation, et voici de
quelle manière. Le cervelet se porte en avant et un
peu en haut, en même temps les lobes optiques
s'écartent et se dépriment pour leur faire place ; le
cerveau, de son côté, se porte en haut et un peu en
arrière, de manière à se rapprocher du cervelet; et
comme, en outre, ces deux organes prennent du
volume, tandis que les lobes optiques restent à-
peu-près stationnaires, il en résulte que ces derniers
lobes, qui dans les premières heures de l'incubation
étaient placés au sommet et au centre de la masse
cérébrale, sont finalement surmontés et recouverts par
le cervelet et les lobes antérieurs, et qu'ils ne laissent
plus voir latéralement que la portion la plus excentrique de leurs lobes que ne peut recouvrir le cerveau.
Enfin ce changement est si remarquable, qu'on pourrait croire que les lobes optiques sont nouvellement
sur-ajoutés, tant ils ressemblent peu à ce qu'on les
voyait les premiers jours de leur production. On ne
trouve guère de glande pinéale que le vingtième jour.

La consistance du cerveau éprouve aussi beaucoup
de changemens : toute la masse en reste fluide ordinairement jusqu'au huitième ou neuvième jour ; elle
devient comme gélatineuse le douzième : jusque-là
le cerveau surnage dans l'eau et finit par s'y dis-

soudre. Mais, vers le quinzième jour, sa consistance augmente, il se solidifie peu à peu, et alors il ne surnage ni ne se dissout plus. Quant à la coloration de sa substance, c'est surtout vers le douzième jour qu'elle se prononce pour ne plus changer : c'est alors que le cerveau et le cervelet deviennent grisâtres à leur surface. La blancheur extérieure des lobes optiques est souvent déjà manifeste un ou deux jours plus tôt (dixième jour).

Enfin, le poids absolu et proportionnel de l'encéphale varie aussi beaucoup : très-considérable vers le quatrième jour, comparativement à celui du reste du corps, il forme, le septième jour, la vingtième partie du poids total de l'embryon, la quinzième partie le neuvième jour, la trente-unième le vingtième jour, et seulement la quarante-sixième partie lors de l'éclosion du poulet.

Nerfs. Le premier nerf visible est l'optique, on l'aperçoit du quatrième au cinquième jour : c'est à-peu-près l'époque où l'œil lui-même est déjà fort apparent. Après ce premier nerf on aperçoit successivement la troisième paire, vers le septième jour de l'incubation; la quatrième et la sixième paire, le huitième jour; la cinquième paire ou trifacial, le dixième; la septième et la huitième, c'est-à-dire le facial et l'auditif, vers le onzième ou douzième jour, etc. Ainsi les nerfs de l'œil sont formés les premiers, avant même ceux de l'oreille et de la face.

Œil. Les yeux restent long-temps d'une blancheur parfaite : ils ne deviennent apparens que lorsque le noir de la choroïde se forme et se rend lui-même évident, et cela n'arrive presque jamais avant la fin du quatrième jour. Dès leur première apparition les yeux sont d'une grandeur disproportionnée, qu'on me permette ce mot, avec le reste du petit animal : ils forment à-peu-près la vingtième partie du poulet entier vers le septième jour, ce qui doit paraître étonnant. Il est vrai que huit jours après ils n'en forment plus que la trente-huitième partie, Haller l'assure ; et à partir de ce moment ils restent à-peu-près stationnaires, tandis que le reste du corps prend de grands accroissemens. Au reste, l'œil du poulet doit principalement son grand volume au corps vitré, car le cristallin est toujours très-petit. La rétine est apparente le septième jour, à cause de l'augmentation du vernis noir qui revêt la choroïde subjacente : alors aussi apparaissent distinctement les vaisseaux ciliaires, et pour la même raison : la zône ciliaire est déjà parfaite vers le huitième jour. Quant à la membrane pupillaire, il paraît qu'il n'en existe point dans l'embryon des oiseaux ; mais nous la trouverons dans les fœtus des mammifères. On peut aussi remarquer que les fibres circulaires et longitudinales de l'iris ne sont pas aussi discernables dans les oiseaux que dans les jeunes vivipares. Mais c'en est assez sur les organes essentiels du poulet, nous allons parler maintenant de ses parties accessoires, ou plutôt de ses dépendances, ainsi que de ses actes ou fonctions.

MEMBRANES. On sait que la membrane de l'*amnios* est visible avant toute autre partie ; on croit même que le petit follicule que Malpighi et Haller ont aperçu au dessous de la cicatricule est le premier indice de ce sac membraneux. Le développement de l'amnios est toujours concordant avec celui de l'embryon, et son origine est contemporaine à ce dernier. Quant aux pellicules du vitellus, nous avons vu comment ils sont successivement rompus, et tout porte à croire qu'ils sont antérieurs à l'incubation : Haller et Bonnet ont pensé que la connexion de ces pellicules avec le péritoine préexistait à la fécondation même. Mais il en est autrement de l'*allantoïde*, ainsi que des membranes chorion et moyenne de l'œuf : ces parties sont le produit de l'incubation. L'allantoïde est une production de la vessie de l'embryon ; nous avons vu qu'elle sort du ventre du poulet vers le quatrième jour, et que ce n'est que successivement et au bout de neuf à dix jours qu'elle environne tout l'œuf et qu'elle en revêt partout la coquille. C'est donc là une production certainement secondaire ; je dis même chose des membranes moyenne et chorion, qui ne sont que les feuillets isolés de l'allantoïde ; je dis même chose aussi du fluide blanchâtre qui est contenu dans cette poche et qu'on a quelquefois confondu avec le blanc de l'œuf. Ainsi donc voilà plusieurs parties qui résultent à coup sûr de l'incubation et des premiers accroissements du poulet, bien loin de leur être antérieures.

Vaisseaux sanguins. Haller a vu dans l'œuf, de la trente-sixième à la quarante-huitième heure de l'incubation, et Malpighi dès la douzième, un segment de cercle tacheté de points de couleur de rouille, c'est-à-dire d'un rouge obscur et rembruni : c'est là l'ébauche d'un réseau vasculaire. Ces premiers vaisseaux sont apparens à la surface du jaune, au gros bout de l'œuf, au voisinage de la cicatricule, et là où nous avons dit qu'il s'est formé un réservoir d'air par le retrait des parties fluides de l'œuf: c'est à ce premier lacis de vaisseaux qu'on a donné le nom de *figure veineuse*: on n'aperçoit alors nul autre vaisseau dans toute la masse de l'œuf, et comme ceux dont nous venons de parler se bornent au vitellus et à ses tuniques, nous pouvons en conclure que ces premiers vaisseaux communiquent avec les *mésentériques*, au moyen du canal du jaune, soit qu'ils proviennent de ces mésentériques, ou qu'au contraire ils leur préexistent : il est du moins évident qu'ils ne sont ni l'origine directe, ni une dépendance des *vaisseaux ombilicaux*. Et en effet, nous avons dit que ces derniers vaisseaux accompagnent partout l'allantoïde et ses déployemens progressifs autour de l'œuf, nous avons dit qu'ils ne sortent du ventre de l'embryon pour pénétrer dans la masse fluide de l'œuf, qu'au moment où l'allantoïde elle-même se développe; par conséquent ces vaisseaux ne deviennent visibles que vers le quatrième ou cinquième jour, même on ne les peut voir d'abord que dans une fort petite étendue, et ce n'est que vers le neuvième ou dixième jour que tout l'œuf est entouré du superbe réseau formé par leurs ramifications, puisque ce n'est qu'à ce moment que le développement de l'allantoïde est entièrement opéré. Or c'est en effet là ce qu'on observe. Il est clair qu'on ne peut plus apercevoir la figure veineuse du vitellus dès qu'une fois l'allantoïde a achevé d'environner l'œuf dans tous les sens; il est certain que le beau réseau vasculaire qu'on voit alors, provient exclusivement des vaisseaux ombilicaux. Haller avait bien observé que l'injection sanguine de l'œuf est progressive et non pas simultanée; mais comme il ignorait la loi ainsi que la cause de ce progrès des vaisseaux, la description qu'il donne de cette espèce de phénomène est pleine d'obscurité. Haller avait bien vu que cette injection de l'œuf est parfaite vers le neuvième jour ; et comme le cœur est alors bien conformé depuis trois jours, comme aussi il voyait que la veine ombilicale n'avait de pulsations apparentes que vers ce même neuvième jour, ce judicieux physiologiste concluait de toutes ces choses que le cœur était l'unique promoteur de tous ces changemens : il ignorait combien y participait le développement graduel de la membrane allantoïde ; mais cette partie de la science est aussi évidente aujourd'hui que l'est la circulation du sang.

FLUIDES ET HUMEURS. Nous ne reviendrons pas ici sur ce que nous avons dit du vitellus et de l'albumen de l'œuf, sur l'humeur de l'amnios et de l'allantoïde (*Voy.* chap. XII du liv. II) ; nous devons seulement rappeler que l'allantoïde est déjà remplie d'un fluide abondant qui la fait franchir l'ombilic de l'embryon, au moins trois jours avant que les reins ne soient visibles. Voilà l'ordre à-peu-près dans lequel les humeurs du poulet se succèdent : le sang et ses premiers vaisseaux sont visibles au bout de moins de deux jours ; peu après, l'humeur amnios est déjà appréciable ; celle de l'allantoïde est abondante dès le quatrième jour, trois jours avant les reins ; la bile ne s'amasse manifestement dans sa vésicule que vers le dixième jour ; et le foie, qui la sécrète, est déjà apparent dès le quatrième. Ainsi, la présence du sang et le développement des vaisseaux sanguins précède toutes les humeurs de l'embryon, comme le

I.

cœur qui meut ce sang précède les autres organes. Ces organes ensuite précèdent leurs humeurs respectives; il n'y a que le liquide de l'allantoïde à qui l'on ne peut découvrir de source apparente au moment de son origine; car, si cette humeur vient des reins, il faut donc que leur transparence les rende long-temps invisibles; mais est-il sûr qu'elle provienne des reins? Ici même se présente une question nouvelle, et c'est la plus embarrassante : toutes les humeurs venant du sang, aussi bien que les organes, le sang lui-même d'où provient-il? sont-ce les élémens de l'œuf qui en fournissent les matériaux? est-ce l'air amassé vers le gros bout de la coquille, et pénétrant à travers les porosités de cette coquille, qui rougit et renouvelle le sang? ou bien ce fluide vital est-il spontanément formé de toutes pièces? Enfin, l'embryon une fois accru, l'œuf ayant toujours le même volume, conserve-t-il exactement le même poids; en d'autres mots, les organes du nouvel être sont-ils seulement formés des matériaux préexistans dans l'œuf? Je ne sache pas qu'aucun physiologiste ait encore abordé cette question, et voici comment je la traite.

Premier principe. Le problème qui nous occupe actuellement est complexe ; il suppose la solution préalable de plusieurs questions, et, d'abord, n'y a-t-il dans l'embryon du poulet que ce qui existait déjà dans l'œuf? Autrement, l'œuf conserve-t-il le même poids vers le terme de l'incubation? On a pesé un œuf fécondé avant qu'il ne fût incubé; le poids en était de dix gros. On a pesé comparativement ce même œuf après vingt jours d'incubation, au moment où le poulet allait bientôt éclore, et alors l'œuf entier pesait treize gros, et le poulet seul plus de cinq gros, c'est-à-dire près de la moitié du poids total. Il suit de là que l'œuf a augmenté de trois gros durant l'incubation. Or, comme l'embryon n'a de communication qu'avec l'œuf, au sein duquel il se forme et s'accroît, on peut demander d'où provient cette augmentation de poids et de matière. Il est bien vrai que l'air pénètre dans l'œuf à travers les porosités de la coque, il est vrai aussi que ce fluide remplit dès le commencement de l'incubation le vide qui se forme vers le gros bout de la coquille ; on peut admettre en conséquence que l'air absorbé par l'embryon a pu participer à cette augmentation du poids de l'œuf; mais comment croire que l'air absorbé ait pu à lui seul accroître la masse de l'œuf de trois gros dans le court espace de vingt-un jours? Bien qu'on n'ait entrepris aucune expérience, qu'on n'ait pas encore mesuré avec exactitude la quantité d'air que l'œuf absorbe ; malgré cette omission , disons-nous, il faut avouer qu'il paraît peu vraisemblable que la quantité d'air consommé soit aussi énorme : par conséquent on pourrait croire qu'il se produit quelque principe nouveau, et d'une manière lentement spontanée, pour l'organisation du jeune oiseau. Cependant, si l'on réfléchit que nous ne voyons rien se former dans l'univers qui n'ait ses élémens tout créés dans les choses préexistantes à son origine; si l'on réfléchit que ces élémens constitutifs de tous les corps sont dans des proportions constamment les mêmes, et que c'est à cette stabilité des élémens que tient l'harmonie perpétuelle et la durée de toutes choses ; on en conclura qu'il ne se produit rien de nouveau dans l'œuf pour l'accroissement de l'embryon, et que cette augmentation provient de l'air absorbé ou d'autres principes ignorés, mais réellement antérieurs au nouvel être. Il ne se forme donc aucune matière nouvelle dans l'œuf, et la masse ne s'en accroît qu'aux dépens de ce qu'il absorbe autour de lui. Mais d'où viennent les organes et les humeurs du jeune embryon? lequel est le premier formé des organes? lequel précède, ou du cœur ou du sang? C'est par des faits exacts, par des observations attentives, qu'il convient de résoudre de pareilles questions. Or, voici ce qu'on a bien vu et constaté : Haller a vu le cœur battre seulement vers quarante et quelques heures; d'autres observateurs ont aperçu les premiers rudimens de la moelle épinière avant la trentième heure de l'incubation ; et plusieurs ont vu les premières apparences de vaisseaux, dans ce qu'on nomme figure veineuse, avant la vingtième heure, et Malpighi avant même la dix-neuvième. Il résulterait de là que la moelle épinière précède le cœur, mais que le sang devance tout le reste. Quant au premier aspect des organes, ils sont tous primitivement à l'état fluide, ce n'est qu'insensiblement qu'ils se solidifient; et ce n'est pas une des choses les moins étonnantes de la formation du poulet, qu'une aussi grande diversité d'organes procèdent tous d'un fluide d'une apparence identique. Mais, si les parties solides de l'embryon ont un fluide commun et similaire pour première origine, il faut remarquer que les humeurs spéciales à leur tour proviennent des organes, et conséquemment leur succèdent, bien loin de les précéder : le foie précède la bile ; les reins, les urines, etc. ; et comme le sang lui-même précède toutes les parties, fluides ou solides, et qu'il paraît les former, on peut demander quelle en est la première source.

ORIGINE DU SANG. Ce fluide, ainsi que nous l'avons dit, est le premier indice de la formation du nouvel être ; il est la première chose apparente, et c'est par lui que tout le reste semble être formé : ce qu'est le sang pour un corps vivant accru, il l'est également pour l'origine, pour la première ébauche de chacun de ses organes ; mais lui-même, d'où vient-il? Cette question paraît peu embarrassante pour l'embryon des vivipares ; car, puisque le jeune être tient à sa mère, on trouve tout naturel d'admettre que le sang vienne d'elle à lui ; on ne réfléchit pas que l'union des deux êtres, que l'adhérence de l'œuf avec la matrice, suppose une vie égale des deux parts, un concours de vaisseaux entre l'œuf et cette matrice ; ainsi, la difficulté est donc la même pour les vivipares et pour les ovipares, et ce que nous allons dire ici pour ces derniers êtres, aura des conséquences relativement aux mammifères eux-mêmes.

Il faut se rappeler ce qu'était l'œuf à sa première origine dans l'ovaire, et long-temps même après sa première apparition sous la forme d'une vésicule bien distincte. Nous savons que cette vésicule tenait à l'ovaire dans la plus grande partie de son étendue, elle avait les mêmes membranes, les mêmes vaisseaux que l'ovaire. Je parle des vaisseaux ; car il est évident que tout organe participant à la vie de l'ensemble est toujours pourvu de vaisseaux, et cela est vrai de l'o-vule des oiseaux plus que d'aucun autre ovule, puis-

qu'il acquiert un grand accroissement dans l'intérieur de l'animal, avant même d'avoir rompu ses
adhérences avec la totalité de l'ovaire. Or, qu'arrive-
t-il lorsque cette rupture a lieu? Il arrive que les
vaisseaux nourriciers de l'œuf se déchirent en même
temps que son pédicule membraneux; par conséquent
une extrémité de ces vaisseaux demeure dans l'o-
vaire, tandis que l'autre extrémité reste attachée et
ramifiée dans l'œuf même. Le jaune de l'œuf a beau
se revêtir ensuite des glaires de l'oviducte, qui en
forment le blanc, et d'une coquille de plus en plus
solide, on voit bien que les vaisseaux du vitellus continuent d'y rester, quoiqu'invisibles. Or, ce vitellus
ou jaune a deux tuniques; je veux parler de la membrane propre de l'ovule primitif, et de la pellicule sur-
ajoutée du péritoine de la mère, et ces deux membranes
contiennent, aussi bien que la cicatricule du vitellus,
des ramifications des vaisseaux en question. Maintenant, lorsque l'œuf est soumis à l'incubation, la chaleur en dilate toutes les parties, les vaisseaux comme
le reste, et il en résulte qu'au bout de quelque temps
la surface du vitellus paraît injectée de sang et comme
formée de vaisseaux. D'après cette simple, mais fidèle
interprétation des faits, il est évident que les premiers
vaisseaux visibles dans l'œuf incubé ne sont qu'une
dépendance de ceux de la mère, et que c'est encore
le sang de cette mère qu'on voit circuler dans l'œuf
les premiers jours de l'incubation. Il en est de même
apparemment des vaisseaux de la cicatricule et de
l'origine de ceux de l'embryon. Ainsi donc, la première source des vaisseaux de l'œuf et de l'embryon
est dans l'ovaire même de l'oiseau femelle.

RESPIRATION. Ces premières gouttelettes de sang, venant de la mère, s'accroissent bientôt, et par la portion d'air que les membranes du jaune absorbent, et par les parties fluides et nutritives de l'œuf qui passent successivement dans les vaisseaux. Ainsi donc, il y a déjà respiration pour ce petit être renfermé dans l'œuf, comme il y en aura plus tard, lorsque le poulet sera éclos ; mais ce ne sont pas les mêmes organes qui opèrent cette respiration à toutes les époques. Les premiers jours de l'incubation, l'air n'est encore absorbé que par la partie des pellicules du vitellus qui sont voisines du vide situé au gros bout de la coquille ; et, à cause de cela, c'est en ce lieu que les premiers vaisseaux sont rouges et apparens : mais plus tard, lorsque l'allantoïde est déployée, la respiration n'est plus opérée que par les vaisseaux ramifiés à la surface du feuillet extérieur de l'allantoïde, je veux dire le chorion. Comme alors la surface du vitellus est de toutes parts séparée de la coquille, elle n'a plus avec l'air aucun contact possible, et elle reste en conséquence tout-à-fait étrangère à la respiration du jeune être ; et cela arrive à-peu-près du huitième au dixième jour. (*Voy.* Chap. XIII du liv. précédent.) Enfin, sur les derniers temps de l'incubation, le petit animal respire un peu d'air par ses propres poumons ; il en respire, puisqu'il piaule ; et cela ne peut avoir lieu que quand toutes les membranes divisant l'œuf en compartimens sont rompues. Ainsi, l'embryon du poulet respire successivement par les membranes du jaune, par le feuillet extérieur de l'allantoïde, et finalement aussi par le poumon, lequel, après l'éclosion, est l'organe respiratoire de toute la vie. L'air vient donc au poulet, 1°. par le réservoir qui est au gros bout de la coquille ; 2°. par les porosités naturelles de cette coquille. Il resterait à préciser quelle est la partie de l'air absorbée, et quelle quantité l'œuf en consomme durant toute l'incubation.

COLORATION. Les couleurs de l'embryon sont successives, aussi bien que l'apparition de ses divers organes. La première ébauche du nouvel être a d'abord la couleur du vitellus, au sein duquel elle apparaît ; ensuite, vers la quarantième heure, on voit de premiers vaisseaux couleur de rouille ; à soixante-douze heures environ, ces vaisseaux sont d'un beau rouge. Le noir de la choroïde se prononce vers le quatrième jour ; le vert de la bile vers le dixième ; après quoi cette bile devient bleuâtre à l'époque de l'éclosion. Ainsi, les différentes couleurs de l'embryon se succèdent à-peu-près dans cet ordre : le jaune, le rouge sale, le rosé, le noir, le vert, et le bleu. La bile est verte quatre jours avant d'être amère. Il faudrait rechercher avec quelles autres circonstances ces premiers changemens coïncident. Haller a tenté le problème sans le résoudre.

MOUVEMENS. On a vu battre le cœur du poulet dès quarante-huit heures d'incubation, c'est-à-dire près d'un jour après l'apparition de la moelle épinière ; mais ce n'est qu'au bout de neuf jours qu'on a pu voir des battemens dans la veine ombilicale. Ces pulsations sont très-rapides, très-fréquentes : on en a compté jusque par-delà cent quarante dans une minute. On remarque aussi qu'elles persistent long-temps encore après que la vie du jeune être s'est très-affaiblie : on les voit persévérer durant quelques minutes dans l'embryon d'un œuf qu'on a laissé plusieurs heures plongé dans l'eau froide. Il résulte de cette ténacité de la vie dans l'embryon des oiseaux, que les œufs peuvent être long-temps abandonnés des couveuses sans que cela préjudicie beaucoup aux jeunes animaux qui en doivent naître. Dans le poulet éclos, les cavités du cœur se contractent dans le même ordre que chez les mammifères : le ventricule gauche cesse le premier d'agir et de palpiter, ensuite le ventricule droit, puis l'oreillette gauche, et c'est l'oreillette droite qui se meut la dernière. Haller a observé que, tant que le poulet est dans l'œuf, le ventricule droit se meut plus long-temps que l'oreillette ; et cette différence est due à ce que la respiration n'existant pas encore, les poumons ne font aucun obstacle à la circulation alors établie. L'air, la chaleur, l'insufflation, raniment surtout les mouvemens d'un cœur affaibli. Lorsque les quatre cavités du cœur se sont complétées et affrontées, alors elles battent deux par deux. On ne voit plus dès-lors les ventricules pâlir à chaque systole. On convient qu'on voit quelquefois, lorsque le jeune poulet est très-affaibli, les oreillettes et les ventricules se contracter en même temps ; mais alors aucun des compartimens ne se vide. La circulation aussi semble quelquefois se faire à rebours, au moins pour deux cavités. Haller assure qu'il a vu la veine cave se contracter dans un poulet éclos ; mais il n'a jamais vu de mouvemens péristaltiques dans l'intestin ni dans l'estomac de l'embryon renfermé dans l'œuf. Le poulet remue aussi le bec plusieurs jours avant l'incubation, soit pour avaler des eaux de l'amnios, soit pour aspirer un peu de l'air du réservoir et pour piauler, soit enfin pour déchirer les membranes et briser la coquille qui le tiennent emprisonné. Je dis qu'il respire, et cela est certain, puisqu'on l'entend piauler avant l'ouverture de l'œuf; mais il ne prend jamais assez d'air pour que ses poumons surnagent : cela n'arrive qu'après l'éclosion. Nouvelle analogie avec le fœtus des mammifères.

Nutrition. Le jaune de l'œuf est la principale source où le poulet puise sa nourriture; et nous avons vu par quelle voie directe ce jaune communique avec l'intestin de l'embryon. Une chose semble contredire l'usage que nous assignons au vitellus, c'est que cette partie fluide de l'œuf, au lieu de diminuer à mesure que le poulet prend de l'accroissement, loin de là semble augmenter de volume : mais il faut remarquer que le blanc ou albumen passe peu-à-peu dans ce vitellus pour réparer les déperditions qu'il éprouve, et l'on dit que ce passage a lieu par des vaisseaux que Haller a surnommés *blancs*, précisément parce qu'ils sont imperceptibles. Toujours est-il que l'albumen a complètement disparu à l'époque de l'éclosion du poulet; si l'on a quelquefois pensé le contraire, cela venait de l'erreur où l'on se laissait aller en prenant pour de l'albumen le fluide aqueux et souvent grumeleux qui est renfermé dans la cavité de l'allantoïde, une fois qu'elle est développée, c'est-à-dire après le dixième jour de l'incubation. Le poulet puise aussi beaucoup dans le sang qui circule dans l'œuf et dans l'air de l'atmosphère; on objecterait vainement à la proposition que j'énonce que le sang lui-même provient du poulet, et voici pourquoi : d'abord, nous venons de voir ci-dessus que la première origine des vaisseaux de l'œuf émane de l'ovaire de la femelle ; nous savons de plus que la masse totale de l'œuf et de son embryon augmente de plusieurs gros pendant la durée de l'incubation ; or, comme l'œuf ne peut s'accroître qu'aux dépens des fluides qui sont autour de lui, c'est principalement de l'air que vient cette augmentation totale, et l'air n'est employé qu'à faire du sang : ainsi, les rudimens de vaisseaux venus de l'ovaire de la mère, l'air ambiant qui se combine à ce sang pour en accroître la masse, le jaune qui se répand dans l'intestin et qui, une fois absorbé, va circuler dans les vaisseaux sanguins ; rien de tout cela n'appartient en propre à l'embryon, et telle est la raison qui nous a fait dire que le poulet s'accroît par le vitellus, par le sang, et nous devons ajouter par l'air, en conséquence de ce qui précède. Au reste, les bases une fois posées, rien ne paraît plus naturel que ce que nous venons de dire : il est évident que ce poulet ne se forme pas de lui-même, tout le nouvel être est l'ouvrage de la nutrition, rien ne préexiste à son exercice ; si ce n'est un germe primitif, un type originel, dont l'arrangement ne paraît point accessible à l'investigation des hommes.

CHAPITRE II.

Accroissement progressif des Reptiles et des Poissons.

Ne voulant pas nous exposer à des répétitions, nous ne ferons mention, à l'occasion des reptiles et des

poissons, que de ceux des phénomènes de l'accroissement qui leur sont particuliers. Nous ne parlerons
donc ni des progrès des organes, qui s'accroissent
dans ces animaux comme nous les avons vus s'accroître dans l'embryon des oiseaux; ni des progrès
du squelette, à cause de l'analogie que nous in-
diquerons plus loin entre tous les animaux vertébrés. Quant aux parties accessoires de l'œuf, nous
savons déjà que la plupart de ces animaux n'ont ni
d'allantoïde, ni de véritable cordon ombilical. (*Voyez*
le Chap. XIII du livre précédent.) Ils ont seulement
une sorte de vitellus communiquant avec l'intestin,
un sac rempli d'amnios, et c'est au sein de ce fluide
que les embryons nagent, c'est là aussi que ceux
d'entr'eux qui ont des branchies respirent : à l'entour de cette première cavité en est une deuxième,
et cette dernière est remplie d'une sorte de mucus
ou de glaires servant à la nutrition des jeunes animaux, à-peu-près comme l'albumen à l'égard des
oiseaux. Il est évident que nous n'entendons parler
dans ce moment que des poissons, et des reptiles à
métamorphoses, ou batraciens; car les autres reptiles
ont des œufs organisés à peu de chose près comme
celui de la poule et des autres volatiles.

Examinons d'abord quelques-uns des changemens
de l'embryon des reptiles batraciens durant les métamorphoses qu'il éprouve.

L'œuf de ce genre d'animaux est composé de deux
portions de sphère, l'une noire, l'autre blanche; en
même temps il devient ovale, de rond qu'il était. On
convient assez généralement que la portion noire de
cet œuf est composée des rudimens encore indiscer-

nables du jeune animal : toutefois cet embryon n'est bien évident (je parle surtout de celui de l'espèce grenouille) que vers le cinquième ou le sixième jour. Il paraît alors sous la forme de têtard : il est composé d'une grosse tête arrondie ou plutôt ovoïde, et d'une queue assez allongée. Ce jeune animal finit par sortir de l'œuf en rompant les membranes qui le retiennent ou l'enveloppent. La bouche de ce têtard est placée en dessous, vers le milieu de la grosse tête , ce qui oblige l'animal à se renverser sur le dos toutes les fois qu'il a besoin de prendre ou de rejeter quelque chose par la bouche. Quinze jours environ après la sortie de l'embryon, on voit paraître ses deux yeux vers le milieu de la tête ; en même temps les pattes de derrière commencent à se montrer. Vers le trentième jour, les pattes de devant naissent à leur tour , et alors celles de derrière sont déjà achevées. Les branchies des têtards datent des premiers temps de son existence, et elles se développent de plus en plus dans la mesure de tout le corps. Enfin, au bout d'environ quatre-vingt-dix jours, le têtard se dépouille de sa peau, de ses branchies , etc. , et l'on voit alors de vraies grenouilles à la place de ces premiers êtres si mal proportionnés et si difformes. La queue seule persiste encore quelque temps, à cause de sa solidité ; mais bientôt elle disparaît entièrement.

On ne sait pas encore très-bien quels changemens éprouve le système vasculaire du têtard au moment de sa métamorphose (1) ; il y a même plusieurs autres

(1) L'Institut de France a mis trois années de suite cette question au concours et toujours sans résultat.

points d'organogénésie qui ne sont pas non plus parfaitement éclaircis ; mais voilà ce qui arrive pour le système nerveux.

D'abord, nous devons dire que les premiers linéamens de ce système sont assez difficiles à apercevoir à raison du fond rembruni de l'œuf lui-même, car on sait que la substance de la moelle épinière est d'une teinte à-peu-près semblable. Cependant, vers le dixième jour on aperçoit la vésicule des tubercules quadrijumeaux : ce n'est qu'au bout d'une quinzaine de jours qu'on commence à voir les premiers rudimens de la moelle épinière et du cerveau proprement dit. Une chose remarquable, c'est que, contrairement à cette manifestation tardive de la moelle épinière, on voit se mouvoir les têlards dès le cinquième ou sixième jour de leur existence dans l'œuf. Or, il faut bien que dans un animal de l'ordre des vertébrés, il y ait quelque organe nerveux qui préside à ces mouvemens ; et en effet, on a trouvé avant toute apparition de la moelle, les nerfs latéraux qu'on suppose émaner d'elle ; et ce qui est fort curieux, ces nerfs avaient déjà des ganglions à celle de leurs extrémités qui avoisine le canal vertébral (1). Cela dut faire douter de l'origine centrale qu'on attribuait à ces nerfs, cela dut faire réfléchir sur le mode suivant lequel se développent les organes ; et nous verrons qu'effectivement ce fait d'organisation se lie à une loi générale absolument ignorée des anciens anatomistes.

Les tubercules quadrijumeaux sont donc les pre-

(1) *Voyez* le bel ouvrage sur l'*Anatomie comparée du Cerveau* Paris, Gabon.

mières parties apparentes du système nerveux des
reptiles batraciens : cette partie est également la plus
évidente dans les premiers temps du poulet ; on peut
même remarquer qu'il y a analogie sous ce rapport
entre le poulet de quarante heures d'incubation et
le têtard de douze à quatorze jours. Ce développement des lobes optiques est d'ailleurs dans un accord
assez parfait avec la prompte apparition des yeux des
embryons de ces classes d'animaux. On remarque
aussi que les cordons originairement·divisés de la
moelle épinière commencent à se réunir vers le dix-
huitième jour de.la vie du têtard. Vers la même époque, les tubercules quadrijumeaux offrent une rai-
nure à leur centre, ce qui les rend dignes alors
seulement de ce nom de quadrijumeaux ; car, avant
et après cette époque, ces éminences sont doubles,
mais non quadruples. Quant au cervelet, ses premiers
rudimens n'apparaissent que vers le vingt-quatrième
jour sous la forme de deux lames latérales aplaties.
J'observe, en passant, que la formation tardive de
cet organe semblerait annoncer qu'il n'exerce pas
d'action bien importante relativement à la vie elle-
même. Ces deux lames du cervelet restent séparées
durant plusieurs jours, ensuite elles se réunissent sur
la ligne médiane.

Plus tard, vers le soixante-dixième jour, la portion de moelle épinière renfermée dans la queue
diminue, puis disparaît ; cette atrophie s'arrête au
renflement inférieur de la moelle épinière, lequel
par cela même devient plus gros, à raison de la plus
grande quantité de sang dont il est imprégné. C'est
vers le trentième jour que les différentes parties du

cerveau ont la structure et l'ensemble qu'elles auront toute la vie, mais elles n'ont pas encore tout leur accroissement : le système nerveux du têtard offre à-peu-près l'équivalent de ce qu'on voit dans les poulets de sept jours d'incubation. Il est remarquable que le cervelet ne fasse presque aucun progrès depuis le vingt-huitième jusqu'au cinquante-cinquième jour. Il demeure au reste toujours très-petit; seulement il éprouve, à partir de cette dernière époque, un léger prolongement pointu en arrière. Il ne faut donc pas s'étonner de l'erreur que quelques personnes ont commise, de croire que les reptiles batraciens étaient absolument dépourvus de cervelet; tous ces reptiles ont cet organe, mais la plupart l'ont d'un volume extrêmement exigu.

A l'égard des poissons, nous avons dit, en parlant de leur mode de reproduction (Chap. IX du livre II), à peu-près tout ce que l'on sait sur l'accroissement progressif de leurs organes. Nous allons ajouter ici quelques détails touchant leur système nerveux; nous parlerons plus loin de leur squelette.

La masse cérébrale des poissons déjà accrus offre des formes et un volume analogues à ce qu'on voit dans les embryons très-jeunes des reptiles, des oiseaux et des mammifères: ce qui n'est qu'une ébauche imparfaite dans les êtres de ces dernières classes, forme l'état normal dans les poissons; l'âge adulte chez eux est l'enfance des autres. Leur cervelet est d'une petitesse excessive; il reste en outre toujours divisé en deux parties dans certains poissons de l'ordre des cartilagineux : leurs lobes optiques sont placés à la surface du cerveau, comme dans l'embryon des oiseaux, etc. ; mais, en outre, ils ne sont qu'au nombre de deux ; de plus, ils sont creux et restent toujours tels, encore comme dans les embryons des autres classes. Et la preuve que malgré la différence de leur aspect et de leur volume dans les diverses classes d'animaux, la preuve, dis-je, que ce sont des organes de même nature, c'est l'insertion des nerfs qui la fournit. On retrouve aussi, dans le cerveau des poissons, l'analogue des lobes antérieurs, mais beaucoup moins volumineux que dans les individus parfaits des autres classes des vertébrés. D'ailleurs on en voit provenir le nerf olfactif, ce qui détruit toute incertitude dans la détermination de ces organes.

Outre le cervelet ; outre les tubercules quadrijumeaux, qui ne sont ici que bijumeaux dans tous les temps ; enfin, outre les lobes cérébraux, d'où l'on voit sortir les nerfs olfactifs, il y a de plus dans le cervelet des poissons une quatrième paire de lobes, que M. Serres, entr'autres anatomistes, regarde comme l'équivalent des corps optiques ; c'est-à-dire, qu'au lieu d'être enfoncés dans la substance des lobes cérébraux, comme chez les mammifères, ces corps sont détachés, isolés du reste, et forment des lobes indépendans. On fonde cette détermination presque uniquement d'après la situation de la glande pinéale : il devait en effet paraître fort extraordinaire que les lobes destinés à l'olfaction eussent un volume si énorme, précisément chez des êtres qui vivent dans un milieu où les odeurs ne sont pas transmissibles. J'ajoute, toutefois, que de forts habiles anatomistes n'ont pu trouver la glande pinéale dans beaucoup de poissons, ce qui doit nuire à l'importance qu'on lui accorde comme organe régulateur : cela soit dit, au reste, sans aucune idée de défaveur relativement à l'ouvrage de M. Serres, qui est à mes yeux, aussi bien que l'ouvrage de M. Geoffroy St.-Hilaire, l'un des traités les plus estimables de l'époque où nous vivons.

CHAPITRE III.

Accroissemens progressifs de l'Embryon de l'Homme et des Mammifères.

Il ne faut pas s'attendre à trouver, sur l'accroissement des mammifères, autant d'exactitude et de précision que nous en avons mis en faisant l'histoire de l'embryon des oiseaux : tant de détails seraient ici mensongers. Il n'est pas possible d'observer heure par heure, ni même jour par jour, les progrès de la gestation des vivipares, comme on le fait pour l'incubation des ovipares; outre que les faits de ce genre, comparés d'un mammifère à l'autre, n'ont pas des circonstances entièrement semblables, comme ils en ont pour la classe des oiseaux. D'ailleurs, quel a été le mammifère le plus observé sous ce rapport ? Il est certain que c'est l'homme; et précisément son incontinence ordinaire, les raisons morales de décence et de pudeur, qui lui prescrivent des réticences ou des mensonges touchant les actes par lesquels il se procrée, cette noble retenue de l'homme et ce respect de lui-même, qui le portent à garder un profond mystère sur ses voluptés; ce sont là les motifs qui empêchent presque toujours d'assigner une époque précise à la fécondation dans notre espèce, et de là vient l'incertitude des observations dont l'accroissement progressif du fœtus a été l'objet. Souvent donc on s'est trompé d'époque; et d'ailleurs, l'influence du climat, la saison de l'année, l'âge, l'état si changeant de la santé, les maladies, les passions, toutes ces choses et beaucoup d'autres exercent un grand empire sur l'accroissement du nouvel être.

Convaincu donc de la réalité de toutes ces causes d'erreur, nous ne ferons d'abord aucun système; nous omettrons les observations contradictoires de beaucoup d'auteurs; nous choisirons parmi elles, pour les joindre à ce que nous avons vu nous-mêmes, les faits les mieux avérés; et, sans d'abord nous inquiéter de leur enchaînement ou de leur théorie commune, peut-être verrons-nous plus tard vers quels principes ils conduisent (1).

Nous disons que l'époque précise de la première apparition du fœtus n'est pas très-bien connue. Haller n'a pu trouver d'embryon dans l'ovule de la brebis avant le dix-neuvième jour; Harvey n'a rien vu de plus précoce dans les biches; mais Home a constaté les premiers rudimens d'un embryon dans un œuf humain de huit jours. Il est vrai que notre espèce est celle où les observations de cette nature ont le moins de précision : il est sûr, d'ailleurs, que les préjugés ou les systèmes dont chaque auteur est préoccupé, exercent, même à

(1) *Voyez* Harvey, Haller, Wolff, Bichat, Meckel, Pander, Chaussier, Tiedemann, Béclard, Serres, Oken, Baudelocque, etc.

son insu, beaucoup d'influence sur les faits qu'il observe et qu'il raconte. Sans donc attacher trop d'importance à ce qui concerne les premiers temps de
l'embryon des mammifères, voici les documens qui
paraissent les plus avérés. Je répète que nous parlerons principalement du fœtus humain dans l'ensemble
de ce chapitre.

A sa première apparition dans l'espèce d'œuf qui
le renferme, l'embryon n'offre aucun organe, aucune
partie distincte. La petite masse qu'on aperçoit pour
la première fois vers le vingtième jour, paraît homogène en toutes ses parties. C'est comme un ver à l'état
muqueux, sans aucune ouverture visible, ayant trois
à quatre lignes d'étendue, et privé de mouvement.
On ne peut pas encore juger si ce petit embryon
tient à l'œuf, s'il correspond particulièrement à un
point précis de ses membranes, ou si cette masse informe et presque imperceptible naît tout simplement
au sein de l'amnios, sans connexion avec les enveloppes de ce liquide. Toujours est-il qu'il n'y a rien
encore d'appréciable, rien qui indique une tête, des
yeux ou des membres. A ce premier âge, tout est
blanc, tout est fluide, tout paraît homogène et non
organisé; et dès que les organes paraissent, tout est
d'abord symétrique. Haller a trouvé l'œuf de la brebis
adhérent à la matrice dès le vingt-deuxième jour de
la gestation.

L'homme est, de tous les animaux, celui qui a les
progrès les plus rapides dans ses premiers commencemens. L'embryon de trente jours a la grosseur
d'une fourmi; il est long d'environ six lignes, il pèse
une vingtaine de grains. La tête, qui était d'abord

représentée par une simple saillie séparée du reste
par une sorte d'échancrure, devient alors évidente.
Il n'y avait d'abord aucun vestige de membres ; mais
alors apparaissent les bourgeons d'origine des supérieurs ; les autres viennent plus tard. Les yeux sont
représentés par deux points noirs, au-devant desquels
on voit les premiers vestiges des paupières, alors transparentes. Les oreilles ne sont encore que deux pores
déliés mais évidens, sans accompagnement mucilagi-
neux d'aucune espèce. La bouche n'offre alors qu'une
étroite ouverture béante, ouverture horizontale et
sans lèvres. On ne voit pas encore de placenta ; mais
déjà la vésicule ombilicale et de très-petits vaisseaux
omphalo-mésentériques, déjà l'aorte, et le canal artériel allant de l'artère pulmonaire à l'aorte, sont évidens ; aussi bien que le canal originaire du cœur, et
l'œsophage. On remarque, dès cette époque, un
point d'ossification à la clavicule et à la mâchoire
inférieure, parties destinées à entrer en action simultanément et dans un but pareil. Les côtes existent, mais à l'état cartilagineux. Le cerveau et la
moelle épinière n'apparaissent encore que sous la
forme d'un liquide grisâtre ; et pourtant les nerfs latéraux du tronc et de la tête sont déjà appréciables.
Le contact de quelques gouttes d'alcohol avec le
fluide de la moelle épinière, y rend dès-lors évidente la substance médullaire dont se composeront
plus tard ses cordons latéraux, mais seulement à la
surface du liquide.

A quarante jours, l'œuf humain offre à-peu-près le
même volume que celui de la poule, et alors le petit
embryon a la grosseur d'une mouche à miel : c'est de

même alors que le placenta commence à devenir
visible. On dit que les embryons femelles sont plus
lents à s'accroître, et que les accouchemens tardifs
sont ordinairement pour les enfans de ce sexe. Aristote
observe à ce sujet que c'est le contraire après la naissance ; c'est-à-dire que les filles se développent plus
rapidement que les garçons, grandissent et vieillissent
plus vite. Du quarantième au soixantième jour, on
aperçoit les divers compartimens des membres, le
bras, l'avant-bras et la main ; les choses sont pareilles
pour les autres membres : alors commencent à ossifier
la plupart des cartilages devant plus tard composer des
os. A cette époque le cordon ombilical a beaucoup
de volume ; il égale le fœtus, si même il ne le surpasse ; et dès que ce cordon est visible, une portion
de l'embryon courbé en devant, et conformé comme
une sorte de queue, le dépasse inférieurement.

Au deuxième mois et durant son cours, la longueur de l'embryon est au moins de deux pouces ;
les oreilles et le nez sont fermés par des membranes.
La tête est alors très-grosse à proportion du reste du
corps, elle forme à elle seule presque moitié de tout
l'embryon : mais la face est pour bien peu de chose
dans ce volume. Le tronc est courbé en devant à ses
deux extrémités, et le menton appuie sur la poitrine.
Jusqu'à la fin du deuxième mois le cou très-gros ne
se distingue pas du reste ; cette sorte d'isthme est
aussi large que les deux régions qu'elle unit ; et cette
circonstance fait ressembler l'embryon de cet âge au
corps accompli et permanent des poissons. A la même
époque, les membres inférieurs dépassent sensiblement l'espèce de queue formée par le coccix ; les lè-

vres apparaissent , il y a des alvéoles évidentes aux mâchoires, du méconium blanchâtre dans l'estomac , et l'on voit déjà une espèce de peau recouvrir tout le corps; mais cette peau n'a pas encore de fibres manifestes. Les membres supérieurs sont alors très-rapprochés de la tête ; les autres sont à l'extrémité du tronc, et cela donne à l'embryon une assez grande ressemblance avec ce qu'on voit dans les phoques. La main et le pied sont appréciables environ une semaine avant les bras et les cuisses. Les doigts ne deviennent bien distincts que lorsque le reste du membre est formé : car jusques-là ils restent liés entr'eux par des membranes qui n'en forment qu'une masse unique , et ce n'est qu'après le deuxième mois que ces liens membraneux disparaissent, en commençant par l'extrémité des doigts. Les membres supérieurs, nés les premiers, restent long-temps les plus longs; ce n'est guère qu'à quatre mois et demi de gestation que les membres deviennent égaux, encore faut-il comprendre la longueur du pied dans cette évaluation de l'étendue totale. Au troisième mois , vers la onzième semaine, les paupières sont closes; et comme elles sont opaques , elles cachent les yeux absolument ; de sorte que l'œil de l'embryon est beaucoup plus facile à voir vers le deuxième mois qu'au troisième. Alors les parties cartilagineuses dont se compose la conque de l'oreille commencent à paraître : cette origine date même quelquefois du mois précédent ; mais l'achèvement de la conque n'est parfait que dans le quatrième. Le fœtus à cette époque a près de six pouces; la tête est fort saillante, la membrane pupillaire est déjà bien formée, facile à trouver, et la matière cérébrale n'est plus entièrement fluide. Le placenta est très-bien formé, mais la vésicule ombilicale n'existe déjà plus; il n'y a encore, dans le cours du troisième mois, ni duvet à la peau, ni ongles aux doigts, ni sinus dans les os de la face, ni occlusion des lèvres. Le fœtus alors a son point médian bien au-dessus de l'ombilic; mais à mesure qu'il avance en âge et qu'il s'accroît, la moitié de l'étendue de tout son corps se rapproche de plus en plus de l'insertion du cordon; de sorte que l'ombilic, qui était tout près de la partie inférieure du fœtus dans les premiers mois, indique le milieu de ce corps dans un fœtus à terme. Les organes génitaux externes paraissent déjà vers la quinzième semaine.

Le quatrième mois, les bourses sont vides, mais déjà évidentes ; le clitoris et le pénis, selon le sexe, sont manifestes : le clitoris est quelquefois tellement saillant, que cela peut donner lieu à des méprises touchant le sexe du fœtus. Dans le cours de ce mois, la vulve devient évidente ; les lèvres de la bouche, plus accrues, s'unissent; les fontanelles sont très-larges; le foie a un volume proportionnellement excessif, et les reins sont composés de quinze à dix-huit lobes distincts. On remarque que le fœtus prend subitement plus de volume à l'époque où la vésicule ombilicale disparaît, probablement par la même raison que le ventre de l'oiseau s'amincit le jour où l'allantoïde en sort.

Au cinquième mois, les cheveux et les ongles apparaissent, le sternum commence à s'ossifier, le méconium gagne l'intestin grêle, le colon prend des bosselures ; et les testicules sont placés au-dessous, mais près des reins. Dans le cours du sixième mois, la longueur du fœtus est d'environ douze pouces ; c'est seulement alors que la peau prend un aspect fibreux, qu'elle devient rosée et se recouvre d'une sorte de duvet, et que les ongles sont assez solides pour devenir appréciables. La bile est encore séreuse, incolore, insipide, c'est-à-dire qu'elle n'a aucune des qualités qui la caractérisent plus tard. Le méconium parvient à cette époque jusqu'au cœcum, et les reins ont pour la première fois autour d'eux ce qu'on nomme leur substance corticale. Le mois suivant, vers sa fin, les paupières deviennent libres ; la membrane pupillaire se déchire et laisse ainsi la prunelle de l'œil ouverte ; les testicules descendent peu-à-peu vers les bourses : c'est aussi pour la première fois qu'on trouve des valvules conniventes dans les petits intestins. A huit mois, la peau commence à se recouvrir d'un enduit comme suiffeux ; le cerveau, jusqu'alors lisse à sa surface, offre enfin des sillons et des éminences ; les testicules occupent le scrotum.

A neuf mois, terme de la gestation, le fœtus a ordinairement dix-huit pouces de long, et il pèse environ six livres : ses fontanelles sont rétrécies, son ombilic est placé vers la moitié de sa longueur totale, et les cheveux sont longs d'environ un pouce. A cette époque, le trou de botal existe encore, les vaisseaux ombilicaux et le canal artériel sont librement perméables ; le thymus est volumineux ; le foie, alors très-gros, a son lobe gauche presque égal au lobe droit : la bile est amère, et les capsules surrénales sont très-évidentes. C'est à ces différens caractères qu'on juge si le fœtus est venu à terme et depuis quand il est né : la pesanteur spécifique de ses poumons témoigne s'il a respiré.

Nous avons évité de donner les mesures précises du fœtus à ses différens âges, par la raison qu'elles sont sujettes à varier, surtout pour les premiers mois. Quant à la dernière moitié de la gestation, voici la règle assez exacte qu'on a découverte : le fœtus de quatre mois et demi a presque toujours neuf pouces de long ; ensuite il augmente à-peu-près d'un pouce par chaque quinzaine, de deux pouces par mois; ce qui fait précisément la longueur totale de dix-huit pouces qu'ont la plupart des enfans nés à terme.

Chacun des organes, pris isolément, a de même ses progrès, ses accroissemens successifs, ses âges, ses révolutions; nous devons aussi exposer l'histoire rapide de ces différens changemens : mais nous ne nous arrêtons à ces détails minutieux que dans le but d'y puiser quelques principes, quelques lois générales. Nous passerons tout ce qui n'est qu'accessoire et sans conséquences.

Le tissu cellulaire, dont l'embryon semble d'abord entièrement formé, n'est dans l'origine qu'une sorte de gelée; mais peu-à-peu il acquiert de la consistance. Il ne renferme point de graisse du tout pendant la première moitié de la gestation ; ce n'est que vers l'âge de cinq mois qu'il commence à s'en accumuler sous la peau ; et il n'en existe encore nulle autre part à l'époque de la naissance. Le tissu fibreux commence par être cellulaire ; il en est ainsi des autres tissus à l'époque de leur première origine. Il n'y a point d'exception pour les cartilages eux-mêmes.

Les os ne sont d'abord que des cartilages. Ceux-ci

ont une substance homogène, sans cavité ni vaisseaux visibles ; ils sont d'ailleurs demi-transparens : mais à l'époque de leur transformation, ils se pénètrent peu-à-peu de vaisseaux progressivement plus colorés, passant du blanc au jaune, du jaune au rouge ; et dès-lors le cartilage perd sa transparence, il devient opaque, des sels terreux se déposent dans ses mailles, principalement du phosphate de chaux ; enfin, ce n'est plus un cartilage, c'est une matière osseuse. Les os eux-mêmes, une fois dépouillés de leur substance terreuse, se changent en une espèce de cartilage que l'ébullition réduit à l'état de gélatine.

Nous avons dit que la peau, durant les premiers mois, ressemble à un enduit visqueux ; elle reste mince, incolore et transparente jusqu'au cinquième mois : alors elle devient rosée surtout à la face, à la paume des mains et à la plante des pieds ; peu-à-peu sa couleur devient plus foncée, sa consistance et son épaisseur plus grandes. Mais du huitième au neuvième mois, elle pâlit sensiblement, et elle ne reste colorée qu'au niveau des plis qu'offre sa surface. Les ongles ne paraissent que vers le cinquième mois, et ils n'ont beaucoup de consistance que vers la fin du sixième : c'est alors aussi que la peau se couvre de duvet et que les cheveux commencent à pousser. Un mois après, on voit paraître le vernis graisseux dont la peau du fœtus reste partout couverte. On sait aussi que les vaisseaux sanguins précèdent les glandes, que celles-ci sont d'abord composées de pelotons séparés, et que les muscles ne prennent leur couleur propre et leur caractère fibreux que vers le milieu de la gestation : toutefois, ils se contractent avant ce temps-là. Mais parlons avec plus d'étendue des révolutions qu'éprouvent les organes essentiels du fœtus.

CANAL DIGESTIF. Les intestins sont d'abord ouverts dans toute leur paroi antérieure : insensiblement les parties se resserrent, les bords correspondans se rapprochent par une puissance inconnue, et l'intestin devient un canal partout continu. Tant qu'elle existe, la vésicule ombilicale tient à l'intestin. Ce qu'on a dit des différentes portions isolées dont le conduit digestif serait originairement formé est loin d'être certain ; seulement, il est digne de remarque que l'intestin se trouve d'abord entraîné vers la base du cordon ombilical, vraisemblablement par la vésicule du même nom, qui lui est adhérente et qui s'élève alors vers la cavité commune des membranes fœtales.

L'intestin est d'autant plus court à proportion de tout le corps que le fœtus est plus jeune ; et c'est en outre l'intestin grêle qui est le moins développé. Le conduit intestinal n'a guère, dans l'origine, qu'une longueur égale à tout le corps. C'est vers le sixième mois que le gros et le petit intestin ont entr'eux les rapports qu'ils conserveront toujours ; mais ce n'est qu'à l'époque de la naissance que la masse intestinale et le corps entier sont dans des rapports nécessaires et constans pour toute la vie. L'intestin est proportionnellement plus large chez l'embryon, il est de plus égal partout dans le premier âge ; ce n'est que vers les derniers mois de la gestation que le gros intestin mérite son nom, par son ampleur accrue : les bosselures paraissent dès le cinquième mois, et les valvules conniventes le septième. La valvule du cœcum est visible dès le troisième mois, et le pylore à quatre

mois et demi. L'estomac a d'abord une position verticale ; ensuite il prend peu-à-peu la situation trans-
versale qu'on lui voit chez l'adulte : le cœcum et le
grand épiploon sont à-peu-près contemporains ; je
veux dire , qu'ils datent l'un et l'autre environ du
deuxième mois.

CŒUR ET VAISSEAUX SANGUINS. Les veines sont apparentes avant le cœur et avant les artères : cette
chose est vraie des oiseaux comme des mammifères.
On aperçoit les veines du chorion à une époque où
les artères sont encore invisibles. En ce qui touche
la première origine des vaisseaux de l'œuf et de l'embryon , je ne répéterai pas ici ce que j'ai dit en parlant de l'œuf des oiseaux : la première source de ces
vaisseaux est dans l'ovaire de la mère ; ce sont les
vaisseaux ramifiés dans les pellicules de l'ovule qui
fournissent le premier sang , ainsi que l'origine des
vaisseaux de l'œuf et vraisemblablement aussi ceux de
l'embryon. Quant aux nouveaux vaisseaux qui naissent des autres , dans les membranes , dans les tissus
secondaires, on a remarqué qu'ils offrent trois différentes périodes de développement : d'abord, vésicules
isolées, ils paraissent ensuite sous la forme de canaux
creusés dans la substance organisée , et finalement
ces cavités acquièrent des parois distinctes, et forment
de vrais vaisseaux comme ceux qui proviennent de
l'ovaire. Voici, au reste, de quelle manière il faut
concevoir le développement successif des vaisseaux :
les fines et d'abord imperceptibles ramifications des
membranes de l'ovule (détaché de l'ovaire) se dilatent et s'agrandissent par l'influence du fluide séminal ,
puissance inconnue dans son essence , mais évidente

par ses effets ; ces petits vaisseaux , émanés de l'ovaire, deviennent un moyen d'union entre l'ovule détaché et les parois contiguës de la matrice qui le renferme. Alors , le nouveau sang venu de la mère pénètre du tissu de l'utérus dans les membranes du petit œuf ; de là naissent, et la veine ombilicale, qui communique avec la veine-cave et par elle avec le cœur , et les veines omphalo-mésentériques qui vont aboutir à la veine-porte. Toutefois, il faut observer que la veine-porte est visible avant les veines-caves, et que le premier de ces vaisseaux existe seul à l'époque où le cœur commence à paraître. Il est fort vraisemblable que les fines ramifications provenant de l'ovaire de la mère frayent les premières traces, et sont l'origine primitive des vaisseaux de l'embryon. Ensuite, c'est le cœur qui donne le mouvement au fluide sanguin dont ces différens vaisseaux sont remplis.

Le Cœur de l'homme et des mammifères présente les révolutions que nous avons décrites pour celui des oiseaux : il paraît qu'à leur origine les deux ventricules communiquent ensemble, comme on voit communiquer les deux oreillettes jusqu'à la naissance ; mais la séparation définitive des ventricules est plus hâtive que celle des oreillettes. Le volume du cœur est proportionnellement plus considérable dans l'embryon très-jeune : il remplit d'abord toute la poitrine du nouvel être. Dans le premier âge, le ventricule gauche existe seul ; plus tard, lorsque le ventricule droit est formé , le gauche le surpasse en volume ; alors aussi les oreillettes sont plus développées que les ventricules ; mais vers le terme de la gestation , les ventricules l'emportent sur les oreillettes ; les ventricules ensuite peu-à-peu s'égalisent, et même le droit surpasse le gauche dès le septième mois de la gestation. L'aorte est le seul gros tronc artériel visible dans l'embryon ; elle existe seule jusqu'à la septième semaine, et c'est alors que l'artère pulmonaire apparaît pour la première fois ; cette artère, alors dépourvue de branches, communique avec l'aorte au moyen d'un canal artériel unique. Les branches que l'artère pulmonaire envoie aux poumons ne sont apparentes qu'au deuxième mois révolu, et même chacune de ses branches, à l'époque de la naissance, ne fait qu'égaler le volume du canal artériel.

Poumons. On ne voit paraître les poumons que vers la sixième semaine ; ils n'occupent alors que le bas de la poitrine, au-dessous du cœur, lequel leur est bien supérieur pour le volume. Ils sont blancs, ils sont aplatis, très-rapprochés l'un de l'autre, et leur surface est unie. Bientôt on les voit se diviser en lobes ; ces lobes eux-mêmes sont granuleux, et la masse entière en paraît pleine et solide. Ils deviennent rosés vers le quatrième mois ; et c'est encore l'aspect qu'ils ont à l'époque de la naissance.

Glandes. Le Foie, si volumineux dans le fœtus, devient apparent dès la deuxième semaine : au bout de deux autres semaines il occupe tout l'abdomen, dont il fait même proéminer les parois encore peu résistantes. Il forme alors à lui seul près de la moitié du poids total du fœtus, tandis qu'à la naissance il n'en fait plus qu'à-peu-près le vingtième ; cette diminution du foie commence vers le cent vingtième jour de la gestation. Ses deux lobes, le droit et le gauche, sont alors presque égaux. Comme les intestins sont très-petits à cet âge, la face énorme du foie descend vers les parois de l'abdomen, au lieu de s'adosser au diaphragme comme elle le fait plus tard. A l'époque de la naissance, le foie descend encore jusqu'à l'ombilic : mais il remonte ensuite peu-à-peu, et loin de continuer de s'accroître, on remarque qu'il diminue pendant la première année de l'existence de l'enfant; et cette diminution porte principalement sur le lobe gauche. Cette glande reste presque à l'état de fluide pendant le premier mois, et ce n'est guère qu'au cinquième qu'elle devient consistante. Sa vésicule apparaît dans le cours du quatrième, mais elle ne se remplit de bile que du septième au huitième mois.

La Rate n'est distincte que vers la fin du deuxième mois. La Thyroïde, alors proportionnellement plus grosse qu'elle ne l'est chez l'adulte, est aussi plus molle et plus sanguine. Le Thymus n'est visible que dans le cours du quatrième mois; il s'accroît ensuite beaucoup jusqu'à la naissance. Après cela, on le voit croître encore durant les deux premières années; et c'est d'ordinaire vers douze ans qu'il disparaît totalement après avoir graduellement diminué. Quant à sa fonction, on l'ignore : peut-être sert-il de refuge au sang à une époque où le poumon, encore sans usage, ne s'en laisse que difficilement pénétrer. Les Mamelles sont très-appréciables dans le fœtus à terme : elles contiennent alors un fluide comme laiteux. Les Capsules surrénales sont déjà distinctes dans le fœtus de deux mois : elles augmentent jusqu'à la naissance, et après cela elles diminuent insensiblement jusqu'à l'atrophie. Elles sont aussi volumineuses que les reins vers le troisième et le quatrième mois de la gestation.

Les Reins ont d'abord une forme irrégulière ; de nombreux lobes très-distincts les composent, et le nombre de ces lobes diminue graduellement, à mesure que le fœtus avance en âge : alors la surface des reins devient plus unie, leur substance plus serrée, plus compacte. C'est toujours en vertu de cette attraction dont nous avons cité tant d'autres effets, que s'opère ce rapprochement de parties originairement distinctes ; mais ce n'est qu'à environ six mois que les lobes réunis des reins se recouvrent d'une substance rougeâtre dite corticale. Nous devons ajouter que les lobes des reins ne sont pas tellement réunis à l'époque de la naissance, qu'on n'en puisse encore distinguer de quinze à seize dans chacun de ces organes. La Vessie se confond encore avec l'ouraque vers la quatrième semaine ; sa forme est alors fort allongée. L'Ouraque lui-même est très-visible dans le cordon, et on le voit se prolonger assez loin dans son intérieur ; il communique et se confond même avec l'allantoïde dans les mammifères ; mais comme cette dernière poche n'existe pas dans l'homme, on ne sait ni quelle est sa terminaison, ni quels sont ses usages. Ce conduit est si étroit à l'époque de la naissance, que quelques personnes ont prétendu qu'il était alors toujours oblitéré ; mais le contraire a été prouvé par des expériences exactes. J'ajoute que son canal est d'autant plus manifeste que le fœtus est plus jeune : la présence de l'ouraque chez l'homme est le seul motif qu'on puisse alléguer à l'appui de la sup-

I.

position qu'il y a originairement une allantoïde dans l'œuf humain.

ORGANES GÉNITAUX. Rien d'appréciable à ce. sujet dans le premier âge de l'embryon, en dedans ni en dehors. Les organes internes se forment les premiers ; les autres commencent par une petite proéminence divisée, fendue vers son milieu : c'est là l'origine de la vulve ou du scrotum, et l'un des obstacles à la distinction des sexes dans les très-jeunes embryons. Le petit tubercule qui indique le commencement du clitoris ou du pénis se montre vers le même temps, environ le quarante - cinquième jour. Le sexe du jeune être ne se prononce bien que vers trois mois et demi. Chaque testicule est d'abord placé, au moins les cinq premiers mois de la gestation, derrière le péritoine, au-dessous du rein et au-devant du psoas. C'est vers la fin du septième mois que les testicules descendent dans les bourses, et voici de quelle manière : le testicule, encore placé dans l'abdomen, tient en arrière et en bas à la partie supérieure d'une sorte de ligament à moitié composé de fibres musculeuses contractiles et de fibres celluleuses élastiques. Ce ligament, qui s'attache au testicule et qui de plus adhère au péritoine, a son extrémité inférieure fixée au pubis et aux attaches des muscles abdominaux : or, lorsque ce petit corps ligamenteux vient à se raccourcir, c'est-à-dire vers le septième mois, il attire du côté de son bout inférieur, et par conséquent vers les bourses, à travers l'anneau inguinal, le testicule et la portion adhérente du péritoine du voisinage ; il entraîne ces parties pour ainsi dire à la remorque, et le résultat de cette traction exercée par le ligament conducteur des testicules est de placer ces organes dans les bourses et de donner au scrotum lui-même trois enveloppes nouvelles : je veux dire la portion du péritoine entraînée, d'où naît la tunique vaginale ; la partie musculeuse du ligament conducteur, source du crémaster et du dartos, résultant de l'épanouissement de ce muscle crémaster ; et enfin la partie fibreuse de ce même ligament, d'où provient la tunique blanche ou albuginée des bourses. Toutefois, cette descente graduelle des testicules ne s'achève quelquefois qu'après la naissance ; et l'oblitération de la tunique vaginale provenant du péritoine ne tarde pas à s'effectuer. Cependant la chose est plus lente dans les pays froids et humides, comme la Hollande ; et cela même devient, dans de pareilles contrées, une cause fréquente de hernies congéniales.

Les ovaires des embryons femelles sont placés comme les testicules des mâles au-dessous des reins, et sont de même un peu isolés de la matrice ; mais des ligamens composés d'un tissu élastique finissent par les rapprocher de cet organe, dont ils surpassent d'abord le volume. Le fœtus humain a le col de l'utérus très-gros à proportion du reste : il y a originairement deux cornes à la matrice, mais ces prolongemens sont entièrement disparus à l'époque de la naissance. Les organes génitaux femelles sont d'abord placés très-haut dans le ventre ; mais la rétraction du ligament rond les attire dans le bassin, et ce ligament entraîne avec lui dans l'anneau inguinal une petite portion du péritoine, à la manière de ce que nous avons vu pour le corps ligamenteux conducteur

19*

des testicules. Nous devons dire que des anatomistes d'un grand mérite ont pensé que les organes génitaux internes proviennent originairement de l'allantoïde, comme ils admettent que l'intestin provient de la vésicule ombilicale : mais quelle importance peut-on attacher à cette opinion, lorsqu'on sait que l'allantoïde elle-même ne peut être vue dans l'œuf humain ?

Système nerveux. Le Cerveau et la moelle épinière sont d'abord à l'état fluide : c'est, au reste, une disposition commune à tous les organes, mais plus évidente pour ceux dont nous parlons. Un embryon de mammifère, âgé de quinze jours, offre déjà des yeux manifestes, un œsophage considérable, déjà aussi le canal unique formant l'ébauche du cœur, et cependant on ne voit encore qu'un fluide limpide dans le crâne et la gouttière d'origine de l'épine du dos, parties alors membraneuses. A vingt-un jours, quelque chose d'organisé apparaît déjà dans le fluide, mais sans forme arrêtée ni distincte. Alors pourtant les côtes sont déjà cartilagineuses, et les nerfs du tronc et de la tête sont déjà visibles. Voilà bien la preuve que l'hypothèse qui fait provenir, qui fait naître ces nerfs du cerveau et de la moelle épinière, n'a aucune base réelle.

Vers trente et quelques jours, en même temps que le cordon ombilical est bien distinct, on aperçoit trois vésicules à la tête, sans aucune trace de division médiane ; il n'y a également qu'un seul cordon à la moelle épinière : cet état des organes du jeune mammifère correspond à-peu-près à ce qu'on voit dans le poulet de trois jours d'incubation. On conçoit, au reste, que les progrès de l'organisation doivent être plus rapides dans les espèces d'animaux dont la gestation est moins prolongée : l'embryon du lapin est aussi avancé le huitième jour que celui de l'homme à trente jours. A cette époque les nerfs ne s'unissent pas encore avec leurs centres, je veux dire qu'ils sont encore isolés de la moelle épinière et de l'encéphale. Environ le trente-sixième jour, les vésicules cérébrales se partagent en deux, les trois en font six ; les antérieures correspondent aux hémisphères du cerveau, ce sont les plus grosses ; les postérieures forment l'origine de la moelle allongée ; et les plus petites , situées entre les deux autres , représentent les commencemens des tubercules quadrijumeaux. Le cervelet ne paraît pas encore.

Ainsi le système nerveux commence par l'état fluide : on voit se développer , dans le liquide grisâtre d'origine, de petits points opaques et solides, première origine des organes nerveux ; c'est absolument comme les points solides et calcaires pour le système osseux. Nous savons aussi que les nerfs existent avant que les centres nerveux ne soient devenus solides et apparens ; c'est la preuve que les organes latéraux ne proviennent point des parties centrales , puisque celles-ci paraissent les dernières : c'est une nouvelle analogie du système nerveux avec les pièces du squelette , lesquelles restent cartilagineuses à leur partie moyenne, long-temps après que les parties latérales ont commencé à s'ossifier. Dans leur premier état d'imperfection , de mollesse et de fluidité , ces différens organes paraissent uniques et formés tout d'une venue, sans indice d'une séparation médiane ; mais dès que la solidification des tissus commence , c'est sur les bords , c'est

aux parties latérales qu'on en voit les premières manifestations. On dirait une solution saline, laissant déposer ses premiers cristaux sur les parois les plus
excentriques du vase qui la renferme ; on dirait un
fleuve, jetant son limon sur ses rives ; enfin, on dirait un continent submergé, dont la retraite graduelle
des eaux ne laisse d'abord apercevoir que les confins.

La Moelle épinière, après n'avoir paru formée que
d'une partie simple et médiane, est donc ensuite composée de deux cordons latéraux, qui plus tard s'accolent
l'un à l'autre et se réunissent. L'embryon humain de
deux mois a la moelle de l'épine ouverte en arrière à
sa partie supérieure seulement ; mais cette disposition
est temporaire et de courte durée, tandis qu'elle persévère toute la vie chez les reptiles batraciens (les
grenouilles, les crapauds, les salamandres). Vers le
50ᵉ jour, la moelle épinière se termine en pointe au
coccix. Il faut remarquer que tous les mammifères et
l'homme lui-même ont originairement une queue
coccigienne ; mais ceux des animaux où cet appendice ne persiste pas, le perdent précisément à l'é-
poque où la moelle remonte dans son canal, ce qui
commence pour l'embryon humain dans le deuxième
mois de la gestation. Cette moelle, avons-nous dit,
allait d'abord jusqu'au coccix, mais elle remonte peu-
à-peu jusqu'au niveau des premières vertèbres lom-
baires. Avant cette ascension de la moelle épinière
dans son canal, les nerfs formant faisceau naissent
des côtés de la moelle ; mais alors ils la terminent et la
dépassent. Ce que nous disons ici est vrai des chauve-
souris, des reptiles et des singes sans queue, tout
aussi bien que pour l'homme : au contraire, les ani-

maux dont la queue persiste toute la vie, n'éprouvent pas cette ascension de la moelle de l'épine et n'ont point ce faisceau nerveux terminal qu'on appelle *queue de cheval*. Les nerfs de la moelle épinière ne lui sont partout adhérens et continus que vers la fin du deuxième mois ; les cervicaux sont les derniers à se réunir. L'oblitération du canal médian de la moelle ne s'opère ordinairement que dans le cours du sixième mois, et cela même résulte du rapprochement et de l'augmentation graduelle de ses cordons latéraux. La moelle épinière des mammifères a deux renflemens comme celle des oiseaux ; et ces renflemens ont également toutes sortes de rapports et de coïncidence avec les membres supérieurs et inférieurs.

Le Cervelet n'apparaît que dans le cours du deuxième mois ; à son origine il n'est formé que de deux lames isolées, placées alors entre les tubercules quadrijumeaux et la moelle allongée : ce n'est qu'à cinq mois que les sillons et les proéminences du cervelet apparaissent pour la première fois. On a remarqué que le cervelet s'accroît peu durant le huitième mois, tandis qu'il prend beaucoup d'accroissement dans le cours du septième et du neuvième. Il se pourrait bien que ce fût là une des causes qui rendent le fœtus humain plus viable à sept mois qu'au huitième. Le cervelet est à nu à la superficie du cerveau jusqu'au sixième mois de la gestation ; mais plus tard les lobes du cerveau le recouvrent. Vers le neuvième mois tout est dans les mêmes proportions que dans l'adulte : les organes cérébraux ont fait alors une sorte de bascule analogue à ce que nous avons décrit touchant les oiseaux.

Les Tubercules quadrijumeaux sont originairement

creux dans les mammifères ; mais cette disposition est temporaire dans cette classe d'animaux, tandis qu'elle est persévérante dans les autres classes de vertébrés, dans les oiseaux, les reptiles et les poissons : cette cavité des tubercules quadrijumeaux disparaît vers le sixième mois dans le fœtus humain. Ces mêmes tubercules étaient d'abord bijumeaux et situés superficiellement, vers le quatrième et le cinquième mois de la gestation ; mais à partir du sixième mois ils s'unissent en un seul corps, s'emplissent, se solidifient, deviennent quadruples par les sillons de leur surface, et le cervelet finit vers cette époque par les recouvrir. C'est encore à-peu-près ce que nous avons vu dans les oiseaux, mais à un âge différent.

Les ventricules du cerveau sont d'abord proportionnellement plus larges qu'ils ne le sont dans l'âge adulte : cette disposition vient de ce que la substance cérébrale, plus accrue, empiète de plus en plus sur la cavité creusée dans les hémisphères. Cela même aurait dû détromper jadis de la théorie hypothétique des esprits vitaux. Le développement des scissures et des lobes du cerveau est toujours proportionnel à la masse du noyau central. Les circonvolutions de l'encéphale ne sont manifestes à l'extérieur que vers le cinquième mois de la gestation du fœtus humain ; mais elles apparaissent à l'intérieur dès le troisième mois. Quant au corps calleux, il n'est jamais réuni dans l'homme avant le troisième mois ; et lorsqu'il ne s'unit pas, c'est alors comme dans les oiseaux. Il faut se rappeler que les diverses phases d'accroissement de l'embryon deviennent quelquefois l'état permanent de certains fœtus monstrueux ; et comme cha-

que âge de l'embryon des mammifères offre l'équivalent de l'état normal d'une des classes inférieures,
mais surtout des oiseaux, des reptiles ou des poissons,
il en résulte que l'organe arrêté dans ses progrès, ressemble au même organe permanent d'une de ces
classes. Ainsi, lorsque le cervelet ne se développe pas
après le troisième mois de la gestation, alors il reste
fort exigu, comme celui des reptiles. Si le corps
calleux du mammifère ne s'unit pas vers le troisième
mois, il reste disloqué ou inappréciable comme chez
les oiseaux : également les tubercules quadrijumeaux
du mammifère sont semblables à celui de l'oiseau,
lorsqu'ils cessent de croître après le cinquième mois,
c'est-à-dire, alors qu'ils sont creux, et formés de deux
seules éminences.

Le cerveau n'a pas, à l'époque de la naissance, absolument les mêmes proportions qu'il aura le reste
de la vie : par exemple, le cervelet s'accroît depuis
l'âge de deux mois, époque de sa première apparition, jusqu'à l'âge de quarante ans : après cela il
décline. Au temps de son apogée, le diamètre lon-
gitudinal l'emporte d'environ moitié sur le trans-
versal. Or, il est clair que puisque le crâne est de toutes
parts rempli par l'encéphale, une de ses parties ne
saurait prendre de l'accroissement sans que certaines
parties ne diminuent simultanément et dans la même
proportion.

ORGANES DES SENS. Les paupières sont d'abord intimement adhérentes ; elles sont collées au globe de
l'œil : cette disposition persévère jusqu'au septième
mois. La sclérotique est si mince, si transparente dans
ce premier âge, qu'on voit clairement la choroïde à

travers son tissu. La cornée, dans l'origine, est opaque, molle et très-épaisse ; elle ne s'amincit que vers le sixième mois; et c'est alors qu'elle devient transparente. La chambre antérieure n'existe pas d'abord, de sorte que la cornée n'est séparée du cristallin que par la membrane pupillaire, laquelle se montre distinctement à trois mois et disparaît à sept. L'humeur aqueuse n'existe donc primitivement qu'au-delà de la membrane pupillaire, entr'elle et le cristallin; mais dès que cette pellicule est rompue par la rétraction de ses anses vasculaires, alors l'humeur aqueuse remplit la chambre antérieure de l'œil, dont l'espace est agrandi par l'amincissement de la cornée. L'humeur vitrée est fluide et rougeâtre dans les premiers temps; elle prend ensuite un peu de consistance et surtout de la limpidité. Le cristallin est d'abord tout fluide, ensuite il devient peu-à-peu consistant ; sa forme est dès-lors sensiblement lenticulaire, c'est-à-dire très-convenable à la réfraction de la lumière à l'époque de la naissance. Nous parlerons ailleurs des progrès et des changemens subséquens.

Quant à l'Oreille, nous avons dit quels changemens elle éprouve dans le cours de la gestation. D'abord composée d'un simple pertuis presque imperceptible, ses parties membraneuses et cartilagineuses se développent peu-à-peu. C'est vers trois mois que le labyrinthe commence à s'ossifier : les diverses parties du rocher croissent et s'endurcissent peu-à-peu, laissant entre les pièces osseuses dont elles sont formées des hiatus et des scissures destinées à divers usages; et ce qu'il y a de plus admirable dans l'arrangement et les progrès de toutes ces parties, c'est que toutes s'adaptent avec une telle précision, qu'aucun des nerfs, qu'aucun des vaisseaux dont elles sont traversées n'en éprouve jamais ni compression ni contrainte. Les osselets du tympan s'ossifient de trois à quatre mois environ.

Le Nez offre à l'extérieur les changemens que nous avons énoncés. Les progrès des parties intérieures ont beaucoup de lenteur : les lames criblées de l'ethmoïde, servant de passage aux innombrables filets du nerf olfactif, ces lames ne sont point encore ossifiées à l'époque de la naissance. Alors non plus il n'existe pas encore de sinus.

Nous savons que la Bouche ne se ferme que vers trois mois; et cela est dû au développement des lèvres, qui ne datent que d'alors. Les lèvres elles-mêmes offrent, dans le premier âge de l'embryon, des particularités qui rendent compte des maladies ou des difformités dont elles sont quelquefois le siége dans l'enfance : l'inférieure est échancrée assez largement à sa partie moyenne; et la supérieure, au lieu d'une, présente vers son bord libre deux échancrures analogues mais latérales, que sépare l'une de l'autre un lobe mitoyen. De là au bec de lièvre il n'y a qu'un pas. Quant à la mâchoire inférieure, nous avons dit combien l'ossification commençante en est précoce.

Les Dents ont déjà leurs premiers germes visibles dès avant le deuxième mois de la gestation. Ce sont alors comme de petites vésicules membraneuses et d'une ténuité excessive : elles tiennent cependant déjà à des filets de nerfs et à des vaisseaux distincts. A quelque temps de là, on aperçoit une petite bulle membraneuse, formée de deux lames, et servant d'enveloppe à une sorte de petit corps apparemment composé de nerfs et de vaisseaux. Toutes ces choses augmentent peu-à-peu, et l'endurcissement commence vers le troisième mois. Il faut dire aussi que ce petit sac, où se rendent des vaisseaux et des nerfs, tient par une de ses extrémités à la gencive de l'alvéole qui la renferme. Voici maintenant dans quel ordre ont lieu les progrès d'ossification pour les différentes dents; nous ajoutons que les premières à s'ossifier sont de même les premières à sortir; et cette règle, une fois posée, va nous éviter des répétitions. La première dent incisive, à commencer comme on le fait ordinairement par la ligne médiane, est la première à s'ossifier; ensuite, et à des intervalles égaux pour toutes les dents, c'est la deuxième incisive qui s'ossifie, puis la première molaire, la canine, et la deuxième molaire. Cette dernière dent s'ossifie ordinairement vers le sixième mois. Nous venons de citer cinq dents différentes, prises d'un seul côté; il n'est pas besoin d'ajouter que la chose est pareille pour celles du côté opposé de la même mâchoire : cet ordre est également semblable pour l'ossification et l'évulsion des dents correspondantes de la mâchoire supérieure (car nous parlions de l'inférieure). Toutefois nous devons dire que celles de la mâchoire inférieure précèdent presque toujours les dents analogues et correspondantes de l'autre mâchoire. Nous ferions aussi justement la même remarque pour les dents de deuxième formation, ou de sept ans. Voilà donc déjà vingt des premières dents dont nous savons l'ordre de succession. Ajoutons à ce qui précède que la solidification commence pour chacune par le sommet de sa couronne ; et que cette ossification est simple, à base unique pour les incisives et les canines, tandis que, pour les molaires, il y a autant de centres osseux primitifs que ces dents ont de racines. C'est lorsque cette portion osseuse des dents est achevée, que l'émail vient peu-à-peu en revêtir la couronne, c'est-à-dire toute la partie qui doit se trouver exposée à l'air après l'évulsion. A l'époque de la naissance, ces vingt dents ne sont encore ni tout-à-fait achevées ni sorties, du moins cela est fort rare. La couronne des incisives est dès-lors complète, mais celle des canines et des molaires n'est encore qu'ébauchée.

SQUELETTE OSSEUX. L'ossification ne paraît pas commencer avant la sixième semaine. On peut citer dans l'ordre suivant les premières pièces ossifiées du squelette : la clavicule, la mâchoire inférieure et la supérieure, ensuite le fémur, l'humérus, le tibia, les os de l'avant-bras, le péroné, etc. Toutes ces ossifications commençantes se succèdent à quelques jours d'intervalle. Il faut ajouter que ce que nous disons ici de l'ostéogénésie de l'homme est vrai, à de légères variations près, du squelette de toutes les classes d'animaux vertébrés comme du sien. Ainsi donc, quoique nous ne devions citer que l'homme dans ce paragraphe traitant des progrès de l'ossification, nous y avons en vue tous les animaux à squelette.

Environ quinze jours après la clavicule, on voit s'ossifier la colonne vertébrale : ce sont les apophyses des vertèbres qui commencent à s'endurcir ; après cela vient le corps ou partie épaisse des vertèbres ; mais toutes ne s'ossifient pas à-la-fois : ce sont les cervicales qui commencent, et ensuite celles qui viennent après progressivement du haut jusqu'en bas. Celles du sacrum sont encore cartilagineuses le quatrième mois. Cependant ce que nous venons de dire pour les progrès de l'ossification des vertèbres n'est vrai que pour leurs apophyses ; car le corps des deux premières cervicales est encore cartilagineux à quatre mois et demi. L'anneau de chaque vertèbre ne s'achève que par la rencontre des points osseux de son corps avec les points osseux de ses apophyses : cette réunion s'effectue d'abord dans les vertèbres dorsales. Il faut ajouter que le corps des vertèbres n'a pas un point unique d'ossification , mais toujours deux points latéraux promptement confondus.

Les côtes commencent à s'ossifier environ quinze jours après la clavicule et quinze jours avant les vertèbres ; mais le sternum, plus tardif, est encore tout cartilagineux à quatre mois et demi ; à six mois, trois de ses cinq parties osseuses sont déjà ébauchées , et toutes les cinq le sont vers l'époque révolue de la naissance. Ces cinq portions osseuses du sternum commencent quelquefois par neuf points d'ossification.

La tête est fort compliquée dans son accroissement. Ordinairement l'occipital commence à s'ossifier quelques jours avant la colonne vertébrale ; c'est l'occipital proprement dit qui débute ; après cela viennent les condyles de cet os, à l'époque à-peu-près où les vertèbres s'ossifient ; puis l'apophyse basilaire : en tout huit points d'ossification pour l'occipital, dont quatre pour la partie supérieure , lesquels sont encore distincts à la naissance. Les points osseux du sphénoïde sont encore plus nombreux, à raison de la multiplicité de ses apophyses. Ces différentes parties se réunissent vers le huitième mois de la gestation. Le vomer se développe peu de jours après l'occipital ; et le frontal, les pariétaux et la portion écailleuse du temporal commencent également à s'ossifier peu après l'occipital, quinze jours environ après la clavicule ; mais ne fixons pas de terme absolu, à cause des variations que cela éprouve selon les individus. Le reste des os de la face sont presque tous contemporains de ceux dont nous venons de parler ; l'os incisif n'est visible qu'alors, encore n'est-il que peu de temps distinct, à raison de sa prompte soudure avec l'os maxillaire supérieur. La mâchoire inférieure est le premier ossifié des os de la face ; et cependant il est encore formé de deux portions distinctes vers le terme de la gestation. L'hyoïde, l'apophyse styloïde et les cartilages du larynx ne s'ossifient jamais qu'après la naissance.

Quant aux os des membres, la clavicule est le premier à s'ossifier ; l'omoplate ne vient guère que douze jours après : son premier point osseux est placé à la racine de l'apophyse acromion ; l'apophyse coracoïde ne s'ossifie qu'après la naissance. Nous avons dit que l'humérus s'endurcit et s'ossifie un peu après le fémur ; à la naissance, ce dernier os présente un point osseux très-petit à son extrémité inférieure ; il est le premier des os longs à présenter une épiphyse osseuse. Le péroné s'ossifie un peu après les os de l'avant-bras, et le tibia au même temps que le fémur. Les os du carpe sont entièrement cartilagineux à l'époque de la naissance, mais l'astragale et surtout le calcanéum sont déjà en partie osseux à quatre mois et demi. Les os du métacarpe, du métatarse et des phalanges, commencent à s'ossifier peu de temps après le péroné. Mais c'est déjà trop de détails sans intérêt : nous exposerons plus tard quelques-unes des lois de l'ossification du squelette.

FLUIDES ET HUMEURS DE L'EMBRYON. Nous ne devons pas parler de l'amnios des mammifères, il est trop analogue à l'humeur du même nom que nous avons vue dans les oiseaux; seulement nous remarquons que la nature de ce liquide n'a pas toujours été bien appréciée, par la raison que voici : les chimistes ont presque tous confondu, dans leurs analyses, le fluide de l'amnios avec le fluide de l'allantoïde, et il est résulté de là qu'ils ont admis dans le premier des principes qui n'existaient que dans l'autre ; mais un jeune chimiste de beaucoup de mérite, M. Lassaigne, a signalé cette inexactitude en l'évitant lui-même. Au reste, ce que nous disons ici ne concerne que les mammifères, car l'œuf humain n'a pas d'allantoïde. Quant au fluide de la vésicule ombilicale, il a beaucoup d'analogie avec le vitellus de l'œuf des oiseaux; on sait d'ailleurs qu'il n'en reste bientôt plus de traces dans l'œuf humain, mais la quantité en est énorme dans quelques mammifères. J'ajoute que ces différens liquides sont produits par les membranes qui les renferment. Il y a encore l'humeur sébacée dont la peau est enduite vers les derniers temps de la gestation : quelques personnes ont pensé que ce pouvait être un dépôt des eaux de l'amnios déjà partiellement absorbées ; mais il paraît plus vraisemblable que ce fluide soit dû à une sécrétion particulière des petites glandes que le tissu de la peau renferme. Je dirai même chose du méconium, lequel occupe successivement toutes les parties du canal digestif : il ne résulte évidemment, ni des eaux de l'amnios résorbées, ni de la bile qui flue de bonne heure dans l'intestin ; c'est une sécrétion particulière à ce canal. Je dis que le méconium est une sécrétion locale, car on trouve également de ce liquide au-dessus et au-dessous des oblitérations accidentelles du conduit digestif. Il est sûr, en effet, que le méconium qui se trouve au-dessus d'une oblitération originaire du pylore ne saurait provenir de la bile, et que celui qui se trouve au-dessous ne peut provenir des eaux de l'amnios. C'est donc une production spéciale, et particulière au fœtus. Mais c'en est assez sur ce sujet ; parlons maintenant des Fonctions.

Nutrition. Il est intéressant de rechercher d'où l'embryon tire les matériaux qui servent à le nourrir et à l'accroître ; or les opinions ne sont pas unanimes à ce sujet. Toutefois personne ne met en doute que le sang de la veine ombilicale ne soit ici de la plus grande importance. Il est certain que l'origine de ce vaisseau date des premiers jours de l'existence du fœtus ; il est certain que le cordon ombilical a des communications plus ou moins directes avec les vaisseaux de la mère, et qu'à cause de cela il apporte de la mère au fœtus des alimens tout préparés et facilement assimilables ; enfin l'on ne peut douter que les artères ombilicales ne reportent dans le placenta un sang fort différent de celui qui circule vers le fœtus par la veine. De pareils faits sont probans, et personne ne les nie. Mais on a dit que la nutrition du fœtus avait

I.

d'autres sources que le sang de la mère, d'autres voies
que le placenta et le cordon ombilical. On a beaucoup attribué, tantôt à l'eau de l'amnios, tantôt à la
vésicule ombilicale : il est sûr que cette dernière doit
servir à l'accroissement de l'embryon, puisqu'on la
voit peu-à-peu disparaître à mesure que le fœtus
prend du volume ; il est probable aussi que l'eau de
l'amnios s'introduit quelquefois dans le conduit digestif du fœtus , surtout lorsque celui-ci se trouve
dans une position extraordinaire , je veux dire la tête
en haut ; mais comme on a vu des embryons s'accroître quoiqu'ayant les ouvertures oblitérées jusqu'à
la naissance , on doit en conclure que la nutrition ne
peut avoir constamment et uniquement une source
pareille. Quelques personnes ont aussi pensé qu'une
partie des eaux de l'amnios se trouvait absorbée par
la peau du fœtus, chose aussi difficile à prouver qu'à
infirmer. La vésicule ombilicale et les vaisseaux ombilicaux , telles sont apparemment les principales
sources de la nutrition du fœtus depuis ses commencemens jusqu'à sa mise au jour.

RESPIRATION. Il est évident que l'embryon des oiseaux éprouve une sorte de respiration dans l'œuf ;
mais cela n'est pas aussi manifeste pour le fœtus des
mammifères. Ici l'air ne peut être absorbé ni par les
pellicules d'un vitellus, ni par les feuillets déployés
de l'allantoïde ; il ne peut pas davantage s'introduire
directement dans les poumons. Ce qu'on a dit des
cris du fœtus dans la matrice , au sein de l'amnios , est
justement récusé par tous les physiciens judicieux.
Cependant il faut bien que le sang du fœtus soit renouvelé , il faut qu'il soit imprégné d'air et d'alimens

nouveaux ; et tout porte à croire que l'embryon respire comme il se nourrit. Mais il y a presque autant
d'opinions différentes que d'auteurs, touchant le mode
de la respiration du fœtus; tant il est vrai que tout n'est
que dissentiment hors du témoignage des sens et hors
des voies de la nature. On prétend, par exemple, que
le sang de la mère est une sorte d'atmosphère où le
sang du fœtus puise l'air indispensable à sa propre confection; on prétend qu'il y a dans les membranes fœtales des espèces de vaisseaux qui sont occupés à décomposer l'eau de l'amnios pour en extraire de l'air
respirable; d'autres personnes, persuadées que le sang
de l'embryon continue toujours de communiquer avec
le sang de la mère, admettent tout simplement que la
respiration pulmonaire de cette dernière suffit aux
deux êtres; enfin il est des auteurs qui, considérant
l'analogie apparente du sang veineux et de l'artériel
dans le fœtus, concluent de cette similitude originaire
de deux fluides devenus plus tard si différens, qu'il n'y
a aucune respiration dans l'embryon des mammifères.
Le fait est que les deux sortes de sang sont analogues
pour la couleur, que celui des artères est rembruni
comme celui des veines. MM. Baër et Rathke ayant
signalé dans ces derniers temps des espèces de branchies dans les embryons des animaux vertébrés, notamment dans l'homme et les mammifères, on en a
conclu que vraisemblablement ces organes avaient le
même office qu'ils ont toute la vie dans les poissons
et les autres animaux aquatiques; et que, l'embryon
se trouvant baigné de liquides, sa respiration apparemment s'exerce d'abord comme celle des poissons.
Il y a encore beaucoup à faire à ce sujet : à force

d'observer assidûment les faits, on finira par rendre aux conjectures le discrédit qu'elles méritent.

CIRCULATION. Nous savons déjà, par ce que nous avons dit du cœur et des vaisseaux du fœtus, en quoi sa circulation est différente de celle des animaux adultes : ces particularités sont d'ailleurs à peu de chose près pareilles pour les oiseaux et les mammifères. Au reste, ce qu'on a dit du premier passage du sang veineux, venu du cordon ombilical, à travers le trou de botal, sans se mêler à la colonne de sang que la veine cave supérieure verse dans l'oreillette droite, cette assertion, disons-nous, est beaucoup trop absolue pour n'être pas un peu exagérée. On peut voir dans notre *Physiologie médicale* les détails relatifs à la Circulation du sang dans le fœtus : ce que nous y avons dit de l'homme, s'applique avec de bien légères variations à tous les mammifères.

ORIGINE DE LA VIE. Les jeunes animaux ne jouissent d'une vie indépendante et pleinement individuelle qu'au moment de leur naissance, alors qu'ils ont rompu toute union avec les organes maternels. Cependant il est sûr que le jeune être est doué d'une sorte de vie dès ses premiers commencemens : car, comment s'accroîtrait-il, comment deviendrait-il adhérent, comment ses divers organes prendraient-ils graduellement une apparence de plus en plus manifeste? La vie fœtale date donc de l'époque même de l'imprégnation spermatique du germe ou ovule maternel. Toutefois on ne peut juger de la vie que par des manifestations évidentes, je veux dire par les mouvemens du cœur ou des muscles: or, ces phénomènes indiquant la vie, n'ont rien de fort précis quant à leur origine. Le cœur du poulet a des palpitations évidentes dès la quarante-huitième heure; mais celui des jeunes mammifères ne se meut pas ostensiblement avant le quatorzième jour pour les uns, et le trentième pour les autres. Il est d'ailleurs probable que le cœur se mouvait déjà avant l'époque où l'on peut l'apercevoir; car l'extrême petitesse et la transparence qui le rendent d'abord invisible, ne sont pas des circonstances propres à l'empêcher d'agir et de palpiter plus tôt. « C'est la semence du mâle, disait » Haller, qui anime, qui donne la vie au fœtus; et ce » fœtus est vivant, quand son cœur a du mouvement. » Or, comme ce physiologiste admet que le cœur préexiste tout formé dans le fœtus, de même que le fœtus préexiste dans l'œuf, il suit de là que la vie du fœtus daterait, suivant lui, du moment même de la fécondation. Haller doutait si peu de la réalité du fait, qu'il allait jusqu'à dire : « tout est encore blanc, tout » encore invisible dans l'embryon, que néanmoins le » cœur bat et agit déjà. » Malheureusement les assertions les plus formelles ne sont pas toujours les plus certaines.

A l'égard des mouvemens musculaires, on dit qu'il en existe dès le quarantième jour ou même plus tôt pour les embryons mâles, et un peu plus tard pour les fœtus de l'autre sexe : c'était au moins l'opinion des anciens, et il faut convenir que les faits acquis par les modernes ne sont pas assez concluans pour autoriser à contredire nos vieux maîtres. Ces premiers mouvemens, je le répète, sont bien difficiles à distinguer, et l'on doit penser qu'ils sont souvent illusoires dans l'espèce humaine; car, à l'époque dont nous parlons, les muscles de l'embryon ne sont pas encore discernables ; et d'ailleurs, les pièces du squelette n'étant point formées, les mouvemens, s'il en existe réellement, ne sauraient être que vermiculaires. Les grands mouvemens, en effet, supposant des leviers, il n'en peut exister chez les jeunes mammifères que dans le milieu de la gestation. Ils ne sont bien sensibles dans le fœtus humain que du quatrième au cinquième mois ; à cause d'eux, la vie de l'embryon paraît alors très-manifeste, et d'autant plus, que ces mouvemens persévèrent quelque temps encore après l'expulsion et la mort du jeune fœtus. Et comme ces mouvemens qui indiquent presque sûrement la vie, sont aussi les indices de la volonté en des êtres plus parfaits et plus accrus, à cause de cela on a quelquefois assigné la conscience et à la volonté, ces nobles manifestations de l'âme (et à l'âme elle-même), une origine contemporaine à ces mouvemens spontanés de l'embryon : mais nous avons montré, dans notre autre *Physiologie*, que les mouvemens musculaires, bien loin de désigner incontestablement le règne de la volonté, ne sont même pas toujours de sûrs indices de la vie, puisqu'ils persévèrent encore après sa complète extinction ; et de là nous concluons que nous ne savons rien de précis touchant l'origine sensible de la vie, et absolument rien sur l'origine de l'âme. Les Romains punissaient de mort quiconque avait criminellement procuré l'expulsion d'un fœtus déjà *formé* et *animé*, ce sont les termes de la loi ; et ils fixaient à quarante jours l'époque de l'animation du fœtus, ce qui concorde assez bien avec les premiers mouvemens manifestes. Cette rigueur des lois était donc juste ; mais il faut dire qu'elle l'eût été pour les premiers jours de la grossesse tout aussi bien que pour le quarantième. En effet, si l'on met de côté les chances d'anéantissement ou d'expulsion prématurée du fœtus, il est évident que le germe une fois fécondé, une fois conçu, possède en soi toutes les conditions de son développement futur ; c'est un être parfaitement existant dès les premiers jours, et il ne lui manque que du temps pour se parachever. Sa destruction alors est donc aussi condamnable que s'il était tout accru. Il n'en est pas des œuvres de la nature comme des ouvrages des hommes : la nature n'ébauche rien qui n'ait d'abord en soi les élémens de sa perfection ; ses intentions sont déjà presque réalisées aussitôt qu'elle commence à les manifester.

CHAPITRE IV.

Sur la première Origine des Organes et leur première Apparition. — La formation en est-elle simultanée ou successive, ou bien est-elle préexistante à la fécondation ?

De ce que les différens organes n'apparaissent pas tous simultanément dans l'embryon qui commence, serait-il raisonnable de conclure que leurs élémens communs ne sont pas contemporains ? Serait-il vrai que les organes se forment pièce à pièce, de même qu'ils apparaissent un à un ? ou bien sont-ils originairement en petit, sous la forme de germes, tout

ce qu'ils deviendront un jour lorsqu'ils seront parachevés ?

Il est certain que les organes n'apparaissent pas
tous en même temps ; pas tous, dès que l'embryon
devient visible. Il est certain que la plupart des organes ont des âges différens , du moins quant à leur
première apparition ; certain qu'ils ne sont pas tels
dès leurs premiers commencemens, qu'ils le deviennent à l'époque de leur perfection finale : les chapitres
précédens renferment des faits propres à motiver
ces assertions. Ainsi, non-seulement les organes ne
sont pas tous contemporains, mais il existe une époque
où l'on n'aperçoit rien de visible au sein de l'ovule
où l'embryon doit apparaître ; mais , en outre , une
fois manifestes, les organes changent de forme , de
consistance et de contexture. Il ne serait donc pas
exact de dire qu'ils se développent ou qu'ils s'accroissent ; car il est sûr qu'ils apparaissent successivement
dans l'ovule fécondé , où l'on suppose un germe primitif ; et après s'être ainsi manifestés, ils se transforment ou se modifient graduellement ; de telle
sorte même, qu'il est souvent difficile de trouver dans
la structure et la forme d'un organe parachevé, quelque
preuve de son identité avec le même organe observé
dès sa première apparition.

Et qu'on ne croie pas que les plantes dérogent à
cette règle reconnue vraie pour les animaux ! ce serait
une erreur. Il est bien vrai que la graine , détachée
de son réceptacle , offre en petit les parties essentielles du végétal qui en doit naître : mais cette graine
mûrie sur sa tige n'est pas l'équivalent de l'embryon
commençant des animaux ; elle représente bien plutôt

l'état du fœtus au moment où, sorti de sa coquille, ou détaché de sa mère, il va exister d'une vie indépendante et individuelle. Mais si l'on remonte à l'origine de cette graine, on trouve un instant où, la fécondation étant opérée, tout-est fluide et homogène au sein de sa primitive enveloppe ; un moment où rien d'organisé n'apparaît encore à son centre : et c'est là précisément ce qu'on observe pour l'ovule nouvellement détaché et nouvellement incubé des animaux. Il n'y a donc rien d'évident, rien d'organisé, aucun germe apparent et dont les parties soient discernables, dans les premiers instants de la conception ; et cela est également vrai pour les plantes et pour les animaux : la distinction qu'on a voulu établir à ce sujet est vaine et mensongère.

Voilà pour l'apparence. Maintenant, examinons la question des germes sous le rapport de la nature intime des choses, selon les besoins de l'esprit et les lumières de la seule raison.

Il est donc vrai qu'il n'y a rien d'évident dans l'ovule végétal ou animal qui n'est que fécondé. Cependant (et sans nous autoriser ici des observations de Malpighi, qui assure avoir vu de premières traces d'organisation dans un œuf non couvé ; ni des observations de Spallanzani, qui admet de pareilles manifestations dans des plantes et même dans des reptiles, avant toute fécondation des ovules), cependant, dis-je, si l'on fait attention que les êtres vivants de la même famille portent en toutes leurs parties des traits de frappante ressemblance avec les autres êtres de la même espèce, surtout avec leurs auteurs immédiats ; si l'on réfléchit sur l'ordre admirable et constant

qui règne dans l'arrangement de leurs organes, et
dans la forme même de chaque organe ; si l'on envisage que la structure des êtres de même espèce a la régularité, la constance et toute la perfection qu'un
moule identique aurait pu lui imprimer, on concevra
qu'un arrangement où règne si constamment tant
d'harmonie et tant d'ensemble ne saurait être l'œuvre
spontanée du hasard ; on concevra que toutes ees
créations individuelles seraient peu d'accord avec les
autres phénomènes de la nature ; et dès-lors il sem-
blera raisonnable de penser qu'un pareil renouvellement d'organisations façonnées pour la vie, a sa première cause dans la vie de l'être d'où elles proviennent,
et des élémens prédisposés dans l'ovule maternel d'a-
près un type primordial et indélébile. Or, c'est à ce
type identique pour les êtres de la même espèce, c'est
à ces élémens nécessaires des êtres procréés, qu'il
faut attacher le nom et l'idée de Germe.

Mais ce germe, qu'est-il? a-t-il quelque chose de
matériel? est-ce l'image abrégée, mais encore fluide
et transparente, mais encore invisible parce qu'elle
est fluide, des organes plus tard apparens? Est-il vrai,
par exemple, que les os existent primitivement et en
réalité avec leurs formes, mais à l'état fluide, comme
il est vrai qu'ils apparaissent d'abord avec l'aspect de
cartilages? A cela, nous répondons que, toutes les
fois qu'il s'agit de questions de physique, d'objets
matériels, les limites des sens, selon nous, doivent
servir de limites à la raison. Toutefois essaierons-nous
d'exposer, dans le chapitre suivant, les opinions les
plus répandues à ce sujet.

CHAPITRE V.

Ce qu'on entend par Germes. Diverses opinions sur leur Nature, leur Source, leur Préexistence et leur Emboîtement indéfini.

Le mot de Germe est presque toujours employé pour désigner l'image abrégée ou l'ébauche imparfaite d'un être non encore accru ; ou plutôt, l'ensemble des élémens primitifs devant servir à sa formation.

On conçoit aisément que tout être vivant, considéré comme une œuvre ayant des progrès successifs, a toujours aussi des commencemens peu manifestes ; on conçoit même que les premiers linéamens en soient tout-à-fait invisibles : mais toujours faut-il à tout être vivant un premier principe, des élémens originaires ; et voilà justement l'idée qu'il faut attacher à ce mot de germe. C'est dans le même sens qu'un illustre écrivain a dit, voulant proposer aux productions du génie un parfait modèle dans les œuvres de la nature : « Elle prépare en silence les germes de ses productions ; elle ébauche, par un acte unique, la forme primitive de tout être vivant ; elle la développe, elle la perfectionne par un mouvement continu et dans un temps prescrit : l'ouvrage étonne ! mais c'est l'empreinte divine dont il porte les traits qui doit nous frapper. » Or, cette forme originaire de tout être vivant, cette ébauche primitive conservant les traits persévérans d'une divine empreinte, je di que toutes ces expressions de Buffon rendent très-bien l'idée de germes préexistans, à laquelle cet auteur s'est néanmoins toujours montré si opposé.

On a beaucoup.varié sur la source même de ces germes primitifs des êtres vivans. Les uns les ont considérés comme résultant de la fécondation séminale ; d'autres ont supposé qu'ils lui préexistaient. Parmi ceux qui ont pensé que les germes provenaient de la fécondation et lui étaient contemporains, les anciens auteurs ont émis le principe qu'ils étaient dus à l'union intime des liqueurs simultanément émanées des deux individus. Buffon, Needham, et aussi Maupertuis, attribuaient le même résultat à la rencontre et à la combinaison des molécules organiques provenant des deux sexes. D'autres personnes ont admis que les animalcules du mâle se greffaient et s'anastomosaient avec l'ovule des femelles, et que de là résultait la ressemblance des nouveaux êtres avec leurs deux parens. Voilà pour la première opinion, selon laquelle le fœtus, loin de préexister à la fécondation, en serait au contraire le résultat ou le produit nécessaire.

Selon d'autres opinions, avons-nous dit, les germes préexistent à la fécondation : mais émanent-ils du mâle ? proviennent-ils de la femelle ? Les sentimens sont partagés sur ce point, d'après les différentes idées qu'on se forme de la puissance respective des deux sexes. Ceux, par exemple, qui ont tout attribué au mâle, ceux qui regardent les animalcules du sperme comme l'élément essentiel des êtres procréés, les auteurs dont nous parlons ont placé dans ces animalcules eux-mêmes le siége des germes réputés préexistans; mais d'autres, et de plus nombreux, en ont supposé la source commune et exclusive dans l'ovaire, dans les vésicules, ou espèce d'œufs des femelles.

Il est même des auteurs qui ont pensé que ces germes primitifs se trouvaient répandus dans toutes les parties de chaque être vivant : ils ont fondé cette opinion sur la propriété qu'ont beaucoup de ces êtres de reproduire spontanément des parties séparées de leur ensemble, et cet ensemble lui-même par quelques-unes de ses parties. Enfin un savant, plus audacieux que les autres, a supposé que ces germes étaient épars dans la nature, que tout est germe dans chaque corps vivant ou mort, dans chaque molécule inerte ou animée ; qu'en un mot chaque portion de matière a la propriété, non-seulement de participer de la vie, de la fomenter, de l'entretenir en la stimulant, ou en lui fournissant de nouveaux matériaux par les transformations dont elle est susceptible ; mais que même elle pouvait la commencer, la produire, c'est-à-dire engendrer, quoique inerte, de nouveaux corps vivans. Nous avons déjà réfuté cette vieille idée d'Aristote et des anciens auteurs, idée rajeunie dans l'autre siècle par un physicien systématique ; nous l'avons, dis-je, combattue, et, ce me semble, renversée au chapitre des Productions vivantes et Spontanées. Il ne nous reste donc qu'à examiner si les nouveaux êtres résultent tout simplement du juste concours des deux sexes, ou si l'un d'eux en contient plus particulièrement ce que nous nommons les premiers germes. Or, pour ce qui est de la première opinion, qui place l'origine des germes dans l'union simultanée des deux semences ou dans la combinaison des molécules organiques provenant des deux sexes, nous savons à quoi nous en tenir à ce sujet, depuis que nous avons démontré dans le Livre II que la femelle n'a pas de semence. (*Voy.* chap. xxix.)

Nous avons aussi exposé (chap. xviii et xxviii du Livre II) combien d'exagérations on a commises au sujet des prétendus animalcules spermatiques ; et d'ailleurs nous avons prouvé, aux chapitres indiqués, que la semence dépouillée de tous ses animalcules apparens n'en jouit pas moins de la faculté de féconder les ovules des femelles. Une seule question nous reste donc à examiner, à éclaircir ; il nous reste à rechercher s'il existe réellement quelque chose d'organisé dans l'ovule non encore fécondé de la femelle, et si, contenant ainsi le germe originaire de nouveaux êtres, cette femelle concourt plus que le mâle à la trame primitive des embryons engendrés.

Nous savons par avance que, dans tout vivipare, de même que dans tout ovipare, le nouvel être apparaît d'abord au sein d'un ovule qui s'est détaché de l'ovaire de la femelle ; nous avons vu qu'il ne provient rien de cet ovule sans l'advention de la semence, sans l'entremise du mâle ; mais nous savons que cette semence n'a d'action que sur l'ovule. Or comme ce dernier est entouré, dès sa première apparition, de plusieurs membranes ténues qui semblent une ébauche des membranes futures de l'embryon, et comme c'est au centre de cet ovule qu'apparaît l'embryon lui-même, tout nous porte à penser que ce corps contient originairement, sinon le fœtus tout formé, sinon tous ses organes entièrement arrangés, au moins les premiers élémens de cet embryon et de ses organes. D'ailleurs, les premiers linéamens du nouvel être sont déjà indiqués par une tache blanche dans l'œuf non encore fécondé des oiseaux, et ces premières traces d'organisation sont bien plus évidentes encore dans l'œuf de quelques reptiles. Or, pour admettre la préexistence de ce germe dans tout ovule, est-il nécessaire qu'il y soit visible? Ne savons-nous pas que chaque organe commence par être fluide, et que tout fluide parfaitement transparent est par cela même invisible? Et une preuve que les premiers linéamens de l'embryon ne sont d'abord indiscernables que parce qu'ils sont primitivement fluides et transparens, c'est que les organes qui se manifestent d'abord ont dès cette première apparition un volume assez grand, si grand même, qu'on est porté à penser qu'avant d'être apparens ils existaient dans un autre état, et qu'au lieu de s'être formés peu-à-peu et spontanément, ils n'ont fait que subir une sorte de métamorphose. Un autre motif pour croire que tout embryon a ses linéamens renfermés primitivement dans l'ovule de la femelle, est la constance de chacun de ses organes, la régularité de ses formes, et l'identité de sa structure chez tous les êtres de la même espèce. On peut encore citer à l'appui de cette même opinion le fait sur lequel Haller a eu raison d'insister, je veux dire l'union si constante et la continuité si merveilleuse du péritoine du jeune oiseau avec les tuniques du vitellus. (*Voy.* chap. XII et XVII du Livre II.) D'autres personnes ont aussi allégué, en faveur du même sentiment, la génération successive de plusieurs Monocles, de plusieurs Pucerons femelles vierges; mais nous avons exprimé ailleurs les raisons qui nous font récuser cette observation comme suspecte, ou du moins comme encore mal interprétée jusqu'à présent.

Mais si les germes, bien qu'invisibles, sont préexistans dans l'ovule des femelles, on se demande s'il ne faut pas que ces premiers germes en renferment de nouveaux, ou plutôt si tous les individus de la même espèce ne devaient pas être contenus dans les ovules de la première femelle de cette espèce : c'est même ainsi que l'on conçoit l'Emboîtement des germes; et nous sommes forcés de convenir que l'admission préalable de la préexistence des germes entraîne irrésistiblement à sa suite leur emboîtement indéfini.

Il faut dire qu'il paraît d'abord fort extraordinaire d'admettre que tous les germes nés et à naître se trouvassent originairement renfermés dans les ovules des premiers êtres de chaque espèce, et qu'ils y fussent emboîtés dans de premiers germes eux-mêmes invisibles : mais voici comment la chose nous paraît plus vraisemblable et plus admissible.

Chaque germe, bien qu'inappréciable, contient, avons-nous dit, tous les élémens des organes du nouvel être; mais il ne les renferme qu'à l'état latent, à l'état rudimentaire, à l'état d'élémens primitifs et non encore caractérisés et manifestes. Il n'existe encore là, sous la forme d'un fluide transparent dont les parties sont indiscernables, que les principes à l'aide desquels tout le nouvel être doit être ultérieurement constitué et organisé. Or, puisque les principes de tous les organes sont dans ce fluide incolore, les linéamens des ovaires s'y trouvent également, de même que les élémens des autres organes ; et comme ces ovaires contiennent de leur côté de nouveaux ovules, et ces ovules, à leur tour, les élémens préformés d'embryons à venir, on voit bien que tous ces germes renferment tour-à-tour et simultanément les linéamens, les premiers principes des êtres qui doivent en provenir successivement, puisque chaque germe contient tout ce qui doit servir à constituer un nouvel être, les linéamens des ovaires tout comme ceux des autres organes. Enfin, chaque ovule contient un germe ; chaque germe est la réunion des élémens d'un nouvel être ; les ovaires se trouvent représentés dans cet ensemble comme tout le reste ; et l'on sait que tout ovaire renferme plusieurs ovules propres à répéter les linéamens de nouveaux embryons complets, et par conséquent de nouveaux ovaires, de nouveaux ovules, et d'autres germes. Voilà comme je comprends le système de la préexistence et de l'emboîtement successif et indéfini des germes : il suffit, pour le concevoir, d'admettre l'existence d'un premier germe, renfermant tous les principes nécessaires à la formation et à l'arrangement parfait d'un seul embryon ; le surplus du système découle nécessairement de ce premier principe comme d'une pente naturelle.

On s'est toutefois, mais bien inutilement, occupé de chercher des preuves matérielles à cet emboîtement successif des germes préformés : on a cité les productions sans accouplement de plusieurs générations de Monocles et de Pucerons ; Spallanzani a allégué, dans un sens pareil, les végétaux, qui, selon lui, produisent des graines sans fécondation préalable. On s'est de même autorisé de ces bulbes végétales , renfermant ostensiblement à leur centre les bourgeons devant servir à plusieurs pousses successives ; on a cité l'emboîtement manifeste des Volvoces , les grappes florales que présente le cœur des Palmiers pour plusieurs années successives : enfin, on a cité les cas assez rares, mais pourtant réels, de fœtus d'animaux renfermant dans leur intérieur le germe avorté d'un autre fœtus. Littre même a été jusqu'à arguer en faveur de l'emboîtement des germes, de quelques débris de fœtus qu'il avait trouvés dans l'ovaire d'une femme ; comme si cela n'avait pas dû être l'effet d'une grossesse extra-utérine.

Ce n'est pas que la plupart de ces preuves ne nous semblent fort récusables ; mais la théorie de la préexistence indéfinie des germes n'est pas moins la seule bonne, la seule soutenable. Sans elle, rien ne s'explique d'une manière satisfaisante : il faudrait attribuer un ordre constant au hasard, une succession d'êtres réguliers et ressemblans à autant de créations partielles, créations effectuées par des êtres différens et dans des circonstances dissemblables : aussi voyons-nous le plus grand nombre des philosophes et des grands naturalistes (1) donner le choix à cette théorie sur toutes les autres.

Toutefois, les anatomistes principalement ont opposé beaucoup d'objections à ce système : on a d'abord demandé s'il était possible de concevoir cette infinité de corps emboîtés les uns dans les autres depuis la création jusqu'à l'extinction finale des es-

____

(1) Haller, Ch. Bonnet, Spallanzani, Cuvier, Decandolle, Leibnitz, etc.

pèces, et l'on a fait des calculs effrayans à ce sujet. Mais il est manifeste qu'on a eu le tort de transformer en élémens matériels, tous les germes prédisposés pour la vie dans chaque espèce vivante : on a pris pour de de petits corps déjà tout réalisés, ce qu'il ne fallait prendre que pour une aptitude à les engendrer ; on a vu de petites masses toutes formées où il n'aurait fallu admettre qu'une puissance à les reproduire. Qui donc a jamais vu cette infinité de germes emboîtés, et depuis quand calcule-t-on le volume et la forme d'objets purement virtuels ou hypothétiques?

On a dit aussi que la ressemblance des enfans avec leurs pères était la preuve que tout l'être ne provenait pas de la femelle. Mais de ce que tout être nouvellement produit aurait sa source primitive dans les ovules de cette femelle, s'ensuit-il donc que le fluide séminal du mâle ne doive exercer sur lui aucune action ? N'avons-nous pas vu qu'Aristote allait jusqu'à admettre que la femelle fournissait la Matière, mais que la Forme venait du mâle ? On a objecté que l'existence de plusieurs variétés dans la même espèce devait détruire toute idée de préexistence des germes. Comment, a-t-on dit, comment concevoir qu'un être préformé dès la création première puisse subir des modifications dans sa forme et dans sa masse? Mais dès-lors qu'on admet forcément que le mâle peut bien modifier ce germe préformé, comment ne pas admettre aussi que le mâle, une fois modifié par tout ce qui l'environne et l'influence, ne puisse à son tour imprimer aux êtres qu'il féconde les traits de ses propres modifications? D'ailleurs, l'être né et déjà accru subit bien des changemens, pourquoi donc le germe non fécondé, le germe encore inerte n'en subirait-il pas? Ce que je dis ici des variétés est également vrai, peut également se dire des métis et des mulets, résultant du croisement des races.

Buffon disait : dans la supposition de la préexistence indéfinie des germes, une grande difficulté vient de l'inégalité de leur enclavement. En effet, l'emboîtement successif ne peut exister que pour les germes femelles, car tout germe mâle ne contient qu'un mâle, puisque tout germe émane de la femelle. Mais cette objection de Buffon ne serait tout au plus qu'une difficulté pour l'esprit, et seulement selon l'idée qu'il se formait lui-même de ce système de la préexistence ; mais ce n'est point un obstacle pour la nature. Bien plus, cette difficulté que Buffon fait naître de l'unité des germes mâles et de la multiplicité des germes femelles, atténuait la première objection qu'il fondait sur la multiplicité effrayante des germes emboîtés.

Une autre objection bien plus importante, infiniment plus sérieuse que celles qui précèdent (car nous ne voulons en cacher aucune), est l'apparition successive des organes, leurs changemens de formes, les complications de plusieurs et la simplification du plus grand nombre. Car, dit-on, si les organes apparaissent successivement, s'ils changent, s'ils se compliquent ou se simplifient, tous n'ont donc pas une origine contemporaine, les élémens n'en étaient donc pas préformés, et ce qu'on dit de la préexistence des germes n'est donc qu'un vain système ! Et, comme preuve à l'appui de l'argument, on cite le cœur des oiseaux et des mammifères, qui n'a d'abord qu'une oreillette et qu'un ventricule, et qui acquiert progressivement les parties qui lui manquaient à sa première apparition. Mais comment se fait-il que l'organe par lequel Aristote, Harvey, Haller et Ch. Bonnet expliquaient l'animation du germe entier et la première manifestation de l'existence, soit précisément celui qui est le plus notoirement incomplet à la première apparition du fœtus? Comment pouvaient-ils puiser une preuve à l'appui de leurs idées, là même où s'offre le motif de la plus puissante objection contre elles? C'est qu'Haller et Bonnet admettaient que le cœur et les autres organes sont d'abord à l'état fluide et indiscernable, et qu'alors qu'il n'en paraît qu'une partie, cela vient de ce que les autres parties ne sont encore que fluides et invisibles, quoique néanmoins déjà très-réelles. Convaincus donc de cette préexistence du cœur et des autres organes déjà parfaits, mais à l'état fluide, dans un germe invisible, ces grands hommes disaient: l'action de la semence du mâle s'exerce sur un ou plusieurs ovules de la femelle, sur les germes invisibles qu'ils renferment; non pas indifféremment sur toutes les parties de ces germes, mais seulement sur le cœur encore inanimé de ces germes; alors ce cœur entre en action, le fluide d'abord incolore, mais bientôt coloré, qu'il renferme, va bientôt serpenter dans tous les organes et les animer tous; et c'est de ce premier ressort mis en jeu par le contact du fluide séminal, que résultent l'animation, l'accroissement et la solidification progressive de l'embryon d'abord fluide, d'abord invisible et inanimé, du germe préexistant. Bonnet pensait en outre que le sperme n'agit sur le germe pour animer le cœur, et par lui tous les organes, qu'à la manière de l'électricité; il engagea même son ami Spallanzani à tenter des expériences à ce sujet, et Spallanzani éprouva que les pressentimens de Bonnet n'avaient rien de réel : l'électricité substituée à la semence ne féconde rien; elle ne fait que hâter l'accroissement des germes fécondés. Mais revenons à l'objection des anatomistes.

Il est donc certain, disent-ils, que le cœur est imparfait à sa première apparition, que ce n'est que successivement qu'il s'achève, et que supposer fluides les parties d'abord invisibles n'est qu'une pure supposition, autorisée, il est vrai, par le système de la préexistence des germes, mais non de nature à fortifier ce système. Il est pareillement avéré que la plupart des organes sont d'abord divisés, morcelés, que les matériaux en sont primitivement plus nombreux qu'ils ne le paraissent dans les organes parachevés; que les os sont d'abord cartilagineux, et qu'ils ne s'achèvent que par des points osseux détachés, isolés; que les dents sont originairement cachées sous forme de germes dans les gencives. Mais il faut observer que ces différens faits sont plus favorables à la préexistence des germes qu'ils ne lui sont contraires. Nous ne voyons, en effet, dans ces différens phénomènes, que des progrès, des changemens, des transformations, des perfectionnemens successifs, et non des formations nouvelles. Enfin, le fait allégué comme objection, que les membranes chorion et moyenne de l'œuf des oiseaux n'existent qu'au bout de quelques jours d'incubation, et que par conséquent elles ne préexistent point à la fécondation; ce fait, disons-nous, ne contrarie nullement l'hypothèse de la préexistence des germes; car les membranes dont il s'agit résultent du

déploiement successif de l'allantoïde , de l'allantoïde
qui est elle-même un prolongement de la vessie , et
ce n'est là qu'un phénomène d'accroissement et d'é-
longation.

Au reste, nous devons dire que les objections que
nous venons de passer en revue, s'appliquent bien
plutôt à l'hypothèse de Haller et de Ch. Bonnet qu'à
toute autre théorie des différens auteurs ; j'ajoute
même que ces objections n'attaquent que bien faiblement celle que nous avons exposée vers le milieu
de ce chapitre. Mais il faut néanmoins se souvenir que
ce n'est qu'une Hypothèse.

CHAPITRE VI.

Principales Lois selon lesquelles se développent les Organes des
Animaux.

Tout est originairement fluide dans l'ovule où se
développe l'embryon ; ce n'est que peu-à-peu et par
degrés que les organes apparaissent et se solidifient.
Or, cette solidification n'est pas simultanée pour
toutes les parties. Il en faut dire autant des couleurs :
elles ont de même leurs progrès et leur succession.
La couleur du sang n'a pas d'abord cette vivacité
qu'on lui connaît dans les animaux adultes, mais elle
est la première à se manifester ; ce n'est que plus tard
qu'apparaît la couleur verdâtre de la bile , plus tard
que la choroïde se noircit. Le cerveau et les reins ont
d'abord universellement une couleur homogène : les

deux teintes naturelles à ces organes ne sont pas originaires.

Les organes les plus homogènes et les plus concentrés dans les animaux adultes, sont fractionnés, composés de lobes ou de points séparés à leur première origine dans le fœtus. Les os qui ont le plus de continuité dans les animaux parfaits, sont formés, chez l'embryon, de points osseux plus ou moins multipliés et que séparent des cartilages, lesquels sont insensiblement envahis par la matière osseuse; et c'est seulement alors que l'os devient partout similaire. Les reins (je parle principalement de l'embryon humain), les reins et le foie sont d'abord composés de parties détachées, de lobes séparés les uns des autres, et qui emploient à se réunir un temps plus ou moins long.

Les organes des animaux supérieurs affectent une symétrie d'autant plus parfaite qu'ils sont plus rapprochés du moment de leur origine. Cela vient surtout de ce qu'ils procèdent (au moins le plus grand nombre) de la circonférence au centre, et non pas du centre à la circonférence, ainsi que le croyaient nos pères. Les nerfs sont visibles avant les centres nerveux auxquels ils tiennent attachés; les parties latérales du cerveau et de la moelle épinière sont d'abord isolées, et ce n'est que postérieurement que se forme la partie médiane de ces organes par la réunion de leurs parties latérales. Il en est de même des os : leur solidification commence toujours parallèlement sur chaque moitié latérale ; même les os impairs ont des points d'ossification doubles et symétriques avant de se concentrer en un point central. Egalement, la matrice est d'abord bifide, la glande thyroïde aussi; partout l'on voit se réaliser cette loi de développement excentrique et de symétrie : on assure même que les vaisseaux sanguins suivent la même règle dans leur développement, c'est-à-dire que les petits vaisseaux de la circonférence précèdent les gros vaisseaux du centre.

Si l'on en croyait le témoignage des sens, tous les organes ne seraient pas contemporains : il y a des temps différens, la chose est certaine, pour la manifestation de chacun d'eux. La moelle épinière est l'un des premiers à se montrer; on voit le cœur avant les poumons, le foie avant la rate, le cerveau avant les reins et l'estomac, les vaisseaux sanguins avant les os. Mais est-il sûr que cette apparence successive des organes soit l'indice irrécusable d'une origine différente? A-t-on prouvé que les organes les derniers visibles ne se soient formés qu'après les autres? Ne serait-ce pas là le simple effet de la transparence des tissus ou des fluides originaires? Enfin, les organes, tout successifs qu'ils sont quant à leur première apparition, ne sont-ils pas tous simultanés pour l'origine, le même germe n'en contient-il pas à-la-fois tous les élémens? Toujours est-il qu'ils ne sont pas tous apparens aux mêmes heures, de même qu'ils sont loin d'avoir primitivement la forme et la disposition qu'on leur voit dans des animaux adultes. D'ailleurs, tous ne vivent, tous ne subsistent pas durant le même laps de temps; tous n'ont pas la même durée. Sans parler de ceux qui se confondent ou se transforment; sans parler du canal auriculaire, qui disparaît dans le reste du cœur à l'époque où celui-ci se parachève ; sans parler du trou de botal, du canal ou des canaux artériels, des vaisseaux ombilicaux et omphalo-mésentériques qui s'oblitèrent et s'effacent, il y a les dents qui se remplacent successivement après leur première et lente apparition ; il y a le thymus qui s'atrophie jusqu'à s'anéantir, et les capsules surrénales qui diminuent aussi d'une manière sensible. Enfin, il est vrai de dire que, parmi les organes dont le rôle n'est que subalterne pour l'accomplissement de la vie, il en est plusieurs qui disparaissent avant le terme de l'existence, soit que ces parties ne fussent destinées qu'à un usage temporaire, soit qu'ils n'eussent, même dès l'origine, absolument aucun usage à remplir.

Nous avons dit que les organes commencent tous par un état de fluidité parfaite, et que ce n'est que par degrés insensibles qu'ils prennent la consistance qui leur est naturelle. Il faut ajouter que cette sorte de révolution dans la structure est plus lente à s'achever que les changemens dans la configuration : un os a déjà sa forme indiquée dans la trame cartilagineuse qui n'en est que le premier commencement; les différentes parties du cerveau sont déjà dessinées au moment où plusieurs d'entre elles sont encore fluides ou creuses à leur centre, et avant que les deux couleurs, regardées comme indice de deux différentes substances, se soient encore manifestées. Enfin, la texture n'est pas aussi promptement terminée que la conformation et l'arrangement extérieurs.

Disons aussi que les organes ne sont pas à tous les âges dans les mêmes proportions pour le volume : Les organes principaux sont évidemment d'autant plus prédominans qu'on s'éloigne moins des premiers temps de leur formation. Cela est vrai pour le foie, pour le cœur, pour le cerveau; cela est également vrai pour les yeux et pour les nerfs des fœtus. Sans doute ces organes n'ont pas encore le volume qu'ils doivent avoir lorsque la crue sera parachevée ; mais ils prédominent alors sur le reste, et leur développement subséquent est moins marqué qu'en beaucoup d'autres organes. Il se pourrait même que le fœtus humain de huit mois dût à une condition de cette nature l'inviabilité qu'on dit être plus formelle pour cet âge que pour des fœtus plus jeunes d'un mois. Il existe d'autres organes dont la crue se ralentit ou qui même s'attrophient : nous en avons parlé. Il est aussi des tissus ou même des espèces d'organes dont l'origine ou l'accroissement excessif sont l'effet de maladies. Les parties les plus précoces et les plus vivantes sont en général celles qui sont les plus rapprochées de la tête.

On a cru trouver des analogies importantes, non seulement entre les différens animaux (surtout les vertébrés), mais encore entre les animaux des différentes classes et les âges de l'homme et des mammifères les plus semblables à l'homme. Cette idée , encore toute jeune, a reçu tant de développemens , et jouit d'une si grande importance aujourd'hui , que nous nous trouvons porté à lui consacrer un chapitre à part. Mais nous allons commencer par montrer les analogies des animaux supérieurs entr'eux.

CHAPITRE VII.

Analogies de composition des Animaux vertébrés.

Si l'on se contentait d'énoncer que tous les animaux vertébrés sont analogues entr'eux, on pourrait croire qu'il s'agit là d'un paradoxe exprimé en
termes trop vagues pour mériter réfutation. On pourrait demander en quoi un serpent ressemble à un
mammifère quadrupède, et quelle sorte d'analogie
on peut trouver entre une grenouille et un oiseau. Si
l'on ajoutait que ces différens animaux, tout dissemblables qu'ils paraissent, sont néanmoins composés des
mêmes élémens, des mêmes tissus; qu'ils jouissent de
propriétés pareilles ou du moins fort analogues; on
pourrait encore repousser cette idée comme vaine et
superflue : cette analogie d'instrumens paraîtrait naturelle en des corps jouissant tous également de la vie.
Telle est, en effet, l'idée qu'on se forma d'abord de
l'Analogisme, lorsqu'un naturaliste du premier ordre
en promulgua les lois et en déduisit les conséquences.
On rejeta ses vues sans examen, et l'on traita de
chimère une pensée pleine de profondeur et de vérité. Chacun combattit et rejeta cette idée, uniquement d'après le sens qu'il y attachait personnellement. On ne daigna même pas s'informer ce que voulait exprimer l'auteur original; et ce fut la faute du
mot *analogie*. La signification de ce terme était trop
bien arrêtée dans le langage commun, pour qu'on pût

penser qu'il exprimât cette fois une idée nouvelle : aux choses neuves il faut des mots nouveaux.

On doit donc entendre ici par ce mot d'analogie, que les organes des animaux vertébrés sont composés des mêmes matériaux constitutifs, et jusqu'à un certain point du même nombre de pièces pour chaque organe similaire. Cela ne veut pas dire que ces animaux aient tous rigoureusement le même nombre d'organes ou de compartimens d'organes : non, car il en est beaucoup qui manquent tout-à-fait de certaines parties qu'on retrouve très-développées dans d'autres espèces. Il est sûr que les Boas, privés de membres, ne sauraient ressembler, sous ce rapport, aux mammifères pourvus de quatre membres, ni aux poissons pourvus de nageoires; mais dans des organes analogues, on retrouve des matériaux, des pièces constitutives analogues. Nous n'avons même pas besoin de parler des organes intérieurs, tels que les artères, les viscères, les muscles, etc. : c'est une chose connue même du vulgaire, que les animaux supérieurs de l'apparence même la plus dissemblable sont analogues par les organes intérieurs, par les entrailles. Nous n'avons qu'à parcourir tous les organes des animaux vertébrés, pour nous assurer qu'il existe en beaucoup de points de leur structure des analogies incontestables. Cependant nous devons dire que, pour mieux découvrir en eux ces parties analogues, il est convenable d'étudier par choix les jeunes animaux, les embryons de préférence aux animaux adultes; car chez ces derniers, les caractères distinctifs des genres et des espèces finissent par déguiser, sous d'apparentes différences, tout ce que la trame essentielle et primitive contient d'identique ou de similaire. Mais citons des exemples.

Rien ne paraît plus dissemblable au premier abord que l'enveloppe extérieure des animaux vertébrés : le moyen de voir des analogies entre des écailles, des plumes et une peau nue ou gluante ! le moyen de trouver quelque similitude entre la cuirasse des Tatous et la peau glissante et délicate d'une Anguille ! Cependant, si l'on remonte jusqu'aux premiers âges des animaux, on trouve chez tous une membrane mince et molle, une peau simple et dénudée ; et lorsqu'on suit les progrès subséquens de cette enveloppe, on est porté à voir, dans ses différens prolongemens, des productions analogues à ce même épiderme qui garnit constamment la surface de chaque animal. Qu'importe que l'extérieur soit velu, écailleux, emplumé ou cuirassé ! nous ne voyons dans toutes ces choses que des changemens dans le développement ou la configuration ; mais ce sont toujours des productions de l'épiderme.

Parcourons le squelette, et ces analogies nous paraî ront encore plus évidentes. Nous voyons chez tous les animaux supérieurs une colonne centrale d'os empilés, nommés vertèbres ; chez tous, des apophyses ou éminences naissent de ces vertèbres, et chez la plupart, ces apophyses se prolongent assez au-devant du corps pour former des côtes et constituer les parois d'une cavité recélant le cœur et des poumons. Toutes ces choses paraissent fort diversifiées chez les différentes espèces d'animaux accrus et parachevés ; mais si l'on remonte jusqu'à l'origine, jusqu'à ce moment où l'ossification commence, alors on s'aperçoit que les premiers élémens constitutifs sont sem-

blables, que les points d'ossification sont les mêmes.
Ceci est encore plus évident pour la tête des animaux. Assurément il paraît d'abord difficile de penser
que la tête d'un crocodille, d'un oiseau, soit composée des mêmes élémens, précisément des mêmes
pièces que celle de l'homme ou d'un mammifère :
si même on compare les os de ces différentes têtes
provenant d'animaux adultes, on est forcé de convenir qu'on trouve entr'elles beaucoup plus de différences que de similitudes ; elles semblent différer
par les divers fragmens, presque autant que par la
forme générale et par l'ensemble. Mais si l'on prend
ces têtes osseuses à l'époque où leurs matériaux
commencent à s'ossifier, on se convainc alors qu'il
y a parité presque entière pour le nombre de pièces
dont elles se composent originairement. D'où vient
donc, direz-vous, qu'après tant de ressemblance
entre les matériaux, il survient de si notables con-
trastes dans l'ensemble de l'œuvre ? pourquoi tant
d'analogie dans les élémens produit-elle finalement
des dissemblances si notoires dans l'édifice total une
fois qu'il est accompli? Ici la question se complique :
les pièces essentielles sont d'abord en nombre pareil,
cela est vrai; mais toutes n'ont ni la même configuration ni le même volume; telle partie, excessivement
réduite dans une espèce, prend un volume extrême
dans telle autre; et cette partie si accrue dans certains
animaux, fait souvent comme avorter d'autres parties
qui l'avoisinent. Il y a des têtes où le vomer et les os
du nez ont presque autant de volume que l'os du
front; mais ce ne sont pas moins pour cela le coronal,
les naseaux et le vomer. Une autre cause qui diver-

sifie , dans la suite , des organisations identiquement les mêmes quant·aux élémens primitifs, c'est que ces élémens, c'est que ces fragmens divers restent isolés les uns des autres dans certaines espèces, tandis qu'il en est d'autres où la plupart de ces pièces primitivement isolées se groupent et se réunissent ; et ces diverses dispositions se réalisent surtout dans cette boite osseuse servant de réceptacle au cerveau et aux sens. Il fallait bien que l'enveloppe solide se modifiât à la convenance des organes essentiels qu'elle renferme et qu'elle protège.

Ce n'est pas, au reste , le seul exemple où les pièces du squelette soient modifiées par les organes fondamentaux dans la dépendance desquels elles se trouvent : dans les poissons , par exemple , nous voyons les os de la poitrine suivre dans leur déplacement les organes respiratoires , et se grouper comme eux aux environs de la tête. L'air ne pouvant aller chercher le sang et les branchies dans des animaux séjournant dans l'eau , il fallait bien que le sang et les branchies se rapprochassent de l'eau renfermant un peu d'air , qu'elles se plaçassent dans le voisinage des mâchoires qui expriment l'air de cette eau qu'elles compriment; et puisque les branchies devaient se déplacer , il fallait bien qu'elles fussent accompagnées des os qui les soutiennent , et des muscles qui les font agir. Tout s'enchaîne et se nécessite dans les organisations vivantes comme dans nos institutions sociales.

Ces analogies, si évidentes pour le système osseux, ont de même été constatées pour les organes nerveux. Mais voici ce qu'il est essentiel d'observer. Les organes des animaux vertébrés sont analogues quant à leurs élémens constitutifs, ils sont analogues à une certaine époque; mais cette époque n'est pas la même pour toutes les classes : les jeunes mammifères ressemblent à l'embryon de l'homme moins accru qu'eux; mais ils ressemblent en même temps aux jeunes oiseaux plus accrus, et aux reptiles et poissons encore plus accrus ou même déjà parachevés. Ainsi les classes de vertébrés ne sont analogues qu'à des âges très-différens pour chaque classe : les poissons et les reptiles ne ressemblent qu'à des oiseaux et à des mammifères plus jeunes qu'eux; et comme ces derniers êtres continuent de croître et de se compliquer à une période où les reptiles et les poissons demeurent stationnaires, il en résulte que des structures qui semblaient d'abord fort similaires, finissent par devenir extrêmement différentes et presque sans analogie notable. Ceci nous conduit à traiter du Parallèle des âges avec les différentes classes d'animaux, et à examiner la théorie des Monstruosités les plus ordinaires.

CHAPITRE VIII.

Échelonnement des Organisations animales.

(Les premiers âges de l'homme correspondent successivement aux différentes classes des animaux vertébrés : aux poissons d'abord, puis aux reptiles, aux oiseaux et aux mammifères (1).)

Nous venons d'établir que les différentes classes des animaux supérieurs, malgré leurs dissemblances

(1) *Voyez* Geoffroy-Saint-Hilaire, Autenrieth, F. Meckel, Tiedemann, Blainville, Serres, Oken, Goëthe, etc.

I.

apparentes, peuvent être ramenées à un type commun, à une base à-peu-près identique pour tous ces êtres. L'objet de ce chapitre-ci est de montrer que chaque animal supérieur subit des révolutions analogues à ce qu'on observe dans toute la série des animaux qui lui sont inférieurs ; autrement, un seul animal vertébré présente dans ses évolutions successives, depuis sa première origine jusqu'à son achèvement parfait, tout ce que les diverses classes placées plus bas ont de différences permanentes. Il suit de là qu'on pourrait faire une véritable anatomie comparée (quant aux choses principales) en suivant avec assiduité l'accroissement d'un même embryon.

Il suffit de parcourir, en les résumant, les détails où nous sommes entré touchant l'accroissement des animaux supérieurs, pour motiver les principes que nous venons de poser.

Par sa mollesse, par sa parfaite dénudation autant que par sa simplicité, la peau de l'embryon humain ressemble à la peau durable des méduses, des polypes, et de quelques reptiles sans écailles. L'ouverture antérieure et médiane qu'offrent temporairement les parois du ventre de ce même fœtus encore très-jeune, le fait ressembler, sous ce rapport, à quelques mollusques de l'ordre des huîtres, dont le manteau reste divisé durant toute la vie. Dans le premier âge aussi, les muscles sont décolorés, mous, gélatineux, et ils sont privés de tendons, comme dans les animaux les plus inférieurs, comme dans les vers, par exemple. Les os du fœtus humain sont presque arrondis, comme dans les animaux moins élevés, mais adultes. Le même os qui, plus tard, ne doit former qu'un tout unique, est presque toujours divisé, dans le premier âge de l'homme, en autant de points d'ossification que le même os offre de pièces séparées chez les mammifères et les oiseaux, mais surtout chez les reptiles et les poissons adultes. Cette disposition, cette correspondance de l'état temporaire des os de l'homme avec l'état permanent des mêmes os dans les autres vertébrés, est surtout manifeste dans l'occipital et le sphénoïde, dans le maxillaire supérieur et le temporal, dans plusieurs os de la face et dans le sternum : le sternum, par exemple, a presque toujours neuf pièces dans les premiers âges du fœtus humain, et il en a de même neuf, toute la vie, chez les tortues. L'os maxillaire supérieur est d'abord composé de cinq pièces dans l'embryon de l'homme, et le même os du crocodile conserve persévéramment ces cinq pièces isolées. Nous pourrions citer beaucoup d'autres exemples de ces parallélismes des âges et des classes, exemples également puisés dans les détails du squelette. C'est même en vertu de cette loi que les os des animaux inférieurs sont, en général, plus nombreux que ceux des animaux plus élevés qu'eux, et que le squelette animal présente d'autant plus de pièces osseuses isolées qu'on se rapproche davantage des premiers temps de l'ossification. Enfin, il y a presque autant de différence entre le squelette imparfait du fœtus humain et le squelette de l'homme adulte, qu'entre le squelette d'un reptile adulte et celui d'un mammifère à l'état de fœtus.

Nous verrons constamment de pareilles similitudes entre l'état permanent des animaux inférieurs et les états transitoires de l'embryon des êtres plus élevés.

Le cœur du fœtus humain, par exemple, est d'abord
formé d'une cavité unique; ensuite il se complique
jusqu'à avoir quatre cavités différentes, qui même,
après avoir momentanément communiqué toutes ensemble, ne tardent pas à s'isoler l'une de l'autre; de
sorte que les deux cavités du côté gauche finissent
par n'avoir plus de communication directe avec les cavités droites. Cette esquisse des progrès du cœur chez
l'homme, chez les mammifères et les oiseaux, indique
une nouvelle analogie entre l'embryon humain très-
jeune et encore privé d'un cœur apparent, et les Vers
qui n'ont jamais de cœur; puis, lorsque le cœur de
l'embryon a déjà un ventricule, il ressemble à celui
des Araignées et des crustacés : après cela, ce cœur a
deux cavités comme celui des poissons et des reptiles
batraciens. Enfin, lorsqu'il a trois cavités (les deux
oreillettes n'en formant qu'une), il ressemble au cœur
des Tortues et des Serpens; et tant que la cloison de
ses oreillettes reste percée de ce qu'on nomme le
trou de botal, le cœur du fœtus humain offre une
analogie frappante avec une disposition permanente
chez les Phoques.

En poursuivant cette comparaison des progrès du
fœtus avec l'état permanent des animaux adultes d'un
ordre inférieur, nous voyons le sang veineux de l'embryon humain communiquer primitivement avec le
sang artériel, disposition naturelle dans tous les animaux inférieurs à partir des oiseaux : le conduit digestif du fœtus est d'abord simple et court, sans
cœcum distinct, sans estomac appréciable, comme
dans les animaux de bas étage. Le foie est originairement composé de petits compartimens , comme

on le voit toute la vie dans les crustacés ; plus tard, il ressemble à celui des mollusques, alors qu'il est formé de lobes lâchement unis : ce même foie, si volumineux dans le fœtus, est alors analogue au foie des animaux adultes des classes inférieures ; et il ressemble surtout à celui des invertébrés, lorsqu'à son origine il manque encore de vésicule biliaire. La rate et le thymus, toujours absens en tout animal sans vertèbres (et même ce dernier n'existe pas dans les poissons), ces organes ne se développent que très-tard dans l'embryon de l'homme et des mammifères. Même remarque à l'égard de l'os sternum : il manque en beaucoup de reptiles et dans tous les poissons, et précisément sa venue est d'une extrême lenteur dans l'embryon des grands animaux. En général, les organes dont manquent les animaux inférieurs, sont les plus lents à se montrer dans le fœtus humain. Au contraire, la plupart des organes qui n'existent que temporairement dans le fœtus humain, sont des premiers à paraître : ainsi les branchies, dans notre espèce, ne sont visibles que dans les temps les plus rapprochés de la conception ; l'espèce de queue que présente l'embryon de l'homme au quarantième jour, n'existe déjà plus vers le cinquantième.

Les reins des fœtus des mammifères sont très-volumineux, comme ils le sont toujours dans les poissons ; ils sont d'abord lobés et à surface inégale dans le fœtus humain, à-peu-près comme on les voit naturellement chez les poissons, chez les oiseaux, chez plusieurs reptiles et mammifères. Les capsules surrénales sont d'abord très-grosses dans l'embryon humain, disposition analogue à ce qui existe dans les

Singes et dans plusieurs rongeurs adultes. Il paraît aussi qu'il existe d'abord un cloaque dans l'embryon de l'homme et des mammifères, comme il en existe toute la vie dans les animaux ovipares, et dans les Monotrêmes de M. Geoffroy-Saint-Hilaire.

Nous voyons de pareilles analogies dans les instrumens de la respiration, et dans la manière dont cette fonction s'opère : les oiseaux commencent par respirer au moyen des feuillets membraneux de l'allantoïde, comme les Polypes par la peau ; le fœtus de l'homme a d'abord des branchies, comme les poissons : les reptiles batraciens, avant d'avoir des poumons aptes à agir, respirent par des branchies, comme les crustacés ; les oiseaux respirent par de simples membranes avant de respirer par des poumons ; et l'homme reçoit du placenta un sang tout prêt respiré, tant que ses poumons ne peuvent donner accès à l'air de l'atmosphère. Il est même des animaux (quelques reptiles à métamorphoses) qui offrent successivement ces divers modes de respiration, et qui ressemblent ainsi tour-à-tour aux différentes classes d'animaux, excepté aux insectes (qui respirent par des trachées) : ces reptiles respirent donc d'abord par la peau nue, comme les polypes ; puis, par des branchies extérieures, comme les crustacés et les annélides ; après cela, par des branchies intérieures, comme les poissons ; et enfin par des poumons, comme les animaux de leur classe et de celles au-dessus.

La thyroïde et la prostate du fœtus humain sont originairement divisées en lobes isolés, comme ils demeurent toujours dans les mammifères ; la matrice, le clitoris et le pénis de ce même embryon commencent par être fendus en deux parties latérales, par être bifurqués ; disposition persévérante dans plusieurs mammifères, en particulier dans la classe des rongeurs. L'embryon manque d'abord des parties génitales externes, et les animaux inférieurs n'en ont jamais. Le pénis est originairement imperforé, et seulement sillonné, comme dans ceux des mollusques, des reptiles et des oiseaux qui ont cet organe. Les testicules sont d'abord renfermés dans le ventre, comme chez tous les animaux, à partir des mammifères. Enfin, il est une époque, il est un âge, où tous les fœtus humains paraissent femelles, à cause de la division des organes extérieurs, et un autre âge où tous paraissent hermaphrodites, à cause de ces fissures externes, coïncidant avec une saillie excessive des organes : et cette disposition équivoque, mais temporaire, est précisément analogue à ce qu'on voit persévérer chez les mollusques et chez quelques poissons.

Mais ces analogies des états transitoires du fœtus avec l'organisation permanente d'animaux plus inférieurs parvenus à l'âge de perfection, ne sont nulle part plus manifestes que dans les détails des organes nerveux. Ainsi l'embryon de l'homme, celui que nous choisissons presque toujours pour terme de nos comparaisons, ce fœtus a d'abord les tubercules quadrijumeaux pareils à ceux des animaux parfaits des reptiles et des poissons : ces organes, chez lui, sont originairement creux, lobulaires, seulement doubles et non quadruples, et de plus ils sont d'abord placés à la superficie de l'encéphale ; enfin, ils ressemblent aux mêmes organes des reptiles et des poissons accrus.

Les animaux mammifères sont les seuls où ces tubercules deviennent quadrijumeaux, les seuls où ils se solidifient par l'oblitération de leur cavité centrale : nous avons déjà parlé de cette particularité. Outre cette première analogie quant au système nerveux, l'embryon humain en offre plusieurs autres avec les animaux parfaitement accrus des classes inférieures : par exemple, les hémisphères du cerveau de l'embryon ont d'abord peu de volume, et ils sont comme roulés, ainsi que chez les poissons parachevés. Le cervelet est lent à paraître et d'abord très-petit dans l'embryon, semblable en cela à celui des animaux ovipares et surtout à celui des reptiles. Le corps calleux du fœtus humain est d'abord divisé; de sorte qu'on le croirait absent, comme dans les oiseaux de tout âge.

La moelle épinière de l'embryon de l'homme présente une cavité centrale, et cette cavité est toujours permanente dans les animaux parfaits des classes inférieures aux mammifères ; et même ses cordons latéraux sont originairement assez isolés pour donner à l'organe entier l'aspect qu'il conserve toujours dans les animaux articulés. Outre cela, la moelle de l'embryon humain occupe primitivement toute la longueur du canal vertébral, comme chez les autres animaux ; et ce n'est qu'à trois mois qu'elle remonte jusqu'aux lombes. Enfin (et nous parlons du système nerveux) l'embryon de l'homme a beaucoup d'analogies, dans ses métamorphoses successives, avec des dispositions permanentes dans les autres classes de vertébrés : analogies de couleur, de consistance, de volume, de compartimens de plus en plus nombreux, analogies de scissures, de circonvolutions, et même de facultés.

Quant aux organes des sens, ils offrent des analogies de même ordre : la bouche du fœtus humain est d'abord sans lèvres, comme dans les animaux vertébrés des classes inférieures ; son palais est d'abord divisé, et la bouche à cause de cela communique directement avec les fosses nasales, tout comme dans les reptiles et les oiseaux ; la langue est primitivement petite, ainsi que dans les poissons ; le nez et l'oreille, dans l'origine, n'ont rien de saillant à l'extérieur ; autre ressemblance avec les cétacés et les grands animaux ovipares. L'œil enfin paraît d'abord sans paupière, ainsi qu'il l'est toujours dans les insectes, dans les crustacés, dans les mollusques, les poissons et quelques reptiles.

Enfin, la forme générale de l'embryon humain ne présente pas moins d'analogies avec l'état parfait d'autres animaux : la tête est d'abord assez peu indiquée, pour donner au corps du fœtus l'apparence d'un animal invertébré ; l'absence originaire des membres lui donne l'aspect d'un reptile ou d'un poisson ; et le prolongement caudal, dont nous avons déjà indiqué l'existence passagère, lui donne momentanément un trait de ressemblance avec toute sorte de quadrupède.

Conclusion. L'embryon des animaux supérieurs présente, dans le cours de son accroissement, la plupart des particularités caractéristiques et permanentes de toutes les classes d'animaux : il offre en lui, dans ses différens progrès, le modèle passager de presque tous les genres d'organisations ; les commencemens de l'homme sont comme l'image réduite, mais ressemblante, de tout le Règne animal.

Néanmoins (et pour éviter toute exagération), nous devons convenir que les ressemblances que nous avons remarquées, soit entre différens animaux considérés dans leur état de perfection, soit entre un animal supérieur observé dans ses différens âges, dans tous ses progrès, et d'autres animaux d'espèces diverses et inférieures; nous devons convenir, dis-je, que ces analogies sont loin d'établir entre tous ces êtres des similitudes parfaites et générales. Chaque animal conserve toujours, à tout âge, des caractères particuliers à son espèce; et trop de différences existent constamment entre ceux même qui nous semblent les plus ressemblans et de plus près rapprochés, pour que nous puissions en conclure, ni que tous se doivent ranger suivant une échelle régulièrement graduée, partout unique et partout continue; ni que tous possèdent une trame commune, une base visiblement identique, le même nombre d'organes essentiels, et des organes de la même nature chez tous; ni qu'enfin tous aient pu provenir, par des complications et des métamorphoses graduelles, d'une souche commune, d'un type unique, binaire, ou même ternaire. Nous attestons donc que ces prétendues similitudes sont toujours ou vagues ou partielles, et qu'elles nous paraissent insuffisantes pour motiver, soit la chaîne universelle de Ch. Bonnet, soit la descendance et la filiation successive de Demaillet ou de M. de La Marck, soit enfin l'admission de l'identité organique des auteurs allemands ou français. Si les animaux se ressemblent universellement, nous l'avons déjà dit dans nos prolégomènes, ce n'est que par les phénomènes de l'existence; mais lorsqu'on descend jusqu'aux instrumens producteurs de ces phénomènes, on est surpris de ne plus trouver, au lieu de similitudes annoncées parfaites, que des disparates souvent choquans. Tel animal qui semblerait placé au-dessus d'un autre animal par quelques-uns de ses organes, lui est souvent manifestement inférieur par d'autres endroits de sa structure : deux animaux entièrement ressemblans, quant à une sorte d'organes, sont quelquefois si dissemblables par le reste de leur conformation, qu'il est impossible de penser à les réunir; enfin, il est des organes qui manquent absolument dans des classes entières d'animaux, ou, ce qui est peut-être encore plus frappant, qui ont dans deux classes d'animaux apparemment voisines, des dispositions entièrement discordantes. Bien plus, il est certain qu'il n'existe pas un seul organe, non seulement qui ne diffère d'un genre, d'une famille à l'autre, mais que l'on puisse retrouver universellement dans toutes les familles, dans tous les genres d'animaux. Nous verrons les preuves de ce que nous disons ici à mesure que nous avancerons dans l'étude des fonctions de la vie.

D'où vient donc tant de détails sur l'analogie, soit des espèces entr'elles, soit des âges avec ces espèces, et finalement quelles conclusions en tirer? le voici : c'est que les animaux vertébrés sont construits sur un modèle manifestement analogue; qu'ils offrent tous des affinités évidentes et pour les phénomènes et pour les organes essentiels : encore (même pour eux) sommes-nous loin de conclure que la trame en soit parfaitement identique.

CHAPITRE IX.

Comment la Théorie des Monstruosités dérive des Lois de l'Accroissement.

On a pu prévoir par ce qui précède que beaucoup d'anomalies, beaucoup de difformités souvent monstrueuses, résultent d'un arrêt d'accroissement dans un ou plusieurs organes. Et comme l'animal incomplètement développé dans une partie, continue de croître pour le reste du corps, il résulte de là une disproportion entre les organes, qui peut aller jusqu'au disparate le plus choquant. Une autre conséquence du fait dont nous parlons, est la similitude que conservent avec persévérance des parties imparfaites et des organes comme avortés, avec les mêmes organes réguliers du même animal à une époque antérieure de son existence : en vain les organes seront-ils tous contemporains; si plusieurs d'entr'eux demeurent stationnaires pendant que les autres cheminent, il y aura toujours disparité dans la forme, dans le développement, dans le volume : c'est vainement qu'ils auraient tous la même origine; ils n'auront plus tous le même âge, tous n'ayant pas eu les mêmes progrès. Qu'importe enfin que tous aient eu simultanément le même point de départ, si plusieurs d'entr'eux restent loin du but commun, et si plusieurs s'arrêtent absolument à différentes distances dans la carrière? Telle est l'idée qu'il faut avoir de la plupart des monstruosités.

Les preuves de ce que nous venons de dire sont aussi nombreuses qu'elles sont évidentes. Qu'est-ce, en effet, que l'absence des poils ou des dents; qu'est la perforation de la cloison des oreillettes ou des ventricules du cœur; qu'est la conservation du canal artériel, la mollesse, la fluidité, ou la non réunion de l'encéphale ou de la moelle épinière, l'absence du corps calleux, l'excessive petitesse du cervelet, la vacuité permanente des tubercules quadrijumeaux; qu'est la mollesse des os, la persistance des points osseux et l'isolement persévérant des épiphyses; d'où viennent les os réputés surnuméraires, les divisions médianes des vertèbres, la conservation permanente des fontanelles ou des sutures ordinairement temporaires, le spina-bifida, la non réunion des pubis, la présence d'une sorte de queue dans des fœtus humains à terme; comment interpréter la division permanente du palais et de son voile charnu, la persévérance de l'os incisif, le bec de lièvre congénial, l'absence du cœcum, l'énormité du foie; l'absence de la rate ou d'autres organes, la division lobée des reins chez l'homme adulte, la persistance du thymus dans un âge avancé, l'imperfection des organes sexuels et leur ambiguité la plus ordinaire; comment enfin se rendre compte de l'existence du cloaque dans quelques mammifères, de l'excessive grandeur des yeux, du collement des paupières, de la fluidité et de l'opacité lactescente du cristallin, de l'occlusion persévé-

rante de la pupille, de l'extrême petitesse du nez ,
de l'occlusion de la bouche, de l'exiguité de la face,
et de l'absence des sinus maxillaires: quelle est, dis-je,
la cause commune de ces anomalies, si ce n'est un
défaut d'accroissement dans les parties qui en sont
le siége ? A la vérité, nous ignorons pourquoi certains
organes cessent ainsi de s'accroître, pourquoi ils demeurent imparfaits; mais comme nous les avons vus
passer par les mêmes degrés d'imperfection, et présenter de pareilles ébauches, en étudiant les progrès
successifs de l'embryon, nous en concluons qu'ils se
sont arrêtés dans leur crue alors que tous les autres
continuaient d'aller leur train ordinaire. On peut
même observer que plusieurs parties restent parfois
dans un développement imparfait chez quelques individus débiles de l'espèce humaine : ainsi l'on voit
de très-grands yeux bleus s'associer à des cheveux
blonds comme ceux d'un jeune enfant, à un nez d'une
petitesse extrême , à des poils rares , à une barbe
étiolée, à des membres petits et d'une forme gra-
cieuse, à des os imparfaitement solidifiés, disposés
même à se déformer; et même, la plupart des difformités congéniales dont nous venons de tracer le tableau abrégé, coïncident souvent avec de pareils caractères extérieurs.

Remarquons aussi que ce qui est difformité pour
un animal est souvent une disposition naturelle et
constante dans un autre ; de sorte que les monstruosités dans une classe d'êtres ont des analogies irrécusables dans l'organisation régulière d'autres animaux,
aussi bien que dans les progrès naturels des em-

bryons de même espèce que l'être monstrueux : mais pour donner à ce principe toute l'évidence dont il est susceptible , citons des exemples.

Il est clair que le défaut de poils, chez un mammifère , est analogue à ce qu'on voit dans les classes les plus inférieures, où la peau est nue. Si la peau est écailleuse, cela rapproche le mammifère des poissons et des reptiles ophidiens. La non réunion des pubis , anomale chez l'homme , est naturelle , est régulière dans les oiseaux et plusieurs autres ovipares. Les mammifères et l'homme ont quelquefois le palais divisé , comme les oiseaux, comme les poissons et plusieurs reptiles : je dis même chose de l'absence anomale des dents chez l'homme et les mammifères. Le développement monstrueux du foie a lieu naturellement dans les oiseaux, les poissons, quelques reptiles et cétacés. L'absence anomale de la vésicule biliaire est un trait d'analogie entre l'homme et les solipèdes, et beaucoup d'oiseaux et de poissons. L'absence d'une trompe ou d'un ovaire est anomale dans les mammifères ; mais elle est constante chez les oiseaux et plusieurs mollusques. La bifurcation de la matrice , disposition monstrueuse dans l'espèce humaine , est régulière et permanente en beaucoup de mammifères, de reptiles et de poissons. Enfin , n'avoir qu'un testicule , ou les avoir tous les deux retenus hors des bourses, dans l'abdomen ; manquer de pénis , ou l'avoir imperforé , seulement sillonné à sa surface ; avoir un cloaque , conserver la membrane pupillaire après la naissance , ou offrir une pupille plus ou moins allongée ou déformée ; manquer de langue ou l'avoir bifurquée ; n'avoir que des membres comme avortés ou nuls : toutes ces particularités d'organisation, monstrueuses dans l'homme, sont naturelles et constantes en d'autres espèces. On peut même dire que les monstres doubles sont analogues aux animaux composés des classes les plus inférieures, en cela, qu'ils s'unissent l'un à l'autre, non seulement par la peau, mais aussi, mais en même temps par le conduit digestif et par les vaisseaux.

Cependant, si ces difformités résultant de l'absence ou de l'imperfection des organes, trouvent leur explication dans le mode d'accroissement des animaux; si elles ont des analogies irrécusables dans les premières ébauches de leurs embryons respectifs, aussi bien que dans l'organisation permanente d'animaux plus inférieurs, nous devons dire qu'il est impossible de rattacher à la même loi les monstruosités par excès ou multiplication d'organes. Et d'ailleurs, quand même toutes les anomalies sembleraient résulter d'un défaut d'accroissement, en connaîtrions-nous mieux la vraie nature et la cause précise ? Savons-nous ce qui s'est opposé au parfait développement de telle partie, devenue monstrueuse à force d'être irrégulière et discordante ? Savons-nous si la cause de cette difformité est primitivement inhérente au germe, à l'ovule de la femelle, ou à la semence du mâle : savons-nous si elle résulte du mode de fécondation; ou si, lui étant étrangère, elle lui préexiste ou lui succède ?

Toutefois, doit-on remarquer au sujet des monstruosités :

1°. Qu'elles ne dépassent jamais de certaines limites : les difformités ont des règles stables comme les dispositions normales. Par exemple, le cœur ne reste jamais perforé à ses cloisons que selon un mode toujours analogue ; les doigts surnuméraires sont tous semblablement disposés , etc.

2°. Qu'elles conservent une sorte de symétrie, au milieu même des irrégularités les plus choquantes.

3°. Que l'absence ou l'amoindrissement excessif d'un organe coïncide souvent avec l'extrême développement d'un autre organe.

4°. Que les anomalies et les monstruosités sont fréquemment héréditaires; ce qui autoriserait à penser qu'elles ont leur cause dans la disposition primitive des germes.

5°. Qu'elles affectent les femelles plus souvent que les mâles , précisément parce que les femelles ont un degré d'organisation moins avancé.

6°. Qu'elles ont plus de prédilection pour le côté gauche du corps que pour le côté droit , et par une raison semblable , le côté gauche étant toujours plus faible et plus imparfait.

7°. Qu'un organe absent , déformé ou monstrueux, a nécessairement d'extrêmes influences sur toute la structure de l'animal imparfait ; influences qui ne se bornent point aux formes et aux connexions, mais qui s'étendent même , en vertu des lois de solidarité et de coexistence (1), à toute l'économie des organes.

8°. Que certaines difformités marchent ensemble ; par exemple , l'absence du cerveau et l'absence des capsules surrénales; l'existence de doigts surnuméraires et la division persévérante de la voûte palatine; la perforation de la cloison inter-ventriculaire du

______

(1) Voyez notre *Physiologie Médicale*.

cœur, et la division médiane et permanente de l'utérus et du vagin ; la petitesse excessive des poumons et l'énormité du foie. Ajoutons que ces dispositions coexistantes dans les monstres, coexistent aussi, mais naturellement, dans plusieurs classes d'animaux.

9°. Que les monstruosités extérieures consistent presque toujours en additions, en excès ; tandis que les monstruosités internes sont ordinairement des soustractions, des disparitions plus ou moins complètes. Rappelons à ce sujet, comme source de ces particularités, que les parties extérieures sont doubles, symétriques et originairement divisées.

10°. Qu'un organe monstrueux, soit en plus, soit en moins, est rarement composé d'autres élémens, ou de moins d'élémens primitifs et fondamentaux, que l'organe régulier.

11°. Que si beaucoup de monstruosités semblent résulter de la rupture originaire d'ovules fécondés simultanément ou à la suite l'un de l'autre, que si beaucoup de difformités et de dispositions bizarres paraissent tenir à des adhérences entre des organes et au moyen de tissus et de vaisseaux similaires ; si des brides, si des compressions ou des blessures peuvent donner lieu à la plupart des monstruosités dont les observateurs sont le plus frappés, il n'est pas moins certain que beaucoup d'autres ne doivent paraître inexplicables, et ne proviennent de causes assurément inconnues ; ne fussent que les inversions complètes des viscères de droite à gauche et de gauche à droite, ne fût-ce surtout que l'existence d'organes surnuméraires en des animaux ne manquant d'ailleurs d'aucune partie.

12°. Que quand même la plupart des monstruosités sembleraient résulter de causes mécaniques agissant sur les organes à diverses époques de leur accroissement, il n'en faudrait pas moins convenir que plusieurs paraissent absolument originaires, et antérieures même à la conception.

13°. Que les organes les plus diversifiés dans la série animale, sont les plus disposés à la monstruosité dans les êtres supérieurs.

14°. Que la coloration des parties difformes et anomales n'est jamais pareille à la coloration des mêmes parties régulières.

15°. Qu'un organe est d'autant plus exposé aux difformités, que les révolutions qu'il subit naturellement sont plus nombreuses et plus compliquées.

16°. Que les monstruosités diverses sont particulières, et jusqu'à un certain point constantes, dans tels organes et dans telles espèces d'animaux.

17°. Que les parties ordinairement le moins symétriques et les plus inconstantes dans leur conformation, sont de même les plus disposées à devenir monstrueuses.

18°. Qu'il est presque inoui qu'un monstre double ait, en outre de cette duplicité, des organes surnuméraires.

19°. Qu'à la vérité, la même femelle produit souvent plusieurs fœtus offrant tous des monstruosités pareilles; mais que quelquefois aussi l'un de ces fœtus offre en plus le même organe qu'un fœtus précédent avait en moins.

20°. Qu'un monstre double paraît résulter de cette même loi, en vertu de laquelle les deux moitiés primitivement isolées d'un animal vertébré, se réunissent finalement pour former un être unique.

21°. Qu'il n'est pas logique (outre que cette hypothèse n'éclaire nullement le problème), qu'il n'est point raisonnable d'attribuer les monstruosités des organes à des modifications originaires des artères : car, s'il est vrai que le sang est l'élément indispensable de tout organe, s'il est vrai que le calibre des vaisseaux est toujours proportionné au volume de ces organes, comme à la nature, à la multiplicité et à l'énergie de leurs fonctions; s'il est démontré qu'un organe diminue lorsque ses vaisseaux se rétrécissent par une cause quelconque , il n'est pas moins avéré que les vaisseaux s'affaissent et s'oblitèrent à mesure que leurs organes respectifs s'atrophient ; et qu'au contraire ils se dilatent et grossissent dans la même proportion que les organes dans le tissu desquels ils se répandent. D'après cela, comment prononcer si l'absence d'un organe ou si son excès d'accroissement vient de ce que ses artères sont plus ou moins amples ; ou si les artères ne doivent, au contraire, les modifications de leur calibre qu'à l'état particulier de l'organe auquel elles sont destinées ? Comment distinguer la cause d'avec l'effet, en deux phénomènes constamment simultanés et coexistans ? D'ailleurs, fût-il prouvé que toute irrégularité des organes provient réellement d'une différence originaire des artères, saurait-on mieux la cause de cette différence , et le principe des monstruosités serait-il par-là révélé ?

22°. Qu'enfin , les monstres ont toujours quelques-uns de leurs organes au-dessous de leur âge, et par conséquent au-dessous de leur classe : jamais au-dessus. Un oiseau ou un mammifère monstrueux a souvent des organes analogues à ceux d'un reptile ou d'un poisson ; mais jamais un oiseau n'a d'organes de mammifères ; jamais un poisson , jamais un reptile n'en ont d'oiseau. Cette règle est générale et constante.

CHAPITRE X.

De l'Hermaphrodisme accidentel des Animaux.— Remarques sur les Organes sexuels et leurs Anomalies.

On pourrait regarder le sexe mâle comme un degré d'organisation plus avancé que le sexe femelle : quelques personnes ont même été jusqu'à affirmer que les organes génitaux mâles résultaient du développement ultérieur d'organes originairement femelles. Toujours est-il qu'il est une époque où tout embryon des classes supérieures, quel que soit son sexe, paraît formé sur un patron femelle : bien plus, alors que les différences sexuelles se sont nettement prononcées, les fœtus mâles offrent encore de notables analogies avec les fœtus de l'autre sexe : les testicules sont encore contenus dans l'abdomen, et la verge a l'urèthre encore perforé en dessous, etc. Et dans l'enfance même, ce n'est qu'avec une grande lenteur que les mâles prennent les caractères décidés de leur sexe; ils sont mâles depuis long-temps par les parties génitales, qu'ils restent encore femelles par le reste de la structure. Les jeunes garçons conservent de longues années le menton lisse, le larynx étroit, la voix argentine et les formes arrondies des jeunes filles ; les petits oiseaux de tout sexe ont d'abord le plumage de leurs mères, et muent en même temps qu'elles. Il en est ainsi de tous les caractères extérieurs et distinctifs du sexe mâle : la crinière du Lion, les crêtes, les ergots ou les divers ornemens des oiseaux mâles, les ramures des Cerfs, les cornes des ruminans, les vives couleurs ou la puissante énergie qui sont l'apanage des mâles de quelques espèces, tous ces caractères sont lents à se prononcer.

Les diverses anomalies des organes sexuels peuvent être rattachées sans trop d'efforts au type normal, aux dispositions régulières : on peut leur trouver à toutes, de quelque sorte qu'elles soient, des analogies évidentes, soit dans les accroissemens progressifs de l'embryon, soit dans les animaux achevés des classes inférieures, à l'être qui offre la difformité ou l'anomalie. Admettons d'abord que les organes génitaux des deux sexes, formés sur le même patron, n'offrent originairement aucune différence notable : il est clair que des organes toujours pareillement perforés et bifurqués, auront chez les deux sexes le caractère des organes femelles. Ensuite les organes mâles devenant plus saillans à une époque où la division médiane n'a pas cessé, les embryons des deux sexes auront tous à cet âge l'apparence d'hermaphrodites : enfin, un plus grand développement donnera aux organes mâles leurs caractères distinctifs, et alors toute confusion deviendra impossible entre les individus des deux sexes. Mais supposons que les organes mâles cessent de croître avant leur entier développement; il est manifeste que selon le degré où ils se seront arrêtés, les animaux conserveront le caractère ou d'hermaphrodites ou de femelles, encore qu'ils aient des testicules dans l'intérieur de l'abdomen. Supposons maintenant que ce soient les organes femelles qui restent inachevés ou qui avortent, alors les animaux seront neutres, ils ne paraîtront d'aucun sexe; et cependant ils conserveront la plupart des caractères des femelles, quoiqu'avec de moindres développemens. Ainsi, les mâles seront des femelles en plus, comme les neutres des femelles en moins. Or, la partie de cette proposition qui concerne les neutres, paraît démontrée par ce qu'on observe dans les insectes hyménoptères, particulièrement dans le genre Abeille. Cette famille d'insectes a des mâles assez nombreux, peu de femelles, et le reste des laborieuses républiques qu'elles composent est formé d'abeilles neutres, n'ayant d'organes appréciables d'aucun sexe. Rien ne prouverait donc encore que ces êtres informes appartiennent plutôt à un sexe qu'à l'autre; mais voici les expériences qui l'ont appris. On a essayé de donner à ces animaux incomplets le développement qu'ont les autres insectes nés des mêmes larves et des mêmes parens qu'eux; on les a tenus renfermés comme se renferment d'elles-mêmes les abeilles-mères; une ample et convenable nourriture leur a été abandonnée; et l'on s'est aperçu que dans des conditions aussi favorables, elles acquéraient des organes sexuels. On pense bien, d'après la ressemblance qu'ont ces mouches neutres avec les vraies femelles, qu'elles deviennent des femelles lorsque leur crue est accomplie; c'est, en effet, ce dont on s'est assuré : jamais

on·n'a vu provenir de mâles, des larves d'où l'on savait
que naîtraient naturellement des abeilles neutres; .
jàmais on n'a vu de jeunes abeilles neutres se transformer en abeilles mâles. Ces remarques sont également vraies des neutres d'autres espèces, parmi les
Fourmis et parmi les Termites, etc.

Cet accroissement artificiel des organes sexuels des
insectes neutres prouve, il est vrai, que leur stérilité
et leur imperfection génitale dépendraient de l'avortement des organes, il prouve que ces organes étaient
femelles; mais il faut aussi convenir, et avec impartialité, que le même fait est la preuve irrécusable
que, tout ressemblans qu'ils soient, les organes propres à chaque sexe ont aussi leurs élémens spéciaux,
qui ne se transforment jamais.

On a donc eu tort de croire que tous les hermaphrodites par anomalie n'étaient que des individus
monstrueux du sexe femelle : c'est à tort, ai-je dit,
qu'on l'a cru ; car il est prouvé que beaucoup d'animaux mâles paraissent hermaphrodites par la seule
raison que les organes sexuels se sont arrêtés dans
leur développement. Ces organes, dans les cas dont
nous parlons, présentent de si grandes analogies avec
les organes femelles, qu'il est souvent impossible
de décider, à la première vue, quel est réellement
le sexe de l'être ainsi conformé : en même temps
aussi les autres organes du corps présentent quelquefois des caractères trop ambigus pour ne pas accroître
l'indécision. Il y a donc dans ce cas ressemblance et
confusion des caractères distincts des sexes. Mais
d'autres fois l'hermaphrodisme consiste dans l'absence
d'un caractère sexuel. Enfin, il est une autre sorte

d'hermaphrodisme : celui-là consiste dans la présence d'organes sexuels superflus, sur-ajoutés à un corps bien conformé en toutes ses parties, et formant contraste avec elles. Il y a donc trois variétés principales d'hermaphrodisme anomal ou irrégulier : l'hermaphrodisme par arrêt du développement, donnant lieu à la confusion de caractères encore mal dessinés ; l'hermaphrodisme par absence de quelque caractère (par absence des testicules, du vagin, de la matrice, par exemple) ; enfin, l'hermaphrodisme avec addition et superfluité d'organes ambigus et contrastans. Nous allons entrer dans quelques détails touchant ces difformités sexuelles, presque toujours congéniales ; et nous parlerons principalement de l'influence qu'elles ont sur toute la structure des corps où elles se rencontrent.

Nous venons de dire que les difformités des organes génitaux ont la plus grande influence sur les autres organes du corps ; qu'ils en modifient l'aspect et souvent la structure, souvent aussi l'accroissement, et jusqu'aux fonctions. Il est rare que toute la structure du corps soit dans un contraste parfait avec les organes sexuels ; je veux dire qu'il est peu ordinaire que des organes de femelles, par exemple, se trouvent associés à un corps paraissant mâle par toute son économie. Cela pourtant n'est pas sans exemple : les tribunaux français ont eu à prononcer tout récemment sur un cas de cette espèce ; et il faut convenir que cette association d'organes sexuels contrastant avec l'aspect du corps, forme le genre d'hermaphrodisme le plus insidieux. Mais presque toujours le corps d'un vrai hermaphrodite porte universellement l'empreinte ou de la réunion superflue d'organes génitaux des deux sexes, ou de l'imperfection, de l'avortement ou de l'absence des organes d'un sexe : il y a, par exemple, du mâle et de la femelle, dans toute la structure d'un animal dont le sexe est double ou ambigu. Et même, tant est puissante l'influence des parties génitales sur le reste des organes, tant est grand le pouvoir qu'on a raison de leur accorder, qu'ordinairement on conjecture qu'ils sont imparfaits, déformés, ou débiles, dans un animal n'offrant que les traits incertains de son sexe. On augure peu favorablement des facultés viriles d'un homme dont les hanches sont larges, dont la barbe est étiolée et la poitrine étroite, dont les formes sont gracieusement arrondies, et dont la voix est douce et faible. Également, on conserve des incertitudes sur la bonne conformation de toute femme dont la voix a le timbre viril, qui a les hanches étroites, les extrémités volumineuses, et le menton velu. Le mutisme et le défaut de crête chez les coqs, l'inaptitude à couver chez les poules, sont presque toujours de sûrs indices d'impuissance chez l'un, de stérilité chez l'autre.

L'espèce d'hermaphrodisme qui consiste dans le mélange ambigu d'organes génitaux des deux sexes, a fréquemment son siége d'un seul côté du corps, rarement des deux côtés. Notons bien qu'on observe tout le contraire pour l'hermaphrodisme résultant d'un arrêt dans le développement, et comme d'une sorte d'avortement des organes ; celui-là est toujours égal des deux côtés, toujours symétrique. On conçoit qu'il ne peut pas être autrement disposé, puisqu'il est la conséquence de la division primitive et accidentellement persévérante d'organes qui auraient-dû se réunir sur la ligne médiane du corps. Or, le premier genre, l'hermaphrodisme complexe, celui qui est unilatéral ou croisé, enfin l'hermaphrodisme véritable (avec organes associés des deux sexes) est plus rare que l'hermaphrodisme simple et symétrique, résultant d'un défaut d'accroissement des organes. Toutefois on en cite de nombreux exemples, surtout pour les poissons, pour des insectes et des crustacés, très-peu pour les mammifères, encore moins pour les oiseaux, et nul pour les reptiles. On trouve souvent dans quelques poissons, particulièrement dans la Carpe, dans le Brochet et le Merlan, un testicule d'un côté du corps, et de l'autre côté un ovaire. On a de même trouvé, dans une poule, un testicule à droite et un ovaire du côté. opposé. Morand a décrit un cas très-remarquable d'hermaphrodisme chez l'homme : d'un côté du corps on rencontra un testicule avec son conduit déférent ; de l'autre côté il y avait un ovaire et une trompe ; et entre ces organes contrastans on trouva une matrice fort bien caractérisée et répondant à l'axe du corps. Mais presque toujours l'hermaphrodisme de l'homme est apparent plutôt que réel : ainsi voit-on des enfans qui n'ont qu'un testicule dans les bourses, et dont le pénis, arrêté dans son développement et percé en dessous, offre l'apparence trompeuse d'un clitoris. C'est là l'espèce d'hermaphrodisme que nous nommons simple, par arrêt dans l'accroissement, sans mélange, sans confusion des organes des deux sexes. Quant au véritable hermaphrodisme, celui qui est unilatéral ou croisé, on a observé que les organes femelles se manifestent plutôt à gauche, les organes mâles occupant le coté droit. Cela paraît d'accord avec ce qu'on sait des sexes et des deux moitiés latérales du corps : il est naturel que le côté droit, comme le plus fort et le mieux organisé, soit dévolu de préférence au sexe le plus énergique. Toutefois, cette disposition est loin d'être constante.

Les organes constituant l'hermaphrodisme par leur difformité ou par leur association vicieuse varient selon l'espèce d'hermaphrodisme. Ainsi, dans l'hermaphrodisme simple, ou par arrêt dans l'accroissement, presque toujours la cause d'indécision vient, tantôt du pénis, qui est imperforé, tantôt de la matrice, qui est divisée ; d'autres fois, ce sont les bourses, qui sont fendues de manière à ressembler aux lèvres d'une vulve ; d'autres fois, le clitoris, à qui une saillie excessive donne l'apparence d'un pénis imparfait. L'hermaphrodisme par absence résulte ordinairement ou de ce que les testicules sont arrêtés dans leur descente, ou de ce que le pénis est d'une petitesse excessive, ou de ce que la matrice ou le vagin sont absens ou imperforés, etc. Enfin, l'hermaphrodisme complexe, le véritable hermaphrodisme, a rarement son siége dans les parties extérieures de la génération : il consiste plutôt dans l'association d'un testicule et d'un ovaire, d'une trompe et d'un conduit déférent, d'une matrice jointe à quelque organe du sexe mâle. A raison de l'inaccès des organes monstrueusement associés qui le constituent, ce dernier genre d'hermaphrodisme serait donc de tous le moins apparent, le plus incertain, de même qu'il est de tous le plus rare, s'il ne déterminait pas dans le reste de

l'économie quelques changemens propres à le manifester. Mais comme les organes génitaux ont une
puissante action sur la structure entière du corps, il
est sûr que l'espèce d'hermaphrodisme dont nous parlons a des effets d'autant plus marqués sur toutes les
parties, qu'il dépend lui-même de la difformité des
organes les plus influens, des organes intérieurs, ceux
par qui sont imprimés les traits visibles et caractéristiques des sexes. Aussi est-ce presque toujours par
l'aspect général des animaux, par leurs caractères
extérieurs et leurs instincts, qu'on juge d'un hermaphrodisme qu'on n'aurait pu reconnaître pendant la
vie, à cause de la situation profonde des organes où
il a sa source.

Autre remarque importante. L'hermaphrodisme
par absence d'organes et l'hermaphrodisme par arrêt
dans leur accroissement, exercent aussi des influences
notables sur toute la structure d'un animal; mais
comme ces hermaphrodismes affectent des organes
uniques et placés selon l'axe du corps, comme ils
affectent également les deux moitiés latérales de ce
corps, l'influence à cause de cela en est universelle
pour tous les organes, et semblable pour chaque
organe habile à l'éprouver, à la ressentir. Il n'en est
pas de même de l'hermaphrodisme véritable, né de
la réunion anomale d'organes sexuels non similaires :
cette dernière espèce rendant le même animal mâle
d'un côté, et femelle de l'autre côté, on conçoit qu'un
pareil croisement dans les organes génitaux doit
exercer une influence croisée ou plutôt alterne sur
la structure de l'animal. Il en est effectivement de
ces phénomènes à-peu-près comme des effets de la

compression et des altérations du cerveau. C'est même uniquement par ces altérations locales, alternatives ou diversement variées, qu'on a coutume de juger, à l'extérieur des animaux, de leur hermaphrodisme vrai ; et voici quelques-unes des remarques pleines d'intérêt qu'on a faites à ce sujet.

On voit souvent des poissons offrir le plus parfait contraste dans la coloration de leurs deux moitiés latérales : la même disposition est extrêmement rare dans les oiseaux, mais très-fréquente dans quelques genres d'insectes, principalement parmi certains Papillons. Dans les cas dont nous parlons, l'animal est tout femelle d'un côté, par la couleur, par la forme, par différens traits de la structure ; et de l'autre côté, il est tout mâle. Mais ce croisement de caractères sexuels et de couleurs contrastantes ne se fait pas toujours d'un côté à l'autre ; quelquefois il a lieu d'avant en arrière, de haut en bas, ou bien il alterne deux fois de droite à gauche. Ainsi, dans les papillons, entr'autres dans le *Leparis dispar*, tantôt les antennes, la poitrine et les ailes antérieures ont les caractères d'un sexe, et les ailes postérieures aussi bien que l'abdomen, les caractères de l'autre sexe. Tantôt l'antenne et les deux ailes d'un côté sont mâles, et les mêmes parties du côté opposé sont femelles. Choses semblables ou analogues se rencontrent chez d'autres animaux plus élevés dans l'échelle des êtres : un Daim, plus femelle que mâle, n'avait de bois qu'au côté gauche du front ; une Femme, réputée hermaphrodite, n'avait de barbe qu'au côté droit de la figure. On cite des hermaphrodites d'espèce humaine qui, présentant tous les traits du sexe

par le haut du corps et par la face, étaient du reste
mâles à partir du bassin, lequel était fort rétréci,
les cuisses étant velues et carrées; mais l'observateur
qui rapporte ce fait ne dit pas en quoi les parties génitales différaient des formes normales. Cela même, il
faut le remarquer, est une cause d'erreur, et une
cause puissante; car de ce que l'hermaphrodisme
véritable et à source cachée se décèle par des changemens évidens qui rejaillissent sur la structure de
tout le corps, et qui se manifestent surtout à sa surface,
de là résultent de grands changemens : dès que ces
associations de caractères ambigus et contrastans apparaissent, on se hâte d'en conclure que l'être ainsi
fait est probablement un véritable hermaphrodite ;
et cependant on devrait convenir qu'on s'en est rarement assuré, et que la constante précision de ces caractères extérieurs est loin d'être indubitable. Par
exemple, il est certain qu'on a trouvé une des mamelles très-développée dans un homme qui était
entièrement mâle par le reste de la structure, sans en
excepter les parties sexuelles. Mais c'est en particulier
pour ceux des insectes dont l'extérieur semble déceler
l'hermaphrodisme, qu'on s'est rarement assuré si la
disposition des parties génitales concordait par son
ambiguité avec l'apparence ambiguë des surfaces. Toutefois, un naturaliste italien, Scopoli, dont l'autorité,
il est vrai, est d'une importance assez mince (1), ce

(1) Scopoli prit un jour une trachée-artère d'oiseau pour une espèce
d'animal inconnue, et il l'envoya, comme nouveauté, à la Société
Royale de Londres, où l'on découvrit aussitôt l'erreur. Cela valut à Scopoli les railleries des savans d'Italie et des sarcasmes imprimés de Spallanzani ; mais terrible fut sa vengeance.

naturaliste a rapporté l'observation suivante comme lui étant personnelle. Un Papillon du genre phalène (*ph. pini*), mâle d'un côté et femelle de l'autre côté (quant à la coloration et aux formes extérieures), réunissait des organes génitaux des deux sexes. Cet animal s'étant accouplé avec lui-même par la projection du pénis en avant, vers une sorte de vulve, on remarqua que les œufs provenus de cet accouplement extraordinaire donnèrent naissance à des phalènes femelles qui furent fécondes à leur tour. On voit bien que cette observation prouverait que l'hermaphrodisme génital concorde avec l'hermaphrodisme signalé par les surfaces ; il prouverait que certains hermaphrodites peuvent engendrer avec eux-mêmes sans intervention d'un autre individu ; il prouverait, enfin, qu'il peut naître des animaux réguliers et uniformes d'un hermaphrodite , et que peut-être même ce sont des femelles qui en proviennent toujours. Mais rappelons-nous que c'est Scopoli qui rapporte ce fait ; ajoutons cependant qu'un naturaliste irréprochable a cité un phénomène tout pareil , observé dans un Homard aussi hermaphrodite.

Toutefois, la preuve que l'hermaphrodisme apparent aux surfaces du corps, ou se manifestant par les habitudes, n'a pas toujours sa cause dans les parties génitales, c'est que ces changemens ostensibles ne surviennent quelquefois que très-avant dans le cours de la vie, après une existence déjà longue et constamment calme et sans accidens ni souffrances. Ainsi, il n'est pas rare de voir de vieilles femelles d'oiseaux, devenues infécondes par l'âge , revêtir peu-à-peu le plumage des mâles de leur espèce, emprunter leurs crêtes, leurs ergots; imiter leur voix et leurs chants, et prendre jusqu'à leurs instincts distinctifs. Des changemens analogues ne sont pas sans exemples même dans l'espèce humaine. Ajoutons que ce faux hermaphrodisme n'atteint que les surfaces, et qu'il n'arrive d'ordinaire qu'à cette époque de l'existence où les organes génitaux, d'ailleurs bien conformés, demeurent sans usage et sans énergie.

Plus les organes génitaux sont simples, plus ils sont ressemblans dans les deux sexes, et plus les animaux où cette disposition s'observe sont disposés à l'hermaphrodisme : c'est le cas où se trouvent les poissons. Quant à la cause de cette difformité, et ici j'entends surtout parler de l'hermaphrodisme complexe, ou avec alliance d'organes sexuels hétérogènes, cette cause est, comme de raison, inconnue. On a prétendu, il est vrai, que cette sorte de monstruosité était l'effet de l'entregreffement de deux sexes différens. Mais alors, comment concevoir que les organes génitaux soient les seuls qui éprouvent de ces associations vicieuses et contrastantes? D'où vient ce choix, cette prédilection pour des parties occupant si peu d'espace ? A ce sujet on a fait du moins une remarque intéressante, c'est que lorsque les Vaches font deux veaux jumeaux et de sexe différent, on observe presque toujours que le veau femelle offre quelques caractères d'hermaphrodisme : comme si la nature, plus long-temps et plus occupée du mâle et de ses organes caractéristiques, moins prompts à s'achever, avait étendu jusqu'à la femelle les derniers efforts d'une puissance trop persévérante pour l'un des sexes.

I.

Ayons soin d'observer que nous n'avons eu en vue, dans ce chapitre, que le seul hermaphrodisme anomal ou irrégulier, et nullement l'hermaphrodisme naturel et ordinaire en quelques espèces, parmi les Mollusques et les Vers, parmi les Radiaires, etc. Ces animaux, naturellement hermaphrodites dans tous les cas, diffèrent des hermaphrodites accidentels, en ce qu'ils sont habiles à se féconder d'eux-mêmes, sans l'advention d'un autre individu possédant à la fois les organes des deux sexes et toutes les conditions indispensables à une fécondation parfaite; ce qu'on ne voit jamais dans les hermaphrodites irréguliers, à l'exception peut-être du Papillon-phalène de Scopoli et du Homard hermaphrodite de Nichols, que nous avons cités comme phénomènes. Disons aussi que l'hermaphrodisme anomal ne va jamais jusqu'à l'Androgynisme, comme l'hermaphrodisme naturel : je veux dire qu'un hermaphrodite anomal ne possède jamais des organes assez parfaits, assez distincts et assez complets des deux sexes, pour pouvoir s'accoupler doublement avec un animal pareil à lui, exerçant alors simultanément tous les deux, l'un envers l'autre, la double fonction de mâle et de femelle. Non; l'hermaphrodisme accidentel et anomal ne va jamais jusqu'à l'androgynisme.

CHAPITRE XI.

Digression sur la Génération et les Métamorphoses des Insectes.

Disons d'abord quelques mots de la reproduction des insectes, sujet que nous avons volontairement omis au livre précédent, dans le dessein d'y revenir plus à propos et sans répétition à l'occasion de l'Accroissement et des Métamorphoses de ces animaux.

Jusqu'à Rédi, jusqu'à Swammerdam et Malpighi, on erra beaucoup sur le mode de reproduction des insectes : on se persuadait que la génération en était spontanée, et absolument étrangere à un concours des sexes. Mais les auteurs dont je viens de dire les noms détruisirent cette erreur, et mirent à la place des faits précis. On voyait apparaître des vers dans des substances animales disposées à la putréfaction ou déjà putréfiées, et l'on attribuait cette sorte de vers à la putréfaction même. En effet, le moyen de voir quelque similitude de famille entre ces êtres imparfaits et les insectes ! le moyen d'apercevoir entr'eux quelque caractère de parenté, quelque indice de filiation ! On ne savait pas encore les transformations subies par ces animaux; mais dès qu'on eut connaissance de ces métamorphoses, l'histoire entière de la génération des insectes ne tarda pas à se débrouiller.

Rédi prouva que les vers de la viande sont le produit des mouches qui voltigent à l'entour et qui s'en nourrissent. Leeuwenhoek s'assura que les vers du fromage, espèce de Mittes, ont des sexes, et qu'ils s'accouplent et se reproduisent en pondant une sorte d'œufs d'où naissent de nouvelles mittes. D'autres observateurs acquirent la certitude que les vers qu'on rencontre dans des feuilles, dans des fruits, dans du bois, etc., proviennent d'autres insectes qui ont déposé là leurs œufs, bientôt transformés en larves ou vers temporaires; que ces vers donnent naissance à d'autres insectes parfaits, semblables à ceux d'où les œufs sont provenus; et que les petites proéminences végétales qui leur servent d'asile, sont le produit des piqûres de ces insectes au moment de la ponte. Pareille chose a été prouvée, quoique plus difficilement, pour les insectes et quelques prétendus vers parasites des animaux; on s'est convaincu que tous proviennent d'un concours sexuel entre insectes de la même espèce, et qu'aucun ne se reproduit spontanément. Enfin, on a vu que la putréfaction des animaux morts, que les maladies des animaux vivans, favorisent la multiplication de certains insectes, paraissant d'abord sous la forme insidieuse de larves, et que ce sont là des circonstances favorables, mais non des causes réelles de leur reproduction.

Il en est donc de la génération des insectes comme de la génération du plus grand nombre des animaux dont nous avons exposé l'histoire sous ce rapport : tous ont des sexes séparés, hors quelques cas exceptionnels d'hermaphrodisme ou d'un accroissement avorté; tous s'accouplent, mais diversement; toute femelle a des œufs, qu'un mâle d'espèce pareille féconde au moyen d'une sorte de liqueur séminale.

Mais les femelles d'insectes ne pondent pas toutes des œufs; plusieurs mettent au jour des petits vivans, l'éclosion ayant eu lieu au-dedans du corps : voilà même pourquoi quelques insectes sont regardés comme vivipares ou ovo-vivipares. Il faut remarquer que des insectes ne sont aptes à se reproduire qu'après avoir subi leurs métamorphoses, c'est-à-dire dans leur état d'achèvement parfait. Ainsi, tous ceux qui doivent avoir des ailes, ne se reproduisent jamais tant que les ailes ne sont pas achevées : et même ceux des insectes qui n'ont point d'ailes, n'engendrent qu'après leur dernière mue, ou dernière transformation.

Tout ce qui regarde l'amour et l'accouplement des insectes diffère pour chaque espèce : ainsi, il est bien vrai que, chez la plupart, c'est le mâle qui recherche et agace la femelle ; toutefois dans les espèces où les sexes sont inégalement répartis, dans les Abeilles, par exemple, où l'on ne trouve qu'une femelle pour des centaines de mâles, dans cette famille si intéressante d'insectes, c'est la femelle qui recherche les mâles, elle qui les incite à l'accouplement : chef d'un sérail, elle prend l'initiative d'un sultan. Presque tous les insectes ont les organes génitaux placés vers l'extrémité du tronc ; et comme ces animaux légers s'accouplent presque toujours au milieu de l'air, en volant, beaucoup de mâles ont des espèces de crochets dont ils se servent pour saisir et pour retenir leurs femelles. Il résulte quelquefois de ce mode d'accouplement d'assez vives douleurs pour les femelles, et cela même les rend craintives et fugitives devant le mâle attaché à les poursuivre. Cela n'est nulle part plus remarquable que dans l'espèce élégante des Demoiselles, dont l'organisation est d'ailleurs si digne d'exciter la curiosité du naturaliste. La femelle de ce genre d'insectes a les organes génitaux situés à l'extrémité d'un corps très-allongé; et comme le mâle a les siens vers le milieu du corps, à-peu-près sur les limites communes du ventre et du corselet, on conçoit combien le concours nécessaire d'organes si étrangement disposés devait rendre bizarre et compliqué l'accouplement de ces insectes. Voici toutefois comme il s'effectue : le mâle saisit sa femelle au cou, au moyen de deux crochets dont l'extrémité de son corps est garnie; après beaucoup de mouvemens et de résistances, la femelle rapproche sa queue, où nous avons dit que se trouvent ses parties génitales, elle la rapproche du ventre du mâle, et c'est dans cette double et singulière jonction que la fécondation des œufs est consommée. Beaucoup d'insectes s'unissent pour l'accouplement comme les animaux des autres classes; mais il en est qui se mettent ventre à ventre, à-peu-près comme les hérissons; d'autres, côté à côté, par exemple les sauterelles; quelques papillons prennent les positions les plus bizarres.

Beaucoup d'insectes, vivant peu de jours ou peu d'heures, s'envolent aussitôt qu'ils ont des ailes, et s'accouplent en l'air dès leur premier vol. Les Ephémères et les Cousins sont particulièrement dans ce cas, et leur accouplement est aussi court qu'il est prompt. D'autres insectes, parmi lesquels il faut citer les Scarabées et les Papillons, demeurent plus long-temps unis : on remarque même que plusieurs d'entre eux montrent la plus grande indifférence à ce qui les excite ou les entoure tant que dure la copulation, ce

qui leur donne un trait d'analogie avec quelques Reptiles, qu'on tue plus aisément qu'on ne les sépare. On
assure que dans les Ephémères la femelle est placée
sur le mâle.

Il n'y a de constant hermaphrodisme dans aucune
espèce d'insectes; toutefois on en voit plusieurs présenter quelques individus réunissant les organes des
deux sexes; on a fait cette observation parmi certains
papillons : probablement aussi il y a des saisons de
l'année où beaucoup de Pucerons sont hermaphrodites; je fonde cette opinion sur les faits suivans. On
a observé que les pucerons sont ovipares en automne,
et vivipares au printemps : dans la première saison,
la distinction des mâles et des femelles est manifeste,
et chaque ponte d'œufs féconds est précédée d'un
accouplement. En été et au printemps, la chose est
différente : alors on ne trouve pas de mâles, ou du
moins ne les saurait-on distinguer des femelles ou
femelles prétendues. Alors aussi chacune de ces femelles, même lorsqu'elle a été réduite au plus parfait isolement, accouche d'autres pucerons dont l'apparence est également celle des femelles; et ces
lignées d'insectes nés successivement les uns des
autres, sont tous produits sans le concours des mâles,
sans union sexuelle. Or, comment concevoir que de
jeunes pucerons, femelles encore vierges, produisent,
dès qu'ils sortent de leurs œufs, d'autres pucerons femelles engendrant comme elles sans aucun accouplement, et cela pendant sept, neuf, douze générations
successives, s'il faut en croire Bonnet? Non, la chose
ne me semble pas croyable : si ces pucerons paraissent
femelles, c'est qu'ils sont probablement hermaphro-

dites ; et c'est par la même raison qu'ils se reproduisent sans l'accession des mâles, du moins pendant la belle saison.

Ordinairement les insectes pondent leurs œufs tous à-la-fois ou à diverses reprises, promptes ou lentes, près des lieux ou dans les corps même où chaque larve trouvera, dès sa mise au jour, de quoi exister et se nourrir : c'est ainsi qu'on trouve des œufs d'insectes dans des feuilles, dans des fruits, du bois, des dépouilles ou des substances animales, ou même dans le corps de certains animaux. De Géer a remarqué que même les œufs semblaient se nourrir : il s'aperçut que des œufs de Mouches-à-soie, fixés dans les pétioles d'une feuille verte et vivante, se ridèrent et se desséchèrent bientôt, dès que cette feuille fut arrachée. Il est des insectes, les Cochenilles par exemple, qui semblent couver leurs œufs, qui les abritent et les protègent, même jusqu'à la mort. Mais nulle autre classe d'animaux ne prodigue plus de soins à leur progéniture que les insectes vivant en sociétés, en petites républiques : ces animaux consacrent une industrie admirable et tous les instans d'une prodigieuse activité à donner un gîte à leurs œufs, à préparer de la nourriture aux larves qui en naîtront, et une abondante subsistance à la mère commune de ces grandes familles. Les individus neutres ou mulets qui existent parmi ces espèces sociables, n'ont de sexe d'aucune espèce, et se bornent à prodiguer des soins aux petits des insectes fécondés, leurs pareils sous d'autres rapports.

Les Œufs des insectes sont presque toujours fécondés dans le corps même des femelles ; par conséquent le rôle du mâle est fini à l'époque de la ponte, mais ce ne sont pas des insectes parfaits qui naissent immédiatement de ces œufs; l'achèvement de ces animaux n'a lieu qu'après plusieurs transformations successives (1). Ils passent d'abord presque tous par l'état de Larves, puis par l'état de Nymphes; et finalement, des Insectes achevés naissent de ces dernières; en tout, quatre états, quatre espèces de métamorphoses.

Nous avons dit que l'œuf éclot quelquefois dans le corps de la mère; il n'y a dès-lors, sur quatre, que trois transformations apparentes, la première s'étant faite, loin des yeux, dans le corps même de la femelle. Il est même des insectes qui produisent immédiatement des petits parfaits, au moins dans certaines saisons, et sous l'influence d'une température élevée : nous avons vu que les Pucerons en particulier sont dans ce cas. Les Hippobosques ne subissent ostensiblement qu'une métamorphose; ils n'apparaissent à l'extérieur que sous la forme de nymphe: les autres métamorphoses ont eu lieu au dedans de la femelle. C'est à l'état de Larve, sa première forme, que l'insecte prend presque entièrement tout son volume, tout son accroissement : voilà même la raison pourquoi cette larve éprouve plusieurs mues successives, la même enveloppe ne pouvant long-temps suffire à un corps progressivement accru. L'insecte ne grandit plus aussitôt qu'il est insecte parfait, et sorti de ses dernières langes.

---

(1) *Consultez* Rédi, Swammerdam. Malpighi. Goddaërt, Leeuwenhoek, Vallisneri, Réaumur, Fabricius, Latreille, etc.

La Nymphe est un état intermédiaire à la larve et à l'insecte parfait; comme la larve est un degré entre l'œuf et la nymphe. Dans cet état, l'insecte est déjà volumineux et ses différens organes déjà distincts : c'est déjà l'insecte parfait, mais dont les différentes parties, quoique discernables, sont encore emmaillotées et ne grandissent presque plus. La nymphe diffère de la larve principalement par le volume plus accru des organes, et par les rudimens déjà très-apparens des ailes. Beaucoup d'insectes, surtout parmi les Diptères, n'ont que des métamorphoses imparfaites; je veux dire qu'ils ressemblent infiniment, dans leurs divers états, à ce qu'est la larve primitive et véritable, à l'exception que le volume du corps est plus grand et que les ailes sont déjà ébauchées. Au reste, l'extérieur est le même, les organes sont, non aussi manifestes ni aussi accrus, mais aussi nombreux; et les mœurs comme la nourriture sont pareilles. La plupart des insectes sans ailes, ou Aptères, n'ont qu'une métamorphose, ou bien leurs métamorphoses sont presqu'insensibles; plusieurs même n'en ont d'aucune espèce.

Nous ne rappellerons pas ici ce que nous avons dit ailleurs des métamorphoses de quelques Reptiles, et nous ne ferons que faiblement mention des transformations faussement attribuées à d'autres espèces. Une chose étonnante, c'est que long-temps même avant de connaître les métamorphoses véritables des insectes, on croyait à d'autres transformations purement fabuleuses. On prenait encore les larves et les nymphes des mêmes insectes pour des animaux d'espèces particulières, dans un temps où l'on croyait que les Anguilles provenaient des Écrevisses, que les Anatifs engendraient des Canards, et que l'Épervier se métamorphosait en Coucou (et cela apparemment parce que l'épervier disparaît dans la même saison où revient le coucou). Même en 1780, ce qu'on a peine à comprendre, un M. de la Faille lut à l'Académie des Sciences de Paris, et inséra même dans les *Mémoires* de cette illustre compagnie, une dissertation dans le but de prouver que les oiseaux de mer, qu'on nomme Macreuses, ne proviennent pas des Huîtres, mais que seulement ces oiseaux composent leurs nids avec des écailles de divers mollusques.

Nous devons ajouter en terminant ce chapitre sur les métamorphoses des insectes, que ces métamorphoses ne sont pas en réalité ce qu'elles paraissent. On jugerait en effet fort mal des révolutions qu'éprouvent les organes de ces animaux, si l'on se bornait à observer les changemens de leur surface, leurs mues, leurs déguisemens successifs, leurs brusques transitions d'une forme,,d'une couleur à l'autre. En pénétrant plus avant, la peau une fois enlevée, on voit, absolument comme dans les autres animaux, des organes qui se développent, qui s'accroissent, qui ont en un mot des progrès, bien plutôt qu'ils ne se transforment.

CHAPITRE XII.

De la Graine , de la Germination , et de l'Accroissement des Végétaux.

Nous n'avons guères parlé que de la fécondation des plantes dans le chapitre où nous avons traité de leur reproduction sexuelle, et nous n'avons rien dit de la graine, qui est le terme de cette fonction et qui renferme les linéamens d'un nouveau végétal : il nous reste par conséquent à en faire l'histoire. Il serait impossible de comprendre les phénomènes de la germination, si l'on ignorait l'organisation des semences et quel rôle jouent chacune de leurs parties. Ce que nous avons fait pour les ovules des animaux, nous devons le tenter également pour l'œuf végétal : la chose a le même but, la même utilité. Mais, afin d'abréger tant de détails, nous allons présenter , sous la forme de tableau, les différens organes dont le fruit se compose, ainsi que nous l'avons fait précédemment pour l'œuf des oiseaux en particulier. L'essentiel est que ce tableau soit court, clair et simple. Nous regrettons d'être forcé d'employer beaucoup de mots techniques, n'ayant aucun cours dans le langage commun ; mais c'est une nécessité à laquelle il faut se résigner.

Analyse de l'Œuf végétal (1).

Fruit : On donne ce nom à l'ensemble des produits de la fécondation d'un végétal. Le fruit comprend les graines, leurs enveloppes, et souvent quelques-unes des parties persistantes de la fleur à laquelle il succède et dont il provient.

Péricarpe : enveloppe générale des graines supportées par le même calice. Le péricarpe communique à-la-fois avec le pistil de la fleur, lequel a charrié le pollen fécondant, et avec les vaisseaux séveux de la plante, par qui le fruit est nourri et accru. On le divise en trois compartimens ou trois couches, souvent peu distinctes en réalité :

L'Epicarpe : épiderme ou sur-peau du péricarpe.

L'Endocarpe : qui est la peau ou membrane interne du fruit. Ce feuillet avoisine les graines et leur forme des loges distinctes : c'est la partie ligneuse des noix, par exemple.

Le Mésocarpe : Ce sont toutes les parties vasculeuses comprises entre l'épicarpe et l'endocarpe. Lorsque cette partie intermédiaire est charnue, on lui donne le nom de Sarcocarpe.

Placenta ou Trophosperme : espèce de bourrelet vasculeux au moyen duquel la graine s'attache au-dedans du péricarpe.

Cordon ombilical, Funicule ou Podosperme : moyen d'union, lien vasculeux de la graine avec le placenta. C'est par le cordon ombilical que la graine communique avec les vaisseaux nourriciers de la plante.

Graine ou Semence : ovule fécondé, œuf végétal, contenant le rudiment d'une nouvelle plante. Elle comprend l'embryon lui-même, ou germe fécondé, avec ses annexes ou enveloppes immédiates, et ses organes nourriciers. On a remarqué que les plus grosses graines, dans les plantes dioïques, produisent ordinairement les mâles, les pieds à étamines, tandis que les petites graines engendrent des femelles.

Spermoderme : peau de la graine. On divise ordinairement le spermoderme en plusieurs couches (de même que pour le péricarpe) auxquelles on donne les noms

(1) Voyez Gœrtner, C. Richard, Jussieu, Mirbel, Decandolle, Corréa, Rob. Brown, etc.

De Test : C'est la pellicule la plus extérieure : elle est ordinairement hygroscopique, et attire vers la graine l'eau nécessaire à la germination ;

De Mésoderme ou Sarcoderme: c'est la partie vasculeuse ou charnue qui est sous-jacente au Test : elle est très-distincte dans les baies ;

D'Endoplèvre : C'est la membrane interne et presque toujours imperméable du spermoderme : elle est immédiatement contiguë à l'amande.

Ces différentes tuniques de la graine sont perforées vers le sommet ou mamelon de l'amande, ainsi que l'a prouvé M. Rob. Brown ; et l'on conjecture avec vraisemblance que c'est par là que le pollen des étamines, conduit par le pistil, vient féconder les ovules de la fleur.

Ombilic, Hile ou Cicatricule : La partie de la graine où s'attache le cordon ombilical. C'est ordinairement une sorte de cicatrice.

Amande : On donne ce nom à tout ce que contient le spermoderme. C'est le noyau du fruit; autrement l'embryon lui-même, avec les parties qui lui sont inséparablement unies.

Albumen ou Périsperme : Substance non vasculeuse et comme inerte, ordinairement blanchâtre, qui entoure ou avoisine l'embryon, et qui sert à le nourrir durant la germination. C'est le résidu épaissi de l'amnios. L'existence de l'albumen n'est pas constante dans toutes les graines.

Chorion : C'est la masse pulpeuse qui composait exclusivement les ovules avant l'advention du pollen, avant la fécondation. Spallanzani s'y est mépris. (*Voy.* CHAP. V, LIV. II.)

Amnios : liqueur au milieu de laquelle nageait l'embryon, et dont la solidification donne lieu à l'albumen. Il n'existe point d'amnios dans les ovules non fécondés : ce liquide est contemporain de l'embryon.

Vitellus : admis par quelques auteurs, mais sans aucun motif. C'est ce que nous nommons chorion qu'on aura pris pour le vitellus.

Chalazes : On doit nommer ainsi les deux ligamens qui tiennent l'embryon attaché aux deux extrémités de l'amande : l'un au sommet ou mamelon (là où les tuniques sont perforées), et c'est par là que paraît pénétrer le fluide fécondateur; l'autre, à la base de l'amande, du côté de l'ombilic, et

c'est la vraie chalaze ou sorte d'ombilic interne. Cette
dernière chalaze paraît contenir les vaisseaux ramifiés du
cordon ombilical ; vaisseaux qui servent d'abord à l'accroissement de l'embryon, et, plus tard, à la germination
ou développement.

Embryon : jeune plante en miniature, partie essentielle de la graine ;
n'apparaissant jamais avant la fécondation. L'embryon se
compose des parties suivantes :

Radicule : C'est l'origine de la jeune racine ; elle est ordinairement
dirigée du côté de la vraie chalaze et correspond à l'ombilic
de la graine ;

Plumule, ou petite Tige : Cette partie est située plus intérieurement
que la radicule, aussi n'apparait-elle qu'après l'évulsion
de cette dernière ;

Collet : C'est la partie intermédiaire à la radicule et à la plumule : elle
tient de l'un et de l'autre. On l'a considérée comme le
cœur du végétal, comme le nœud de la vie. La radicule
tend toujours au centre de la terre, la plumule s'élève
constamment vers le ciel ; le collet ne manifeste aucune
de ces tendances ;

Cotylédons : feuilles séminales ; premières feuilles apparentes dans la
germination de la graine, et visibles même avant la germination. Comme ces corps servent à nourrir la jeune plante,
on les a appelés mamelles végétales. Toute graine de
plantes ayant des feuilles, présente constamment des cotylédons. Cependant on assure que le *Lecythis* fait exception à cette règle générale.

Vaisseaux : On les admet et on les distingue bien plus pour les fonctions qu'on leur suppose que pour les avoir vus réellement
isolés. Il y a d'abord les vaisseaux pistillaires ou polli-
niques, par qui s'effectue le passage du pollen dans l'ovule :
ceux-là président à la fécondation de la graine ; ils sont situés
vers le mamelon ou le sommet de l'amande. Il y a, de plus,
les vaisseaux séveux, provenant du cordon ombilical et
communiquant avec la plante. Ces derniers aboutissent à
la chalaze principale et servent à la nutrition et à l'accroissement de la graine et de l'embryon qu'elle renferme. Nous
verrons quel emploi ont ces derniers vaisseaux dans la
germination.

Il est aisé de voir combien la graine végétale a d'analogie avec l'œuf fécond et déjà incubé des animaux : il y a dans tous les deux un embryon, des chalazes, un placenta, un cordon ombilical, une cicatricule, un amnios, des membranes, des vaisseaux nourriciers. Les cotylédons de la graine sont l'équivalent du vitellus des oiseaux ou de la vésicule ombilicale des mammifères ; l'albumen ou périsperme des graines est l'analogue du blanc d'œuf des oiseaux ou de l'allantoïde des vivipares, etc. : enfin la similitude est frappante.

Phénomènes de la germination. A présent que nous connaissons toutes les parties dont l'œuf végétal se compose, nous devons étudier comment l'embryon s'y développe et comment il en sort. Nous allons donc décrire rapidement les principaux phénomènes et les progrès de la germination des graines (1).

La jeune plante est déjà toute formée, déjà dessinée en miniature dans la graine fécondée et mûrie ; mais elle y est comme dans un état d'assoupissement et d'inertie : la germination est pour elle le signal du réveil et le commencement d'une vie active. Placée dans une terre imbibée d'eau, la graine s'en imprègne ; elle se gonfle, ses enveloppes se rompent ; et bientôt la jeune racine d'abord, et plus tard la jeune tige, sortent par deux points souvent opposés de la graine, ou plutôt avec une tendance, une direction opposée, puisque la racine s'enfonce dans le sol, tandis que la tige se prolonge à la surface et s'en éloigne. Les cotélydons,

____

(1) *Voyez* Ledermuller, Hales, Duhamel, Senebier, Th. de Saussure, Mirbel, etc.

d'abord gonflés, sortent de terre et deviennent de premières feuilles, ou d'autres fois restent étiolés sous le sol, continuant d'adhérer à la graine. On a fait des observations suivies sur les progrès de la germination pour diverses semences; voici, par exemple, ce qu'on a observé pour le Seigle : dès la première heure le grain de seigle placé sous la terre était gonflé; dès la deuxième heure on vit les premiers filets, les filamens déliés de la radicule; au bout de vingt-quatre heures, toutes les parties de l'embryon apparaissaient hors de la graine; mais les premières feuilles sont encore enveloppées; le quatrième jour, quelques plantes déjà sortent de terre, on voit même alors les feuilles rouges, les vaisseaux séveux, un fin duvet, des poils tendres; cinquième jour, feuilles déjà longues d'un pouce et déjà vertes; les secondes feuilles paraissent le sixième jour. Ces expériences ont été faites au printemps, par une douce température; le sol était humide et meuble. Mais les graines sont loin de germer toutes avec cette rapidité : il en est pour qui ce premier développement dure une ou plusieurs années. Dès-à-présent nous devons dire quelques mots des agens extérieurs et des premières conditions de la germination. Toute semence, pour germer, a besoin d'air, de chaleur et d'humidité. Les autres choses n'ont qu'une importance secondaire.

CHALEUR. La germination n'a jamais lieu dans une température au-dessous de zéro, et elle est promptement arrêtée dans une atmosphère à 40° et au-dessus; les jeunes organes sont aussitôt détruits qu'apparus, et les graines restent improductives. La température

I.   25

la plus propice est de 15 à 20°; voilà pourquoi l'ensemencement des terres ne se fait jamais lors des grandes chaleurs dans les régions méridionales : outre qu'on combine les semailles de manière à ce que les chaleurs de l'été servent à la maturité des graines. Si la difficulté des labours oblige à ensemencer dans les temps froids, alors la germination ne s'effectue de même qu'au printemps, au retour de la chaleur et des beaux jours. Disons aussi que la germination elle-même a pour effet constant de développer un peu de chaleur dans les semences : car la vie et la chaleur sont inséparables.

Eau. Le sol, outre le soutien qu'il donne aux plantes, outre l'abri qu'il prête à leurs racines, n'a guère d'influence sur la germination qu'en raison de l'humidité qui le pénètre. Une graine placée sur une éponge imbibée d'eau, germe aussi bien qu'au sein de la terre : on en a même fait germer dans de l'eau distillée, et dans l'éloignement de toute substance gazeuse. Mais alors la jeune plante avorte bientôt, ou du moins ne produit jamais de graines. L'eau seule, sans air et sans le secours du sol, paraîtrait donc suffire à la simple germination. Ordinairement le test de la graine est doué d'une propriété hygroscopique ; il attire vers la semence l'eau répandue autour d'elle. Ensuite l'humidité est absorbée, ou par toute la surface du test, ou seulement par la cicatricule de la graine ; mais comme la tunique la plus intérieure est difficilement perméable, quelle que soit la partie par où l'eau est entrée, cette eau ne pénètre jamais dans l'intérieur de la graine que par l'ombilic, et jamais dans l'embryon que par la chalaze : parce qu'en effet les vaisseaux qui l'absorbent sont tous dirigés dans ce sens. On vérifie aisément cette direction des liquides absorbés par les semences, en teignant l'eau dont on fait usage, avec diverses substances colorées qui la rendent visible dans les vaisseaux absorbans.

AIR. Tous les gaz ne conviennent pas indifféremment à la germination : on s'est assuré que des graines ne germent ni dans le gaz azote pur, ni dans l'hydrogène, ni dans un air, quelle qu'en soit la nature, qui ne contiendrait pas d'oxigène. Il faut à l'air qui entoure les graines en germination, au moins un huitième d'oxigène, et pas au-delà d'un quart. En plus grande quantité, il activerait beaucoup la pousse de la jeune plante, mais cette crue hâtive serait bientôt suivie de la mort. Il faut aussi observer que peu importe à quel autre gaz l'oxigène est combiné, pourvu qu'il soit dans la proportion que nous avons indiquée.

Ainsi, il faut de l'air, il faut de l'oxigène pour toute germination de semence : nul graine ne peut germer dans le vide. Les semences introduites trop profondément dans le sol pour communiquer avec l'atmosphère, se conservent sans germer. On voit quelquefois, à cause de cela, une terre remuée dans sa profondeur, au bout d'un siècle, donner naissance à des plantes nouvelles, fort différentes de celles qui croissent tout à l'entour. Or, il est probable que ces plantes proviennent de graines enfoncées dans le sol et éloignées de l'air depuis long-temps. Il est vraisemblable aussi que les semences ne germent dans de l'eau distillée qu'à cause de la portion d'air qui s'y trouve mêlée : car il est certain que les graines submergées pourrissent ; et si quelques semences de plantes aquatiques parviennent à germer dans l'eau, cela vient presque toujours de ce que la chaleur développée en elles par le premier travail de la germination, les rend plus légères, et les élève à la surface du liquide, où elles jouissent du contact de l'air. Disons néanmoins qu'il existe une espèce d'Icodendrum qui germe et végète dans l'air libre sans le concours d'aucune humidité, sans arrosemens.

DIVERS EXCITANS. L'électricité paraît favoriser la germination. Les temps d'orage font promptement germer les semences. Le chlore, et ceux des oxides métalliques auxquels le gaz oxigène est peu adhérent, par exemple l'oxide de manganèse, hâtent visiblement la germination des graines. M. de Humboldt a fait, à cet égard, des expériences intéressantes. Cet ingénieux physicien a fait germer, au moyen du chlore, des graines incapables de germer dans les circonstances communes. Ces différens moyens ont un effet d'autant plus puissant, qu'indépendamment de l'oxigène qu'ils fournissent, ils augmentent en même temps la température. On voit, par ce que nous venons de dire des circonstances favorables ou nécessaires à la germination des graines, de quelles influences il faut préserver celles qu'on veut empêcher de germer. Mais c'en est assez sur cet objet ; examinons maintenant quel rôle jouent, dans l'acte de la germination, les différentes parties de la graine.

ENVELOPPES SÉMINALES. La plus extérieure des membranes séminales, le test, comme hygroscopique, sert utilement à la germination ; la plus interne, l'endoplèvre, comme imperméable, fait que l'humidité qui a transsudé à travers le test, afflue toute entière vers l'ombilic de la graine, où des vaisseaux l'absorbent; elle concourt manifestement aussi à la longue conservation des semences, en empêchant que l'humidité dont elles sont pénétrées ne se dissipe dans l'atmosphère. Toujours est-il que ces membranes ont une influence assez grande sur la germination, puisque des graines dénudées, ou ne germent point, ou ne germent qu'imparfaitement. Il est probable qu'elles empêchent le trop prompt gonflement des cotylédons en modérant l'afflux des liquides; il est probable aussi qu'elles favorisent, par cette imprégnation de la graine qu'elles ralentissent, aussi bien que par la pression qu'elles exercent sur l'embryon et sur l'albumen, qu'elles favorisent ainsi, disons-nous, la dissolution et l'émulsion des sucs, sans cela insolubles et réfractaires, de l'albumen et des cotylédons. Elles conservent d'ailleurs et concentrent dans l'embryon la chaleur développée dans la semence par le premier travail vital. Elles attirent, elles protègent, elles compriment, isolent et vêtissent. Mais le gonflement des cotylédons donne à ces derniers la propriété de nourrir la jeune plante.

Embryon. Il est toujours situé dans les membranes dont nous venons de parler. Il tient aux deux extrémités de la graine par deux ligamens ou chalazes: celui de ces ligamens qui l'attache au sommet de la semence, lui a apporté le principe fécondant du pollen; l'autre ligament, ou la vraie chalaze, situé vers ou tout-à-fait vis-à-vis l'ombilic de la graine, est composé de vaisseaux où circulent les fluides absorbés servant à le nourrir et à l'accroître. Il paraît certain que la surface de l'embryon commence par absorber l'amnios qui l'environne, et que là même est une des sources où la jeune plante puise sa première nourriture. Quelquefois même la plantule absorbe tout cet amnios, et dans ce cas la graine est sans albumen, et totalement composée par l'embryon ; mais alors, par compensation, les cotylédons, plus gros, subviennent au défaut d'albumen. Quant à la radicule, comme elle est toujours dirigée vers l'extérieur de la graine, et presque toujours vers l'ombilic, c'est elle qui absorbe d'abord les fluides qui ont transsudé à travers le test ou à travers la cicatricule, et ces fluides, elle les transmet au reste de l'embryon. La plumule ou jeune tige, plus intérieure, plus centrale, n'absorbe rien d'elle-même, mais elle s'accroît aux dépens des fluides transmis par la radicule, aux dépens aussi de la substance de l'albumen, et des cotylédons, ou seulement de ces cotylédons, lorsque l'albumen manque absolument ; et lorsqu'une fois les membranes séminales sont rompues, la jeune racine, toujours dirigée vers le centre de la terre, puise dans le sol les fluides nécessaires à l'accroissement du jeune végétal.

Cotylédons. Ce sont les premières feuilles de la plante ; et la preuve que ce sont des feuilles, c'est qu'ils verdissent à la lumière, qu'ils ont les mêmes vaisseaux, les mêmes glandes ou les mêmes mouvemens que les feuilles véritables ; qu'en outre les plantes sans feuilles, comme la Cuscute, n'ont point de cotylédons, et que la position en est entièrement semblable à celle des premières feuilles radicales ; de sorte qu'on peut juger des cotylédons par les premières feuilles de la tige, comme de ces feuilles par les cotylédons. En un mot, les cotylédons sont les feuilles de la jeune plante, comme la plumule en est la tige, comme la radicule en est la racine. Mais quels sont leurs usages? de deux sortes, selon que les cotylédons sont charnus ou seulement foliacés. Ces derniers, toujours prolongés au-delà du sol, verdissent à la lumière comme les autres feuilles; et comme en outre ils ont des pores à la manière des feuilles véritables, ils absorbent l'air, ils en séparent le carbone pour se l'approprier; et c'est activement qu'ils servent à la nutrition de la nouvelle plante. Les cotylédons charnus, au contraire, n'ont point de pores, n'absorbent point l'air, ne fixent point le carbone, n'élaborent pas de sève; mais ils nourrissent le jeune végétal aux dépens du mucilage ou de la fécule qui compose leur substance, et par cela même qu'ils n'ont point d'action sur l'air, ils restent souvent souterrains, au-dessous de la radicule déjà prolongée, voisins de la graine, ou continuant même d'en faire partie : cette dernière disposition est surtout commune dans les plantes monocotylédones. Une chose démontre combien les cotylédons ont d'influence sur l'accroissement de la jeune plante, c'est qu'on fait mourir celle-ci, on en fait avorter la germination, aussitôt qu'on en sépare les cotylédons, surtout s'ils sont charnus; au contraire, la germination continue, si l'on divise la graine et l'embryon de manière à ce que chaque portion de la plantule ait sa part des cotylédons. L'embryon végétal se passe plus impunément de la plumule, ou même de la radicule, que de ses cotylédons; et ce n'est pas sans raison qu'on a donné à ces derniers le nom de mamelles végétales.

Cependant il faut dire que les plantes cryptogames, que tous les végétaux privés de vaisseaux, et même ceux des végétaux vasculeux qui n'ont pas de feuilles, toutes ces plantes, dis-je, et aussi le Lecythis (encore qu'il ait des feuilles), sont dépourvues, à ce qu'on croit, de cotylédons; et néanmoins elles ont une espèce de germination et elles s'accroissent. Quel autre organe leur tient donc lieu de cotylédons? et d'où tirent-elles leur première nourriture? nous n'en savons rien. Il est même probable qu'on range parmi les acotylédones beaucoup de plantes qu'on se verra forcé d'en ôter dans la suite, après un examen plus attentif; de la même manière qu'on avait entassé parmi les cryptogames beaucoup de végétaux dans lesquels on a reconnu des organes reproducteurs in-contestables.

Les cotylédons commencent donc par se gonfler, une fois que les liquides absorbés par la radicule ont pénétré jusqu'à eux, et bientôt leur volume s'accroît assez pour rompre les enveloppes séminales : il faut que cette force d'expansion des embryons soit bien puissante, puisqu'elle suffit pour déterminer l'ouverture de noyaux impénétrables à nos instrumens. Toutefois, et après s'être ainsi gonflés, les cotylédons se vident peu-à-peu et se flétrissent. Voici une expérience assez curieuse qu'on a faite à ce sujet : elle prouve combien est important le rôle des cotylédons durant la germination des graines. « On a pris des Haricots mûrs et secs, pesant en masse cent soixante-douze graius; à eux seuls, les cotylédons formaient les $\frac{13}{14}$ du poids total, c'est-à-dire, cent soixante grains. Une fois gonflés, ces mêmes cotylédons pesaient trois cent six grains ; mais après leur flétrissure, la germination étant effectuée, ils se réduisirent tellement qu'ils ne pesaient plus que vingt-neuf grains. Ils avaient donc fourni à la jeune plante deux cent soixante-dix-sept grains de matière, dont cent trente-un de leur propre substance ; et les cent quarante-six autres grains provenaient des liquides que leur avait communiqués la radicule.

ALBUMEN. Nous avons dit que c'est l'amnios épaissi, concrété ; par conséquent il n'existe d'albumen que dans les semences dont l'embryon n'a pas absorbé tout l'amnios. Les graines dont les cotylédons sont charnus, mais principalement celles dont l'embryon a deux cotylédons, sont sujettes à manquer d'albumen ; et alors la graine est entièrement formée par l'embryon. Ce mode d'organisation est plus rare parmi les plantes monocotylédones, et, comme l'albumen est la partie essentiellement nourrissante des semences, il ne faut pas s'étonner si les différens peuples vont puiser leur nourriture principalement dans les graines des plantes monocotylédones. L'albumen sert à la germination de la même manière que les cotylédons charnus : composé d'une substance huileuse ou amylacée, l'humidité dont le pénètre la radicule le ramollit peu-à-peu et le réduit presque à l'état d'émulsion. L'albumen lui-même est inerte ; il ne prend aucune part active à la végétation ; c'est uniquement un réservoir de nourriture, destiné à l'embryon qu'il avoisine. C'est comme le blanc des œufs d'oiseaux et

les glaires des œufs de poissons et de reptiles batraciens : il disparaît peu-à-peu par les progrès de la germination. Un embryon végétal, séparé de son albumen ou périsperme, et mis en terre, s'y conserve
sans germer; de la même manière que le germe d'un
œuf d'oiseau, alors même qu'il est fécondé, ne prend
aucun accroissement dans l'ovaire tant que l'albumen
ou blanc de l'œuf ne s'y est pas joint durant son passage à travers l'oviducte. Ensuite, la radicule est déjà
en état de suffire seule à l'alimentation du jeune végétal, à l'époque où disparaissent l'albumen de la
graine et la substance des cotylédons. Ce n'est même
qu'alors que la jeune racine commence à s'acquitter
manifestement de ses fonctions ; mais bientôt elle est
secondée par l'action absorbante et carbonisante des
feuilles nouvellement nées.

Iᵉʳ VAISSEAUX. Il est manifeste que les vaisseaux
chargés, lors de la germination, d'absorber les liquides et de les transmettre à la plantule, sont une
émanation, une dépendance de ceux qui faisaient
communiquer la graine avec la plante-mère. Or, la
communication si constante et toujours si parfaite de
ces vaisseaux du cordon ombilical avec les vaisseaux
de la radicule, annonce qu'il y avait eu préméditation
pour une œuvre si bien accomplie, préexistence d'é-
lémens pour des parties si merveilleusement assorties
et concordantes. Nous voyons ici la répétition de ce
que nous avons observé pour l'ovule des animaux : je
veux dire que les vaisseaux de la graine, parfaitement
abouchés avec ceux de l'embryon, émanent de la
plante-mère, tout comme les premiers vaisseaux visi-

bles dans l'œuf, proviennent des vaisseaux rompus de l'ovaire maternel.

FLUIDES ET MATÉRIAUX NUTRITIFS. L'espèce de mucilage dont l'ovule végétal est totalement formé avant la fécondation, finit bientôt par disparaître dès que l'embryon se manifeste. En même temps, et pour la première fois, on voit apparaître l'amnios, fluide aqueux, analogue à ce qu'on voit dans les ovules d'animaux, et qui paraît servir de premier aliment au petit embryon caché dans la graine et dont ce fluide baigne toute la surface. Après ce premier développement, et lorsque la germination s'effectue, la plantule tire sa nourriture de plusieurs sources: 1°. de l'albumen ou amnios concrété, qui l'avoisine ; 2°. de la substance succulente des cotylédons charnus, lesquels sont peu-à-peu ramollis et rendus solubles par l'absorption de l'oxygène de l'air et le dégagement d'une portion de leur carbone ; 3°. des fluides aqueux absorbés par les membranes séminales, et transmis, par la cicatricule, au rudiment de la jeune racine ; 4°. de l'oxygène de l'air, gaz qui a pour usage d'extraire, en se combinant avec lui, la portion surabondante de carbone contenu dans la graine qui germe ; de sorte que cette graine exhale de ce gaz acide carbonique, à-peu-près l'équivalent de ce qu'elle absorbe en oxygène, absolument comme pour la respiration des animaux ; 5°. les parties déjà vertes de la plantule, les cotylédons, par exemple, s'ils sont minces, s'ils sont pourvus de pores ou stomates, en un mot, les cotylédons réellement foliacés, au lieu d'oxigène, absorbent du gaz acide carbonique, fixent le carbone dans la jeune plante, et le combinant aux fluides pompés par la radicule , en composent une première sève. Il faut observer que la lumière est nécessaire à la fixation du carbone dans les plantes.

DIRECTION DE LA JEUNE PLANTE. Dès son premier développement la radicule se dirige vers le centre de la terre, et la jeune tige, au contraire, dans un sens diamétralement opposé. On aurait beau changer, contrarier cette direction naturelle des végétaux, ils y reviennent toujours et irrésistiblement malgré les obstacles. On a essayé de tourner une plante bout pour bout dans un tube ; on avait placé la tige en bas et la racine en haut ; on avait eu soin, en outre, d'abreuver celle-ci des sucs qu'elle a coutume de puiser dans la terre : mais la plante s'est retournée d'elle-même ; elle briserait plutôt ses entraves que de changer sa pente. On a aussi placé une graine en germination au centre d'une boule sphérique qu'on tournait sans relâche : elle se trouvait de la sorte toujours éloignée du centre de la terre , ou plutôt le globe dans l'axe duquel on l'avait mise lui tenait lieu de globe terrestre, et le peu de racines qu'elle produisit se tortilla autour d'elle précisément selon l'axe de sa sphère artificielle. Cependant on est parvenu, sinon à changer, du moins à modérer cette tendance centripète de la racine, en plaçant une couche de terre très-sèche sous une autre couche de terre constamment imbibée d'eau : alors la racine descend toujours en se tortillant, mais elle s'enfonce beaucoup moins qu'à l'ordinaire. C'est que, dans ce cas, l'avidité que la racine a pour l'eau contrebalance un peu sa propension à s'enfoncer, à descendre. Toutefois, c'est la preuve que le besoin d'humidité n'est pas la cause unique de cette tendance centripète.

Il paraîtrait que les racines sont influencées par le support auquel elles s'attachent, beaucoup plus que par une influence planétaire ; car les plantes parasites dérogent à cette propension centripète, si universelle pour les végétaux attachés à la terre. Le Gui, par exemple, pousse indifféremment dans toutes les directions; ses racines s'implantent du côté du zénith tout aussi bien que du côté contraire : il n'a de point central que dans l'arbre où il tient attaché et qui le nourrit.

ACCROISSEMENT PROGRESSIF DES VÉGÉTAUX. Nous avons montré comment la plumule se dégage du sein de la graine, et comment elle sort de terre pour former la tige : il n'y a par conséquent, dans les plantes, qu'une partie qui demeure stablement à sa première place, c'est le collet ou nœud vital. Cette partie est intermédiaire aux fibres descendantes de la racine et aux fibres ascendantes de la tige. A mesure que cette tige s'élève, elle se couvre de feuilles; chacun des bourgeons placés dans l'angle rentrant de ces dernières, donne lieu à des branches, à des rameaux ; ces bourgeons s'accroissent absolument comme l'embryon primitif : et même on a considéré chacun d'eux comme autant de germes ou d'embryons, auxquels on a supposé jusqu'à des racines engainées dans le corps ligneux de la tige principale. La tige elle-même est composée d'une moelle centrale, d'une portion dure et ligneuse, d'aubier, de liber et d'une écorce. Ces différentes parties ont d'abord peu de consistance dans la jeune tige qui commence à croître : la moelle est d'abord abondante, le corps ligneux est encore à demi fluide, et l'écorce a peu d'épaisseur. Ce n'est qu'au bout d'une année que la couche ligneuse se dessine : et c'est le signal du dépérissement et de la prochaine destruction des plantes qui ne sont qu'annuelles. Ce durcissement du tissu végétal, en entravant le cours de la sève, favorise l'épanouissement des fleurs et la maturité des fruits; de sorte que la propagation de l'espèce est favorisée par les mêmes causes qui abrègent la durée de la vie. Voilà pour les végétaux qui ne durent qu'une année : mais, dans ceux qui vivent plus longtemps on voit une nouvelle couche ligneuse se former tous les ans. Que cette nouvelle couche résulte d'une transformation du liber, ou de l'organisation progressive de l'humeur végétale qu'on appelle *cambium*, toujours est-il que chaque couche annuelle entoure dans tous les sens les autres couches formées avant elle, et qu'elle n'en est séparée que par des zônes celluleuses que remplit un suc séveux, zônes qui même s'effacent peu-à-peu à mesure que les premières couches solidifiées se pressent, en s'épaississant, les unes contre les autres. Ainsi l'on peut juger de l'accroissement des végétaux à deux cotélydons par le nombre des couches ligneuses et concentriques dont leur tronc est formé : et comme les plus extérieures de ces couches sont les plus jeunes, à cause de cela on a donné aux plantes dicotylédones le nom d'*Exogènes :* nous verrons pourquoi les monocotylédones ont reçu celui d'*Endogènes.*

Mais si le nombre des zônes ligneuses peut faire apprécier l'âge d'une plante, il faut observer cependant que ce calcul n'est exact que pour la portion

coupée de ce végétal ; car chaque nouvelle couche
se solidifiant chaque année, chacune d'elles en conséquence ne s'étend point de l'un à l'autre bout
du végétal. L'époque où la couche ligneuse se durcit
est le terme de l'accroissement pour l'année entière :
l'année suivante, la tige se prolonge ; et la première
couche ligneuse de cette production nouvelle se continue avec la nouvelle couche ligneuse du rameau de
l'année précédente. De sorte que l'on peut juger, par
la série des décroissemens des couches ligneuses, à
quelle hauteur s'est prolongée la pousse de chaque
année. On juge de l'âge total d'un arbre, par le
nombre des zônes ligneuses de cette portion du tronc
qui touche à la terre ; et de l'âge particulier de chaque prolongement du rameau, par le nombre de ses
propres couches. Lorsqu'il se développe une branche
sur les côtés de la tige principale, cette branche se
revêt chaque année ; et de plus, toutes les couches
ligneuses du tronc qui sont postérieures à la naissance de cette branche, en recouvrent exactement
la base adhérente ; de sorte que son origine se trouve
de plus en plus enfoncée dans le tronc principal. C'est
de là que proviennent les nœuds du bois, dont l'extrême solidité résulte d'une nutrition plus active, et
aussi de ce que la base de la branche, progressivement
accrue, a tassé les unes contre les autres, en les
repoussant, ces couches ligneuses qui lui forment
une sorte de virole.

Si la portion endurcie de la tige ne croît plus dès-
lors en longueur, il n'en est pas de même pour la
tige encore jeune et non encore ligneuse. Lorsqu'on
fait des marques à égales distances suivant la longueur

d'une tige nouvelle, on voit que ces marques demeurant toujours à égales distances, se sont néanmoins sensiblement écartées les unes des autres. On a la preuve naturelle de cette même élongation dans la disposition des feuilles sur les tiges. : car elles y étaient d'abord comme groupées sur des points très-peu distans entr'eux; et bientôt on les voit s'isoler, s'éloigner les unes des autres et s'éparpiller.

Quant à l'accroissement en épaisseur, il s'opère toujours, ainsi que nous l'avons dit, vers la surface, pour ce qui est des couches ligneuses; c'est-à-dire, que les plus centrales sont les premières formées: toujours en dedans, au contraire, pour ce qui regarde l'écorce, c'est-à-dire que la nouvelle couche corticale se forme au dessous de l'ancienne écorce, qui se gerce et meurt, étant devenue trop étroite pour recouvrir le corps ligneux plus accru; à-peu-près comme on voit muer les Crustacés et les larves d'Insectes à mesure que le corps de ces animaux s'accroît. Nous traiterons ailleurs des sources mêmes et de la formation de l'écorce et du corps ligneux; mais nous devons insister davantage sur le mode de développement et les progrès de chacune des parties dont les tiges sont distinctement formées (1).

Moelle centrale. Ce tissu celluleux occupe le centre des végétaux dicotylédons dans toute leur étendue; mais tout continu qu'il paraît depuis le sommet d'un arbre jusqu'à sa base, il est réellement composé d'autant de parties distinctes qu'il y a de pousses succes-

____

(1) *Voyez* Malpighi, Grew, Hales, Duhamel, Knight. Mirbel, Du Petit-Thouars, Dutrochet, Decandolle.

sives dans le même végétal. Au lieu de se renfler au niveau des branches latérales, comme la moelle épinière des animaux au niveau des membres, la moelle végétale se rétrécit ou s'interrompt vis-à-vis les endroits d'où naissent des rameaux. Elle se creuse dans les tiges herbacées à mesure qu'elles croissent en épaisseur; elle s'endurcit et se dessèche dans les vieux arbres, mais sans disparaître absolument. Toutefois, si l'on transplante une branche peu volumineuse d'un vieux arbre, on conçoit que les branches nées de cette bouture n'auront qu'une moelle peu appréciable; car le volume de la moelle est ordinairement proportionné à la grosseur des branches, comme sa consistance à leur jeunesse. Elle n'est molle et succulente que dans le premier âge des plantes; et il paraît certain qu'elle donne une première nourriture à la jeune tige, de même que les cotylédons, ou le périsperme de la graine, nourrissent d'abord tout l'embryon lorsqu'il commence à végéter.

Couches ligneuses. On nomme ainsi les zônes endurcies qui composent la substance des arbres, et qui s'étendent depuis la moelle centrale jusqu'à l'écorce. Elles sont de deux sortes : les plus âgées, situées au cœur du végétal, composent le bois parfait, tandis que les plus jeunes, les extérieures, portent le nom d'*aubier* (à cause de leur blancheur), ou de bois imparfait. Cette différence entre les deux sortes de bois est très-marquée dans les bois très-durs : ainsi l'ébène, qui est d'un noir si prononcé dès qu'il est endurci, est d'abord blanchâtre à l'état d'aubier. Les arbres qui croissent dans des lieux humides ont quelquefois des couches d'aubier très-nombreuses. Souvent aussi les

I.

couches d'aubier sont plus nombreuses d'un des côtés
d'un arbre, celles de l'autre côté s'étant plus rapidement transformées en bois parfait. Du côté des moins
nombreuses s'en trouvent aussi de plus épaisses, et cela
dépend de ce que les racines, plus grosses et mieux
nourries de ce côté, donnent plus de volume aux couches qui leur correspondent, en même temps qu'elles
les transforment plus vite en bois parfait.

Les mêmes causes qui multiplient les couches d'aubier sont celles qui les rendent plus minces, la mauvaise terre, de petites racines, en un mot le défaut
d'une nouriture assez abondante. Comme l'aubier est
moins solide que le bois, moins compacte, moins durable, plus attaquable par l'humidité et les insectes,
on a proposé d'écorcer totalement les arbres un an
avant de les abattre ; par ce moyen il ne peut se former de nouvel aubier, et la couche précédente de ce
bois imparfait a le temps de se transformer en bois
parfait, en bois solide. La dureté du bois dépend
beaucoup moins du tissu ligneux lui-même que de la
consistance des sucs déposés dans ses cellules, dans
ses mailles ; or les sucs extravasés dans l'aubier sont
plus abondans et presque fluides. On transforme du
bois en aubier à-peu-près comme on change en cartilages les os les plus endurcis, je veux dire en dis-
solvant la matière qui s'est déposée dans le tissu propre ; à l'aide de l'acide nitrique, par exemple.

Nous avons vu que chaque végétal à plusieurs cotylédons acquiert chaque année une nouvelle couche
ligneuse ; mais cette couche s'est-elle formée tout-à-
la-fois et tout d'une venue, ou est-elle composée
d'autant de couches partielles qu'elle met de jours, de

semaines ou de mois à se former et à s'endurcir ? Duhamel a admis des formations partielles et successives, et il cite des expériences à l'appui de son opinion. On a remarqué que la couche d'une année se confondait quelquefois avec celle d'une autre année, et c'est ainsi qu'on explique pourquoi des ormes de cent ans, abattus aux Champs-Élysées de Paris, ont pu n'offrir que quatre-vingt-quatorze couches. On a aussi prétendu qu'il y avait parfois deux couches ligneuses pour la même année. Mais les couches de chaque année n'ont pas toutes la même grosseur : cela est subordonné aux saisons, à la température, et surtout à l'âge : c'est de vingt à trente ans que le tronc des chênes, par exemple, grossit davantage ; les couches de cette époque ont beaucoup plus d'épaisseur que celles de dix ans ou de soixante.

Ainsi les couches ligneuses se recouvrent l'une l'autre et s'accolent à mesure qu'elles se succèdent ; et comme elles sont déjà endurcies et déjà engaînées au bout d'une année, il en résulte qu'elles ne peuvent plus alors prendre aucun accroissement, si ce n'est, encore quelque temps, en refoulant peu-à-peu et faisant disparaître le tissu cellulaire interposé entr'elles. Il suit de là que ces couches n'éprouvent plus sensiblement, après la première année, ni progrès, ni changemens de volume ou de forme ; de sorte que si l'une d'elles a été ou gelée ou entamée, sculptée ou couverte de chiffres et d'inscriptions, si des corps étrangers lui adhèrent et la transpercent, ces marques, ces corps étrangers, ces lésions, fût-ce même après un siècle, se retrouveront fidèlement conservés dans cette même couche et à leur date précise. C'est ainsi qu'on peut calculer, en additionnant les couches ligneuses superposées à une *gélivure*, à l'hiver de quelle année correspond cette dernière. C'est à ces enclavemens successifs qu'il faut attribuer ces corps organisés, fruits, graines de plantes, dépouilles d'animaux, découverts au centre de vieux arbres, et que certaines personnes ont attribués faussement à des productions spontanées. Un clou enfoncé dans la dernière couche ligneuse d'un arbre, se retrouvera, vingt années après, vingt couches plus profondément : quoique fiché d'abord à la superficie, et demeurant sans déplacement, sans attraction ni percussion d'aucune sorte, il aura cheminé vers le cœur de l'arbre. Cependant il est resté immobile, mais tout a changé autour de lui. Demandez pourquoi les racines du Gui paraissent si profondes, pourquoi on les retrouve jusque dans les couches centrales ; pourquoi les branches paraissent s'enfoncer progressivement dans leurs troncs, et comment se forment les nodosités ligneuses : c'e st par la même cause dont nous venons de citer d'autres effets et d'expliquer l'action. C'est aussi par la même raison que toute compression longtemps persévérante d'un tronc ligneux y produit des excavations de plus en plus profondes.

ÉCORCE. Fibreuse à l'intérieur, celluleuse en dehors, l'écorce a beaucoup d'analogie avec les couches ligneuses, quant à la superposition de ses lames, mais elle se développe en sens inverse. J'ajoute qu'elle est traversée, comme le bois, par des *rayons médullaires* qu'on a supposés être une émanation de la moelle centrale.

Il se forme chaque année une couche d'écorce,

comme une couche de bois; mais la dernière écorce, au lieu de s'appliquer en dehors de la précédente, à la manière des couches ligneuses, se formant au contraire en dedans de la vieille écorce, il suit de là que la jeune couche corticale se trouve voisine de la jeune couche ligneuse, et que, l'année suivante, elles se trouvent séparées l'une de l'autre par deux nouvelles couches des deux sortes. La nouvelle écorce, appelée *liber*, est d'abord interne; mais au bout d'une année elle est poussée vers l'extérieur; au contraire de la nouvelle couche de bois, ou de l'aubier, lequel tend à devenir central, elle tend, elle, à la surface. Il est probable que la source commune de ces productions contiguës, mais opposées, se trouve au lieu de leur contiguité; et l'on croit que c'est le cambium dont nous parlerons ailleurs.

Ainsi, il se forme chaque année une couche corticale aussi bien qu'une couche ligneuse : mais il y a cette différence entr'elles, que les couches ligneuses se superposent, et persévèrent en se durcissant, tandis que la vieille couche d'écorce se desquamme ou meurt chaque année; et nous devons observer que l'addition des couches de bois rendait indispensable ce continuel renouvellement de l'écorce et sa destruction : car la même enveloppe corticale ne saurait contenir un trone augmenté chaque année d'une nouvelle couche ligneuse. Ce qui paraît d'abord singulier, c'est que ce soit la plus petite écorce qui recouvre la plus grande ; mais ce qui rétablit les proportions, ce sont les gerçures de l'écorce la plus vieille et la plus extérieure. Ajoutons que la destruction annuelle de l'écorce est déterminée par la circonstance même qui la nécessite, je veux dire par l'accroissement progressif du corps ligneux ; et voilà comment. L'addition d'une nouvelle couche de bois aux couches précédentes cause la distension de l'écorce, son amincissement, ses gerçures, surtout la compression de ses vaisseaux, et bientôt l'écorce ancienne meurt et se dessèche par défaut de nourriture. Mais remarquons que, puisque la renovation de l'écorce est nécessitée par l'accroissement du corps ligneux, il faut nécessairement aussi que la formation de la nouvelle écorce ou du liber soit postérieure à l'achèvement parfait de la nouvelle couche ligneuse ; car si la formation de la nouvelle écorce et du nouveau bois, si la production du liber et de l'aubier était simultanée, on voit bien que le liber serait rompu et détruit par compression avant que d'être entièrement achevé. Non, il ne paraît pas probable que ces deux corps se forment à-la-fois dans la même saison, pas probable qu'ils puisent en même temps des matériaux à la même source ; mais la production en est successive, et vraisemblablement la nouvelle écorce est formée du résidu des matériaux composant le bois nouveau.

Puisque la couche corticale tend toujours vers le dehors des végétaux, les corps étrangers dont on la traverse, les inscriptions qu'on y grave, ne disparaissent point vers l'intérieur, comme nous l'avons dit de ce qu'on grave, de ce qu'on enfonce dans le corps ligneux. Seulement, comme l'écorce est toujours distendue, les empreintes qu'elle présente sont progressivement agrandies suivant l'épaisseur ; des corps étrangers fichés à la même hauteur dans son tissu, se trouvent, au bout d'un certain temps, plus éloignés l'un de l'autre qu'ils n'étaient originairement, etc. C'est par le degré d'élargissement de lettres inscrites sur le tronc monstrueux des Baobabs, qu'Adanson supputa que ces arbres étonnans devaient avoir cinq à six mille ans d'existence. A force de s'élargir, les inscriptions et les sculptures gravées sur l'écorce finissent par se défigurer et par devenir indéchiffrables ; mais comme presque toujours le bois s'est trouvé endommagé en même temps que l'écorce superposée, on peut espérer, en fouillant plus avant dans un tronc d'arbre, de retrouver intacts et de grandeur primitive les caractères déjà presque méconnaissables de l'écorce. Supposons des inscriptions datant d'un demi-siècle, je dis qu'on peut retrouver dans la cinquantième couche ligneuse, en allant de l'extérieur vers le canal médullaire, l'inscription des caractères originaires dont l'écorce ne porte plus que des traces obscurcies.

ENVELOPPE CELLULEUSE. Elle est située à l'extérieur des autres couches corticales : elle est pour ainsi dire la moelle de l'écorce, et elle est analogue à celle-ci par sa structure non moins que par son organisation. En effet, elle succède de dedans en dehors au liber et à l'écorce proprement dite, tout comme la moelle centrale succède, de dehors en dedans, à l'aubier et aux couches ligneuses ; or, nous savons que l'ordre des couches est en sens contraire dans le bois et dans l'écorce. Cependant la position de l'enveloppe celluleuse au dehors du végétal la fait différer de la moelle véritable, 1°. parce qu'au lieu d'être concentrée dans un canal, elle forme une zône autour des autres parties ; et 2°. parce que son contact avec l'air lui permet d'agir sur lui, d'absorber, de fixer du carbone et de verdir. Cette enveloppe est excessivement mince dans le Platane ; très-épaisse, au contraire, dans le Chêne-liège, dont on la sépare artificiellement pour les besoins de l'homme, une ou deux années avant sa desquammation naturelle. Elle partage les distensions, les gerçures des couches corticales, et sa chute est périodique dans plusieurs sortes d'arbres ; mais il faut avouer que son mode de reproduction n'a pas été convenablement expliqué jusqu'à présent.

ÉPIDERME. C'est la pellicule placée à la surface de l'enveloppe celluleuse dont nous venons de parler : elle paraît tout-à-fait distincte de cette enveloppe, seulement elle lui adhère et la revêt. On a plus ou moins de difficulté à l'en séparer. Si l'on fait attention à la manière dont les arbres s'accroissent et dont l'écorce se renouvelle en se fendillant et se desséchant, on comprendra que l'épiderme doit être dilacéré chaque année, et qu'il n'est bien distinct, avec les propriétés qui le caractérisent, que dans les jeunes troncs et les branches nouvelles, ou bien encore dans les intervalles des gerçures des vieilles couches. Il ne faut pas prendre pour un seul épiderme cette masse informe, cette couche épaisse et inégale dont le tronc des vieux arbres est couvert ; ce sont là des débris amoncelés et comme le cadavre de plusieurs écorces successives. Il y a des plantes qui paraissent avoir plusieurs épidermes superposés : le bouleau est dans ce cas ; aussi est-ce l'un des arbres de nos climats qui résiste le mieux au froid et qui redoute moins les régions glaciales.

RACINES. Les racines des plantes Exogènes croissent

en épaisseur absolument de la même manière que les tiges ; elles forment en conséquence, par leur rencontre avec ces dernières, deux espèces de cônes dont les bases s'adossent à ce point intermédiaire qu'on nomme le collet. Mais dans les plantes Endogènes ou Monocotylédones, au lieu de deux cônes, ce sont deux cylindres. Les racines ne croissent que par leurs extrémités ; le corps même de la racine n'éprouve pas d'élongation totale comme nous l'avons dit pour les jeunes tiges : des marques placées à égales distances sur les racines encore tendres n'éprouvent jamais d'écartement sensible, et si on coupe ces racines, elles ne s'allongent plus. D'ailleurs elles diffèrent des tiges en ce qu'elles n'ont ni trachées ni stomates ou pores, ni moelle centrale : toutefois elles ont comme elles des rayons médullaires, ce qui prouve que ces rayons ne sont pas nécessairement une émanation de la moelle dans les tiges. Du reste, elles ont, comme ces dernières, une enveloppe celluleuse, une écorce, un liber, des couches successives, d'âges et de dureté différente ; car leur accroissement a lieu par zônes annuelles, comme pour les tiges. Elles sont pourtant très-différentes des tiges : elles ne verdissent jamais, lors même qu'elles seraient exposées à l'air ; elles n'absorbent jamais de carbone, et quoi qu'on ait pu dire, jamais elles ne se transforment réellement en tiges, ni jamais les tiges en racines. Dans l'expérience de Duhamel, du retournement d'un arbre, on voit des racines naître des tiges, et des tiges provenir des racines ; mais les unes ni les autres ne se transforment ; et même on voit périr, dans cette expérience, et les jeunes racines et les nouvelles pousses

de la tige. Nous avons vu que les branches des arbres
dépendent des racines dans ce sens, que les plus
grosses branches sont toujours du côté des racines les
plus volumineuses, parce que ces dernières fournissent
de ce côté une nourriture plus abondante. Par la
même raison, les couches du bois sont plus rapidement
parfaites, plus dures, plus épaisses, et l'aubier moins
persévérant du côté des plus grosses racines. On a
aussi observé que les arbres situés sur le penchant
d'une montagne ont des branches parallèles aux racines; c'est-à-dire qu'elles sont courtes et verticales
du côté de la cîme, et longues et pendantes à cause
de leur poids plus grand du côté de la vallée; parce
que les racines n'éprouvent, en ce dernier sens, aucun obstacle à s'accroître, aucune difficulté à descendre et à se nourrir dans le sol.

Il suffit pour que les racines poussent des tiges ou
surgeons, qu'elles soient en contact avec l'air: et pour
que des racines naissent des tiges, il faut que celles-ci
soient placées près d'un sol humide ou même qu'elles
y pénètrent. Les tiges noueuses, et celles que beaucoup de fluides pénètrent, les plantes grasses ou
aqueuses, sont celles d'où proviennent plus aisément
des racines; et celles-ci naissent surtout vers les nœuds
et les articulations. Il est peu de parties vertes dans
les végétaux qui ne puissent donner naissance à des
racines: celles-ci naissent d'espèces de petites glandes
ou Lenticules que l'écorce commune contient dans
son épaisseur. Ces dernières racines sont nommées
adventives. L'usage des racines est de fixer les plantes
dans le sol et de les nourrir. On juge de leur âge
comme nous avons dit qu'on juge de l'âge des tiges.

exogènes, par le nombre des couches ligneuses concentriques.

FEUILLES. Ordinairement avant de se développer les feuilles sont roulées, pliées ou diversement contournées dans leur bourgeon : mais leur mode d'épanouissement a beaucoup de constance et de régularité pour celles de la même espèce. On peut observer, quant à leur disposition, que jamais deux feuilles parallèles ne se recouvrent immédiatement; mais que la troisième est ordinairement placée vis-à-vis de la première, et la quatrième en face de la deuxième ; que les plantes dicotylédones ou Exogènes ont constamment leurs feuilles primordiales opposées, tandis que les plantes Endogènes les ont alternes. Chaque année ordinairement les feuilles articulées tombent d'elles-mêmes, en se désarticulant; celles qui sont continues avec la tige meurent sans tomber, sans se détacher. Les feuilles qui absorbent et qui exhalent beaucoup, sont les plus promptes à se faner et à périr; également, celles qui ont un bouton dans leur aisselle sont plus tôt tombées que les autres.

FLEURS. Elles se développent, se déplissent, se déroulent et s'épanouissent à la manière des feuilles : ordinairement elles terminent les tiges ou leurs rameaux, ou naissent dans l'aisselle des feuilles ou des rameaux. Les différentes parties qui composent les Fleurs sont presque toujours alternatives : c'est-à-dire, que les divisions de la Corolle répondent à l'intervalle des divisions du calice; que les Étamines sont situées vis-à-vis ces dernières, et en conséquence dans l'intervalle des Pétales; et enfin que les Pistils sont parallèles aux pétales et qu'elles alternent avec les étamines. Cette disposition est rarement transgressée.

Nous ne donnerons pas d'autres détails sur les fleurs: Il en a été fait mention dans une autre partie de cet ouvrage. (*Voy.* chap. V du livre II.)

Nous n'avons eu en vue, dans ce chapitre, que ce qui concerne l'accroissement et l'organisation des végétaux Dicotylédones ou Exogènes : nous ferons quelques remarques rapides, dans le chapitre qui va suivre, sur les végétaux à un cotylédon, ou Endogènes. Ces derniers sont en effet trop différens des autres pour n'en être pas séparés.

CHAPITRE XIII.

Remarques sur l'Accroissement des Plantes Monocotylédones ou Endogènes.

Les plantes qui naissent avec un seul cotylédon se ressemblent, en outre, par d'autres caractères (1), mais surtout par leur mode d'accroissement. D'abord elles sont Endogènes, c'est-à-dire que ce sont leurs parties excentriques qui sont les premières formées, et que c'est à leur centre qu'elles produisent des couches nouvelles : voilà déjà deux caractères qui les différencient formellement des plantes à deux Cotylédons ou Exogènes. Outre cela, elles ne sont pas

(1) *Voyez* D'Aubenton, Desfontaines, Mirbel, Decandolle, Richard, Du Petit-Thouars, Dutrochet, Lestiboudois, etc.

formées de deux parties distinctes comme ces dernières ; elles n'ont pas comme elles un bois nettement séparé d'une écorce, elles ne sont pas formées de deux parties s'accroissant en sens contraire ; et si elles ressemblent à l'une de ces deux parties composant le tronc des dicotylédones, c'est uniquement à l'écorce, puisqu'elles s'accroissent en dedans comme celle-ci. Elles n'offrent donc qu'une seule masse uniforme et sensiblement homogène ; et de plus, elles n'ont ni de moelle centrale, ni de rayons médullaires.

Si l'on coupe la tige d'un palmier, par exemple, « on voit qu'elle n'est composée que de fibres éparses, entremêlées d'un tissu cellulaire qui les unit les unes aux autres. On remarque aussi que les fibres de la circonférence sont serrées les unes contre les autres, d'une consistance très-ferme, et évidemment plus âgées que les fibres intérieures. Ces dernières, au contraire, sont écartées, sont molles, d'une nature plus herbacée, et entourées d'un tissu cellulaire lâche et féculent. Chaque fibre est un faisceau mélangé de trachées et de vaisseaux divers, entremêlés en outre d'un tissu cellulaire allongé, et entourés d'un tissu cellulaire à mailles arrondies. La différence de consistance entre le centre et la circonférence du tronc est toujours sensible, et quelquefois très-remarquable. Il est des palmiers dont la partie extérieure est tellement dure, que la hache ne peut l'entamer; tandis que le centre est un tissu lâche et spongieux, qui s'altère par l'humidité. La circonférence des palmiers, quant à la consistance et à l'âge, représente donc le bois de nos arbres; tandis que le centre est comme une sorte d'aubier. Toutefois il faut remarquer que ces deux organes sont placés dans un sens inverse de ce que nous avons l'habitude de voir dans les exogènes. C'est de cet aubier central que naissent les feuilles et les fleurs ; c'est en un mot, c'est toujours par le centre que s'effectue le développement de toutes les parties des palmiers. Les jeunes feuilles des pousses annuelles des Dicotylédones ou Exogènes naissent, il est vrai, semblablement en dedans des feuilles plus anciennes, ou à l'intérieur des bourgeons ; mais si, sous ce rapport, il y a ressemblance entre les deux grandes classes de végétaux, elles n'en diffèrent pas moins en cela, que tout le reste du développement du tronc se fait par l'addition de nouvelles couches ligneuses et en dehors des premières ; tandis que, dans les Endogènes ou Monocotylédones, l'accroissement s'opère par l'interposition de nouvelles fibres, et seulement vers le centre du tronc. »

On a comparé l'évolution ou développement des Palmiers au déploiement successif des cylindres emboîtés d'une lunette d'approche. Dès son origine, en effet, le palmier pousse une première rangée de feuilles qui lui forment comme un couronnement. Chaque année suivante, on voit naître à l'extrémité de la tige une nouvelle rangée ou touffe de feuilles, et ces feuilles elles-mêmes sont la terminaison et comme l'épanouissement d'une nouvelle couche qui s'est formée à l'intérieur de l'arbre, en dedans de la couche de l'année précédente. Il résulte de là que le palmier se compose de couches concentriques les unes aux autres, mais non distinctes entr'elles ; et ces couches se forment et se succèdent à l'inverse des couches ligneuses des plantes dicotylédones ou Exo gènes : les couches les plus internes sont les dernières formées. Et comme les couches les plus extérieures, de toutes les premières formées, sont trop dures, lors du développement des couches subséquentes, trop solides, pour céder à la pression que ces dernières exercent sur elles, à cause de cela les plantes monocotylédones ou Endogènes ne font de progrès qu'en hauteur et nullement en épaisseur : bien plus, le développement des couches à l'intérieur produisant toujours chaque année des expansions semblables à l'extrémité de la vieille tige, il en résulte que les tiges des plantes monocotylédones sont sensiblement de la même grosseur dans toute leur étendue, sensiblement cylindriques. Car nous avons dit que les couches extérieures ne peuvent s'agrandir ni se dilater.

Pour juger de l'âge des Palmiers ou des autres monocotylédones vivaces, il suffirait de savoir le nombre des couches ajoutées intérieurement et chaque année l'une à l'autre ; mais puisque ces couches ne sont pas distinctes, nullement séparées, il faut recourir à un autre moyen. Or, nous trouvons une base plus sûre pour un semblable calcul, dans ces anneaux de feuilles qui couronnent annuellement ce genre de plantes. Si les feuilles tombent, il reste au moins des cicatrices indiquant leur présence et résultant de leur chute ou destruction. La difficulté est que dans la suite des temps ces cicatrices même finissent par s'effacer, et alors plus de moyens précis pour s'assurer de l'âge de ces végétaux : il ne reste tout au plus que l'appréciation de la longueur totale de la tige, composée de fractions à-peu-près égales pour chaque année, et par la comparaison de la longueur totale avec la mesure d'une année, on peut juger quel nombre d'années il a fallu pour le développement du tout ensemble.

Il résulte de ce mode de développement des plantes monocotylédones plusieurs particularités notables. Par exemple, comme ces végétaux ne croissent sensiblement qu'en hauteur, on conçoit qu'il suffit qu'une seule pousse annuelle soit entravée, ralentie par n'importe quelle cause, pour déterminer un étranglement manifeste dans la tige : on a vu des plantes de la famille dont nous parlons, présenter des étranglemens sensibles par le simple effet d'une longue traversée sur mer par un temps inopportun. La même cause ne peut produire d'effets semblables sur la tige des exogènes ou dicotylédones; car comme elles croissent par couches concentriques superposées les unes sur les autres, il est clair que la maigreur, que l'amoindrissement de l'une d'elles doit porter sur tous les points de la tige également, puisque cette nouvelle couche dépérie enveloppe toutes les parties alors existantes du végétal. S'agit-il, au contraire, des effets de compressions exercées sur ces tiges? ces compressions, on en voit la raison, produiront alternativement des dépressions et des bourrelets sur les plantes exogènes ou dicotylédones (puisqu'elles s'accroissent à l'extérieur); tandis qu'elles n'auront aucun effet, aucun résultat apparent sur des plantes endogènes, dont la croissance se fait par le centre. Une Viorne, en conséquence, produit des empreintes sur un jeune Ormeau qu'elle enserre, et ne laisse aucune trace au contraire sur la tige d'un Palmier. Ce sont là des effets différens d'une cause semblable.

Ce que nous venons de dire des palmiers est également vrai, à de faibles modifications près, de toutes les plantes à un seul cotylédon ou endogènes : toutes diffèrent des exogènes, en ce qu'elles croissent en dedans, en ce qu'elles n'ont point d'écorce, point de moelle centrale isolée, point de couches annuelles appréciables, nul progrès pour l'épaisseur après les premières années, mais seulement un accroissement en hauteur par des pousses terminales. Autrefois, avant qu'on eût nettement différencié les végétaux endogènes des exogènes, on ne pouvait dire rien de général sur les tiges et leur accroissement, sans être arrêté à tout instant par des exceptions embarrassantes ; aujourd'hui que ces généralités sont plus restreintes, elle sont du moins d'une grande exactitude.

La nature est si variée dans ses productions, si diversifiée dans ses phénomènes, si féconde en causes secondaires, que pour découvrir la vérité dans ses œuvres, il faut ordinairement descendre jusqu'aux faits individuels. Les généralités ne sont souvent que de superbes mensonges.

CHAPITRE XIV.

Irrégularités, Anomalies réelles ou seulement apparentes des Végétaux. — Soudures. — Avortemens. — Métamorphoses.

Les Anomalies et les Difformités sont encore plus fréquentes pour les plantes que pour les animaux. Beaucoup sont purement accidentelles, et causées,

I.

soit par des compressions, d'où naissent de profondes dépressions dans les tiges exogènes; soit par des froids trop vifs et trop prolongés, ce qui engendre des gélivures concentriques pour les plantes exogènes, et des étranglemens insolites pour les endogènes; soit par des piqûres d'insectes, d'où résultent des végétations irrégulières, des proéminences difformes. La moelle centrale peut aussi se trouver déjetée d'un côté de la tige et loin de son axe, par l'effet de l'épaisseur plus grande des couches ligneuses du côté opposé; et cela arrive toutes les fois que les racines trouvent dans un sens, plus que dans les autres, de la facilité à s'étendre, à croître et à se nourrir. Il suffit quelquefois, ou de couper les bourgeons floraux, ou de détruire ceux des boutons à bois qui sont prédisposés à prendre de l'accroissement, pour déterminer la crue d'autres parties qui, sans cela, fussent demeurées stationnaires : et même cette opération si simple peut changer l'aspect et la physionomie de tout un végétal, au point de le rendre méconnaissable à distance.

Mais il est vrai de dire que la plupart des difformités sont natives, ou du moins originairement prédisposées dans quelques espèces. Les causes en sont diverses : tantôt ces anomalies tiennent à un avortement d'organes, tantôt à une soudure, à une adhérence, ou bien à une sorte de métamorphose de certaines parties. Nous allons citer des exemples de chacune de ces espèces d'irrégularités.

Quant aux Avortemens de beaucoup d'organes, c'est une chose assez commune dans les plantes; il est impossible d'en nier l'existence. Ainsi la première fleur de la Rue a seule dix étamines (et c'est à cause de cela que Linné a rangé cette plante dans la Décandrie), mais les autres fleurs n'en ont que huit: les deux autres avortent constamment. Les fleurs tétradynames de beaucoup de crucifères deviennent quelquefois simplement Tétrandres, par l'avortement des deux petites étamines ordinairement sur-ajoutées aux quatre grandes. Beaucoup d'autres plantes manquent souvent ainsi de plusieurs des étamines composant le nombre total naturel à leur espèce. On voit pareillement manquer, chez certains végétaux, des pétales, des pistils dans la fleur, des graines dans l'ovaire, un cotylédon dans l'embryon, etc. Le même arrêt dans l'accroissement, le même défaut d'organisation se remarque dans les autres parties de la plante : c'est ainsi que beaucoup de feuilles se transforment en simples vrilles; que de jeunes rameaux, manquant de nourriture, se transforment en épines; et si quelques plantes ont la singularité de n'avoir d'épines que dans une culture plus perfectionnée et plus favorable, cela dépend de ce qu'une nourriture trop abondante a déterminé la production de rameaux supplémentaires qu'il n'est pas dans la nature du végétal de développer.

Les exemples de Soudures sont aussi fort nombreux; et même ces adhérences sont si constantes dans certaines familles de plantes, qu'on pourrait aisément se méprendre en les confondant avec des dispositions normales et un état naturel. Il est assez fréquent de voir les deux cotylédons de quelques graines de dicotylédones tellement unis, qu'on croirait qu'il n'existe réellement qu'un seul cotylédon : cela est vrai en particulier du Cycas. Deux graines se soudent aussi quelquefois pour n'en former qu'une, et cette double graine renferme alors deux cotylédons, il est vrai souvent imparfaits. Les étamines s'unissent de même, tantôt par leurs anthères (dans les fleurs composées ou Syngénèses); tantôt par les filets, dans les plantes de la Monadelphie, de la Polyadelphie, etc. celles du Barnasia sont soudées à-la-fois par les anthères et par les filets. La même chose se remarque pour les pistils et pour les ovaires. Deux feuilles, deux fleurs, deux branches, deux troncs, deux racines souvent se greffent ensemble, de manière à ne plus former qu'un corps unique après leur soudure.

J'en dis autant des Transformations ou Métamorphoses; les exemples en sont nombreux. Sans parler de la racine et de la tige, qui (quoi qu'on en ait dit) ne se transforment jamais l'une ou l'autre, on voit de jeunes rameaux se changer en épines, ainsi que nous l'avons exposé, par une sorte d'avortement; et ces épines redeviennent rameaux foliacés, lorsque le sol où vit la plante est plus riche, moins ingrat. Il est de même habituel que les feuilles du calice des composées se changent en aigrettes sèches; que les étamines, et parfois aussi les pistils, dans les fleurs doubles, se transforment en pétales; une chose plus rare, c'est la transformation des pétales en étamines. Enfin, les feuilles se changent quelquefois en vrilles, les pétioles ou même les tiges en feuilles : il n'y a pas jusqu'au spermoderme, ou peau de la semence, à qui l'on n'ait vu subir de ces dernières transformations (1).

(1) M. Du Petit-Thouars.—Consultez aussi, pour tout ce chapitre, Goëthe, Autenrieth, Decandolle, Correa, Cassini, Rob. Brown, etc.

Comme ces métamorphoses, ces avortemens et soudures d'organes sont d'une grande constance dans certaines espèces, il est résulté de là qu'on a souvent pris de pareilles anomalies pour l'état naturel ; et qu'au contraire, l'état primitif et de nature a passé pour une irrégularité, pour une anomalie. Ainsi on a vu des fleurs présenter plus d'étamines qu'elles n'en ont d'habitude ; d'autres, dont les étamines sont ordinairement soudées, les avoir isolées ; on a vu des fleurs qui n'avaient habituellement que des pétales nombreux, offrir tout-à-coup plus d'étamines et moins de pétales, vu des aigrettes changées en feuilles de calice, des pétales redevenus pistils dans quelques anémones, des épines transformées en vrais rameaux, etc. ; et l'on a pris toutes ces choses pour des difformités, pour des anomalies, lorsqu'au contraire il n'aurait fallu y voir qu'un retour à l'état primitif et normal.

Cependant nous avons plusieurs moyens de nous assurer que ces développemens extraordinaires d'organes sont l'état de nature. Indépendamment de ce que la symétrie des organes paraît visiblement altérée, nous voyons, par exemple, certains Géraniums n'avoir que cinq ou sept étamines, tandis que la plupart des plantes de ce genre en ont dix ; et c'est un motif de croire qu'il y a dans ce cas avortement. Outre cela, on retrouve presque toujours quelques rudimens des organes avortés, nouveau motif. Maintenant si la même fleur, qui n'avait que sept étamines, vient à en offrir dix, n'est-il pas naturel de penser que ce dernier cas est la disposition régulière de cette fleur? On voit une rose avec des pétales nombreux, et peu ou point d'étamines; est-ce là l'état de nature? on transplante la tige où tenait cette fleur dans un sol moins fertile et d'une culture plus négligée, et alors on voit diminuer le nombre des pétales, et se multiplier les étamines dans la même proportion : est-ce là une anomalie? est-ce là une irrégularité? n'est-il pas évident, au contraire, que les pétales multipliés de la fleur double n'étaient que des étamines, je ne dis pas avortées, mais transformées? C'est de la même manière qu'on voit parfois se transformer en étamines, des cornets de fleurs d'Ancolie; que les Anémones dont la culture avait changé les pistils en pétales, reprennent ces pistils, lorsqu'on les abandonne sans culture. Mais voici un exemple plus décisif. Je suppose qu'on trouve six glands au lieu d'un dans une capsule de Chêne, n'est-il pas vrai qu'on croira à une monstruosité? ce ne serait pourtant là qu'une disposition normale et régulière; car il est sûr que le jeune fruit du chêne se compose originairement de trois loges contenant deux grains chacune; et si le gland est ordinairement unique, cela n'est dû qu'a l'avortement des cinq autres semences qui lui furent contemporaines : il en est de même du fruit du marronier, mais je ne finirais pas si je voulais citer seulement la centième partie des faits de ce genre.

Redisons donc que l'habitude des dispositions les plus irrégulières fait regarder souvent comme anomalie un retour à la régularité native; je veux dire à la restitution d'organes habituellement avortés. Il est clair que, dans toute espèce où les monstruosités sont fréquentes, on est porté à regarder comme monstres, les êtres les plus réguliers : et c'est précisément

ce qui arrive pour beaucoup de plantes. Il est facile
de s'habituer à prendre pour des tous uniques, mais
seulement divisés, des organes réellement composés
de parties distinctes. Ainsi on dit que le calice, que
la corole se divisent, au lieu qu'il faudrait dire que ces
organes sont composés de pièces entr'elles adhérentes
et soudées, comme on a raison de le dire des étamines et des pistils unis.

Il faudrait aussi changer le langage, ou du moins
les idées, pour ce qui regarde les avortemens de divers organes. Ainsi, certains fruits n'ont qu'une loge
cloisonnée, que parce que plusieurs fruits se sont
soudés pour n'en former qu'un; certaines fleurs ne
sont stériles, que parce que les étamines ou les pistils ont avorté : peut-être même beaucoup de plantes
ne sont-elles dioïques ou monoïques, c'est-à-dire à
fleurs diversement unisexuelles, qu'à raison d'un
avortement des pistils dans certaines plantes ou dans
une partie des fleurs, ou à cause d'un semblable avortement des étamines dans les autres. Et ce qui autorise encore cette opinion relativement aux dioïques, c'est qu'il est peu de fleurs de cette nature qui
ne présentent au moins parfois la réunion d'organes
mâles et d'organes femelles; et voilà même la source
des erreurs que commit Spallanzani au sujet des
graines du chanvre. (*Voyez* chap. V, liv. II.)

Remarquons à ce sujet qu'il paraît aussi naturel
aux plantes d'être hermaphrodites, je veux dire de
réunir les organes des deux sexes dans les mêmes
fleurs, qu'il est naturel aux animaux supérieurs d'être
unisexuels. Et même tout porte à penser que les
plantes ne deviennent unisexuelles, qu'en vertu des

mêmes causes qui font paraître les animaux vertébrés hermaphrodites, c'est-à-dire par un arrêt dans l'accroissement, par une sorte d'avortement des organes reproducteurs.

Il est encore plusieurs observations à faire à l'égard des anomalies et des monstruosités des plantes; voici les principales :

1°. Les organes des végétaux sont d'autant moins variables, d'autant moins exposés à se déformer, à devenir irréguliers, qu'ils sont moins nombreux : leur grand nombre les expose davantage à des compressions, et à cause de cela à des avortemens, à des soudures. Les fleurs en épi, les pédoncules multiflores, les fleurs composées, sont les plus enclins à des anomalies, à des avortemens, et à des irrégularités diverses.

2°. En général, les premiers organes développés sont les plus réguliers : la plante jouit alors de toute son énergie. Il est rare que les premières fleurs éprouvent des avortemens ; elles offrent presque toujours le caractère normal de l'espèce et de la famille : nous en avons cité un exemple pour la Rue. Il en est de même pour tous les autres organes : les feuilles primordiales sont, à cause de cela, toujours plus significatives. Ainsi toute plante dont les premières feuilles sont alternes, est monocotylédone : une disposition semblable serait monstrueuse dans les dicotylédones ou Exogènes.

3°. Les fleurs terminales sont les plus régulières, parce qu'elles sont les plus libres, et qu'elles sont d'ailleurs dans le sens direct des vaisseaux : la liberté et l'isolement favorisent la régularité de structure.

4°. Il existe pour chaque organe des plantes une sorte de symétrie qui peut indiquer les anomalies qu'elle éprouve : il y a pour chaque famille de végétaux un certain arrangement, un certain nombre arrêté d'organes, qui en font découvrir les transgressions. Ainsi les pétales, les sépales, les étamines, les pistils et les ovaires sont toujours dans des proportions relatives : le nombre des uns est tantôt pareil, tantôt double, tantôt multiple des autres. Outre cela les divisions du calice sont ordinairement parallèles à l'attache des étamines, les étamines alternent souvent avec les pétales et les pistils, et ces derniers, par conséquent, sont ordinairement parallèles aux pétales.

5°. Les plantes dicotylédones ont une sorte de prédilection pour les nombres quatre et cinq, et leurs multiples : cinq ou quatre pétales; huit, cinq, dix, douze, vingt étamines; quatre, cinq ou huit pistils, etc., sont, pour ces plantes, des proportions assez habituelles. Le nombre trois et ses multiples est surtout familier aux plantes monocotylédones ou endogènes. Il naît de là un nouveau moyen de découvrir des irrégularités, des soudures, des avortemens d'organes, un moyen de constater des anomalies.

6°. Ce qui serait régulier pour les plantes dicotylédones, est souvent irrégulier et monstrueux pour les monocotylédones.

7°. L'avortement d'un des organes floraux entraîne presque toujours à sa suite l'avortement d'autres organes, de sorte que les fleurs conservent leurs proportions et la plus parfaite symétrie au sein même des plus grandes irrégularités. C'est ainsi, par exemple.

qu'on retrouve sur une même tige des fleurs dont le calice a quatre divisions, la corolle quatre pétales, à huit étamines et quatre pistils et ovaires; et d'autres fleurs à cinq pistils, dix étamines, cinq pétales et cinq divisions au calice. La symétrie est par là conservée.

8°. Souvent une plante imparfaite au moment de son épanouissement, était parfaite un peu auparavant. C'est absolument comme pour les animaux : les anomalies proviennent presque toujours de ce que les différentes parties n'ont pas fait parallèlement des progrès, de ce que plusieurs sont restées stationnaires à des âges différens.

9°. On prend souvent pour un état régulier, dans les plantes, une monstruosité habituelle, et l'on regarde, au contraire, comme anomalie, une simple restitution de l'état régulier et primitif. Ce qu'on appelle Pélorie dans plusieurs fleurs, n'est point une monstruosité; c'est tout simplement la crue achevée, le développement régularisé d'étamines habituellement avortées.

10°. Il est commun que deux organes ne se fondent entre eux qu'en conséquence de ce qu'une autre partie ne s'est pas accrue; il est de même ordinaire qu'une partie n'avorte que parce que d'autres parties abreuvées des mêmes sucs se sont rapidement accrues. Ainsi, les bourgeons médians de certains arbres avortent par suite de l'élongation rapide des bourgeons latéraux; mais si ces derniers sont détruits ou empêchés, alors le bourgeon central se développe. Il est bien vrai que, dans ce balancement des organes voisins, l'extrême développement de l'un dépend souvent de l'avortement d'un autre, mais la règle opposée est infiniment plus ordinaire.

11°. Ce que nous venons de dire s'applique aux métamorphoses. Il est difficile de dire, par exemple, si les bractées de l'Hortensia ne s'accroissent et ne se teignent des plus belles couleurs que parce que ses fleurs véritables avortent, ou si l'avortement de ces dernières n'est dû qu'à l'excessif développement des autres. Le phénomène des fleurs doubles provient bien plutôt d'une métamorphose que d'un avortement; car il n'a jamais lieu que dans les circonstances les plus propices au rapide accroissement des végétaux.

12°. Lorsque deux organes ou deux parties se fondent pour n'en former qu'une, il arrive alors presque toujours qu'il y a en même temps surcroît et diminution d'organes : deux fleurs ou deux graines soudées ont plus de parties qu'il n'en faudrait pour une seule, et moins que les deux ensemble. C'est ainsi que deux semences unies de dicotylédones, n'offrent que trois cotylédons, au lieu de quatre, dans les deux embryons soudés qu'elles renferment (1). Les monstres doubles d'animaux présentent des caractères absolument analogues.

13°. Les organes floraux contigus sont les plus enclins à se métamorphoser les uns dans les autres; ainsi le calice se change quelquefois en pétales colorés, les pétales deviennent étamines, les étamines

____

(1) Observation de M. Decandolle fils, lequel se montre déjà digne de porter un nom qu'ont pour toujours illustré les travaux de son père.

pistils ou même ovaires, ou de même en sens inverse.

14°. Il est certain qu on a vu des étamines se changer tout-à-fait ou partiellement en ovaires, c'est-à-dire contenir des ovules avec ou sans pollen (1). On a vu pareillement des pistils se changer en étamines et porter des espèces d'anthères remplis de pollen. Les organes floraux peuvent donc se métamorphoser réciproquement les uns dans les autres ; tous peuvent de même se transformer en pétales ; il n'y a pas jusqu'aux divisions du calice, jusqu'aux bractées, et qui plus est jusqu'aux feuilles de la tige, qui ne puissent ressembler aux pétales et en revêtir les brillantes couleurs. Il n'est pas, en outre, un seul de ces organes reproducteurs des plantes, pas même les semences, qu'on n'ait vu parfois se transformer en feuilles. De toutes ces observations on conclut que ces organes sont tous de même nature, tous ressemblans aux feuilles ; qu'enfin tout végétal ne se compose que de trois organes différemment configurés, savoir : la *racine*, la *tige* et les *feuilles*.

CHAPITRE XV.

Circonstances indispensables au premier Accroissement des corps vivans. — Incubation. — Gestation. — Germination. — Avortement singulier des Didelphes.

Chaque être vivant a sa première origine dans un autre être semblable à lui : beaucoup même prennent

(1) M. Du Petit-Thouars.

leurs premiers accroissemens précisément dans le lieu
ou du moins dans l'être où ils ont leur première
source, et ils ne commencent à vivre d'une existence
indépendante qu'au moment où ils quittent le sein
maternel. Mais il est d'autres êtres très-nombreux qui
se développent, loin de leur première origine, dans
un ovule, séparé du corps vivant qui l'a produit, et
au sein duquel le nouvel être trouve, en même temps
qu'un abri, tout ce qui peut servir à le nourrir et à
l'accroître : nous pouvons citer des exemples de ces
différens modes d'accroissement. D'abord, les véritables Vivipares produisent des petits vivans, et la
première crue de ces jeunes animaux s'effectue dans
la matrice de leur mère. Quant aux animaux Ovipares,
ils ne sortent ordinairement de l'œuf où ils prennent
naissance, qu'un certain temps après que cet œuf
est lui-même détaché de la femelle qui l'a produit.
D'autres ovipares, il est vrai, éclosent au-dedans de
leur mère, et on les appelle à cause de cela Ovo-vivipares. Enfin, les Plantes, déjà formées en miniature
dans les graines encore adhérentes au réceptacle de
la plante-mère, ne se développent d'une manière
évidente qu'après la chute de ces graines dans un sol
ou sur des corps favorablement disposés. Il est des
végétaux qui donnent naissance, sans fleurs visibles, sans véritables graines, à des Bulbes contenant les linéamens de plantes nouvelles : il est de
même des animaux qui produisent de leur corps des
bourgeons, des Gemmes, sortes d'œufs imparfaits,
étrangers à toute espèce de fécondation ; et ces bourgeons, détachés de leur souche commune après y

avoir pris un notable accroissement, vont ensuite former de nouveaux animaux.

Maintenant, outre la circonstance de provenir tous d'êtres semblables à eux et d'avoir primitivement adhéré à leur propre substance, outre cette autre circonstance de naître tous d'une sorte de bourgeon ou d'un ovule au sein duquel le germe du nouvel être est d'abord invisible, tous les corps vivans ont en commun cette autre particularité, que le premier accroissement ne s'en effectue qu'à la condition, ou qu'ils adhèrent à leur mère, ou qu'ils en éprouvent le voisinage, qu'ils en reçoivent une bienfaisante chaleur, ou du moins une chaleur étrangère leur tenant lieu de cette chaleur maternelle et vivifiante. Toujours est-il que tous les corps vivans trouvent dans l'ovule qui leur sert de premier berceau, la première nourriture nécessaire à leur premier accroissement ; et que tous ont également besoin d'une chaleur étrangère, agissant sur eux jusqu'à ce qu'ils jouissent d'une existence individuelle entière, jusqu'à ce qu'ils effectuent une sorte de respiration, en agissant pour le décomposer, sur l'air libre ou emprisonné qui les entoure.

Ainsi donc, tous les êtres vivans éprouvent le besoin d'une sorte d'Incubation. Le jeune Polype ne se détache de sa souche originaire qu'après qu'il est déjà assez formé pour suffire seul à ses propres besoins. Cependant il faut remarquer que les polypes nés durant l'hiver ou dans l'automne se détachent assez vite de la base commune pour se développer isolément, tandis que ceux de l'été demeurent plus long-

temps aggrégés. Celles des plantes qui se reproduisent par des bulbes ou des espèces de bourgeons,
ressemblent beaucoup aux polypes en ce que nous
venons de dire ; les bulbes ne se détachent de la
plante-mère qu'après leur avoir long-temps adhéré,
et seulement alors qu'ils peuvent s'enraciner et s'accroître. La graine encore renfermée dans l'ovaire où
elle a été fécondée, contient déja l'embryon visible
d'une nouvelle plante : elle subit là une sorte d'incubation ; et comme elle reçoit sa part des vaisseaux
ramifiés dans le tissu de la plante-mère, et d'ailleurs
comme ces vaisseaux sont immédiatement continus
aux siens, à cause de cela elle ressemble beaucoup
mieux à ce qu'on observe pour les jeunes vivipares
qu'à ce qui a lieu pour les ovipares. Il est même des
graines qui germent avant de s'être détachées de la
plante mère : les fruits du Manglier en sont un exemple. Une graine, quelle qu'elle soit, étant déposée, loin
du jour, dans un sol humide et assez léger pour permettre l'accès de l'air, l'embryon déjà formé qu'elle
recèle continue de s'accroître. La radicule s'implante
dans la terre, où ses nombreuses ramifications puisent
des sucs nourriciers; la plumule se prolonge en tige
ordinairement hors du sol ; les cotylédons, ou premières feuilles séminales, tantôt restent au-dessous
de la plumule et tantôt et plus souvent la surmontent,
et, sortis de terre ou se trouvant cachés par le sol,
ils finissent par se flétrir, leur substance s'épuisant
peu-à-peu par la nourriture qu'ils fournissent à la
plante nouvelle : ensuite on voit successivement paraître des feuilles, des bourgeons, des fleurs ; et de
ces fleurs naissent de nouvelles graines, renfermant

les embryons d'autres plantes. Ainsi la graine, tant qu'elle reste attachée à son réceptacle, est l'image assez parfaite de l'ovule des vivipares; mais une fois insérée dans le sol, elle éprouve une sorte d'incubation à la manière des œufs des ovipares.

Tous les êtres vivans offrent la plus parfaite similitude en ce que nous venons de dire. Les Crustacés portent leurs œufs, jusqu'à ce qu'ils éclosent, sous l'extrémité évasée de leur queue; beaucoup de Mollusques gardent les leurs à l'intérieur de leur corps jusqu'à ce que des petits en naissent : ils sont par conséquent ovo-vivipares. On voit des Araignées porter leurs œufs patiemment dans leurs mains et les échauffer jusqu'à parfaite éclosion. Quelques Insectes, quoique se reproduisant tous par des œufs, mettent au jour des petits vivans; d'autres accouchent de larves, ou de nymphes déjà deux fois transformées. Il en est d'autres qui déposent leurs œufs dans des feuilles, dans des fruits ou des corps ligneux, dans le conduit digestif ou dans les narines d'autres animaux, dans des peaux ou des vêtemens, dans des immondices ou des chairs en putréfaction; et ils éprouvent, dans ces diverses circonstances, une chaleur favorable à leur développement et aux progrès de leurs métamorphoses. On voit même des insectes qui couvent réellement leurs œufs : la Cochenille, par exemple, couvre les siens de son propre corps façonné en bouclier; et elle meurt en les protégeant, et les échauffant d'un reste de chaleur vitale.

Beaucoup de Vers engendrent dans le corps d'autres animaux. Les Poissons, ou sont ovo-vivipares, ou déposent leurs œufs dans des plages et selon des expositions favorables à l'éclosion de leurs petits. Les mères, en général, leur donnent peu de soins, et n'exercent d'incubation d'aucune espèce : les œufs une fois déposés, elles les abandonnent. Toutefois, il est plusieurs espèces qui tiennent leur frai renfermé dans une sorte de poche située derrière l'anus, ou appendue à la peau du ventre. Les Reptiles, presque tous, déposent leurs œufs à-peu-près comme les poissons; seulement la longueur de l'accouchement, dans quelques espèces, détermine des effets équivalens à un commencement d'incubation. D'autres même prennent de leur progéniture des soins tout particuliers : ainsi, le Pipa femelle reçoit ses œufs, des mains du mâle, qui aide à l'accouchement, dans une sorte de cavités ou de cellules creusées dans la peau de son dos ; et c'est là qu'ils éclosent par l'effet d'une véritable incubation.

La plupart des Oiseaux couvent eux-mêmes leurs propres œufs, ou d'autres pour eux. On a dit que quelques oiseaux des pays équatoriaux n'étaient pas soumis à ce long assujettissement, la chaleur naturelle au climat pouvant suffire à l'éclosion de leurs œufs : on disait chose pareille de l'autruche, on assurait qu'il ne couvait jamais; mais Adanson s'est assuré, à l'instigation de Réaumur, que cet oiseau couve au Sénégal, au moins pendant la fraîcheur des nuits. Cette incubation naturelle des oiseaux peut être remplacée artificiellement par la chaleur des fumiers, du soleil, ou des fours. Ces divers moyens, que nous ont d'abord enseignés les Égyptiens, ont été imités dans les divers états d'Europe. Reaumur a donné d'inté-

ressans détails et de bons préceptes au sujet des incubations artificielles. On peut même faire éclore des
œufs en les exposant d'une manière persévérante à
l'influence de la chaleur humaine : on assure que
l'impératrice Livie eut recours à de semblables pratiques par superstition plutôt que par amusement ou
curiosité. J'ai dit que l'oiseau d'une espèce peut couver
les œufs d'une autre espèce, sans dommage pour les
jeunes embryons, la chaleur des oiseaux étant à-
peu-près la même pour tous. Le Coucou, par exemple,
dépose ses œufs dans le nid d'autres oiseaux qui les
couvent pour lui. Une chose étonne à ce sujet, c'est
que les oiseaux ne produisent jamais au jour de
petits vivans : je dis que la chose paraît étonnante,
parce que beaucoup d'entr'eux conservent leurs
œufs tout fécondés par les mâles à l'intérieur du
corps, tout autant de temps qu'il en faut pour les faire
éclore par l'incubation. On sait qu'un Coq, dans
une seule copulation, féconde quelquefois de quinze
à vingt œufs, dont les derniers ne sont pondus qu'au
bout de vingt à trente jours ; or, il ne faut que vingt-
un jours d'incubation extérieure pour en déterminer
l'éclosion. Comment donc des œufs fécondés dans le
même instant, et pondus à de si longs intervalles,
ont-ils tous également besoin de la même durée
d'incubation ? La chose paraît assez difficile à expliquer : voici toutefois quelle en paraît être la cause.
Les ovules de l'oiseau ne sont pas encore assez parfaits,
tant qu'ils restent attachés à l'ovaire, pour servir
à l'accroissement du jeune oiseau ; et ce n'est que
durant le trajet que suit l'œuf dans les oviductes qu'il

revêt toutes ses parties indispensables, qu'il se complète. Jusque-là il manquait d'albumen, fluide nécessaire à l'alimentation de l'embryon.

A l'égard des animaux vivipares ou Mammifères, ils produisent tous, comme leur nom l'indique, ils mettent au jour immédiatement des petits vivans, fœtus d'abord continus à la substance de leur mère, existant de son propre sang, et renfermés, outre cela, dans les enveloppes de l'ovule primitif, graduellement accru, au sein duquel ils nagent dans les eaux de l'amnios. Au terme de la gestation ces fœtus se séparent de leur mère, et ce n'est qu'au moment de leur sortie de l'utérus maternel que commence leur individualité, c'est-à-dire leur respiration.

Quelques animaux continuent cette incubation à l'égard de leur progéniture, quelque temps encore après l'accouchement : beaucoup d'oiseaux continuent de couver leurs petits après l'éclosion ; les mammifères exercent de même une sorte d'incubation temporaire par le fait de l'allaitement. Il est des cétacés qui portent leurs petits nouvellement nés dans leurs bras ; et même quelques animaux avalent leurs jeunes nourrissons et les gardent quelques instans dans leur bouche, soit pour les préserver d'un danger imminent, soit pour les réchauffer dans l'état de souffrance et de maladie.

La grande famille des animaux Didelphes ou Marsupiaux présente, sous ce rapport, les plus curieux phénomènes. Il paraît que ces animaux ont une matrice dépourvue de col et de rétrécissement, et que de là vient qu'ils avortent. Que cette cause soit réelle, qu'elle soit la seule ou qu'il y en ait d'autres, toujours est-il que les animaux de cette classe, les sarigues, les kanguroos, les dasyures, les péramèles, les phascolômes, les koala, mettent bas leurs portées avant l'époque où les fœtus seraient assez accrus et assez forts pour vivre isolés, pour se nourrir d'eux-mêmes et respirer. Afin d'obvier aux effets naturels de cette sorte d'avortement, les petits embryons encore informes sont transposés, on ne sait par quelles voies ni quels moyens, de l'utérus où ils ont commencé d'exister, dans la poche mammaire que la plupart des animaux de cette famille ont sous le ventre. Ils se fixent par la bouche aux nombreuses tétines alors gonflées que protège la bourse abdominale ; ils leur adhèrent inséparablement, et même leur bouche semble ne plus faire qu'un même tout continu avec les mamelons : c'est à ce point, que le sang de la mamelle paraît passer dans le corps du jeune animal qui s'y trouve attaché, ou que du moins les vaisseaux sanguins des mamelons paraissent s'anastomoser avec les vaisseaux des lèvres des embryons. J'ai dit qu'on ne savait quelle voie suivent ces petits êtres informes pour parvenir jusqu'aux tétines, jusqu'à la bourse ventrale. Il est cependant probable qu'ils sortent par la vulve, et que la mère les transporte après cela, avec une circonspection et une tendresse infinie, dans la poche protectrice où sont contenues et abritées les mamelles. Toutefois, quelques personnes ont assuré que la peau du ventre et ses parois entières se fendaient pour livrer un passage direct de l'utérus dans la bourse mammaire. Toujours reste-t-il un grand nombre de points fort incertains touchant l'histoire de ces animaux singuliers ; mais nous espérons fer-

mement que les recherches de MM. Quoy et Gai-
mard, maintenant à la Nouvelle Hollande (patrie des
kanguroos et des phascolômes), dissiperont bientôt
la plupart de nos incertitudes.

On ignore si les petits embryons fixés aux tétines
de leurs mères en tirent du lait ou du sang ; si ces
tétines leur tiennent lieu de placenta ou de vraies
mamelles. Et même on n'a pu encore s'assurer si les
traces du cordon ombilical étaient évidentes dans les
jeunes Didelphes : il est du moins certain qu'à l'é-
poque où ces embryons se fixent aux tétines de leur
mère, l'ombilic est dès-lors véritablement transporté
à la bouche, qui en tient lieu. On remarque que la
bourse abdominale est fermée dans les premiers temps,
et qu'elle ne s'ouvre qu'au moment où la respiration
devient indispensable. Quelques personnes ont pensé
que ces animaux n'habitaient en aucun temps l'utérus,
qu'ils naissaient immédiatement aux tétines, et qu'ils
n'avaient jamais ni vrai placenta ni ombilic. Mais cette
opinion a peu de probabilités.

Les différens genres de la famille des Didelphes
n'ont pas tous de poche sous le ventre : ceux de ces
animaux qui en sont dépourvus, ont du moins des
plis qui en occupent la place ; et ces espèces-là s'em-
parent des nids délaissés des oiseaux pour y incuber
leurs petits.

CHAPITRE XVI.

Naissance des Corps vivans. Durée variable de la Gestation, de l'Incubation, etc.

La nouvelle Plante sort de sa graine ordinairement après quelques jours de dépôt dans le sol où on l'a semée : la durée de cette évolution varie beaucoup selon l'espèce de graine, selon l'humidité ou l'épaisseur de la terre dont elle est recouverte. Entre le Seigle, qui ne met que quelques heures à germer, et le Rosier ou le Cornouiller, à qui il faut des années, il est des degrés intermédiaires presque infinis. En général, la Germination est plus rapide à l'ombre qu'au soleil, dans un terrain léger que dans une terre grasse et lourde; plus rapide pour des graines nouvelles et tendres que pour celles qui seraient vieilles et endurcies. La présence d'un air chargé de beaucoup d'oxygène est d'ailleurs une condition favorable à la promptitude de la germination. Nous avons dit qu'il est des graines qui germent avant même d'être détachées de leur ovaire, de leur réceptacle : l'embryon du Manglier est si prompt à sortir, qu'on le voit rompre ses enveloppes avant même que le fruit se soit séparé de l'arbre qui l'a produit; et même la petite plante finit par se séparer de la graine avant la chute de cette dernière; et sa radicule, comme la partie la plus pesante de cet embryon végétal, étant la première à toucher le sol, se cramponne dans la terre et s'y enracine. La manière dont la plantule sort du fruit et rompt ses enveloppes, varie extrêmement selon le genre de graine : il faut même avouer que cela est souvent fort irrégulier, et peu susceptible d'être ramené à des formes ou des lois précises. On ne sait point encore, par exemple, comment ni par quelles forces s'ouvrent les noyaux ligneux dont beaucoup de semences sont entourées.

La durée de l'Incubation des œufs d'Insectes n'est pas non plus la même pour toutes les espèces. Nous savons que c'est sous la forme de larves que les jeunes insectes sortent d'abord de leurs ovules, dont le volume accru de leur corps a rompu l'enveloppe. Ensuite, le jeune insecte prenant beaucoup de volume sous sa première forme de larve, mue à cause de cela à plusieurs reprises. Il est des insectes, surtout parmi les Scarabées, dont les larves ne se transforment qu'au bout de plusieurs années. Beaucoup de Mollusques éclosent au-dedans de l'animal femelle ou hermaphrodite, et plusieurs, dès en naissant, portent déjà des rudimens de coquilles. Les Crustacés, les Arachnides, sortent, sous la forme accomplie d'animaux, des œufs contenant leurs germes ; et c'est finalement par les mouvemens de leurs pattes et de leur tête qu'ils rompent les entraves qui les y retenaient. Les Poissons et les Reptiles en agissent de la même manière : c'est aux mouvemens de leur queue qu'ils doivent presque toujours leur expulsion de leurs ovules respectifs, dont ils brisent la coquille ou déchirent les membranes. Toutefois cette opération est assez difficile en ceux de ces animaux dont les œufs ont une coquille dure, épaisse et calcaire. La chose devenait encore plus difficultueuse chez les poissons cartilagineux, à raison de l'enveloppe coriace dont leurs œufs sont pourvus. Mais la nature a obvié à cet obstacle en séparant tout prêt, du reste de la coquille, le segment formant l'une de ses extrémités; et d'après cette disposition le petit poisson Chondroptérigien n'a plus à rompre, pour éclore, qu'une membrane simple et assez friable. La plupart des poissons naissent dix à vingt jours après la ponte des œufs. Une remarque assez vraie, c'est qu'il sort généralement des fœtus plus accrus, plus parfaits, des œufs fécondés hors du corps des femelles.

Mais la durée de l'incubation est très-variable, surtout dans la nombreuse classe des oiseaux. La Poule couve ordinairement vingt-un jours; le Serin, quinze à dix-huit, selon la variété; le Canard, vingt-cinq; les Cygnes, de quarante à quarante-cinq jours; le Paon trente, le Pigeon quatorze, et l'Oiseau-Mouche douze jours. On remarque que les jeunes oiseaux sont d'autant plus forts à l'époque de l'éclosion, qu'ils ont subi une incubation plus longue. Non-seulement le terme de l'incubation varie d'une espèce à l'autre; mais il est même variable pour les individus de la même espèce, et qui plus est de la même couvée. Il est rare que tous les œufs incubés simultanément éclosent à la même heure; les naissances sont ordinairement successives. On a vu des œufs de poules commencer d'éclore même dès le treizième jour (M. d'Arcet), et continuer par intervalles inégaux, mais de jour en jour et d'œuf en œuf, jusqu'au vingt-unième jour. Parmi les causes qui accélèrent la naissance des oiseaux, il n'en est pas dont la puissance soit plus manifeste que la chaleur du climat et l'abondance de l'électricité répandue dans l'air : il est sûr au moins que les progrès de l'incubation sont plus rapides dans les pays méridionaux et dans les temps d'orage., et cependant les œufs de toutes les espèces d'oiseaux éclosent à la même température ; et quelques degrés de chaleur de plus, dans les incubations artificielles, ne produisent pas toujours plus de célérité dans l'éclosion.

La manière dont le Poulet sort de sa prison est vraiment curieuse. D'abord, c'est-à-dire après les premiers jours, et toujours ensuite, tant qu'il est renfermé dans sa coquille, le jeune animal est ramassé en boule, la tête placée sous l'aile droite, et la partie antérieure du corps tournée vers le gros bout de la coquille. C'est dans cette position, la tête placée sous l'aile, le bec dirigé du côté du dos et vers le côté droit, que le poulet prélude à l'ouverture et au brisement de sa coquille. Il frappe successivement de nombreux coups de bec de gauche à droite, et toujours en tournant, en pivotant sur lui-même ; de sorte qu'il finit par détacher, après l'avoir circonscrit, un segment de couronne à la grosse extrémité de la coquille, et ce qui est fort singulier, c'est que cette pirouette du poulet s'effectue toujours de droite à gauche, la tête continuant toujours de rester sous l'aile droite.

Cependant cette opération est quelquefois si lente, si languissamment accomplie, que le poulet peut succomber dans de vains efforts, s'il n'est assez tôt secouru et secondé. Alors que la couronne ou segment de coquille est détachée du reste , le poulet fait effort

pour le renverser , et il parvient à ce résultat en arc-
boutant ses pieds contre le bout opposé de cette coquille : dès-lors il a une issue libre pour son expulsion.
C'est alors aussi, et pour la première fois, qu'il re-
dresse le cou, et qu'il retire sa tête de dessous l'aile.
Quelquefois il arrive que l'air entre dans la coquille
avant l'achèvement de son ouverture ; alors le vitellus épaissi peut agglutiner les plumes du jeune
oiseau, et le retenir là invariablement collé : cette
adhérence a souvent lieu avant la cassure de la coquille , et alors elle met obstacle à la rotation du
jeune oiseau dans sa sphère.

Quant aux petits des Vivipares , leur expulsion de
la matrice s'effectue sans action de leur part, sans
participation d'aucune sorte. Leur mise au jour paraît
due principalement au retour sur lui-même de l'utérus
long-temps et de plus en plus distendu, distendu par
l'embryon toujours plus volumineux , en même temps
que par les eaux de l'amnios qui l'environnent. L'é-
vacuation de ces eaux précède la sortie du fœtus, et
le décollement du placenta ou des cotylédons , unis
aux débris des membranes fœtales, ne vient qu'ensuite chez les vivipares : de même, dans la plupart
des animaux, à l'exception peut-être des seuls Pucerons , c'est la tête qui sort la première. Ordinairement le bassin est assez large pour livrer passage au
fœtus ; toutefois cette disposition n'est pas générale :
dans la Taupe, par exemple, cette cavité osseuse est
si étroite , que la matrice s'ouvre et que l'accouchement s'effectue en dehors et par-devant le bassin.
Nous avons dit que les Didelphes avortent naturellement et toujours.

.La durée de la Gestation n'est pas la même pour les mammifères d'espèce différente : elle varie même pour les individus de la même espèce, par des influences qu'on n'a pas encore pu suffisamment éclaircir et préciser. Toutefois, voici ce qu'on sait de plus exact sur la durée ordinaire de la gestation dans les animaux les plus connus :

La Brebis, la Gazelle et la Chèvre portent 5 mois ;

La Vache et la femelle du Morse, 9 mois ;

Le Singe, également 9 mois ;

La Jument et l'Anesse, 11 mois ;

L'Éléphant et le Chameau, 10 mois ;

La Truie et la Laie, 4 mois ;

La Biche et la femelle de l'Élan, 8 mois ;

Le Chien, le Loup et le Renard, 62 jours ;

Le Chat et la Fouine, 56 jours ;

Le Lièvre et le Lapin, 30 jours ;

Le Cochon d'Inde, 21 jours, durée de l'incubation du poulet.

Nous avons dit que le terme de la gestation est sujet à varier encore plus peut-être que celui de l'incubation des oiseaux, lequel pourtant est loin d'être invariable ; et à ce sujet nous devons prévenir d'une exagération qui nous est échappée en traçant une esquisse rapide de la Génération de l'Homme, page 184 de ce volume. Voici, au reste, des remarques et des expériences qu'on a faites à ce sujet (1) :

Sur 577 Vaches, 21 ont vélé avant 9 mois; et 12 seulement, juste le 270ᵉ jour. Pour le surplus, 544

______

(1) *Voyez* un Mémoire intéressant de M. Tessier parmi ceux de l'Institut de France. année 1817.

ont mis bas depuis ce 270° jour jusqu'au 299°; et 10, du 299° au 321°. La plus hâtive a vêlé le 240°, et la plus tardive le 321° jour.

Les Jumens ont pouliné depuis le 330° jour jusqu'au 419°; les Brebis ont mis bas du 145° au 156°; les Chiennes, du 58° au 63°; la Truie, depuis le 112° jusqu'au 124°; et le Lapin, du 27° au 35° jour, etc.

On s'est de plus assuré que, ni l'âge ou la constitution des femelles ou des mâles, ni le régime alimentaire, ni la race d'animaux, le sexe des fœtus ni leur volume, la saison de l'année ni les différentes phases lunaires, ne produisaient ces irrégularités de la gestation. On ne conçoit pas davantage les causes de ces mêmes irrégularités dans l'espèce humaine; on sait seulement que les causes d'incertitude de diverse nature y sont extrêmement multipliées : de sorte que la latitude accordée par nos lois pour les probabilités des naissances légitimes, est sagement établie sur la connaissance et la juste appréciation des lois de la nature.

CHAPITRE XVII.

Résumé du Livre III.

Nous avons décrit avec détails les commencemens et les progrès de l'embryon des Oiseaux et des Mammifères, nommément pour celui de l'Homme; nous avons également énoncé ce qu'on sait de plus certain touchant l'évolution des Poissons et des Reptiles ; nous avons suivi l'apparition de chacun des organes principaux et les révolutions qu'ils éprouvent. Nous avons vu qu'ils se forment de la circonférence au centre, ou plutôt que c'est ainsi qu'ils apparaissent : car leur arrangement toujours parfait, la constance de leurs formes et de leurs connexions, et surtout la ressemblance si exacte des nouveaux êtres avec leurs auteurs, sont de puissans motifs pour croire que l'origine de tous les organes est contemporaine, encore qu'ils ne se manifestent qu'à des temps différens. Ces mêmes raisons et plusieurs autres que nous n'avons point tues, nous ont pareillement fait penser que chaque nouvel être préexiste dans l'ovule maternel au sein duquel la fécondation séminale le fait apparaître, et nous avons dit de quelle manière l'emboîtement successif des êtres de la même espèce nous semble probable. Nous avons ensuite exposé les principales lois du développement des organes dans les animaux supérieurs, dit quelles analogies s'observent dans l'organisation de ces êtres, et quels rapports existent entre les différens âges des animaux supérieurs et les classes d'animaux déjà parachevés placés au-dessous d'eux. Toutefois n'avons-nous pas caché les restrictions qu'on est forcé de faire en établissant de pareilles similitudes.

Nous avons aussi dit quelque chose de l'accroissement des Animaux inférieurs, des métamorphoses des Insectes, et nous n'avons trouvé là rien de contradictoire avec ce que nous avions conclu touchant les animaux des classes plus éleveés.

L'accroissement des plantes nous a ensuite occupé, et nous avons trouvé à leur sujet de grandes analogies avec ce que nous avions exposé pour les animaux : partout même connexion des nouveaux êtres avec l'être producteur, mêmes commencemens imperceptibles, même nécessité d'un fluide fécondant, mêmes progrès des organes, progrès s'effectuant chez tous sous l'influence d'une sorte d'incubation. Il n'est pas jusqu'aux irrégularités de structure, jusqu'aux anomalies paraissant les plus monstrueuses, où nous n'ayons retrouvé l'empire des lois selon lesquelles a lieu l'accroissement normal, le développement ordinaire; et nous avons fait ces remarques pour les plantes tout aussi bien que pour les animaux : nous avons vu que les monstruosités chez tous sont presque toujours le résultat d'un arrêt dans la crue de quelques-uns de leurs organes, l'effet de quelque compression, d'adhérences, de soudures, d'avortemens ou de transformations.

Enfin nous avons conduit chaque être jusqu'à son parfait isolement de sa souche originaire, jusqu'à sa mise au jour, et nous avons dit le terme ordinaire et les phénomènes de la naissance pour la plupart des êtres. Souvent même nous les avons suivis par-delà leur naissance : nous avons agi de la sorte, en particulier pour les végétaux; et c'était chose nécessaire, puisque ces êtres continuent de croître long-temps même après avoir commencé à dépérir. Nous traiterons ailleurs des modifications qu'introduisent dans l'organisation des êtres, et dans les progrès de leur accroissement, les différentes circonstances de la vie, le sexe, l'hérédité; nous dirons quelles variétés résultent de la bâtardise, de l'influence des climats, du régime alimentaire; les changemens périodiques produits par les saisons, par l'hivernation, par l'amour, par la mue, etc. Nous n'avons guère envisagé, dans ce livre-ci, que les révolutions naturelles des êtres vivans dans leurs premiers âges, et les irrégularités qu'ils éprouvent quelquefois par des causes inhérentes à leur propre nature.

Nous allons rechercher, dans le livre suivant, comment les êtres vivans subviennent à leurs besoins d'alimentation, comment ils se Nourrissent.

LIVRE QUATRIÈME.

De la Nutrition.

CHAPITRE PREMIER.

Objet de ce Livre.

Nous n'avons pas besoin de dire que nous traitons de la Nutrition des êtres vivans, car si la vie ne subsiste qu'au moyen de la nutrition, il n'est pas moins vrai que la nutrition suppose toujours la vie. Les corps inertes se décomposent, se délitent, se combinent ou s'agglomèrent diversement ; mais les corps doués de la vie sont les seuls qui se nourrissent en assimilant à leur propre substance, par des actes visibles et une puissance cachée, des molécules de corps étrangers.

Étudier la nutrition dans tous les corps vivans, en observer les différens modes, en comparer les voies, les matériaux, les moyens, est une des grandes difficultés de la Physiologie, une de ses parties les plus complexes. Il faut examiner, dans un pareil sujet, d'abord les Alimens dont les êtres vivans font usage, ensuite les Organes qui préparent ces alimens, qui les modifient, les altèrent, ou qui simplement les absorbent : il est aussi nécessaire d'examiner la nature des changemens que subissent les substances alimentaires, combien d'agents y concourent, quels phénomènes en résultent, quel est le produit définitif des alimens digérés, comment ce principe est réparti dans les vaisseaux, distribué par eux dans les différens organes; et rechercher, s'il est possible, par quelle puissance et selon quel mode ces organes se l'assimilent.

Nous remarquerons d'abord que la nutrition des Végétaux n'est pas aussi compliquée que la nutrition des Animaux. Les plantes commencent par absorber les substances dont elles se doivent nourrir; sans doute aussi elles attirent à elles ces substances, mais elles n'ont ni de sens pour les discerner, ni de mouvemens pour les prendre par choix ou préférence, ni de réservoir central où les introduire, ni d'organes compliqués servant à les digérer. Elles absorbent simplement différens fluides, ces fluides circulent dans des vaisseaux où ils s'élaborent, où ils se décomposent; l'air vient s'y mêler par une sorte de respiration, et de toutes ces combinaisons résulte une *sève* parfaite qui se répand dans toutes les parties du végétal et qui le nourrit. Mais les choses sont plus compliquées dans les animaux : ces derniers êtres usent ordinairement d'alimens solides ; doués de sentiment, ils les sentent, les désirent et les choisissent; pourvus d'organes moteurs, ils les saisissent et souvent aussi les atténuent, les divisent ; différens fluides imprègnent ces alimens dans la cavité centrale où ils s'amassent, et c'est également dans ce réservoir que s'opèrent les changemens collectivement exprimés par le mot de *digestion*.

Après cela, la partie essentiellement nutritive des alimens se trouve séparée des molécules inutiles for-

I.

mant résidu; ce résidu est rejeté hors du corps comme
excrément, tandis que le principe nutritif, ou *chyle*,
est absorbé par des vaisseaux, mêlé à l'air dans des
espèces de poumons, réparti dans tous les organes à
l'aide de conduits vasculaires, dans lesquels il a presque toujours les qualités de ce qu'on nomme *sang*.
C'est ensuite dans ce fluide circulant que les organes
puisent les principes dont ils ont besoin pour s'accroître, ou pour réparer les pertes qu'ils ne cessent
d'éprouver. Nous traiterons aussi la question de savoir
si les corps vivans se décomposent et se recomposent
réellement et à de certains périodes.

CHAPITRE II.

De la Nutrition dans les commencemens de la vie.

Nous ne pouvons que réunir ici ce que nous
avons dit en plusieurs endroits du livre précédent sur
la nutrition de divers embryons.

Ainsi, l'Embryon végétal, apparu au sein d'un
ovule fécondé par du pollen, se nourrit d'abord aux
dépens de l'amnios qui l'entoure, et, ensuite, au
moyen des fluides en circulation dans les vaisseaux
que la plante-mère fournit à la jeune graine. Après
cela, pendant la germination, l'humidité du sol s'introduit par l'ombilic jusqu'à la plantule; les cotylédons et l'albumen s'en imprègnent et se gonflent, et
toutes ces parties, se ramollissant et devenant émulsives, fournissent aux premiers accroissemens de la

plante nouvelle. Pendant cela, la jeune tige s'élève dans l'air, la radicule s'enfonce de plus en plus dans le sol; et ces deux organes puisent dans leurs milieux respectifs les matériaux nécessaires à la nutrition du nouveau Végétal. Quant aux plantes qui proviennent de Bulbes ou d'Oignons, les bourgeons par lesquels elles commencent, s'accroissent aux dépens de la substance même de ces bulbes, qui ne sont, à vrai dire, qu'un réservoir de nourriture.

Les gemmes formant l'origine de nouveaux Polypes, communiquent long-temps avec le polype principal, et se nourrissent, comme lui, des alimens introduits et digérés dans sa cavité centrale; et lorsqu'ils viennent à s'isoler de cette souche-mère, ils sont en état de digérer individuellement à leur tour.

Tous les animaux qui proviennent d'Œufs se nourrissent, tant qu'ils y sont contenus, des différens fluides composant l'ovule. L'albumen de l'œuf paraît être la première substance utilisée pour la nourriture de l'embryon. On sait, par exemple, que rien ne se développe dans un œuf fécondé tant que l'albumen en est absent : on sait de plus que cet albumen disparaît entièrement dans les œufs d'Oiseaux, plusieurs jours avant l'éclosion, et que l'autre fluide qu'on a quelquefois pris pour de l'albumen, appartient à la cavité de l'allantoïde. Vers le terme de l'éclosion, et peu après qu'elle est opérée, c'est le jaune ou vitellus qui pourvoit aux besoins du jeune animal. On sait que ce jaune rentre peu-à-peu dans le ventre du fœtus près d'éclore, et qu'il finit par se vider entièrement dans l'intestin, et par disparaître. L'espèce de glaires gluantes dont les œufs de Poissons et de Reptiles sont entourés, est aussi de la plus grande nécessité aux fœtus qui doivent naître de ces œufs : Spallanzani s'est plusieurs fois assuré que ceux qu'on en a privés demeurent stériles. Il paraît également que l'amnios sert à la nourriture des fœtus des Ovipares, puisque ce fluide finit par disparaître entièrement avant l'éclosion de beaucoup de ces animaux.

Quant aux Insectes , indépendamment des substances nutritives dont leurs œufs sont composés, ces animaux ont l'admirable prévoyance de faire leur ponte au milieu ou dans le voisinage d'alimens tout préparés pour les premiers besoins de leur progéniture. Il est certain d'ailleurs que ces êtres ont besoin d'alimens différens dans les diverses transformations qu'ils subissent. Nous en parlerons plus loin.

On a acquis la certitude qu'il est des œufs qui grossissent sans s'être rompus. Or, cette augmentation du volume des œufs ne peut avoir lieu qu'à l'aide des gaz , de l'humidité ou des alimens quelconques qu'ils ont absorbés par leur surface. Nous avons déjà dit que de Geer a vu se flétrir des œufs d'insectes encaissés dans des feuilles vertes, une fois que celles-ci furent détachées de leur support.

Enfin, l'embryon des Mammifères a plusieurs sources de nutrition : si l'amnios de l'ovule finit par n'avoir aucun usage à cet égard, il est probable qu'il n'en est pas ainsi pour l'embryon commençant ; néanmoins la chose est loin d'être prouvée. La vésicule ombilicale, analogue au vitellus des œufs d'oiseaux, a certainement pour usage de nourrir les jeunes fœtus : sa diminution progressive pendant la gestation et ses connexions avec l'intestin sont de puissantes raisons pour l'admettre. Mais la source principale où les fœtus de Vivipares puisent des alimens, est le placenta ; c'est là que les ramifications de la veine ombilicale pompent le sang tout préparé de la mère, pour le transporter dans les organes du fœtus. Il est permis de récuser les observations citées par quelques auteurs, où des fœtus de mammifères sont supposés avoir pu se nourrir et s'accroître nonobstant l'absence du cordon ombilical. A l'égard de la gélatine de Warthon, espèce de mucus dont le cordon ombilical est imprégné, il est difficile de croire qu'elle ait une grande part dans l'alimentation du fœtus.

Quelque chose qu'on sache sur la nutrition des embryons, il reste toujours une difficulté extrême en ce qui regarde l'origine de l'action nutritive, quant à ses moyens et à ses premiers instrumens. En effet, tant que l'embryon n'a encore aucun organe apparent, comment concevoir qu'il se puisse nourrir ? quelle voie alors peut-on assigner à la nourriture , et quel est l'instrument qui sert à l'absorber , à la préparer et la répartir ? comment concevoir la fonction même la plus simple dans un être dénué d'organes ? L'admission de germes préexistans dans les ovules détruit, il est vrai, une partie de cette difficulté, puisqu'elle permet d'admettre des organes déjà ébauchés là où les sens n'en découvrent aucune trace. Et cependant , comment concevoir une action quelconque à des organes encore fluides ? ou comment admettre des progrès d'accroissement et de solidification sans l'action nutritive ? Sans doute on peut répondre à cela par de vaines subtilités ; mais de raisons solides, de raisons certaines, je dois dire que je n'en sais aucune.

CHAPITRE III.

Des Alimens et de la Nutrition des Plantes.

Comme les Plantes sont dépourvues de mouvement pour aller chercher leurs alimens, pour choisir leur nourriture, il fallait bien qu'elles se nourrissent de substances fluides circulant autour d'elles et s'y renouvelant sans cesse. Or la plupart plongeant constamment, par l'une de leurs extrémités dans l'air, et par l'autre dans un sol humide, elles trouvent ainsi dans ces deux milieux les matériaux nécessaires à leur alimentation. Les racines, ou plutôt la seule extrémité des racines, absorbent l'humidité du sol avec une puissance dont nous chercherons ailleurs à évaluer le degré. Cette absorption peut être considérable; des plantes plongées dans des vases remplis d'eau en ont absorbé des quantités énormes : Hales et Senebier ont fait à ce sujet d'intéressantes expériences. On observe que les tiges pourvues de feuilles absorbent beaucoup plus que celles qui en sont dénuées : mais comme c'est par les feuilles que se dissipe la plus grande partie des fluides absorbés, les tiges sans feuilles profitent plus que les autres de cette absorption.

Je disais que c'est l'extrémité des racines qui absorbe : la chose est prouvée. Une racine dont le chevelu a été coupé et qui n'a plus qu'un tronc mutilé, n'absorbe plus assez pour les besoins de la plante, et alors la nutrition languit ou cesse. On sait aussi qu'il suffit de plonger dans l'eau l'extrémité des racines pour maintenir intacte l'absorption ; tandis que le corps même de la racine ne produit sous ce rapport que des résultats, ou nuls, ou insuffisans. Senebier a cité des faits de ce genre qui ne laissent aucune prise au doute et à l'incertitude.

Les plantes absorbent donc l'humidité du sol par l'extrémité de leurs racines, mais elles n'absorbent pas ordinairement cette eau seule et débarrassée des substances qu'elle dissout ou tient suspendues. Elles la prennent saturée de sels divers, de gaz ou de certaines substances colorées. Seulement il est vrai de dire qu'elles absorbent d'autant plus des liquides qui leur sont accessibles, que ces liquides sont plus purs et moins saturés de substances étrangères. Plus l'eau est chargée, ou de débris de végétaux, ou de gaz acide carbonique, de substances salines ou de molécules colorantes, moins est grande la quantité que les racines en absorbent. On peut voir les expériences de Duhamel et de plusieurs autres à cet égard. Toutefois c'est à ces substances dissoutes dans l'eau, que les plantes doivent la plupart de leurs alimens et des diverses matières dont elles se composent. M. Th. de Saussure a prouvé qu'elles ne forment de toutes pièces aucun des principes qu'on retrouve dans leur analyse. Le sol où elles croissent, et l'air qui les environne, fournissent tous les élémens de leur composition.

C'est pour cela que la végétation et les propriétés des plantes varient suivant chaque pays, d'après la nature du sol : pour cela que la nature des végétaux doit être assortie à la composition des terres : pour cela que les plantes saturées de soude ne croissent que sur les côtes marines, et près des murs ou dans des terrains mêlés de décombres, les plantes chargées de nitre. D'autres conséquences relatives à la culture découlent des mêmes faits ; par exemple, puisque les racines n'absorbent d'alimens que par leur extrémité, on conçoit qu'à mesure qu'elles poussent, elles rencontrent de nouvelle terre contenant les principes dont le végétal a besoin ; elles abandonnent ainsi successivement la partie du sol qu'elles ont épuisée de ceux de ses principes que la nutrition des plantes rend nécessaires. On conçoit par là comment les plantes de même nature se nuisent par leur trop prochain voisinage, tandis que des plantes différentes, ayant des racines contrairement dirigées, peuvent croître l'une près de l'autre sans se nuire mutuellement. Si donc on faisait succéder dans le même sol des plantes de la même espèce, on voit qu'il serait déraisonnable d'espérer des récoltes abondantes, si le sol n'avait préalablement été remué, et renouvelé par des engrais: si l'on veut ensemencer sans relâche les mêmes terres sans faire alterner les cultures, il faut les engraisser excessivement ; mais si l'on veut épargner les engrais, il faut faire alterner les espèces des plantes cultivées aux mêmes lieux.

On voit bien où les végétaux puisent les matériaux de leur nutrition, mais on ne sait rien sur les altérations qu'éprouvent ces principes : la chimie, nonobstant les incroyables progrès qu'elle a faits dans ces derniers temps, la chimie est encore inhabile à expliquer de pareils mystères. Quelle foi peut-on accorder à l'explication d'un ordre de phénomènes dont on ne connaît que les termes extrêmes ? on sait de quels alimens les plantes se nourrissent, on sait les principes chimiques dont elles-mêmes se composent, on connaît aussi leurs produits; mais que sait-on des préparatifs, des changemens intermédiaires, et comment bâtir là dessus des systèmes? Toutefois ces difficultés n'ont point arrêté Senebier et surtout Th. de Saussure, et voici l'explication qu'ils donnent de la nutrition des plantes : « Les substances absorbées deviennent les parties intégrantes des végétaux; elles se combinent avec eux en nature, ou leur fournissent leurs élémens pour cette combinaison qui forme la nourriture propre à les développer. L'eau introduit dans les plantes l'acide carbonique qu'elle a dissous; cette eau acidulée dissout à son tour la terre calcaire et quelques atomes de silice, surtout si cette dernière est combinée à quelques parties de potasse. La lumière décompose dans la plante l'acide carbonique, et en précipite le carbone dans son parenchyme; la terre calcaire et la siliceuse se précipitent de même par l'évaporation de l'eau et par la décomposition de l'eau et de l'acide carbonique. Ces deux élémens, en s'unissant avec l'oxygène, avec l'hydrogène et le carbone, fournissent l'élément des gommes, celui des résines, des huiles, des acides, qui rempliront les mailles du réseau primordial constituant les parties du germe; l'union des huiles, des acides, etc., forment à leur tour des sucs propres, en se combinant diversement. » (1)

Mais nous n'avons encore parlé que des alimens véritables que les végétaux puisent dans le sol au

_____

(1) Voyez Senebier.

moyen de leurs racines; il est incontestable pourtant qu'une partie importante de leur nourriture leur est fournie par l'air qui les entoure et qu'ils absorbent. Toutefois nous devons prévenir que ce sont exclusivement certaines parties des plantes qui absorbent une certaine partie de l'air : les seules parties vertes des végétaux absorbent le gaz acide carbonique, sans cesse introduit dans l'atmosphère et par la combustion et par la respiration des animaux. Les plantes gardent pour elles et s'assimilent le carbone de ce gaz acide carbonique, tandis qu'elles rejettent la plus grande partie de l'oxygène qui s'y trouvait combiné : et il résulte de là que le tissu solide des végétaux est en partie formé par une substance primitivement à l'état gazeux.

On s'est assuré de cette absorption du gaz carbonique par les végétaux, et de cette fixation du carbone dans leur tissu ; on s'en est assuré par des expériences irrécusables. On a mis des plantes dans un air mêlé de gaz acide carbonique, on a ensuite analysé cet air; et l'on a trouvé qu'il avait perdu du gaz acide carbonique : qu'au contraire, il avait acquis de l'oxygène, et que le tissu du végétal avait augmenté à-peu-près dans la proportion du carbone disparu par absorption. Il suffit même de placer des plantes dans une eau courante, pour s'assurer qu'elles décomposent une partie de l'air : on les voit dans ce cas dégager des bulles d'air, alors même qu'on les aurait préalablement soumises à l'action de la pompe pneumatique. Cet air que les plantes dégagent sous les eaux, est le produit de la décomposition qu'elles ont fait subir à la portion de gaz acide carbonique dissous dans le liquide qui les submerge ; et la preuve que la chose arrive ainsi, c'est qu'il ne s'effectue aucun dégagement analogue dans les plantes qu'on a plongées dans de l'eau privée d'air, soit par la distillation, soit par l'ébullition. L'air dégagé est de l'oxygène pur, dont les plantes ont séparé le carbone pour se l'approprier.

L'action de la lumière est nécessaire à cette décomposition de l'air par les plantes; elles absorbent de l'oxygène au lieu de carbone dans l'obscurité. Et comme leur couleur verte est due principalement à la fixation de ce carbone, les plantes très-ombragées restent pâles et étiolées. Néanmoins la chose n'est pas sans exception : on voit des végétaux très-verts, loin du jour, dans des mines profondes; la plupart des embryons des différentes graines sont d'une belle couleur verte, quoique recouverts par d'épais tégumens qui les rendent inaccessibles à la lumière du jour. Tout cela prouve donc que le carbone peut se fixer dans les plantes sans le concours pourtant utile de la lumière.

Nous reviendrons avec plus de détails sur ces différens faits, en traitant de la *Respiration des végétaux*.

CHAPITRE IV.

Des Alimens et de la Nutrition des Animaux inférieurs.

Nous allons essayer d'exposer dans ce chapitre ce qu'on sait de plus certain touchant la nutrition des Animaux Invertébrés. Nous parlerons des alimens dont ils font usage, des organes qui reçoivent et qui pré-

parent la nourriture, et aussi, autant que cela est possible, des altérations qu'éprouvent les alimens avant
de devenir assimilables aux organes qu'ils nourrissent.

POLYPES. Tout ce qu'on sait sur la nutrition des
Polypes est dû au célèbre Trembley. Après avoir découvert ces animaux en 1740, il étudia, les années
suivantes, les fonctions de ces êtres singuliers, qu'il
prenait d'abord pour des plantes, et que Réaumur
lui avait aidé à distinguer d'elles, en leur donnant, le
premier, le nom de Polypes. Ce fut en 1744 que Trembley publia, dans un second Mémoire, ses découvertes
sur la nutrition de ces animaux; et les faits contenus
dans ce travail font admirer la patience et l'exactitude
scrupuleuse de ce grand observateur, qui a trouvé
l'immortalité en traçant l'histoire de l'être apparemment le plus imparfait de la nature. J'analyse les faits
qu'il raconte.

Trembley avait fait ses premières découvertes sur
les Polypes verts; mais il lui fut impossible de découvrir
comment ils se nourrissaient. Toutefois, après qu'il
se fut persuadé (à cause de leurs mouvemens) que
c'étaient des animaux, il soupçonna que l'ouverture
qui se fait remarquer à leur partie antérieure leur
tenait lieu de bouche : mais, comme il ne rencontra
depuis aucun autre polype de cette espèce, il ne put
vérifier ses soupçons à leur sujet. Cependant il découvrit, tout en cherchant vainement les premiers, d'autres polypes rouges et plus grands; il expérimenta
sur eux, il les trouva doués des mêmes propriétés que
lui avaient montrées les premiers, et de plus il vit
comment ils se nourrissaient. Des Mille-pieds se trouvant dans l'eau où nageaient ces polypes, Trembley

s'aperçut bientôt que ces animaux saisissaient les mille-pieds, qu'ils les enlaçaient de leurs longs tentacules, et que finalement ils les introduisaient dans leur corps. Il doutait d'abord de ce qu'il voyait ; mais en y regardant de plus près, il vit le mille-pieds dans l'intérieur du polype ; il l'y vit remuer, l'y vit mourir, et il l'y aperçut ensuite déjà en partie digéré. Plus de doute alors que les polypes ne fussent des animaux voraces, eux à qui l'on refusait auparavant jusqu'à la qualité d'animaux. Trembley vit par-là que les tentacules des polypes leur servaient de bras pour saisir leur proie, aussi bien que de pieds pour mouvoir leur corps entier ; il se convainquit aussi que l'ouverture centrale leur servait de bouche, et qu'ils avaient à l'intérieur du corps une cavité leur tenant lieu d'intestin.

Une chose singulière, c'est qu'en quelque endroit que le mille-pieds touche aux bras d'un polype, il en est précisément saisi, et que quelque mouvement qu'il fasse ensuite pour se débarrasser, le tentacule a beau être très-faible, très-ténu, il ne saurait jamais ni le rompre ni le faire céder. Souvent l'insecte entraîne le tentacule en divers sens, de même qu'un poisson entraîne la ligne où il tient attaché, mais sans pouvoir le rompre. C'est qu'il y a là plus qu'une force physique : il y a contraction d'un petit membre vivant. Dès que le polype a englouti sa proie, son corps se gonfle et se raccourcit ; en même temps il devient immobile, et semble dans une sorte d'engourdissement et de stupeur. Tous ces effets ont la durée de la digestion : ils cessent avec elle.

Les Mille-pieds ne composent pas uniquement la

nourriture des polypes ; ces derniers dévorent aussi d'autres insectes , et surtout des Pucerons. Pour prendre ces animaux dont il se nourrit, le polype étend ses bras et les dispose en filet, en réseau, à-peu-près comme l'araignée dispose les fils de sa toile ; et les insectes tombent aisément dans ces embûches. Ainsi que l'observe Trembley, le polype ne peut se nourrir de ces animaux qu'à raison de l'excessive extensibilité de son corps et des espèces de lèvres qui circonscrivent sa bouche ; car ces insectes, ces pucerons, ces mille-pieds, sont aussi gros ou même plus gros que sa propre tête, et ce n'est qu'en se dilatant beaucoup que cette bouche peut leur livrer passage. Un polype peut renfermer dans sa cavité, à la file les uns des autres, jusqu'à une douzaine de pucerons, et alors il est rempli partout, et son corps présente autant de renflemens qu'il contient d'insectes. Après cela, on le voit diminuer et s'amincir à mesure que la digestion s'effectue, et à commencer par la tête.

Lorsque les pucerons viennent à manquer, les polypes peuvent se nourrir de différens Vers, et ils les avalent repliés sur eux-mêmes, puisque ces vers sont presque toujours plus longs que les polypes. Mais la chose la plus surprenante est de voir ces petits animaux informes, qui ont à peine trois lignes de longueur et moins d'une demi-ligne d'épaisseur, avaler jusqu'à des Gardons et autres petits poissons, longs d'au moins quatre lignes. Toutefois ils trouvent moyen de les saisir, de les retenir, de s'en emparer à l'aide de leurs bras ou tentacules, fortement contractés à cet effet : ils parviennent même presque toujours, à les introduire dans leur cavité centrale ; et cela tient

leur peau tellement distendue, qu'elle devient alors
assez transparente pour laisser voir le poisson à travers son tissu, presqu'aussi distinctement que s'il était
à nu. Il est certain cependant que ce poisson perd la
vie au bout d'environ un quart-d'heure, qu'ensuite il
est ramolli et en partie sucé et digéré ; et lorsque le polype vient à le rendre, quelque temps après, par la
même ouverture qui a servi à l'introduire, ce poisson
est alors tellement défiguré qu'on a peine à le reconnaître.

Nous voyons jusqu'où va la voracité des polypes :
on s'est assuré qu'ils peuvent prendre un volume d'alimens trois ou quatre fois plus considérable que leur
propre corps. Il faut ajouter qu'il est peu de substances animales qui ne leur puissent servir d'alimens;
Trembley les a plusieurs fois nourris avec des débris
d'animaux, et même avec de la viande de boucherie
finement hachée. Ils digèrent également toutes ces
substances; mais les végétaux leur sont impropres :
ils les rejettent sans les avoir altérés, et même les infusions les font périr.

Ces animaux singuliers semblent avoir quelques
sens pour distinguer ce qui peut les nourrir, et une
volonté pour s'en emparer : il est sûr au moins qu'ils
laissent indifféremment s'échapper les vers ou insectes
qui viennent s'embarrasser dans leurs tentacules, alors
qu'ils n'ont plus besoin de nourriture. Au contraire,
lorsqu'ils ont faim, ils saisissent avec un empresse-
ment extrême les petits animaux qui leur sont accessibles; souvent même on voit deux polypes saisir
à-la-fois, par ses deux extrémités, le même Ver, le
même Mille-pieds, l'avaler chacun de leur côté; et,

si l'un d'eux ne lâche prise, celui de ces animaux qui a le plus de force ou de grosseur, parvient souvent à engloutir dans son petit corps et le Ver qu'il convoite, et l'autre Polype qui lui disputait sa proie. A cette occasion il faut remarquer une particularité nouvelle : ces mêmes polypes qui tuent si rapidement et qui digèrent les animaux vivans qu'ils ont une fois avalés, n'ont aucune action sur les animaux de leur sorte; ils les rendent intacts et vivans comme ils étaient en entrant dans leur corps. Même il leur arrive souvent, tant leur voracité est extrême, d'avaler leurs propres bras avec la proie qu'ils doivent à leur action, et ces bras sortent de leur corps comme ils y étaient entrés. Trembley s'est assuré par tous les moyens possibles, que les polypes ne se peuvent servir d'alimens à eux-mêmes, et qu'à l'instar de plusieurs autres animaux, quelque affamés qu'ils soient, ils ne se mangent jamais les uns les autres.

Trembley a aussi observé que le froid qui engourdit les polypes, leur ôte l'appétit et le mouvement précisément dans une saison où disparaissent les animaux dont ils font leur nourriture habituelle. Leur appétit et leurs mouvemens renaissent avec le retour de la chaleur et des insectes dont ils vivent ; et on les voit alternativement croître et décroître selon qu'ils reçoivent beaucoup ou peu de nourriture.

Les polypes digèrent plus rapidement en été qu'en toute autre saison : leur digestion alors est ordinairement achevée en douze heures ; leur corps est vide, et leurs excrémens sont déjà rejetés au bout de ce temps. Encore que ces animaux mangent beaucoup moins dans les saisons froides, il leur faut toutefois plus de temps pour digérer. Mais, même dans les saisons chaudes, ils peuvent rester trois ou quatre mois privés d'alimens sans mourir : Trembley l'a expérimenté. Le même investigateur s'est aussi assuré que les excrémens des polypes ne sont jamais rejetés que par la bouche, autrement, par l'ouverture antérieure, quoiqu'il y ait une sorte d'ouverture terminale au bout opposé. Cette dernière semblerait n'avoir pour unique usage que de servir à mouvoir et à cramponner les polypes en faisant l'office de ventouse.

Mais quelles altérations subissent les substances servant de nourriture aux Polypes? Comment s'en opère la digestion? S'il faut encore en croire Trembley, et personne à notre avis n'est plus digne d'une entière confiance; selon Trembley, donc, les Vers sont ramollis et comme déchirés à leur sortie du corps des polypes : mais les insectes ne sont qu'un peu macérés et changés de couleur ; les Pucerons, de rouges qu'ils étaient lors de leur introduction, sont pâles et incolores à leur sortie. Or, comme la couleur rouge qu'ils avaient, dépendait des matières renfermées dans l'intestin de ces insectes, il est permis de penser que les polypes ont absorbé ces matières, destinées à nourrir les pucerons, et déjà digérées par eux, pour s'en nourrir eux-mêmes.

La partie fluide que les polypes ont séparée de leurs alimens, circule à plusieurs reprises dans toute l'étendue de la cavité du polype, tantôt de bas en haut, tantôt en sens contraire ; et même elle passe durant ces flux et reflux, de la principale cavité du corps dans chaque petite cavité dont les tentacules sont creusés selon leur axe. Car il faut observer que

I.   30

chaque bras ou tentacule des polypes est l'image exacte du corps lui-même. Trembley est parvenu à découvrir les petits trous qui font communiquer chaque cavité des bras avec la cavité principale. Les polypes ont donc, pour ainsi dire, autant d'estomacs accessoires que de tentacules.

La couleur des polypes doit beaucoup à la quantité et à l'espèce de nourriture dont ces êtres font usage : plus ils mangent, plus leur couleur devient foncée ; le jeûne les décolore peu-à-peu. Nous disons aussi, et Trembley s'est assuré du fait, que les polypes prennent la couleur des alimens dont ils se nourrissent. Les pucerons, dont ils sucent le suc rouge intestinal, les font devenir rouges ; les Limaces et surtout les têtards de Grenouilles les rendent noires ; ils deviennent cramoisis lorsqu'on les nourrit d'Araignées rouges ; et verts, lorsqu'on leur donne des Pucerons verts, etc. Mais cette couleur n'est pas durable, encore qu'elle imprègne le tissu même des polypes : au bout de vingt à trente jours d'un jeûne absolu, ils deviennent incolores. On aurait tort d'inférer de là qu'ils ont besoin de ce temps pour se recomposer; car ne mangeant rien, comment se recomposeraient-ils?

La voie que suit la nourriture pour pénétrer la substance des polypes est fort peu connue. On n'a pu trouver de vaisseaux dans ces êtres; on sait seulement que les grains nombreux dont leur peau est comme criblée, sont les premiers à se colorer; mais on ne sait ni par quel intermédiaire ils reçoivent cette couleur, ni par quels canaux ils la transmettent aux autres parties.

Il est remarquable que les polypes se nourrissant

à-peu-près indistinctement de toute substance animale, sont eux-mêmes impropres à servir d'alimens à
aucun autre animal.

VERS. La bouche des Vers est petite, circulaire
et terminale. Leur canal alimentaire est simple et
sans péritoine appréciable : il est de plus tout-
à-fait adhérent au reste du corps, de sorte qu'il semble une cavité creusée dans le parenchyme même de
l'animal. Il règne souvent selon toute la longueur du
corps, quelquefois aussi il est incomplet, fort restreint; il est même des vers, appelés à cause de cela
parenchymateux, où l'on ne découvre absolument
aucun organe digestif, nulle trace d'intestin. C'est ainsi
que le caractère regardé comme le plus sûrement
indicatif de l'Animal, n'existe même pas universellement et avec certitude dans tous les animaux.
Les vers n'ont ni dents, ni foie, ni pancréas, du
moins n'en a-t-on encore pu découvrir. Il y a, dans
quelques vers, un ou plusieurs cœcums. L'anus est
terminal et parallèle à l'axe du corps, c'est-à-dire
médian.

Beaucoup de vers semblent puiser leur nourriture
uniquement dans la terre : ils y trouvent sans doute
des débris de corps organisés, et ils les séparent des
substances minérales et inorganiques qui les enveloppent. Les Vers aquatiques pompent le fluide dans lequel ils vivent, et ils y trouvent apparemment quelques
molécules alimentaires, par exemple des débris de
mollusques, d'insectes, de végétaux, etc. Quant aux
Vers parasites, ils se nourrissent aux dépens des corps
leur servant d'asile, ou au moyen des substances introduites dans ces êtres pour leur propre alimentation.

Les Ténias, par exemple , ne présentent aucun organe propre à exercer une digestion , nul réservoir
pour contenir des alimens ; ils trouvent leur nourriture toute préparée dans le corps des animaux où ils
habitent. Ils ont tout simplement, sur leurs parties
latérales, des pores ou suçoirs, et c'est par-là qu'ils
absorbent leurs alimens. C'est comme les végétaux
parasites, qui n'ont pas de racine , une fois qu'ils sont
cramponnés à leurs supports. La Cuscute n'a une
sorte de petite racine qu'à l'époque de sa naissance ;
mais bientôt cette racine imparfaite, devenue inutile ,
disparaît entièrement : il en est de la plupart des vers
intestinaux comme des Ténias. Il est d'autres Vers parasites, comme les Ligules, qui même n'ont pas de
pores ou suçoirs, et qui absorbent par la surface de
leur corps à la manière des Graines en germination.

Il est remarquable que presque chaque espèce
d'animal a son espèce de Vers parasites ; et même il y
a quasi une espèce particulière pour le parenchyme de
chaque organe principal. Le ver du foie n'est pas celui
du rein ou du poumon, de même que celui des Oiseaux ne ressemble pas à celui du Chien ou du Porc.
Ce sont ces vers développés dans la substance des organes, dont on ne connaît, ni précisément l'origine et
le mode de propagation, ni les moyens de nourriture
et les instrumens digestifs ; car ce sont ceux-là en qui
l'on ne peut découvrir de conduits alimentaires.

En général, les Vers intestinaux s'accommodent
bien de la nourriture dont l'animal où ils vivent fait
habituellement usage. Cependant les substances sucrées, le lait, les fruits, les crudités de toute sorte
leur conviennent mieux que des alimens plus subs-

tantiels ; le jeûne des animaux les fait eux-mêmes
pâtir, et sert ainsi, par les souffrances qu'ils causent
alors, à signaler leur existence. Je me souviens d'un
malade qu'on traitait pour une inflammation de l'estomac : on le saigna par les sangsues, on le fit jeûner
avec rigueur, et loin de diminuer, ses souffrances
augmentaient. Bientôt le caractère des coliques, l'état
irrégulier de la pupille, de brusques contractions
musculaires, le calme du cœur et le défaut de fièvre,
désignèrent la présence des vers : on fit manger le
malade, les douleurs et les autres symptômes dimi-
nuèrent : on lui donna des vermifuges, et les vers
furent expulsés, et tout rentra dans l'ordre.

Nous avons dit ce qui convient aux Vers : il faut dire
aussi ce qui les contrarie ou leur fait mal. Or, parmi
ces dernières substances, aucune n'a plus d'action que
les amers, les racines de fougère et surtout de grena-
dier, l'écorce de kina ou de chêne, les lichens, le petit
chêne, la mousse de Corse, etc. Les substances désagréablement aromatiques, la tanaisie, le semen-con-
tra ; l'huile simple aussi, mais surtout l'huile animale
de Dippel, l'huile de térébenthine, etc. ; toutes ces
substances tuent presqu'immanquablement les vers
intestinaux, ou du moins rendent leur expulsion plus
facile, par l'espèce d'étourdissement et de faiblesse
qu'elles leur occasionent. Il y a aussi des moyens mécaniques pour expulser les vers : je veux parler des
purgatifs très-forts, lesquels font lâcher prise aux
vers et les font sortir du tube alimentaire, par les fortes
secousses qu'ils impriment aux parois du canal digestif. Quant aux vers de l'intérieur des organes solides,
il n'est aucun moyen de les attaquer ou de les faire

mourir. On sait seulement que leur multiplication est d'autant plus grande, que la santé des animaux est elle-même plus faible et plus altérée : tout ce qui favorise les forces et le bon état de la vie leur est donc nuisible; ils ne prospèrent jamais plus que dans l'état de maladie.

Il est sûr que les vers ne se nourrissent et ne se multiplient qu'au détriment des animaux qui leur donnent asile : leur présence dans l'intestin de l'homme ou des animaux produit parfois une maigreur excessive, et des symptômes de véritable consomption. Je me souviens d'un jeune malade qui toussait sans cesse, qui maigrissait à vue d'œil, et qu'on croyait phthisique. Je lui donnai du Lichen, presqu'autant par déférence pour des préventions de famille, que par conviction touchant le genre de la maladie, que par confiance dans le remède : toujours est-il que le lichen, qui peut-être eût eu de mauvais effets si le malade eût été réellement poitrinaire, lui rendit au contraire des forces, du calme et de l'embonpoint, fit cesser la toux et revenir la santé ; mais en voici la raison : l'amertume du remède détermina l'expulsion de vers nombreux. C'était là le mal, et on l'avait méconnu. Au reste, ce n'est pas la première fois qu'un malade a dû la fin de ses souffrances et sa guérison parfaite à une erreur de son médecin.

Insectes. Il y a des Insectes qui ne se nourrissent que de substances animales ou végétales, il en est qui vivent indifféremment des unes et des autres. Il en est qui font leur nourriture de substances mortes ou déjà décomposées ou altérées ; et d'autres qui ne mangent que des corps jouissant de la vie. On conçoit que de pareilles différences dans les mœurs en doivent introduire dans la structure. On voit aussi quelques-uns de ces animaux qui se nourrissent d'excrémens ou de terreaux formés des débris de différens corps vivans ; mais aucun ne fait sa pâture, ainsi qu'on l'a insinué par erreur ou par système, de corps inertes ou de substances minérales.

Nous avons déjà dit que les insectes pondent leurs œufs près ou dans des substances propres à servir de nourriture à leurs larves ou leurs chenilles ; on en voit même qui, comme les Papillons, se nourrissent du suc des fleurs, et dont les nymphes vivent dans des plantes qui ne conviennent qu'à elles et non à l'insecte parfait. De sorte que l'animal se trouve dirigé dans le choix du lieu de sa ponte, par un autre instinct que celui qui préside à sa propre alimentation. Pareillement, les Cousins, tout aériens qu'ils sont, déposent leurs œufs à la surface des eaux, parce qu'en effet leurs larves sont aquatiques. Il en est de même de plusieurs autres.

Beaucoup d'insectes vivant en société, et comme en républiques, ont l'habitude d'amasser des alimens dans la saison propice à leur récolte, pour les saisons de l'année où cette moisson ne pourrait se faire. Cela est vrai surtout des insectes qui vivent du suc des fleurs, car on voit bien que les fleurs n'ont qu'une durée assez courte. Les Abeilles, par exemple, récoltent du miel durant la belle saison pour les autres temps de l'année où les plantes se fanent ou meurent ; mais cette prévoyance de leur part a particulièrement pour objet l'alimentation de leur progéniture. On a dit aussi que les Fourmis travaillaient l'été pour l'hiver, et elles ont paru à cause de cela un modèle salutairement proposable aux paresseux ; mais, s'il est vrai que ces animaux travaillent sans relâche dans les beaux jours de l'année, il ne l'est pas moins que c'est pour leurs larves bien plus que pour eux-mêmes qu'ils font tant et de si abondantes récoltes ; car il est indubitable que l'engourdissement où les jette le froid de l'hiver, les délivre alors de tout besoin de nourriture. Certains insectes, certaines larves au moins, vivent constamment des mêmes substances : on voit des chenilles ne se nourrir que des feuilles d'une seule espèce d'arbre et mourir à leur défaut. Les Vers-à-soie se nourrissent exclusivement des feuilles de Mûrier. Enfin il y a presqu'une espèce de chenilles par espèce d'arbres ou d'herbes. Même remarque à l'égard des Chenilles carnassières : la larve des Mouches à viande ne saurait vivre de substances végétales ; et même il y a des chenilles qui ne sauraient s'accommoder que d'une sorte de viande. Disons cependant qu'il en est qui souffrent plus de diversité dans leur nourriture. On en voit, par exemple, qui tout en se nourrissant de substances végétales, leur préfèrent parfois les débris dépecés de leurs semblables. Également, pour l'état parfait, certains insectes se nourrissent indifféremment de diverses substances : la Guêpe, par exemple, se jette tour-à-tour sur des fruits, sur des alimens sucrés, sur des sucs de viande, sur des insectes, sur des cadavres même : le miel aussi leur convient infiniment. Les Mouches à deux ailes, connues par l'importunité de leur vol et leurs titillations agaçantes, les mouches ont des goûts presqu'aussi variés : tout leur est bon, et on les voit passer brusquement de la substance la plus délétère sur les mets les plus savoureux, que leur contact peut ainsi imprégner de poisons.

Beaucoup d'insectes changent de nourriture en passant de l'état de larves à l'état d'animaux parfaits ; plusieurs sont sarcophages dans un âge, et phytophages dans l'autre. Les chenilles se nourrissent de feuilles ordinairement, et les Papillons qui en proviennent ne sucent guère que le suc épuré des fleurs : les Mouches préfèrent à tout le reste les choses sucrées, tandis qu'à l'état de larve il leur faut des substances animales mortes et déjà corrompues. Il faut aussi remarquer que les insectes carnassiers, si voraces dans les occasions propices, peuvent se passer d'alimens un temps beaucoup plus long que les insectes herbivores : ceux-ci mangent sans relâche, ou du moins tout le jour pour les uns, toute la nuit pour d'autres.

Une remarque pleine d'intérêt, c'est qu'il est des insectes qui font leur nourriture, et presqu'uniquement leur habitation, d'une certaine espèce de plante. On pourrait même en classer beaucoup d'après l'espèce de végétal leur servant de pâture et d'asile. Un de mes anciens condisciples et mon ami, M. Havet, que tous les savans de Paris ont connu, et dont plusieurs ont déploré la mort prématurée, ce jeune botaniste à qui tant de connaissances étaient familières, et qui savait tout abréger, tout simplifier, tout parer, tout embellir par les charmes d'un esprit devenu trop rare dans un siècle qu'envahissent insensiblement les froids calculs d'une politique ambitieuse, M. Havet, avant d'aller s'ensevelir dans les marais meurtriers de Madagascar, sans profit pour les sciences qu'il aurait si bien servies à Paris même, avec quelques encouragemens, inspiré par une idée de Bernardin de Saint-Pierre, son auteur favori, avait entrepris, dès l'année 1817, un joli cours, mis à la portée des gens du monde, et où il divisait les Insectes d'après le genre de Plantes servant à leur habitation et à leur nourriture. Cet essai d'un homme d'esprit eut un succès remarquable. Il s'agissait là beaucoup moins d'un cours, que d'aimables conférences, où les réflexions de l'auditoire venaient, non contredire, mais parfois redresser les vues rapides et souvent un peu hardies du nouveau professeur. On voyait assister à ce cours ce que Paris renfermait de plus distingué dans le culte mixte des lettres et des sciences : M. B. de Mirbel, qu'il est inutile de désigner autrement que par son nom ou par l'indication de ses ouvrages ; feu M. Thory, qui a eu le bonheur d'associer d'inappréciables descriptions de roses aux figures sans pareilles de Redouté ; madame A. Tastu, si chère à la poésie ; madame E. Voyart, traducteur d'Auguste La Fontaine, et auteur de plusieurs compositions originales ; M. A. Thiébaut de Berneaud, le traducteur de Théophraste, commenté par lui et par M. G. Cuvier; M. F. Lallemand, professeur de Montpellier, et si connu par ses Lettres sur l'Encéphale, et vingt autres. Je dois ajouter que M. Havet faisait ce cours en commun avec M. V. Audouin.

Les chenilles qui rongent les feuilles ont deux mâchoires latérales, agissant et se fermant comme des ciseaux. Beaucoup d'insectes, les Cigales, les Pucerons, les Punaises, se nourrissent surtout en pompant, au moyen d'une trompe contractile, le suc des plantes où ils se reposent ou restent attachés. Les

Pucerons particulièrement s'emplissent le canal digestif de la liqueur sucrée des jeunes pousses des
végétaux. C'est à ce suc qu'il faut attribuer la couleur
rougeâtre de leurs entrailles; et nous avons vu que
le même liquide rougit la substance des Polypes qui
se sont nourris de pucerons. Comme ce fluide a une
saveur miellée, même lors de son expulsion du corps
des pucerons, cela fait que les Fourmis, friandes
de tout ce qui est sucré, s'attachent à la poursuite
de ces petits animaux. Les Cigales à l'état de larves
ou de nymphes, pompent aussi la sève des plantes
où elles sont fixées : mais ce suc étant trop abondant pour leur simple nourriture, est ensuite rendu
par l'intestin sous la forme de bulles aériennes, et
c'est dans ce liquide assez ressemblant à de la salive
agitée et mêlée d'air, que l'on trouve les petites cigales avant leur complet développement. Elles finissent après cela par repomper peu-à-peu ce liquide
séveux et nourricier, de sorte qu'il leur sert à-la-fois
d'aliment et d'abri. Les Cochenilles demeurant constamment fixées aux mêmes endroits, sont réduites à
sucer la partie des végétaux où elles s'attachent. Mais
à l'égard des insectes dont les œufs et les larves ont
pour asile des fruits, des feuilles et des excroissances
en forme de noix de galles, etc., ceux-là sont alimentés
dans leurs premiers états par la substance même des
végétaux qui les recèlent et les abritent. Il y a une
espèce de Chenille qui vit et se transforme dans une
masse absolument résineuse ; je veux parler d'une
chenille qui se trouve dans une *galle* ou proéminence
du Pin. Cet animal peut être plongé, sans mourir,
même dans l'huile de térébenthine, si nuisible à la plu-

part des insectes. Les Abeilles se nourrissent de cette substance sucrée qu'elles pompent au sein des fleurs, et dont elles forment leur miel. Beaucoup d'autres insectes imitent ces derniers, si ce n'est pour leur admirable industrie, du moins pour la nourriture dont ils font usage.

La plupart des fruits charnus, des fruits à noyau et des différentes graines, recèlent assez souvent des larves ou des chenilles de différens insectes; mais ce sont toujours les mêmes espèces pour chaque sorte de graines ou de fruits. Tantôt les insectes imparfaits se bornent à ronger la partie charnue et succulente des fruits; tantôt ils n'en attaquent que les pepins ou les noyaux, et ce qui paraît d'abord singulier, c'est qu'on ne retrouve pas constamment les traces de l'ouverture par où les germes de ces animaux ont dû être introduits. Comme ils proviennent presque toujours d'œufs assez petits pour pouvoir passer par les trous les plus étroits, la simple piqûre qui a pu leur frayer une voie facile s'est ensuite effacée, sinon fermée, par l'accroissement du fruit qui les renferme : cela assurément en a imposé quelquefois, en faisant croire à des productions spontanées. On peut voir la preuve et des exemples de ce que nous disons ici dans la plupart des *fruits verreux*.

Reaumur a décrit avec complaisance et avec un vrai talent d'observation, la manière dont les Charançons et les Calandres rongent les semences de graminées, le Froment et surtout l'Orge. Les œufs de ces insectes sont introduits par les femelles dans ces semences encore jeunes, de sorte que, ainsi que nous le disions à l'instant même, on ne parvient pas toujours à découvrir l'ouverture qui leur a livré passage. Ces animaux restent là sous leur état de larves et de chenilles; ils détruisent toute la partie nutritive des graines pour s'alimenter, ils exercent là toutes leurs fonctions; chaque semence est pour eux un petit monde tout-à-fait séparé du grand, et lorsqu'enfin l'insecte prend sa forme dernière et parfaite, il parvient à sortir de sa prison en soulevant une petite barrière facile à briser : c'est une espèce d'éclosion analogue à celle des Oiseaux et de quelques Poissons. Un fait rapporté par Réaumur et qui mérite d'être connu, c'est que les semences de divers Gramens renfermant de très-jeunes chenilles, contiennent beaucoup plus d'excrémens que d'autres semences, où l'on trouve des chenilles prêtes à se transformer en insectes parfaits; de sorte qu'il semblerait résulter de là que ces animaux, d'abord trop avides et peu prévoyans, sont finalement réduits à se nourrir des débris et des résidus de leurs premiers alimens. Ce que nous venons de dire ne s'applique qu'aux Calandres, dont une espèce cause encore de plus grands dégâts que les autres, puisqu'elle a la nuisible propriété de faire adhérer entr'eux, à l'aide d'un enduit, plusieurs semences qu'elle corrode successivement. Mais le Charançon produit surtout de grands dommages; car après avoir rongé sourdement l'intérieur des grains de blé ou d'orge, lorsqu'il est à l'état de larve et de chenille, il continue ses dégâts sous la forme d'insecte parfait. Les fumigations de soufre et de tabac sont les moyens dont on a retiré le plus d'avantages pour la destruction de ces dangereux animaux, qui affament l'homme en détériorant sa plus utile nourriture.

Il y a des larves d'insectes qui se nichent dans les racines des plantes, qui les rongent, et qui par là font dépérir tout le végétal; d'autres, placées dans la terre, se nourrissent des débris des corps organisés qui se trouvent mêlés au sol; il en est enfin qui vivent de substances animales putréfiées, ou même d'excrémens. Les Dermestes se fourrent dans les substances animales même desséchées; ils sont le fléau le plus redoutable des cabinets d'histoire naturelle : la seule huile de térébenthine parvient quelquefois à les faire mourir. Ils attaquent les peaux, les cuirs, les reliures de livres, les fourrures, les vêtemens de tissu de laine ou de coton ; ils en absorbent toute la substance animale, et finissent par les perforer, par les détruire.

D'autres larves d'insectes se nourrissent avant que de se transformer, de la substance même d'autres animaux vivans, leur servant de berceau et d'asile ; on en a vu plusieurs fois dans différentes parties du corps humain. Les OEstres se développent et se nourrissent dans le cuir du dos des Bœufs et des Cerfs, lieu où les femelles de cette espèce déposent les œufs d'où les petits éclosent. Les Hippobosques ont pour premier refuge l'intestin des chevaux; même on les a vus quelquefois s'introduire jusqu'à l'estomac, c'est donc dans la cavité digestive des animaux qu'ils vivent en parasites.

Le Mouton loge aussi dans ses sinus frontaux la larve d'une espèce d'OEstre, qui se nourrit là, dans la membrane pituitaire, du sang qui la pénètre et des mucosités qui la lubréfient. Si les Hippobosques causent souvent de grandes agitations aux Chevaux, si les OEstres des Bœufs donnent parfois à ces animaux beaucoup de souffrances, les OEstres des Moutons aussi deviennent quelquefois pour eux la cause déterminante de mouvemens irréguliers, de sauts bondissans, de vertiges ; peut-être même sont-ils capables de produire seuls tous les symptômes du mal singulier connu sous le nom de *Tournis*. Les Taons n'attaquent que les chevaux et les bêtes à cornes.

L'homme a aussi ses animaux parasites : sans parler de ceux qui se fixent à la surface de son corps , qui ne pénètrent jamais au-delà de cette surface , et qui, se nourrissant surtout de son sang et de ses humeurs, se multiplient principalement par la misère, la débauche ou la malpropreté ; sans parler, dis-je, de ces espèces si connues, nous devons rappeler le petit insecte de la Gale, espèce de Ciron ou d'Acarus, lequel paraît être la cause déterminante des pustules et du prurit incommode qui signalent la maladie degoûtante que nous venons de nommer. Linné croyait également que la Dyssenterie était causée par un insecte analogue à celui de la gale, et cela lui servait à expliquer pourquoi cette maladie devient quelquefois contagieuse aussi bien que l'autre. Chaque animal paraît donc avoir, sinon son espèce, du moins sa variété d'insectes parasites : la Puce n'attaque guère que l'Homme et le Chien. Mais il est d'autres insectes qui, sans être précisément parasites, n'ont pas moins d'incommodités pour les animaux qu'ils piquent, qu'ils titillent, d'où ils tirent du sang et qu'ils tourmentent, ou la nuit seulement, ou le jour et la nuit. Les Mouches et les Cousins, et principalement dans les pays du nord pour ces derniers animaux , sont le per-

pétuel tourment de l'homme et d'autres espèces,
en particulier dans certaines saisons. Les Punaises
domestiques pompent le sang de l'homme pendant
la nuit. Les Cousins s'attaquent surtout et presque
sans relâche aux Hommes et aux Lièvres : de Geer
assure même que ces insectes vont jusqu'à faire périr
(il parle de ce qui arrive en Laponie) les premières
portées du Lièvre. On croit avoir remarqué que les
femelles seules se nourrissent du sang de l'homme
ou d'autres animaux, et que les mâles, au lieu de
faire de cuisantes piqûres, comme elles, se bornent
apparemment à pomper les sucs miellés des fleurs.
Il n'y a pas jusqu'aux Insectes eux-mêmes qui n'aient
leurs Insectes parasites ; plusieurs même, principalement du genre des Ichneumons, se nourrissent et se
développent dans le propre corps des chenilles de
plusieurs insectes, et ne croissent qu'en détruisant et
dévorant la substance de ces chenilles. On a remarqué
l'espèce d'économie et de prévoyance que ces insectes
mettent dans leurs déprédations ; par exemple ils mé-
nagent tellement la substance des chenilles leur servant et d'asile et de pâture, qu'ils en conservent juste
jusqu'au moment de leur transformation finale et de
leur sortie : et ce qui doit paraître encore plus singulier,
c'est qu'il se niche des larves d'un petit Ichneumon
jusque dans le corps des Pucerons, et même dans
des œufs de Papillons. En voilà bien assez pour
montrer qu'il n'est pas de si petit animal qui ne puisse
servir de refuge et de proie à d'autres animaux plus
petits ; mais quel est le dernier terme de cet enclavement, et de cette réciprocité de secours et de destruction ?

Les insectes une fois accrus et transformés doivent la nourriture qui leur est nécessaire, soit à la force, soit à la ruse, usant pour l'obtenir des armes et de l'industrieux instinct qui leur sont nécessaires. Beaucoup portent la voracité jusqu'à s'entre-dévorer, après des luttes meurtrières. Les Araignées, les Mouches et les Guêpes sont dans ce cas. On sait aussi par quels moyens admirables par leur complication et leur ordonnance, l'Araignée parvient à s'emparer des insectes qui font sa nourriture accoutumée. Non seulement cet animal saisit et.immole à ses besoins les Mouches qui s'embarrassent dans ses réseaux, mais Pélisson a prouvé, par ce qu'il raconte des récréations de sa longue et dure captivité, qu'il est possible d'attirer les araignées, promptes à s'apprivoiser, jusqu'aux insectes tenus loin de leurs toiles, et qu'on saisit en leur intention et pour leur usage. Les ruses ingénieuses de la Fourmi-lion sont connues, et ce n'est point ici le lieu de les rappeler.

Il n'est pas d'insectes qui, plus que les Pucerons, soient aussi avidement recherchés comme proie favorite par d'autres insectes : ils doivent tant d'ennemis et tant de dangers à leur petitesse, à la fragilité de leur texture, à leur propre gloutonnerie, qui fait que leur corps est pour ainsi dire un réservoir de nourriture ; enfin, ils le doivent à l'extrême facilité de leur accès, aussi bien qu'à la saveur miellée des sucs dont ils se remplissent. Au reste, ce n'est pas toujours pour eux-mêmes que tant d'insectes se montrent si voraces ; c'est souvent pour emmagasiner pour leurs larves qu'ils commettent tant de rapines :

d'autres fois même ils portent des provisions à leurs chenilles ou à leurs larves , et leur donnent pour ainsi dire la becquée à la manière des oiseaux.

Enfin , on observe la plus grande diversité dans les alimens dont les insectes font usage : on ne conçoit guère , par exemple, la bizarre préférence qu'une espèce de Teigne affecte pour la cire des ruches d'Abeilles, trouvant précisément près d'elle , et à sa disposition , un miel savoureux qu'elle dédaigne. Comment d'ailleurs cette cire peut-elle être dissoute ? A quelle modification doit-elle d'être transformée en aliment? Il est remarquable aussi que certains insectes paraissent changer de nourriture : la Mitte du chocolat, par exemple, n'a pas toujours pu se nourrir de cette substance , qui est d'invention moderne , à moins cependant qu'elle n'ait été importée avec le fruit même du Cacao. On pourrait élever de pareils doutes au sujet de beaucoup d'autres insectes destructeurs des alimens de l'homme.

ORGANES ET ACTES DIGESTIFS DES INSECTES. Ici , comme partout, les Organes digestifs sont en rapport avec l'espèce d'alimens , et les préparations qu'ils doivent subir. Ainsi les Insectes Suceurs ont une simple Trompe contractile pour prendre les alimens, des organes très-simples pour les préparer, des membres peu compliqués et mal disposés pour l'aggression, des puissances musculaires trop faibles pour d'heureux combats. Ceux de ces animaux qui se nourrissent des substances végétales ont surtout des Lèvres très-prononcées, une espèce de Langue, des Mâchoires : le derrière de leur tête s'élargit beaucoup dans le but prémédité par la nature, d'offrir aux puissances musculaires de larges surfaces pour attaches. En ce qui touche le conduit digestif lui-même, on a voulu y retrouver les divers compartimens qui le composent manifestement chez l'homme et les grands animaux : on l'a donc divisé dans les insectes, comme dans ces derniers êtres, en Pharynx, Œsophage, Estomac, Intestins petits et gros, etc. On s'est du moins assuré (et le fait est certain) que ce conduit a plus de longueur chez les insectes herbivores que chez les carnassiers : il n'a guère que la longueur du corps entier dans ceux-ci, tandis que son étendue est double ou triple chez les autres.

Le conduit digestif des insectes présente en outre plusieurs organes accessoires, sur l'usage et la destination desquels les anatomistes sont divisés d'opinion. L'un de ces organes est un vrai Gésier; il est placé à la suite de l'estomac, entre cet organe et le Duodénum; deux valvules situées à ses deux extrémités le séparent au moins par moment de l'intestin et de l'estomac. On ne trouve cet organe que dans les insectes gloutons, herbivores ou carnassiers, mais il existe principalement dans les herbivores. C'est d'abord au sujet de ce gésier qu'il y a eu dissidence entre divers anatomistes : plusieurs ont cru voir en cet organe l'analogue de l'un des quatre estomacs des grands animaux ruminans; et comme plusieurs insectes herbivores, les Sauterelles entr'autres, rejettent souvent par la bouche une matière brune provenant de l'estomac, on a cru que ces animaux ruminaient; mais cette opinion n'a aucun motif solide (1). Il est bien vrai que plusieurs insectes de la famille des Orthoptères ont la singulière faculté de rejeter par la bouche, à volonté et comme moyen de défense, les sucs biliaires versés dans l'estomac ou dans l'intestin ; mais de Rumination véritable, ces animaux n'en exercent aucunement. Il n'y a chez eux qu'un canal unique pour les alimens ; ils n'ont point, comme les ruminans, de prolongement supplémentaire à l'œsophage faisant communiquer le gésier (regardé à tort comme l'analogue du *bonnet* des ruminans) avec la bouche. Ce qu'on avait pris pour des estomacs supplémentaires ou pour des cœcums, ne sont tout simplement que des vaisseaux particuliers, tenant lieu du foie et engendrant une sorte de bile.

Ces vaisseaux et glandes biliaires sont de la plus singulière structure : ce n'est que par les fluides qui en proviennent qu'ils ressemblent au foie. Ils n'ont absolument rien de la texture des glandes. Mais on a eu tort, je le répète, de les regarder comme des dépendances de l'intestin, car ils ne contiennent point ordinairement d'alimens. On a eu tort aussi de les prendre pour des vaisseaux chylifères, car ils contiennent des sucs dans l'état de jeûne toutaussi bien qu'après des repas copieux. On remarque que les animaux voraces ont seuls deux ordres de vaisseaux biliaires : les supérieurs, s'ouvrant dans l'estomac, dans le gésier, ou tout près de ces organes, dans le duodénum ; les autres, les vaisseaux biliaires infé-

____

(1) *Voyez* Swammerdam, Malpighi, Leeuwenhoek, Vallisneri, Réaumur, Lyonnet, de Geer, Fabricius, Latreille, Marcel de Serres, G. Cuvier, Strauss, Audouin, M. Edwards, etc.

rieurs, aboutissent dans le duodénum ou dans la suite du petit intestin.

Le conduit alimentaire des insectes offre plusieurs valvules formant intersection. Quelquefois il y a une de ces valvules entre l'estomac et l'œsophage, quand, par exemple, les vaisseaux biliaires s'ouvrent dans l'estomac. Il en existe toujours une à chaque extrémité du gésier, quand cet organe ne manque pas; et une autre, à l'extrémité du petit intestin, comme dans les grands animaux. Et lorsqu'il n'y a pas de gésier, l'estomac est séparé du duodénum par une valvule épaisse, garnie de fibres musculaires, représentant une sorte de *pylore*. Les insectes suceurs, se nourrissant de fluides, ont l'intestin beaucoup moins compliqué que les autres familles : à peine y distingue-t-on des valvules.

Les insectes digèrent leurs alimens à la manière des grands animaux : leur nourriture a le même cours, subit des altérations analogues. C'est surtout le contact des fluides biliaires qui opère de grands changemens ; c'est du moins après la mixture de ces fluides avec les alimens qu'on voit ces derniers changer de nature, et qu'une sorte de chyle s'en sépare. La régurgitation de cette bile jusqu'à la bouche, dans plusieurs espèces, paraît leur tenir lieu de salive. Mais on ne sait nullement par quels vaisseaux ni par quel moteur cette nourriture essentielle est ensuite répartie entre les organes ; nous verrons, en effet, que ces animaux n'ont point de cœur véritable, ni leur fluide central de mouvement sensible. On sait seulement que leur intestin est entouré de toutes parts par des vaisseaux aériens ou trachées, à l'aide desquels il s'opère une espèce de respiration sans déplacement manifeste du fluide nutritif. Au reste, il sera fait mention ailleurs et de la Circulation et de la Respiration de ces animaux.

CRUSTACÉS. Les Crabes, les Ecrevisses, etc., se nourrissent en général de substances animales, et par préférence même de celles qui sont presque putréfiées. Plusieurs crustacés sont parasites et sucent à ce titre les fluides nourriciers des animaux dans l'intérieur desquels ils se fixent ou sur lesquels ils se cramponnent.

La bouche de ces animaux est fort compliquée : elle est formée, à la manière de celle de beaucoup d'insectes, de divers compartimens qui la rendent propre à broyer. Plusieurs ont l'estomac renflé, toujours dilaté et tenu constamment étendu par des muscles attachés à ses parties latérales. L'estomac des Ecrevisses est situé vers le haut du corps, près de la tête ; il est pourvu de plusieurs paires de dents pyloriques, dont plusieurs sont supportées par des espèces d'arrêtes en crochet : les autres dents, situées dans le voisinage du pylore, sont aplaties et propres à broyer la nourriture. Une particularité remarquable, ce sont ces petites concrétions blanches et calcaires qu'on trouve dans l'estomac de tous les crustacés à longue queue, vers l'époque de la mue : ces petites pierres, nommées faussement *yeux d'écrevisses*, ne sont pas plus des yeux qu'elles ne sont propres aux écrevisses ; tous les crustacés à test solide en présentent de semblables. L'intestin des crustacés est assez égal. Ceux de ces animaux qui ont dix pieds ont une valvule au milieu du canal digestif, et près de là (comme dans les animaux vertébrés) un appendice cœcal assez prolongé. L'anus est inférieur et il termine le corps ; le foie est volumineux , assez ressemblant au cerveau , et composé de tubes grêles et nombreux , éparpillés dans tout le corps : c'est ce qu'on nomme *farce*. Il s'étend , tant il est considérable , jusqu'à la queue des Pagures. On ne lui a pas trouvé de conduits biliaires distincts dans tous les Crustacés, mais il en a de manifestes dans les Décapodes. C'est une espèce de canal cholédoque qui s'ouvre entre l'estomac et l'intestin. Les crustacés n'ont, à ce qu'il paraît, ni pancréas ni péritoine.

MOLLUSQUES. La plupart des Mollusques ont une sorte de bouche et des lèvres ; plusieurs même ont des espèces de dents cornées que l'on nomme mâchoires à cause de leur largeur. Il en est aussi beaucoup dans la bouche desquels on aperçoit une petite éminence charnue que l'on prend pour une langue : ce mamelon charnu se meut ordinairement plutôt en arrière qu'en tout autre sens, mais il est presque toujours adhérent dans tous ses points, quelquefois même on le voit se continuer sous la forme d'une spirale fixée tout le long de l'œsophage jusqu'à l'estomac. D'autres mollusques ont une sorte de trompe , et dans ces deux cas, qu'il y ait prolongement de la langue en spirale, ou présence d'une trompe , alors il n'y a de dents d'aucune espèce. On n'observe non plus ni dents ni glandes salivaires dans les mollusques acéphales ; mais les céphalopodes ont des glandes salivaires.

L'œsophage est ordinairement très-long ; mais son ampleur varie. Quelquefois il forme une dilatation en forme de jabot. L'estomac est tantôt simple , et tantôt à plusieurs loges dans d'autres mollusques.

Celui des mollusques acéphales est creusé presqu'indistinctement dans le foie, lequel l'entoure de toutes parts; et la bile passe directement, sans détours ni longs circuits, du foie dans l'estomac. Une chose singulière ce sont ces *stylets cristallins*, espèce de petites végétations salines et transparentes, que l'on rencontre dans les conduits biliaires de cette classe d'animaux. Mais l'estomac n'est pas entouré par le foie dans les mollusques à tête. On remarque d'ailleurs qu'il est plus gros dans ceux qui vivent de plantes que dans ceux qui se nourrissent d'animaux, de coquillages. La bile est versée dans l'estomac chez plusieurs espèces: l'intestin des mollusques a des circonvolutions variables. L'anus est diversement disposé dans plusieurs classes; il est percé tantôt en devant, tantôt en arrière, souvent sur les côtés, et c'est le plus ordinairement à droite: mais il se termine toujours à la partie postérieure du manteau dans les mollusques acéphales.

Les Mollusques dont la tête est garnie de tentacules, les Poulpes, les Calmars, saisissent leurs proies avec ces appendices: ceux-ci vivent ou de plantes ou d'autres animaux à la chasse desquels on les voit courir. Mais les Acéphales, ne pouvant discerner ni saisir leurs aliments, n'ayant d'organes ni pour la salive ni pour la préhension des alimens, paraissent se nourrir exclusivement avec des substances fluides. Beaucoup de mollusques ont la faculté de rester un temps fort long sans nourriture. Nous savons au reste fort peu de chose touchant la digestion et les fonctions nutritives de cette classe d'êtres (1).

(1) *Voyez* Poli, D. de Montfort, G. Cuvier, Lamarck, Péron, Blainville, etc., et différens *Voyageurs.*

CHAPITRE V.

Particularités sur la Nutrition des Animaux supérieurs ou Vertébrés.

Les faits abondent tellement au sujet de la Nutrition des animaux vertébrés, que nous croyons devoir nous frayer une route au milieu de cette foule de choses curieuses, et choisir sur notre passage ce que nous rencontrerons de plus intéressant.

Mammifères. Parmi les animaux vivipares ou à mamelles , on remarque la plus grande diversité pour la nourriture. Il en est qui ne se nourrissent que de chair ou de substances animales ; d'autres , au contraire, ne se repaissent que d'herbes ou de productions végétales. Il en est aussi dont la nourriture est mixte, puisée à-la-fois ou indifféremment dans les deux règnes. On exprime d'ordinaire par les noms simples de *carnivores*, d'*herbivores* et d'*omnivores*, ou par ceux de *sarcophages*, de *phytophages*, et de *polyphages*, ces propensions natives de certains animaux pour une sorte d'aliment plutôt que pour une autre.

Ces premières différences des animaux, quant à la nourriture, supposent ou entraînent d'autres différences quant aux organes. Un animal carnivore a plus de dents qu'un herbivore , et ces dents sont plus inégales, plus propres à déchirer, plus tranchantes ; il a des mâchoires plus dégagées, plus puissantes, mues par des muscles plus gros et plus vigoureux ; son estomac est moins vaste , et les parois en sont plus minces; ses intestins sont plus courts, et partant, son ventre moins volumineux, ses formes plus grêles. Les membres aussi sont disposés autrement que dans les herbivores, l'instinct de voracité ayant besoin d'instrumens déchirans et agiles, propres à le satisfaire. Enfin, il est peu d'organes sur qui ne réagisse, sur qui ne s'imprime et ne se fasse sentir, et par qui ne se manifeste, pour des yeux exercés, l'espèce d'alimens dont un animal vivipare fait usage : cela rejaillit jusque sur son caractère, sur ses instincts et ses mœurs. Mais ce n'est point ici le lieu d'entrer dans de plus grands détails à ce sujet.

Beaucoup d'animaux carnivores ont besoin de chairs vivantes, ce qui les oblige à des combats, à des agressions perpétuelles et au carnage. D'autres préfèrent à ces curées meurtrières et difficiles, des chairs mortes ou déjà putréfiées : le Lion tue tout ce qu'il mange, mais la Hyène tire sa nourriture du fond des charniers ou des tombeaux. Il est aussi quelques carnivores qui se bornent à sucer le sang des animaux qu'ils massacrent; quelques espèces de Martes et de Chauve-Souris sont dans ce cas, nommément les Putois et les Vampires. Les Sarigues se nourrissent presque uniquement d'œufs d'oiseaux. Les Fourmilliers, dénués de dents, se nourrissent de fourmis et d'autres insectes, qu'ils engluent au moyen de leur langue, favorablement disposée à cet effet.

Les animaux herbivores ont, ainsi que nous l'avons dit, des mâchoires moins puissantes, mues par des muscles plus faibles, armées de dents plus propres à broyer qu'à mordre ou déchirer, des membres peu disposés à l'agression; mais, en revanche, leur estomac est plus spacieux, il a des parois plus épaisses et plus musculeuses, et quelquefois il est multiple ou complexe; leurs intestins sont plus longs, plus gros; leurs formes plus massives.

En général, les animaux qui Ruminent, c'est-à-dire ceux dont les alimens refluent vers la bouche par l'œsophage, pour être broyés de nouveau après avoir déjà séjourné dans les estomacs, ceux-là ont presque tous des cornes ou des bois au front, et manquent de dents incisives à la mâchoire d'en haut. Tous, en outre, ont quatre estomacs, ou un estomac divisé en quatre cavités. Voici, au reste, quelle est la disposition de ces estomacs. Le premier de tous est la *panse*, ou *l'herbier;* celui-ci est très-grand et il occupe presque entièrement le côté gauche de l'abdomen; le deuxième estomac, ou *bonnet,* la plus petite des quatre cavités, est placé à droite et en devant de la panse; plus à droite encore, et tout-à-fait en arrière du foie, est le troisième estomac ou *feuillet,* lequel communique par une ouverture peu spacieuse, avec le quatrième estomac ou *caillette.* Ce dernier est l'analogue de ce qu'on voit chez les animaux qui n'ont qu'un estomac simple, et il communique avec le duodénum par une sorte de pylore. La séparation des deux premiers estomacs est peu sensible; mais les autres sont séparés l'un de l'autre par des rétrécissemens assez marqués pour ne permettre aucune confusion. L'œsophage s'insère dans la portion droite de la panse, et, de plus, une espèce de gouttière de prolongement le fait communiquer avec le bonnet et le feuillet.

Lorsque les herbes viennent d'être mâchées et pour la première fois avalées, elles sont introduites dans la panse, de celle-ci dans le bonnet; et ce n'est qu'après avoir déjà subi l'action de ces organes, s'être imprégnées des sucs qui y sont sécrétés, et s'y être ramollies, qu'elles remontent par l'œsophage dans la bouche, afin de subir là une nouvelle trituration plus parfaite que la première; et, cette deuxième fois, elles sont déposées immédiatement dans le bonnet, sans avoir de nouveau séjourné dans la panse. Les ruminans tout jeunes qui se nourrissent du lait de leur mère, n'ont point encore de rumination, et le liquide dont ils s'abreuvent passe directement dans les derniers estomacs, tout comme nous venons de voir que la chose arrive pour les alimens déjà ruminés des animaux adultes. Mais c'en est assez à ce sujet.

Plusieurs Cétacés ont un estomac presque aussi compliqué que les ruminans: le Dauphin et le Marsouin, par exemple, ont pour estomac quatre cavités placées à la file les unes des autres; il existe de plus entre les trois premières poches une sorte de canal court, formant un passage étroit à l'aide duquel la communication s'établit de l'une à l'autre. Toutefois ces animaux ne ruminent point.

Beaucoup de Rongeurs ont l'estomac divisé comme en plusieurs cavités par des étranglemens; quelques-uns paraissent avoir deux estomacs, mais cette dernière disposition est surtout bien marquée dans les Kanguroos, particulièrement dans le Kanguroo-rat. Les herbivores qui ne ruminent pas ont d'ordinaire l'œsophage inséré vers le milieu de l'estomac, ce dernier organe disposé de manière à prolonger le séjour des alimens du côté de la rate, c'est-à-dire à gauche, et l'orifice du pylore fort étroit. Remarquons aussi que les rongeurs ont ordinairement deux dents incisives, isolées des autres dents, à chaque mâchoire, et que leurs jambes postérieures, presque toujours plus longues que les antérieures, les prédisposent à sauter.

Les organes digestifs de l'Homme et des Singes tiennent à-la-fois de ce que nous avons dit exister chez les herbivores et chez les carnivores. L'homme a toutes les espèces de dents : des dents tranchantes et déchirantes, comme les carnivores, et des dents molaires ou broyantes sans inégalités sensibles, comme les herbivores. Sa mâchoire inférieure se meut dans tous les sens : horizontalement comme dans les animaux se nourrissant d'herbes, et perpendiculairement comme chez les carnassiers. Son estomac est simple, mais assez vaste et à parois moyennes. Le reste des organes tient le milieu entre les deux classes de mammifères dont nous avons parlé.

L'Ours et le Blaireau, qui paraissent surtout organisés pour être carnivores, se nourrissent toutefois presqu'indifféremment de toutes sortes d'alimens tirés des deux règnes des corps organisés. Mais rien n'est plus rare que de voir un herbivore se nourrir de choses animales, ou un carnivore se repaître de végétaux : cela ne se rencontre guère que parmi les animaux que l'homme a su s'assujettir et rendre ses compagnons et ses imitateurs. Ainsi, le Chien affamé mange du pain et quelquefois même des végétaux. On a vu des Chats, privés d'alimens, dévorer, pour assouvir leur faim, jusqu'à des tissus de lin. Les Rats aussi, quoique organisés en tout comme les herbivores, mangent souvent des substances animales. On a observé que des chairs déposées dans l'estomac du Cheval n'y subissent aucune altération : mais on a vu des Chèvres ne manger que des substances anima- les, et elles digéraient ces substances.

A l'égard des boissons, les animaux carnivores en éprouvent moins le besoin que les herbivores. Mar- corelle a prouvé qu'à conditions égales, on se passe plus facilement de liquides avec des alimens gras. Toutefois le Chameau est un des animaux qui reste, sans en souffrir, le plus de temps sans boire.

La manière dont boivent les mammifères varie beaucoup : l'homme avale les liquides tout comme les solides; mais il boit aussi par succion. Les animaux carnivores lappent, et, à cause de cela, on pourrait (ainsi que je l'ai expérimenté) les faire mourir de soif ou de rage en leur tenant la trachée-artère ouverte à l'extérieur, cela leur ôtant la faculté d'aspirer les li- quides. L'Ours mord l'eau comme un fruit ou tout autre aliment; il ne lappe ni ne suce. La plupart des herbivores boivent par succion, et pour les faire périr par la soif il suffirait de paralyser leur langue. On a dit que l'homme était le seul animal qui bût sans soif.

OISEAUX. Les Oiseaux aussi ont une nourriture très-diversifiée ; les uns se nourrissent de graines, et c'est le plus grand nombre ; d'autres préfèrent les insectes, quelques-uns ne dévorent que des pois- sons; il en est qui se massacrent les uns les autres et qui font leur proie d'autres oiseaux ; plusieurs vivent du suc des fleurs; enfin, il y a des animaux de cette classe qui font leur nourriture de cadavres.

Nous devons répéter, à l'occasion des oiseaux, ce que nous avons dit des mammifères : la conformation de leurs organes est toujours assortie au genre d'alimens dont ils font usage. Le bec des oiseaux carnassiers est toujours plus fort, plus recourbé, mieux disposé pour le combat. Leurs pattes ont plus de puissance ; les ongles en sont plus aigus, plus redoutables. Leurs ailes sont plus longues, leur sternum a plus de saillie, et leur vol plus d'étendue : ceux des oiseaux qui se nourrissent d'insectes ont surtout des ailes très-longues, et leurs pieds sont courts. Les oiseaux pêcheurs ont le cou long, le bec aussi est très-prolongé, et leurs pattes méritent pour la plupart d'être comparées à des échasses. Ces animaux sont, en outre, organisés de manière à leur permettre de rester de longues heures debout sans fatigue, disposition nécessaire, ainsi que la patience, au succès de leurs entreprises et au maintien de leur existence. Leurs pattes sont presque toujours palmées, et tout leur corps disposé à surnager sans de grands efforts. Les oiseaux vivant d'insectes ont le bec effilé, le vol léger, des formes élégantes, et ils sont presque continuellement au milieu des airs. Ceux qui vivent de graines sont moins légers, moins disposés pour le vol ; ils sont plus terrestres qu'aériens. Leurs pieds ont plus de solidité que de puissance ; leurs ongles et leur bec sont ordinairement obtus : mais ils ont un jabot souvent très-prononcé, et un gésier très-épais. Leurs ailes ont peu d'étendue.

On trouve trois poches distinctes dans la cavité digestive des oiseaux ; les deux premières ne sont que des dilatations de l'œsophage, l'autre est le véritable estomac. Le *jabot* est la première de ces cavités : placé au bas du cou, c'est là que les alimens avalés s'accumulent d'abord et font leur premier séjour. Cette poche est membraneuse, et composée de trois tuniques, ainsi que le reste du conduit digestif. La deuxième cavité, ou le *ventricule succenturié*, espèce d'estomac accessoire, est placé entre le jabot et le gésier. Les parois de ce deuxième sac contiennent des glandes nombreuses. Le troisième estomac, l'estomac par excellence, est nommé *gésier*. Celui-ci a des parois beaucoup plus épaisses que les deux autres, il est aussi infiniment plus musculeux; il est tapissé à l'intérieur par une couche coriace et comme cornée, qui paraît inerte, et dont la résistance est extrême. Ces poches digestives présentent de grandes différences dans les diverses familles d'oiseaux, selon surtout les substances dont ils se nourrissent. Le jabot est beaucoup plus prononcé dans les granivores qu'en aucune autre famille; et cependant l'Autruche manque totalement de jabot. Les oiseaux piscivores ou ichtyophages n'ont point de jabot non plus; mais leur estomac accessoire est plus vaste que chez le commun des oiseaux. En général, l'estomac succenturié a un volume très-considérable dans les oiseaux manquant de jabot. Ce sont les granivores qui ont le gésier le plus épais, le plus puissant : les carnivores l'ont presque tous très-mince. Le Héron, comme piscivore, n'a point de jabot, et ses deux autres estomacs n'en font qu'un.

Le Coucou, selon la remarque d'Hérissant, présente une disposition toute particulière quant à son estomac. Tous les oiseaux, en effet, ont l'estomac placé près de l'échine, au-dessus des intestins, tandis que le Coucou l'a placé tout près de la peau du ventre.

Nous devons dire que quelques anatomistes ont cru voir dans cette disposition tout-à-fait insignifiante la cause pour laquelle le coucou abandonne ses œufs et ne les couve jamais.

Il nous serait difficile d'énumérer sans omission toutes les particularités intéressantes que présente la classe des oiseaux sous le seul rapport des organes digestifs et des habitudes de nutrition. Par exemple, les Granivores ont constamment des cailloux, des graviers ou d'autres corps solides et à surface inégale dans leur gésier, et rien n'est plus malaisé que de dégarnir entièrement l'estomac de ces corps résistans, qui paraissent destinés à seconder l'action du gésier : il n'y a de rendus avec les excrémens que ceux de ces corps étrangers dont la surface est lisse sans nulle inégalité. Les morceaux de cuivre qu'avalent les Autruches finissent par empoisonner ces animaux, par le vert-de-gris qui se forme dans les dépressions du métal. Les Oiseaux de proie nocturnes avalent indistinctement toutes les parties des oiseaux leur servant de pature, tout, os, plumes, viande, etc. Mais ils rejettent ensuite, roulées en masse, toutes les substances réfractaires à l'action de l'estomac. Les Pélicans conservent des alimens pour plusieurs jours dans le réservoir placé sous le bec, et les Cormorans brisent les pattes des animaux qu'ils ont pris et qu'ils réservent pour des temps plus éloignés.

Beaucoup d'Oiseaux granivores digèrent très-difficilement, mais enfin digèrent les substances animales, les vers, les insectes, les débris d'animaux introduits dans leur estomac : mais les oiseaux carnassiers ne peuvent digérer les graines qu'on leur fait avaler ; des

I.   32

graines de plantes céréales sont restées absolument intactes pendant des jours entiers dans l'estomac des oiseaux de proie.

Il est des oiseaux qui boivent par une vraie déglutition à tête redressée ; mais il en est d'autres, les Pigeons, par exemple, qui boivent par aspiration. On ne peut pas dire que ce soit par succion, car la langue des oiseaux gallinacés et des pigeons, loin d'être charnue, est presque entièrement osseuse. Il serait curieux de s'assurer de ce qu'il arriverait à ces animaux après qu'on leur aurait ouvert la trachée.

Reptiles. Presque tous les Reptiles ont un estomac dépourvu de cul-de-sac, un estomac très-allongé et de forme ovale. Les parois en sont minces et les fibres musculeuses peu marquées.

L'estomac des Tortues va en se rétrécissant depuis le cardia jusqu'au pylore, lequel est sans valvule. Celui des Crocodiles présente un grand cul-de-sac à parois fort épaisses, et une autre petite poche séparée près de l'œsophage. Les Serpens ont l'estomac configuré en forme de boyau, et pas beaucoup plus gros que l'intestin lui-même. L'estomac des Grenouilles et des autres Batraciens, d'abord assez dilaté près de l'œsophage, se rétrécit ensuite peu-à-peu en approchant du pylore, et il forme en outre une courbure assez marquée. Du reste, il y a pour les reptiles et les poissons, aussi bien que pour les mammifères et les oiseaux, une exacte concordance entre l'organisation et la nourriture : c'est à ce point, qu'on peut assez sûrement juger de l'une par l'autre.

Les Tortues se nourrissent à-la-fois d'herbes, de poissons, de mollusques : elles brisent jusqu'à des coquillages, dans le but de dévorer les animaux qu'ils renferment. Les Batraciens, et entre autres les Grenouilles, sont herbivores à l'état de Têtards, et carnivores à l'état parfait : aussi ces animaux ont-ils des intestins proportionnellement plus spacieux et plus longs dans leur premier état qu'après leur première métamorphose. On remarque précisément le contraire dans les insectes nommés Hydrophiles, dont les larves sont carnivores.

Les Crocodiles font une grande dépense de substances animales: la largeur de leur gueule, qu'accroît encore· la manière dont s'articulent et se meuvent simultanément leurs mâchoires, permet à ces animaux d'engloutir des proies énormes. Leur appétit est si insatiable, leur gloutonnerie si effrayante, qu'il est permis d'attribuer au désir de détruire des animaux aussi nuisibles par leurs déprédations, les solennels honneurs que· l'Égypte superstitieuse rendait autrefois à leurs cadavres.

Les Serpens et tous les Ophidiens sont omnivores: les chairs d'animaux, les œufs d'oiseaux, les larves d'insectes ou du moins de quelques insectes, le miel, le sang de plusieurs animaux, le vin, les fruits, tout leur plaît, tout leur est bon. Les Couleuvres aiment surtout les Limaçons et les Grenouilles : on dit qu'ils sucent le sang des animaux : cela veut dire qu'ils enfoncent leurs dents, souvent venimeuses, dans les chairs, et qu'ils avalent le sang des blessures qu'ils produisent ainsi; car ces animaux n'exercent pas de vraie succion comme font les Sangsues, etc. On assure que les Serpens s'enivrent de vin; Aristote va jusqu'à affirmer qu'on parvient sûrement à prendre des vipères en mettant près des haies qu'elles habitent des vases remplis de cette liqueur.

On sait que la plupart des Serpens avalent souvent des animaux entiers sans division préalable : les gros serpens nommés Boas engloutissent ainsi, tant leur gueule a d'étendue, tant leur tube digestif est dilatable, jusqu'à des quadrupèdes vivipares d'un volume bien supérieur au volume de leur propre corps. Et comme la digestion des Serpens est d'une lenteur extrême, il résulte de là que l'animal saisi par le serpent a le temps de se putréfier dans celles de ses parties qui restent exposées à l'air, pendant que les parties introduites dans le conduit digestif se ramollissent et sont digérées. Il résulterait encore de cette particularité que les serpens périraient asphyxiés par privation d'air, si l'extrémité de leur trachée-artère ne venait s'ouvrir assez près de l'orifice de la bouche pour n'être point obstruée par l'énorme proie engloutie par l'animal. J'ai fait cette remarque il y a quelques années sur un Orvet : ce petit reptile venait d'avaler une grenouille beaucoup plus grosse que lui ; une portion de la grenouille était déjà entrée dans l'œsophage ; l'autre portion, et c'était la plus considérable, remplissait la bouche de l'orvet ou sortait au dehors. Je me demandais comment l'animal pouvait, ainsi rempli, continuer de respirer ; j'examinai sa bouche, ses mâchoires, et je vis très-distinctement l'orifice de la trachée-artère tout près du bord de la mâchoire inférieure ; de sorte que chaque fois que l'orvet éprouvait le besoin de respirer, il lui suffisait d'augmenter un peu l'écartement de ses mâchoires : l'air alors pouvait entrer par l'ouverture découverte de la trachée. Même chose arrive pour les autres serpens.

Poissons. Obligés par leur genre de respiration et par la configuration de leur corps et de leurs membres à séjourner constamment dans les eaux, les Poissons ne se nourrissent que de substances aquatiques. Je sais bien qu'Aristote a assuré qu'il existait un poisson qui venait à terre pour se nourrir ; mais c'est là une des mille assertions de cet auteur dont il nous est permis de douter, nonobstant nos respects pour sa haute raison. On sait que les poissons font leur nourriture des algues, des plantes qui croissent dans la vase du fond des eaux ; que la plupart dévorent leur propre frai au temps des amours, et même que plusieurs s'entre-détruisent pour se nourrir. Il est certain qu'ils mangent aussi d'autres animaux, des insectes, des vers, des mollusques, etc. : on connaît la voracité des Requins et le danger de leurs approches. Il y a pour les poissons, comme pour les autres animaux, des carnivores et de vrais herbivores : il y en a aussi d'omnivores. On voit des Carpes et d'autres espèces manger jusqu'à du pain. La plupart aiment beaucoup les Vers et les préfèrent à tout le reste : aussi se sert-on de ces animaux pour appât. On sait que les poissons recherchent avec avidité les substances odorantes ou parfumées ; l'ambre, le musc, la coque du Levant, les attirent, et l'on fait un grand usage de plusieurs substances analogues dans l'art de la pêche. La viande pourrie aussi est un puissant appât pour plusieurs poissons, en particulier pour les Anguilles.

Au demeurant, pour la nutrition comme pour to

leur histoire, il reste beaucoup de choses obscures au
sujet des Poissons. Ils vivent habituellement si loin de
nos yeux, et sont si peu susceptibles de résister quelques instans au contact de l'air libre, que nous ne
pouvons guères les étudier qu'à distance, et jamais
entièrement isolés du liquide leur servant d'élément
indispensable. Nous ne savons point, par exemple,
comment peuvent vivre, des semaines entières, les
poissons renfermés dans des bocaux où l'on ne fait
pénétrer absolument aucun vestige de matière nutritive, animale ou végétale. La nutrition des Poissons
dorés, que l'on a tout simplement pourvus d'eau, me
semble un des problèmes de la physiologie le plus
difficile à résoudre. Est-ce que les particules organiques imperceptibles, suspendues dans l'eau, suffisent
à leur alimentation ? Est-ce qu'ils décomposent l'eau
pour se nourrir de ses élémens ? ou bien la lenteur
de leurs fonctions leur permettrait-elle de vivre pendant des mois entiers sans autre ressource que l'air
absorbé par les ouïes pour la respiration ?

L'estomac des poissons se continue souvent sans
limites sensibles avec l'œsophage ; sa séparation d'avec
l'intestin n'est pas toujours beaucoup mieux tracée.
La forme de l'estomac est celle d'une cloche allongée
vers le lieu de son attache. Il est toujours simple, n'a
jamais plus d'un cul-de-sac, et la saillie de celui-ci
varie selon que le poisson est carnivore ou herbivore.
L'intestin est variable quant à sa longueur et à sa configuration. Plusieurs poissons ont le rectum séparé
des autres gros intestins par une valvule ; beaucoup
ont des appendices pyloriques nombreux, espèces de
cœcums qui ont frappé l'attention de Spallanzani,

et dont l'usage est ignoré. L'intestin de l'Esturgeon présente dans une partie de sa longueur une spirale fort remarquable, et cette spirale est formée par la membrane muqueuse. Quel en est l'usage ?

Nous ne devons point quitter ce sujet sans relever l'erreur d'Aristote, qui prétend que le Scare rumine. Assurément Aristote aura confondu avec la vraie rumination les mouvemens que tout poisson ne cesse d'exécuter avec sa bouche et ses opercules pour attirer l'eau dans ses branchies et pour l'en chasser.

CHAPITRE VI.

Mécanisme de la Digestion, principalement dans les Animaux vertébrés. — Expériences et Théories à ce sujet.

NOURRITURE DES ANIMAUX. Nous avons vu que tout animal ne peut se nourrir qu'au moyen de substances provenant elles-mêmes de corps qui ont eu vie ; la vie ne s'entretient que par la destruction des corps vivans. C'est pour avoir cru trop légèrement à de fausses apparences, que quelques personnes ont admis en de certains animaux la faculté de se nourrir de corps inertes. Cette opinion est erronée. La terre jaune que des Loups affamés mangent parfois avec rage, ne sert qu'à tromper une faim dévorante ; les Mollusques ne digèrent pas davantage les débris des roches ou des vieux bois qu'ils perforent ou détruisent ; les Poissons ne vivent point de la vase inerte du fond des mers, ni les Vers, de la terre qu'ils introduisent dans leur corps : tout au plus en séparent-ils quelques débris de corps organisés qui se trouvent mêlés avec ces substances inorganiques. Les Oiseaux ne digèrent nullement non plus les substances minérales qui sont parfois violemment brisées ou pulvérisées par leur gésier. Si l'on a cru à de pareilles choses, c'est pour les avoir trop légèrement examinées.

La nourriture des animaux est, au reste, très-diverse. On remarque assez généralement que les êtres les plus simples n'ont besoin que d'alimens peu composés. Il existe une concordance assez parfaite entre la complication des organes et l'ordre d'alimens dont les animaux font usage. Ensuite, peu importe pour notre objet présent qu'un animal se nourrisse de chair vivante, comme le Lion ou l'Aigle ; de cadavres, comme la Hyène, les Corbeaux ou les Vautours; de poissons, comme les Loutres ou les Oiseaux échassiers ; de racines, comme le Porc ou le Sanglier; de fourmis, comme les Pics, ou de simples herbes, comme les Mammifères rongeurs ou. ruminans : peu nous importe qu'ils soient. omnivores comme l'Homme, les Singes et l'Ours. Nous n'avons qu'un but dans ce chapitre, c'est d'étudier au moyen de quels instrumens et selon quel mode les animaux digèrent.

Organes essentiels servant a la digestion. Les alimens d'abord doivent être saisis, soit par des membres agiles, des palpes ou des tentacules, qui les portent à la bouche ; soit immédiatement par la bouche, à l'aide de lèvres, de dents ou d'un bec; d'autres fois ils sont attirés à l'aide d'une espèce d'aspiration, comme dans la Sangsue, ou englués par la langue, comme dans les Pics et les Fourmilliers. Une fois introduits dans la bouche, ils sont soumis à l'action de nombreux organes chargés de les diviser, de les imbiber, de les goûter, de les déglutir, de les faire cheminer, de les attérer, en un mot, de les digérer, et d'en extraire une sorte de liquide particulier qu'on nomme *chyle* (c'est l'aliment par excellence), et finalement d'en expulser le résidu ou l'*excrément*.

La plupart des grands animaux ont les deux mâchoires munies de dents ayant pour usage de diviser les alimens ; un bec corné et fort résistant remplit la même destination que les dents dans les Oiseaux, les Monotrêmes et les Tortues. La langue, qu'elle soit molle ou solide, sert à réunir les alimens dispersés dans la bouche ; de plus elle apprécie leur saveur, et l'impression qu'elle en éprouve, transmise au cerveau par les nerfs, rejaillit ensuite du cerveau vers les autres organes digestifs, pour les disposer, pour les exciter à l'action qui leur est propre. Les glandes sécrètent des sucs dont le bol alimentaire s'imprègne ; la langue se gonfle, se raccourcit et fait la bascule ; le voile du palais s'élève vers les fosses nasales pour en fermer l'accès ; le pharynx se contracte sur le bol alimentaire et le transmet bientôt à l'œsophage ; la glotte se rétrécit et l'épiglotte la recouvre et la protège ; ce qui empêche l'introduction de tout fragment alimentaire dans le larynx. L'œsophage transmet à l'estomac les alimens qu'il reçoit du pharynx. Restent encore les principaux organes de la digestion : l'estomac, qui les reçoit et les modifie durant le séjour plus ou moins long qu'ils font dans sa cavité ; les intestins, où ils se mêlent à diverses humeurs ; c'est pendant leur séjour et leur trajet dans ces der-

niers organes , que les alimens se séparent en deux
parties , je veux dire en excrémens que rejette au-
dehors ce dernier intestin , et en chyle , fluide nourricier qui , une fois absorbé , chemine dans des vaisseaux particuliers qui le mêlent au sang.

HUMEURS. Plusieurs Humeurs , sécrétées par des
glandes spéciales , par des follicules ou des membranes , concourent à produire les altérations que
subissent les alimens dans le trajet du tube digestif.
Nous parlerons d'abord de la *salive*, fluide fourni par
des glandes placées en beaucoup d'animaux près des
mâchoires , mais n'existant point chez d'autres , particulièrement dans les oiseaux, chez lesquels ce fluide
est pour ainsi dire remplacé par l'humeur abondante
et visqueuse que fournissent les follicules nombreux
de l'estomac succenturié , lequel est intermédiaire ,
ainsi que nous l'avons vu , au jabot et au gésier. Outre
la salive, qui se mêle aux alimens pendant leur mastication et leur trituration, et qui dans l'état de jeûne et
de vacuité de l'estomac afflue dans la cavité de ce vis-
cère, il y a d'autres humeurs formées ou versées dans
l'intérieur du tube digestif, savoir : 1°. le *mucus* de la
bouche, celui du gosier, du pharynx, de l'œsophage,
de l'estomac et des intestins; 2°. le *fluide perspiratoire*
qu'exhalent à la surface de la muqueuse digestive les
extrémités des vaisseaux artériels; 3°. l'*humeur folli-*
culaire que forment toutes les cryptes muqueuses placées dans l'épaisseur de la même membrane; 4°. la
bile, humeur formée par le foie, et que le conduit
cholédoque verse dans la cavité du duodénum ou
premier intestin; 5°. l'*humeur pancréatique*, espèce de
salive abdominale, dont le pancréas est la source, et

qu'un conduit excréteur particulier verse aussi dans le duodénum, près de l'endroit où vient aboutir le conduit cholédoque.

Ce qu'on nomme *suc gastrique* n'est point une humeur spéciale ou simple, ainsi qu'on pourrait le croire et que certaines personnes l'ont admis : ce liquide, dont la quantité est parfois considérable, est tout uniment un composé, un mélange de salive, de mucus, du fluide perspiratoire et de l'humeur folliculaire des premières voies digestives. C'est un liquide peu homogène, contenant des flocons, d'une apparence louche, couvert de mousse, souvent salé, quelquefois acide, et dont quelques personnes et certains animaux fournissent des quantités énormes, alors que l'estomac est à jeûn. Nous reviendrons sur les qualités et les propriétés de ce liquide. Le suc intestinal est encore plus composé que le précédent; car aux résidus des sucs gastriques qui ont traversé le pylore il se joint du mucus et d'autres fluides fournis par la muqueuse des intestins, et de plus de la bile et du fluide pancréatique, quelquefois aussi des bribes d'alimens et du chyle, et c'est justement à ce mélange de tant de choses qu'on donne le nom de *suc intestinal*. Il se forme en outre différens gaz dans la cavité intestinale aux différentes périodes de la digestion.

CHANGEMENS ÉPROUVÉS PAR LES ALIMENS DANS L'ESTOMAC. Comment pourrions-nous dire quelque chose de général touchant les premiers préparatifs de la digestion, puisque ces premiers phénomènes diffèrent dans les divers animaux? nous savons que la préhension des alimens varie beaucoup de classes à classes et souvent d'espèce à espèce : l'insalivation, il y a des animaux nombreux qui n'ont pas de salive; la gustation, la langue de beaucoup d'animaux est si solide, si complètement osseuse, qu'il est difficile d'admettre qu'un pareil organe perçoive quelque peu distinctement les qualités sapides des alimens ; la mastication, les oiseaux granivores surtout n'en exercent aucune ; beaucoup d'autres animaux comme privés de dents, ne peuvent non plus diviser les substances dont ils se nourrissent ; il y a aussi beaucoup de différence entre les vrais carnivores, qui déchirent et avalent les chairs sans les mâcher, et les herbivores ruminans, qui mâchent à deux reprises différentes les mêmes herbes. Nous devons donc nous borner ici à suivre les changemens qu'éprouvent les alimens une fois qu'ils sont parvenus dans la cavité de l'estomac.

Quelle que soit l'espèce d'alimens, et en quelque animal que ce soit, ordinairement il se passe une ou plusieurs heures avant qu'on puisse observer des changemens notables dans la masse alimentaire accumulée dans l'estomac. Après cela les alimens se ramollissent, s'altèrent, changent de couleur et souvent de saveur; à l'exception des graines qui sont recouvertes d'un épiderme inattaquable, l'altération commence par la surface des substances alimentaires, et il faut remarquer que les qualités du *chyme* diffèrent extrêmement selon l'espèce d'alimens d'où il résulte : les herbes ramollies et deux fois triturées des ruminans donnent un autre produit stomacal ou chymeux que des chairs ou que des graines de céréales. Nous devons dire aussi que la digestion des substances animales est plus prompte que celle des alimens fournis par des végétaux. Les animaux carnivores digèrent plus vite que les herbivores, et l'Homme et les Singes, qui sont omnivores, ont plus tôt digéré des viandes que des légumes ou des fruits. Il arrive même assez fréquemment que des fragmens de végétaux parcourent tout le canal digestif sans avoir perdu leurs qualités naturelles et distinctives, sans s'être aucunement altérées ; ce qui est fort rare pour les substances animales.

C'est à leur surface, avons-nous dit, que les alimens amassés dans l'estomac commencent à se ramollir et à s'altérer; nous avons ajouté que les substances recouvertes d'un épiderme faisaient seules exception. On remarque aussi que la digestion est d'abord manifeste pour les alimens placés à la superficie de la masse totale : les substances qui touchent aux parois de l'estomac sont déjà ramollies et d'une odeur aigre, que celles du centre n'ont encore perdu aucune de leurs qualités primitives. Il est fort notable aussi que ce soit dans le voisinage du pylore que la digestion commence : c'est constamment dans la portion pylorique de l'estomac que l'on trouve le premier chyme. D'où cela vient-il? est-ce que les premiers alimens digérés dans toutes les parties de l'estomac affluent vers ce lieu? ou ne serait-ce qu'en cet endroit, et à raison des mouvemens qui s'y exécutent, ou des fluides qui s'y forment, que le premier travail peut s'accomplir ?

Les alimens ramollis et digérés par l'estomac, autrement le chyme, forment une masse à-peu-près homogène, de couleur variable pour les divers animaux, ordinairement grisâtre dans notre espèce et dans beaucoup d'autres, d'une odeur et d'une saveur aigres, et, à cause de cette acidité, rougissant le papier de tournesol. Souvent il se forme, il se dégage différens gaz dans l'estomac durant la digestion, mais principalement lorsque les animaux sont malades ou affaiblis : c'est le plus ordinairement un mélange d'azote, d'oxygène, d'hydrogène et de gaz acide carbonique. Nous en parlerons en faisant l'histoire des fluides et des humeurs.

Pour le plus grand nombre des animaux, c'est l'estomac, et uniquement l'estomac, qui opère le premier travail de la digestion ou la formation du chyme; et même les intestins n'achèvent le grand ouvrage de la formation du chyle qu'autant que l'estomac a exactement accompli ce premier préparatif. Cependant la chose semble se passer différemment dans quelques animaux; je veux dire qu'il en est quelques-uns où les intestins et l'estomac paraissent avoir des limites et des destinations moins précises. Le Cheval, par exemple, qui n'a qu'un estomac fort étroit et qui néanmoins mange sans discontinuer durant des heures entières, le cheval n'aurait pu renfermer dans son estomac si restreint, jusqu'à leur parfaite chymification, tous les alimens qu'il consomme. Qu'est-il donc arrivé? c'est que le pylore de cet animal reste toujours béant, et que les alimens passent sans obstacle de l'estomac dans l'intestin avant d'avoir été complètement chymifiés; de sorte que les intestins complètent l'action par trop inachevée de l'estomac, sans que cette confusion de fonctions préjudicie à la digestion.

La durée de la chymification varie beaucoup d'un animal à l'autre : les Mammifères et Oiseaux carnivores n'ont besoin que de quelques heures pour accomplir cette fonction, tandis que les Serpens et la plupart des Reptiles emploient des jours entiers et jusqu'à des semaines à la parachever. Nous verrons à quelles conditions paraît tenir cette différence. Le même animal met souvent des temps très-inégaux à digérer ses alimens; sa digestion est prompte ou lente selon que sa santé est plus ou moins parfaite, selon que les alimens sont peu ou trop abondans; que leur division est plus ou moins grande, et aussi selon la nature propre de ces alimens. Tel animal ne saurait digérer ou digère péniblement tel aliment qu'un autre animal chymifie en peu d'heures et sans en souffrir.

CONDITIONS DE LA DIGESTION ET PHÉNOMÈNES LOCAUX QUI L'ACCOMPAGNENT. A mesure que les alimens remplissent l'estomac, leur volume distend les parois de l'abdomen et produit la compression plus considérable de tous les viscères renfermés dans cette cavité : cela même fait affluer plus de sang veineux vers le foie par la veine-porte, et détermine une sécrétion plus abondante du fluide biliaire. L'estomac des mammifères est baloté à-la-fois par plusieurs mouvemens : et par les pulsations artérielles, et par les mouvemens alternatifs du diaphragme, et par les oscillations de l'extrémité inférieure de l'œsophage, lequel ne discontinue guère de se contracter durant l'inspiration et de se relâcher pendant l'expiration. En outre l'estomac lui-même, ainsi que le reste du tube digestif, a des contractions sensibles, s'exerçant d'ordinaire de haut en bas, de l'œsophage vers le duodénum, et se manifestant surtout vers la petite extrémité de l'estomac, là où les alimens commencent à se chymifier. Dès que le chyme est formé, ce sont ces mêmes oscillations de la portion pylorique de l'estomac qui font franchir le pylore aux alimens ainsi altérés. Le pylore, naturellement fermé chez la plupart des animaux, ne s'ouvre jamais que sous l'influence des contractions dont nous parlons. Ajoutons que les alimens sont soumis à l'action des sucs accumulés dans l'estomac ou sécrétés à sa surface, et entourés d'organes imprégnés d'une chaleur égale qui est toujours à-peu-près de 32° Réaumur.

Ces différens phénomènes varient un peu pour quelques animaux : par exemple, les Oiseaux gallinacés ont un gésier qui est susceptible de contractions non pas très-évidentes (encore que Réaumur et Spallanzani les aient vues distinctement), mais à coup sûr plus puissantes qu'en aucun autre estomac. Le Cheval, non seulement a le cardia fermé, ce qui s'oppose au vomissement ; non seulement le pylore toujours béant, ce qui permet le passage continuel des alimens, de l'estomac dans le duodénum ; mais en outre, les contractions de l'estomac dans cette espèce sont plus manifestes vers la portion splénique que dans la pylorique.

NÉCESSITÉ DES NERFS ET DES VAISSEAUX POUR LA DIGESTION. Il y a besoin de nerfs pour la digestion : nerfs servant à donner le sentiment de la faim ; nerfs animant les muscles qui servent à la préhension des alimens, à leur mastication, à leur déglutition, etc. ; nerfs présidant à la digestion elle-même, ce sont les nerfs de la dixième paire ou pneumo-gastriques.

On a fait beaucoup d'expériences au sujet de ces derniers nerfs, et ces expériences ont souvent conduit à des résultats contradictoires : les uns ont dit que

leur section, ligature ou destruction, empêchait la digestion stomacale ; d'autres ont assuré que ces nerfs
envoyant des filets à-la-fois au larynx, aux poumons
et au cœur, leur section ne produisait la mort ou
n'arrêtait le travail digestif qu'en raison de l'oppression, de l'asphyxie, ou du ralentissement de la circulation, qui en étaient la suite ; enfin, d'autres ont prétendu qu'en coupant ces nerfs au bas de l'œsophage,
la digestion n'était plus par-là empêchée, mais seulement ralentie et rendue plus imparfaite, et ce dernier
résultat a été vérifié à plusieurs reprises et tout récemment encore. Il est sûr que des Chevaux sur qui
la section des nerfs pneumo-gastriques a été pratiquée
tout près du diaphragme, ont continué d'avoir faim,
de manger, et même de digérer. La même opération
ne produit pas d'effets fort sensibles sur les Oiseaux.
M. W. Philipp a émis l'opinion singulière qu'on pouvait remplacer l'influence de ces nerfs détruits, par
un courant galvanique appliqué à leurs tronçons ;
mais ce résultat est loin d'être incontestable, outre
que l'auteur qui l'atteste convient lui-même de son
inconstance.

A l'égard des vaisseaux sanguins, ils sont indispensables à la digestion par vingt raisons différentes :
d'abord ils communiquent la chaleur aux organes,
donnent le mouvement aux muscles, fournissent les
sucs servant à la digestion, et le reste.

Les principaux organes concourent a la digestion.
Puisque les vaisseaux sanguins sont nécessaires à la
préparation digestive des alimens, il est clair que le
cœur, par qui le sang est mu, que les poumons ou
les branchies, par qui ce fluide est renouvelé et

parachevé, que le cerveau et la moelle épinière, si nécessaires à l'action du cœur et des organes respiratoires, que tous ces organes ont une action au moins médiate sur la digestion des alimens. Le cerveau et la moelle épinière agissent d'ailleurs plus immédiatement dans le même but, par l'entremise des nerfs, pour quelques sensations et certains mouvemens qui ont des relations avec la digestion : ainsi, la faim ne pourrait être sentie sans cerveau ; le tube digestif cesserait enfin de se mouvoir s'il était privé de ses nerfs, et les nerfs n'ont de puissance qu'autant qu'ils s'unissent ou au cerveau ou à la moelle épinière. Nous ne finirions point, si nous voulions suivre par combien de voies les principaux organes d'un animal vertébré se trouvent liés à l'action de l'estomac et à l'accomplissement de la digestion. Les remarques précédentes nous paraissent suffisantes.

HYPOTHÈSES AU SUJET DE LA DIGESTION. — TRITURATION. Ce qu'avaient expérimenté les physiciens de l'Académie *del Cimento* et beaucoup d'autres savans, au sujet de l'estomac des oiseaux gallinacés, la force étonnante de cet estomac, les corps brisés ou pulvérisés par lui, toutes ces observations firent penser que la digestion résultait principalement d'une sorte de Trituration. Mais on n'avait pas réfléchi que les autres espèces d'animaux sont loin d'avoir un estomac aussi énergique que les Poules et les autres oiseaux de basse-cour ; on oublia d'observer que la digestion ne consiste pas seulement dans la division et le ramollissement des alimens, mais qu'en outre ceux-ci changent de nature, qu'ils se décolorent et s'acidifient. J'ajoute que l'estomac de beaucoup d'animaux se contracte si faiblement, qu'à peine y peut-on découvrir des mouvemens; et même, les pressions qu'il exerce sur les substances contenues dans sa cavité sont si faibles, qu'il n'en résulte aucun mal pour les vers délicats et fragiles que l'on rencontre souvent dans cet organe en beaucoup d'espèces d'animaux, notamment dans les Salamandres.

FERMENTATION. La digestion ne consiste pas davantage en une simple Fermentation. Il est vrai qu'il se produit souvent quelques gaz dans un estomac rempli d'alimens, et que le chyme est légèrement acide; mais tout cela ne ressemble point à ce qui se passe dans des substances en fermentation dans un vase inerte; il n'y a point de mouvement général et instantané, il n'y a point non plus de tuméfaction subite dans la masse alimentaire, point de production rapide de gaz abondans : l'altération des alimens est lente et successive. D'ailleurs la chymification est telle, qu'il ne se produit jamais rien d'analogue en des alimens plongés dans de l'eau pure et mis en fermentation dans des vases inorganiques, exposés eux-mêmes à une température élevée. Bien plus, il n'y a jamais de véritable fermentation dans les alimens plongés, hors de l'estomac, dans des vases remplis de suc gastrique récent; à plus forte raison n'en doit-il nullement survenir dans l'estomac, où les alimens se trouvent sous la puissance de la vie. Mais il faut convenir que la salive seule ne s'oppose point à la fermentation dans des vases inertes. Les gaz rendus par la bouche durant la digestion résultent ordinairement de la vaporisation de l'air introduit dans l'estomac avec les alimens, et son expulsion provient tout simplement de l'expansion

33*

que lui fait éprouver la chaleur vitale. Si quelquefois il se montre quelques signes de fermentation pendant la digestion des personnes très-affaiblies ou malades, on voit bien qu'il n'y a rien à conclure de là quant à l'état ordinaire, et dans ce cas même l'exception alléguée appuie la règle.

PUTRÉFACTION. De ce que les animaux carnivores ont la plupart l'haleine puante, de ce qu'il se manifeste quelquefois une odeur putride dans l'estomac de l'homme lui-même, on a conclu que la digestion stomacale n'était qu'une sorte de Putréfaction. Mais ce phénomène n'a lieu que dans les cas où la santé est altérée, encore la chose est-elle fort rare même alors. Il faut d'ailleurs observer : 1°. qu'il faut au moins dix à douze heures pour que la putréfaction s'établisse dans des substances animales, et que la digestion se fait en quatre ou six heures dans les oiseaux ou mammifères carnivores. 2°. Spallanzani mit un morceau de viande dans une petite fiole remplie d'eau, et le tout fut ensuite introduit dans l'estomac d'une corneille; l'estomac d'une autre Corneille reçut à nu un semblable morceau de viande pareille ; or, il arriva que la viande de l'estomac fut digérée au bout de trois heures, et que la viande de la bouteille ne commença à se putréfier qu'après la neuvième heure. 3°. Les Reptiles, dans l'estomac desquels les alimens sont si lents à s'altérer, ne présentent pas davantage de putréfaction. 4°. Le suc gastrique empêche la putréfaction, bien loin de la produire ; on l'a conseillé contre des ulcères, on l'a employé pour déterger les plaies de mauvais aspect. 5°. On a vu des animaux entiers que n'avaient encore engloutis qu'imparfaitement des Serpens, commencer à se putréfier en dehors, tandis que la partie contenue dans l'estomac n'offrait aucun caractère de putréfaction. 6°. La viande même putréfiée reprend les caractères de la viande fraîche dans l'estomac, ou même dans le suc gastrique récent. 7°. Beaucoup d'animaux, les Corbeaux, des Insectes, des Vers, les Hiboux, les Vautours, la Hyène, le Chacal, se nourrissent de chairs pourries et de cadavres, mais ces substances perdent leur putridité et leur puanteur dans l'estomac qui les digère : il en fut de même pour un Pigeon que Spallanzani rendit carnivore en l'affamant, et qu'il habitua même à ne se nourrir que de chairs déjà putréfiées ; ces chairs redevenaient fraîches et inodores dans son estomac.

ACTION DE L'AIR. Varignon, l'ami de Fontenelle et de l'abbé de Saint-Pierre, pensait que la première division des alimens était l'effet du dégagement de l'air introduit dans l'estomac et dilaté par la chaleur du corps. Un chimiste moderne a été plus loin, en soutenant que cet air se décompose, et qu'un de ses principes constituans est l'agent du ramollissement et de la dissolution de la masse alimentaire : opinion qu'on réfute assez en se bornant à l'exposer.

DISSOLUTION. Spallanzani crut que la digestion consistait tout simplement en une Dissolution des alimens par le suc gastrique. Il fonda cette opinion sur de nombreuses expériences, entr'autres sur ce que beaucoup d'animaux carnivores digèrent jusqu'à des os, et sur ce que des coquilles et des coraux introduits dans l'estomac d'oiseaux granivores perdent une partie de leur substance ; il crut voir de l'analogie entre l'action du suc gastrique sur ces coquilles, et l'action du vinaigre sur des corps calcaires analogues. Enfin la digestion n'était pour lui qu'une véritable dissolution. Mais il faut observer : 1°. que le suc gastrique n'agit sur les semences et sur les herbes, dans les Oiseaux gallinacés et dans les Mammifères ruminans, qu'autant que ces substances ont été préalablement divisées et triturées; 2°. que la chymification n'est pas une véritable dissolution, puisqu'il reste définitivement une masse solide, équivalente à la masse des alimens employés à sa confection. C'est un changement, une altération dont la nature est peu connue, et à quoi l'on ne produit rien de parfaitement analogue par les différens procédés chimiques. Mais on jugera mieux ce qu'il en faut penser par ce que nous allons rapporter des expériences entreprises au sujet de la digestion.

Boërhaave a cru que la digestion résultait à-la-fois de toutes les actions dont nous venons à l'instant de montrer l'insuffisance; mais il est convenu de respecter éternellement le nom de Boërhaave, sans jamais ajouter d'importance à ses hypothèses physiologiques : dieu merci le règne en est passé !

CHAPITRE VII.

Expériences touchant la Digestion. — Action de l'Estomac et du Suc gastrique.

L'académie de Florence si célèbre sous le nom *del cimento,* Rédi, Magalotti, Reaumur, Vallisneri et Spallanzani, ont fait, au sujet de la digestion, d'intéressantes expériences, bien préférables aux conjectures les plus ingénieuses. Nous nous proposons d'en exposer les principaux résultats dans ce chapitre.

EXPÉRIENCES SUR LES OISEAUX GALLINACÉS OU GRANIVORES. Le gésier ou véritable estomac des Oiseaux granivores est doué d'une force étonnante ; il brise des corps d'une grande solidité ; il émousse des instrumens pointus ou acérés. Reaumur avait introduit dans l'estomac d'un de ces animaux six boules de verre remplies d'orge, ces boules furent brisées sans qu'il restât de fragmens visibles lorsqu'il examina les parties. On calcula, par comparaison, que la force employée pour produire un tel effet avait dû équivaloir à près de douze livres. Le même gésier aplatit ou brise des tubes de fer blanc, et jusqu'à des tubes de fer ou de cuivre d'une épaisseur médiocre ; et l'on a supputé qu'il avait fallu pour cela une force équivalente à 80 et jusqu'à 535 livres. C'est de la sorte que l'estomac des Poules et des Oies, etc., brise des noix, des noisettes, qu'il use des tubes de plomb, des médailles, du verre, des pièces de monnaies, ainsi que Borelli, Duverney, Fontenelle, Reaumur, en citent des exemples. Un dindon a divisé fort menu de la sorte jusqu'à vingt-cinq noix entières qu'on avait introduites dans son tube digestif. Des perles poussées dans l'estomac des oiseaux gallinacés n'ont point été brisées, mais elles sont devenues plus belles, plus polies, plus éclatantes. Spallanzani avait introduit dans l'estomac d'un de ces animaux, une balle de plomb traversée par douze aiguilles fort piquantes ; ces aiguilles furent toutes brisées sans que le gésier parût blessé ou déchiré ; il en fut de même d'une autre balle de plomb qui était débordée par douze pointes de lancettes neuves et acérées, et même plusieurs de ces fragmens d'aiguilles et de lancettes disparurent entièrement sans que l'on pût savoir ce qu'elles étaient devenues : peut-être avaient-elles été pulvérisées. Il avait suffi de seize à trente-six heures pour obtenir de pareils effets. Un grenat à douze facettes, ou dodécaèdre, avait presqu'entièrement perdu tous ses angles, était presque devenu lisse et sphéroïde, après un mois de séjour dans l'estomac d'un Pigeon. J'ajoute que le gésier commence à exercer son action si énergique sur les corps qu'il renferme, ordinairement au bout de deux heures, et en quelques heures tout est fini.

Je répète que le gésier brise les corps les plus blessans, les plus aigus, sans en éprouver de plaies ni de contusions visibles, sans en être traversé : cependant Spallanzani note qu'ayant introduit quelques épingles dans le conduit digestif d'une Poule, il en trouva deux qui s'étaient implantées comme dans une pelotte, dans le gésier de cet animal.

L'énergie du gésier des Oiseaux granivores est telle, que plusieurs physiciens avaient attribué à cette seule action la digestion de ces animaux, commettant ainsi le tort de faire abstraction totale des sucs gastriques, sans lesquels cette fonction ne pourrait s'opérer, même dans les gallinacés. Spallanzani a mieux apprécié les choses que ne l'avaient fait Reaumur et ses autres devanciers; il a parfaitement vu que l'action du suc gastrique servait à la digestion de ces oiseaux comme à celle des autres animaux; il s'est assuré, en outre, que ces liquides n'avaient d'action sur les graines, sur le pain dont on nourrit ces oiseaux, qu'autant que ces substances avaient été préalablement divisées, soit artificiellement, soit par le gésier lui-même. Il s'est servi, à cet effet, de tubes perforés et résistans, qu'il remplissait de graines et dans lesquels les sucs gastriques trouvaient facilement accès: si les graines occupant ces tubes étaient divisées, la digestion s'en opérait au bout de quelques heures aussi bien que si elles eussent été à nu dans l'estomac: mais elles ne subissaient aucune altération lorsqu'elles s'y trouvaient entières et sans broiement préalable.

La trituration opérée par le gésier est donc nécessaire à la digestion des graines, dont se nourrissent les oiseaux gallinacés. Personne ne nie ce fait aujourd'hui, mais plusieurs physiciens ont attribué cette trituration, non à l'action immédiate du gésier, mais au contact des graviers, souvent fort nombreux, qu'on rencontre dans l'estomac des oiseaux dont nous parlons. On fortifie cette opinion en disant que ces graviers et cailloux doivent avoir un usage; et quel autre usage peuvent-ils avoir, ajoute-t-on, si ce n'est de briser les alimens qui les heurtent? Spallanzani a examiné cette question avec beaucoup plus de soin qu'elle ne méritait. Il a vu qu'on trouvait constamment de ces graviers dans les oiseaux granivores, qu'on en trouvait quelquefois jusqu'à deux cents dans le même animal, et que le volume en était proportionnel au volume des oiseaux; que les oiseaux retenus, élevés et nourris par la main de l'homme, avaient moins de ces graviers que les oiseaux abandonnés à eux-mêmes, mais qu'ils en conservaient toujours quelques-uns jusqu'à la mort ; de plus, il s'est assuré que les oiseaux tout jeunes ont déjà des cailloux dans le gésier, leurs parens en mêlant toujours dans les premières becquées d'alimens qu'ils leur donnent, et le même physicien n'est parvenu à éloigner tout caillou du gésier que dans des oiseaux, dans des Pigeons qu'il avait fait éclore et qu'il avait nourris sans le secours et loin de leur mère. Il a vu après cela, que ces oiseaux privés de graviers, digéraient tout aussi bien que ceux qui en étaient amplement approvisionnés.

C'est donc l'action musculaire du gésier qui opère les effets étonnans qu'on attribuait faussement à des corps étrangers, c'est par ses mouvemens propres qu'il broye les graines, qu'il triture les alimens et les rend perméables aux sucs qu'il contient en abondance et auxquels il est assez ordinaire que la bile se mêle, ce qui est cause de la saveur amère qu'on leur trouve ainsi qu'aux alimens qu'ils ont pénétrés. J'ajoute que Reaumur et Spallanzani ont vu remuer le gésier mis à nu, et qu'ils ont même aperçu ces mouvemens à travers les parois du ventre restées intactes. Il faut aussi noter que les Oiseaux granivores digèrent lentement les viandes, surtout si elles sont crues et non divisées, beaucoup plus lentement que les graines : ils les digèrent moins rapidement que les Hérons, les Corneilles et les autres oiseaux carnassiers. Cependant leur suc gastrique est abondant : Spallanzani a obtenu d'un Pigeon, dans le jabot duquel il avait introduit une éponge, une once de ce liquide en douze heures, et jusqu'à sept onces en dix heures chez un Coq d'Inde.

Nous devons observer que les graines ne passent point subitement et à-la-fois du jabot, où elles se ramollissent et se gonflent, dans le gésier qui les triture et les digère; la progression en est lente, à-peu-près comme on le voit dans cette partie de nos moulins d'où la graine passe peu-à-peu sous la meule qui doit l'écraser.

Expériences sur les oiseaux carnivores. La digestion de ces animaux est beaucoup plus prompte que celle des oiseaux gallinacés, et elle peut s'effectuer dans des tubes résistans et percés de trous favorisant l'accès du suc gastrique, presque aussi promptement que lorsque les alimens sont à nu dans l'estomac. La digestion s'opère donc dans ces animaux presque exclusivement par l'action du suc gastrique, aidé de la chaleur vitale; toutefois, des tubes fermés, n'ayant aucune communication avec la cavité digestive, de pareils tubes remplis de viande et de suc gastrique récent, introduits dans l'estomac des oiseaux en question, ont offert la viande qu'ils renfermaient presque sans aucune altération après plusieurs heures.

Un poisson et une grenouille ayant été donnés à un Héron sans division préalable et sans enveloppe intermédiaire, au bout de vingt-quatre heures le poisson était entièrement digéré, et la grenouille n'était que ramollie. Ordinairement les Corneilles ont achevé leur digestion au bout seulement de trois heures. Or, ces oiseaux n'ont point, comme les gallinacés, un gésier très-énergique par qui les alimens puissent être fortement pressés et triturés; la digestion, chez eux, je le répète, est donc presque entièrement effectuée par l'action des sucs de l'estomac et de l'œsophage sur les substances alimentaires. Toutefois on se tromperait beaucoup si l'on croyait que l'estomac de ces oiseaux est incapable de mouvemens : la plupart des oiseaux carnassiers vomissent; ils vomissent les parties peu susceptibles d'être digérées, les plumes, les poils, les os, etc.; or, le vomissement, dans ces êtres, est principalement accompli par l'action propre de l'estomac, puisqu'ils n'ont point de vrai diaphragme propre à servir d'arc-boutant durant les efforts de ce genre.

L'expérience des tubes percés est aussi efficace dans les Chouettes, dans les Ducs, dans les Milans, les Aigles, les Vautours, les Faucons, etc., que dans les Hérons et les Corneilles. La digestion des substances remplissant des conduits accessibles au suc gastrique, s'opère constamment et en peu d'heures, surtout dans les Faucons, dont la puissance digestive est extrême. Les Faucons digèrent jusqu'à des cuirs non tannés, et même la portion osseuse des dents. La plupart de ces oiseaux carnassiers ne peuvent digérer, quoi qu'on fasse pour les y porter et les y rendre propres, ni les graines de céréales, ni le pain, ni des plantes, enfin, rien de végétal (en exceptant toutefois les Corneilles). Cependant Spallanzani est venu à bout d'habituer un Aigle à manger du pain; et bien plus, ce même aigle, très-affamé, digérait ce pain sans le vomir. Cela n'est pas, au reste, plus étonnant que de voir le même expérimentateur habituer un Pigeon à manger de la viande et même des chairs déjà putréfiées. Mais nous devons dire que Reaumur ni Spallanzani n'ont pu faire digérer de substances végétales ni au Milan, ni aux Ducs, ni aux

Faucons. Cela vient, quant aux graines entières, de ce que ces animaux n'ont point un gésier assez énergique pour faire-éprouver à ces semences la trituration qui est nécessaire à l'action subséquente des sucs gastriques.

Haller, d'après un anglais nommé Cheyne, assure que les Corneilles ne se peuvent manger les unes les autres, ou que du moins la chair de l'une n'est point digérée dans une autre : *ipsa cornix cornicis carnem ingestam non potest coquere....* Mais Haller fut induit en erreur; les corneilles peuvent digérer la chair de leurs pareils : même chose est vraie du Loup, du Chien et de plusieurs autres animaux, à l'égard desquels on a eu le tort de la nier. Parmi les animaux carnivores, il n'y a guère que les Polypes qui ne soient bons à servir d'alimens ni à d'autres animaux ni à eux-mêmes. Observons cependant que les carnivores par excellence ont une chair trop animalisée, trop coriace, trop peu digestive, trop disposée à la putréfaction, en un mot, trop dégoûtante, pour que de nouveaux animaux puissent habituellement s'en nourrir; mais elle n'est pas plus impropre à être digérée par les êtres de la même espèce qu'elle ne l'est pour d'autres espèces; et les carnivores se nourrissent de toute chair dans les cas extrêmes.

FAITS RELATIFS A LA NOURRITURE ET A LA DIGESTION DE L'AIGLE. L'Aigle en liberté comme en esclavage se nourrit d'animaux vivans; les oiseaux sont sa proie préférée, mais à leur défaut toute chair lui est bonne, surtout s'il peut la déchirer après avoir lutté pour l'obtenir. Si l'aigle est captif, ses plumes se hérissent et son regard devient plus féroce à la vue d'un animal

vivant, abandonné à ses entreprises et livré à sa voracité. Alors il déploie ses ailes, vole doucement
autour de sa proie convoitée, et bientôt se précipite
sur le dos de l'animal qu'on lui sacrifie. Une serre
fixée sur sa tête, afin d'en éviter les morsures, l'autre
serre enfoncée profondément dans les flancs jusqu'aux
entrailles, il assiste ainsi aux tourmens de sa victime,
et n'emploie son bec pour la déchirer, qu'après que
la vie s'est lentement éteinte dans les souffrances.
L'aigle fait à la peau une déchirure d'abord très-
étroite, mais il l'agrandit bientôt, dès qu'il parvient
à découvrir la chair saignante, qu'il dévore avec avidité et sans relâche jusqu'à ce qu'il en soit entièrement rassasié. Quelque cruel que soit l'aigle, l'homme
n'a rien à redouter de ses atteintes.

Quand l'aigle peut choisir ses alimens, il dédaigne
la peau, comme trop coriace, les os, comme trop
durs et blessans, le canal intestinal, comme peu di-
gestible et dégoûtant par les matières qu'il renferme.
Un repas par jour lui suffit, et dans ce seul repas
l'aigle consomme environ trente onces de viande. Son
premier estomac est très-vaste, et c'est dans sa cavité
que s'accumulent d'abord les alimens, après quoi ils
pénètrent dans le deuxième et véritable estomac, qui
nous semble être l'équivalent du gésier des Oiseaux
granivores.

Une particularité qu'on remarque sur l'aigle, c'est
qu'aux premiers morceaux de chair qu'il avale, il
sort de ses narines deux petits ruisseaux de liqueur
qui descendent jusqu'à l'extrémité du bec, où ils
forment goutte ; et ce liquide qui continue de couler
pendant toute la durée des repas de cet oiseau, entre

presque toujours dans l'intérieur de la bouche et se mêle aux alimens. Spallanzani, qui a surtout bien observé ce phénomène, assure que ce fluide est d'un bleu clair, que son goût est salé, et sa transparence aussi grande que celle de l'eau de source. On peut penser que cette liqueur provient de la glande lacrymale, et qu'elle remplit ici le même office que fait ailleurs la salive : nous avons eu soin de dire que les oiseaux n'ont ni salive, ni glandes salivaires.

L'Aigle boit, si on lui présente des liquides abondans, et pourvu que les vases qui les renferment en soient à-peu-près remplis. Dans le cas contraire, il ne se sert dédaigneusement des liquides qu'on lui présente que pour baigner son bec et arroser ses plumes. Tous les autres oiseaux de proie boivent également, encore qu'on ait prétendu le contraire. Cependant il est vrai de dire qu'on est parvenu à nourrir un Duc durant huit mois entiers sans boisson; mais nous devons ajouter que cet animal mourut alors, et qu'il était très-maigre. Le Lion boit également. Toutefois il faut convenir que les animaux carnivores dont la digestion est plus rapide, ont moins besoin de boissons que les herbivores; encore trouve-t-on parmi ceux-ci le Chameau et le Dromadaire, qui peuvent rester plusieurs jours entiers sans boire.

L'aigle ne mange jamais de lui-même ni pain ni graines; si on en introduit de force dans son estomac, il rejette ces substances par le vomissement. Néanmoins Spallanzani est parvenu, non pas à faire manger du pain à l'aigle qu'il retenait captif et qu'il avait affamé à cet effet, ses efforts furent vains sous ce rapport; mais il lui fit digérer, sans qu'il survînt de vomissement, sans qu'il restât de résidu visible, jusqu'à six onces à-la-fois de pain introduit de force; et Spallanzani voulant s'assurer si les parois de l'estomac concouraient à cette digestion du pain par leur action compressive et triturante, fit usage de ses tubes perforés; il les remplit de pain, même de fromage, et ces différentes substances se trouvaient digérées au bout de vingt-quatre heures. Les graines écrasées et préalablement moulues, se digéraient aussi dans ces tubes; mais elles restaient sans altération et tout-à-fait intactes, lorsqu'on les introduisait entières et seulement ramollies, soit dans les tubes, soit à nu dans l'estomac. Ainsi le gésier de l'aigle est incapable d'exercer de trituration.

Bien plus, le même Spallanzani s'est assuré que ce n'est point dans le premier estomac de l'aigle, dans l'estomac succenturié, que se digèrent les viandes et les autres alimens dont il fait sa nourriture; cet organe ne fait que ramollir ces substances, et c'est dans l'autre estomac que s'effectue la préparation digestive: de sorte que le premier estomac de l'aigle n'a pas plus d'action sur les alimens que le jabot des oiseaux granivores n'en a sur les graines.

A raison de la digestion, l'aigle digère plus tôt la cervelle que le foie, plus vite le foie que la chair musculaire, mieux les muscles du corps que la substance du cœur, et les tendons plus lentement que tout le reste, à l'exception des os, que cependant il peut aussi digérer, surtout s'ils sont petits ou concassés, ramollis ou amincis.

La digestion est beaucoup plus énergiquement effectuée et plus rapide dans l'Aigle qu'en aucun autre oiseau de proie , plus rapide par conséquent qu'en aucun autre oiseau. Le Faucon même ne digère ni aussi vite ni aussi bien que l'Aigle des alimens peu digestibles : cependant l'aigle mange au moins trois fois autant que le faucon; mais ses sucs gastriques sont plus abondans, plus actifs, et c'est à cela principalement que paraît tenir l'énergie de la digestion. Toutefois ce n'est guères qu'à l'égard des os qu'on peut dire que l'aigle digère plus vite que le faucon et les autres oiseaux de proie ; car lorsqu'on donne à ces animaux une petite portion de viande , et la même quantité à chacun, l'aigle ne digère pas la sienne sensiblement plus vite que les autres oiseaux de proie. Mais, ce qu'il faut remarquer, l'Aigle digère trente onces de viande pendant que le Faucon en digère dix onces et la Chouette trois onces. Une autre chose singulière, c'est que le deuxième estomac de l'aigle ne peut contenir qu'environ trois onces de liquide, tandis que le premier estomac en peut recevoir environ trente-huit onces : cela même doit ralentir le passage des alimens d'une de ces cavités dans l'autre, et rendre en conséquence la digestion plus parfaite. La grande capacité de l'estomac succenturié des oiseaux de proie fait aussi qu'ils peuvent rester long-temps sans manger après s'être repus jusqu'à satiété. Le deuxième estomac de l'aigle représente assez bien la jambe et le pied de l'homme : le pylore occupe la pointe de la partie de l'organe qui répond au pied.

Expériences au sujet de la digestion de l'homme, etc. Si un Homme sain et encore jeune , digérant bien et faisant convenablement toutes ses fonctions, avale le matin à jeun un sac de toile claire , rempli par qua-

I.

rante à soixante grains de chair de volaille cuite et mâchée, d'ordinaire cette viande est digérée entièrement au bout de dix-huit à vingt-quatre heures. Si l'on emploie de la chair crue de bœuf ou de veau, au bout de trente heures environ ces viandes sont en partie digérées, surtout la viande de veau, et ce qu'il en reste dans la bourse de toile est aussi desséché et aussi dur que si on l'avait comprimée. Spallanzani, qui a fait plusieurs expériences pareilles à celle-ci, ne savait à quoi attribuer ce desséchement de la viande rendue sans avoir été digérée ; il avait d'ailleurs observé semblable chose dans plusieurs mammifères, et il avait vu que le même effet se réalisait pour le pain comme pour la viande : il se demandait si cela ne dépendait pas de la compression exercée sur les alimens par l'estomac. Mais l'estomac de l'homme et de la plupart des mammifères a peu de force, de faibles fibres musculeuses ; on ne lui voit exécuter que des mouvemens peu étendus et souvent même peu manifestes ; il ne brise ni les graines, ni les noyaux introduits dans sa cavité, et même il en sort souvent sans qu'ils aient été rompus, des raisins mûrs, des cerises ou d'autres fruits dont le parenchyme mou n'est protégé que par une légère pellicule.

L'estomac de l'Homme n'a donc pas le pouvoir de comprimer les substances qu'il reçoit et digère, et ce n'est point parce qu'il les comprime qu'il les digère, ou qu'il dessèche ce qu'il n'a pu digérer. Pour mieux s'assurer du fait, Spallanzani a plusieurs fois avalé des tubes de bois remplis de viande, de pain, etc. ; et il a vu constamment que ces alimens étaient tout aussi bien digérés et digérés presque aussi vite que s'ils eussent été introduits à nu dans l'estomac : outre cela ils n'étaient jamais desséchés. Quelle est donc la vraie cause de ce desséchement des alimens imparfaitement digérés par l'estomac de l'homme et de plusieurs animaux ? cela dépend uniquement de l'absorption qui s'exerce avec énergie dans les intestins, ce qui prive les substances qui les parcourent des sucs dont elles sont pénétrées. Ce desséchement a lieu pour les alimens introduits soit à nu, soit entourés de tissus; mais il n'a jamais lieu pour ceux qu'on a renfermés dans des tubes, par la raison que les vaisseaux absorbans ne peuvent agir sur les substances que ces tubes contiennent, et que d'ailleurs les fluides intestinaux et le mucus pénètrent dans ces petits vases à travers les trous dont ils sont criblés. J'ajoute que les alimens ne sont jamais desséchés dans l'estomac et avant d'avoir franchi le pylore, ainsi qu'on peut s'en assurer en retirant ces substances du tube digestif assez tôt pour qu'ils n'aient pu encore passer dans l'intestin.

Utilité de la mastication. Nous avons dit ce qui arrive pour des alimens divisés et triturés par les dents, nous savons combien la digestion en est facile : mais il n'en est pas de même à beaucoup près pour les alimens non divisés. Pour préciser la différence de la digestion dans ces deux cas, Spallanzani a fait l'expérience suivante : il a rempli deux tubes d'égal calibre avec quarante-cinq grains pour chaque tube de chair de pigeon cuite ; mais avec l'attention de mâcher la chair renfermée dans l'un de ces tubes, et de laisser la chair contenue dans l'autre sans mastication ni division, mais entière. Ces tubes avalés en même temps par Spallanzani, sortirent naturellement de l'intestin au bout de dix-neuf heures, et voici quelles différences présenta la viande qu'ils contenaient : celle qui avait été mâchée était réduite de quarante-cinq grains à quatre, et il restait encore dix-huit grains de la chair entière de l'autre tube : la différence était donc de quatorze grains, c'est-à-dire près d'un tiers.

On peut faire des observations analogues sur beaucoup d'autres animaux : plusieurs ne digèrent imparfaitement les substances végétales ou animales que pour les avoir trop incomplètement mâchées ou triturées. C'est même la raison pour laquelle plusieurs rendent encore reconnaissables et presque entières des portions des alimens dont ils font leur nourriture.

OBSERVATIONS ET EXPÉRIENCES SUR LA DIGESTION DES CHIENS, ETC. Les Chiens rendent souvent des portions de chairs qui paraissent à peine altérées tant les fibres en sont bien conservées : seulement ces fibres sont desséchées, dures et privées de sucs. Cela a principalement lieu pour les ligamens, pour les tendons, les intestins, et pour les gros muscles des membres. Boërrhaave avait observé ces phénomènes, et il n'allait à rien moins qu'à en conclure que les chairs ne se chymifient point dans l'estomac du chien, et que toute digestion consiste chez cet animal dans une simple expression des viandes qu'il mange, et dans l'absorption des sucs nourrissans que ces viandes fournissent. Haller cita ces faits avec complaisance et parut disposé à les interpréter comme son maître. Spallanzani examina les choses de plus près : il vit d'abord que les Chiens ne rendent jamais de substances animales, même parmi les moins digestibles, sans les avoir altérées, amoindries. Il s'aperçut, à la vérité, que des fragmens de chairs sortaient souvent du corps de ces animaux assez bien conservés et toujours très-durs et desséchés. Mais il présuma avec raison que cela tenait à l'extrême gloutonnerie de ces êtres, qui mangent beaucoup, qui avalent trop vite et souvent sans mâcher. Il vit de plus, que les alimens séjournent peu dans l'estomac des chiens, trop peu pour subir convenablement et autant qu'il faudrait l'action des sucs digestifs : il résolut en conséquence de prolonger ce séjour des alimens dans l'estomac par un moyen quelconque ; et puisque le pylore se montrait trop facile à franchir dans cette espèce, il joignit aux alimens de petites éponges, dans le but de boucher le pylore par ces corps si facilement dilatables : à l'aide de pareilles précautions, il fit séjourner diverses sortes d'alimens dans l'estomac des Chiens ; et les ayant retirés après quatre ou cinq jours, il vit que ces alimens étaient très-bien digérés. et qu'il n'en restait nul résidu. Ces expériences faites ou à nu, ou avec des bourses de toile ou des tubes, donnèrent des résultats analogues.

Les différens alimens sont diversement digestibles. Nous avons eu soin de dire, autant que nous l'avons pu, quels alimens conviennent le mieux à chaque espèce d'animal, nous ne voulons parler ici que de ce qui concerne l'Homme. Il faut remarquer que la question de digestibilité variable des alimens n'a beaucoup d'intérêt que pour notre espèce : premièrement, parce que chaque animal n'use d'ordinaire que de la nourriture qui lui convient le mieux, et que les

espèces d'alimens dont il fait usage sont presque toujours et à cause de cela fort restreintes ; tandis que
l'homme est omnivore, je veux dire que toute sorte d'a-
liment lui convient : secondement, parce que, même
parmi les alimens qui lui sont le moins favorables ou
les plus nuisibles, il n'en est aucun que ses caprices
ne lui fassent désirer, que sa perfide industrie ne lui
rende agréable ; aucun que les vicissitudes de la vie
sociale, et quelquefois le plus affreux dénuement,
ne lui fassent trouver délicieux ou ne lui rendent
nécessaire.

On possède des faits exacts autant qu'intéressans
au sujet des alimens qui conviennent le mieux à
l'homme ; on a plusieurs moyens d'observer quelles
sont les substances qu'il digère plus rapidement ou
qui lui sont le plus profitables. Le vomissement est
l'un de ces moyens, soit qu'il dépende d'une maladie,
soit qu'il résulte de l'emploi d'un émétique, ou qu'il
soit volontaire, ainsi que plusieurs hommes ont la
faculté de le produire. Nous devons à cet égard des
remarques intéressantes à MM. Gosse et de Montègre.
On a de même su profiter des fistules, qui parfois permettent de voir à travers les parois abdominales
détruites, ce qui se passe dans l'estomac. On a aussi
mis à contribution, dans ces derniers temps, les cas
assez rares d'anus contre nature : il suffit de consulter
ce qu'ont publié à ce sujet MM. Lallemand et Dupuytren.

On a donc observé que les alimens les plus digestibles pour l'homme et pour beaucoup d'animaux
sont : la chair de veau, d'agneau, de poulets et de
volailles ; les œufs de poule frais et à moitié cuits, le

lait de vache, plusieurs poissons cuits à l'eau, et as-
saisonnés tout simplement de sel et de persil ; à
l'huile, ou frits, ou avec différens apprêts compliqués, les poissons se digèrent moins bien. Les végétaux faciles à digérer sont : les épinards, le céleri,
surtout la racine ; les jeunes asperges, les bourgeons
de houblon, les placenta d'artichauts, la pulpe cuite
des fruits à pepins ou à noyaux, surtout si elle est sucrée et aromatisée ; les semences farineuses des plantes céréales, le blé, le riz, les pois, etc. ; le pain, le
lendemain de sa cuisson, mais surtout le pain salé,
et principalement le pain blanc ; les navets, les sal-
sifis, les pommes de terre nouvelles ; la gomme ara-
bique.

Moins digestibles sont les substances suivantes :
la chair de porc et de sanglier, les œufs durs ou différemment apprêtés ; les différentes salades crues, les
choux, les cardons, les bettes, les oignons, les ca-
rottes, le raifort, le pain chaud, les figues, les pâ-
tisseries, les fritures, et les assaisonnemens au vinaigre
ou à l'huile : l'estomac n'attaque qu'imparfaitement
ces différentes choses, mais la digestion s'en achève
dans l'intestin.

Enfin nous citerons parmi les alimens les plus in-
digestes : les parties tendineuses et cartilagineuses,
mais surtout les membranes du bœuf, du porc, du
veau, des volailles, de la raie, etc. ; les os, alors
même qu'ils sont très-divisés ; les substances graisseuses ou huileuses, le blanc d'œuf durci par la chaleur ; les champignons, les morilles, les truffes ; les
semences huileuses, telles que les noix, les amandes,

pignons, pistaches; les pepins de raisins, de pommes, etc. ; les olives, le cacao ; les différentes huiles, les raisins secs, les rafles de raisins frais, l'épiderme des diverses semences ou des fruits, les gousses de pois, les écorces, beaucoup de graines émulsives ou ligneuses, lesquelles subissent si peu l'action de l'estomac, qu'elles germent sans difficulté à la sortie de l'intestin; et c'est même ainsi que beaucoup de plantes se disséminent et se propagent d'un pays à l'autre.

Disons aussi qu'il est plusieurs substances dont le mélange avec les alimens facilite la digestion ; par exemple : le sel marin, même pour les herbes dont se nourrissent les Ruminans; les épices, le vin, les liqueurs à petites doses, les différens fromages, le sucre, les substances amères, particulièrement le cachou.

On cite au nombre des choses capables de troubler la digestion : l'eau, surtout si elle est chaude et prise en grande quantité peu après avoir mangé, car ce liquide fait sortir les alimens de l'estomac avant qu'ils aient été digérés; les acides et le quina, pris après le repas ; les corps gras, la douce-amère, le kermès, l'émétique et les divers poisons, à quelque petite dose qu'on les prenne; la position assise, les travaux de l'esprit et les affections tristes, retardent aussi la digestion ou la troublent.

Un célèbre chirurgien anglais, A. Cooper, a fait des essais analogues pour l'espèce du Chien, et il a vu que cet animal digère plus aisément le porc que le mouton, le mouton plus rapidement que le veau, et le bœuf moins bien que tout le reste. Il a vu de même que le poisson et le fromage étaient fort digestibles, et que la viande bouillie était plus vite digérée que la viande rôtie.

LES OS PEUVENT-ILS ÊTRE DIGÉRÉS? Les Chiens jeunes, forts et dans un bon état de santé, digèrent les os; et même, ce qui est plus étonnant, Spallanzani leur a vu altérer profondément jusqu'à l'émail des dents. Quoique Boërhaave prétende le contraire, la chose est avérée. Les Faucons, les Aigles, les Corneilles, qui naturellement dédaignent les os ou les rejettent, néanmoins les digèrent, si, après les avoir introduits dans leur estomac, on trouve le moyen de les y faire séjourner : un Faucon peut manger un pigeon entier chaque jour, et les os sont digérés comme le reste de l'animal. Semblablement les Serpens et les Couleuvres digèrent les os; Spallanzani en a fait l'épreuve. Mais il faut dire que les petits os, les os peu solides, sont les seuls qui soient digérés entièrement et en peu de temps; les os les plus durs ont besoin d'avoir été divisés pour être ramollis et dissous, autrement ils n'éprouvent qu'un amincissement et une simple perte de substance. Il est remarquable qu'avant d'être digérés, ils passent à l'état cartilagineux, et ressemblent à de la gélatine endurcie, comme s'ils avaient été soumis à l'action de l'acide nitrique. Je dois ajouter que la digestion de ces corps si durs et si réfractaires ne saurait être attribuée à l'action triturante de l'estomac, puisqu'ils ne sont digérés que par ceux des animaux dont l'estomac est le plus mince et le moins énergique : le gésier si puissant des Gallinacés n'a absolument aucune action sur eux; et les animaux qui digèrent les os, n'ont absolument aucune action

sur les graines entières les plus tendres. La digestion des os est donc uniquement l'ouvrage du suc
gastrique, et celui de l'Aigle est de tous le plus actif
pour un tel résultat.

EXPÉRIENCES SUR LA DIGESTION DES RUMINANS. Les
résultats obtenus quant à la digestion des Mammifères
ruminans ont beaucoup de rapport avec ce qu'on
observe dans les oiseaux Granivores ; ces animaux ne
digèrent les herbes et les graines introduites dans leurs
estomacs, qu'autant que ces substances ont été préalablement divisées, mâchées, triturées. C'est vainement que des herbes entières, que des graines solides
et intactes ont été introduites, soit à nu, soit enveloppées de toile, ou renfermées dans des tubes perforés, dans leur canal digestif : ces substances n'ont
subi aucune digestion ; elles ont été humectées, ramollies, et voilà tout. Même chose arrivait lorsqu'on
les avait imprégnées de salive.

Au contraire, si on introduit des sacs ou des tubes
remplis d'herbes ou de graines mâchées dans l'estomac des ruminans, alors la digestion de ces alimens
est achevée, est parfaite au bout de quelques heures.
On a fait de semblables expériences pour les Bœufs,
pour les Moutons, etc., et elles ont offert dans tous
les ruminans des résultats semblables. On en a fait
également pour le Cheval, qui cependant ne rumine
pas, et les effets ont été pareils.

EXPÉRIENCES SUR LA DIGESTION DES REPTILES ET DES
POISSONS. Ces animaux ont la plus grande analogie avec
tous ceux dont nous avons déjà parlé quant à la
digestion ; seulement ils digèrent plus lentement
qu'eux : il leur faut souvent plus de jours pour pa-

rachever cet acte, qu'il ne faut d'heures aux Mammifères et aux Oiseaux de proie. Au reste, le suc gastrique joue le même rôle ici que nous lui avons vu remplir ailleurs.

Je crois avoir dit qu'on avait trouvé une souris entière dans l'estomac d'une Grenouille : l'animal n'était ni écrasé, ni divisé ; et cependant, sans qu'il présentât aucun caractère de putridité, aucune mauvaise odeur, les chairs en étaient fort macérées, et les os eux-mêmes étaient sensiblement ramollis et déjà amoindris. Tout cela était donc l'ouvrage du suc gastrique ; et la preuve qu'il en était ainsi, c'est que des alimens introduits immédiatement dans l'estomac y ont subi une digestion, il est vrai fort lente, mais pourtant parfaite. Les Salamandres présentent une autre preuve du même fait : ces animaux se nourrissent de vers ; ces vers, ils les ramollissent, et semblent presque les dissoudre ; or, cela ne saurait être l'effet de l'action de leur mince estomac, puisque les salamandres ont presque toujours et naturellement dans l'estomac de petits vers parasites très-délicats, faciles à écraser, qui vivent là sans trouble et sans la moindre compression. La plus légère pression exercée sur eux par l'estomac briserait bientôt ces petits vers vivans si fragiles.

Je ne pourrais que répéter ici ce que j'ai déjà dit, si je voulais donner quelques détails sur la digestion des Serpens, des Couleuvres, des Tortues, des Lézards, etc. Je dois seulement insister de nouveau sur la lenteur extrême de cette fonction en ces animaux : la digestion des Couleuvres, pour exemple, s'est quelquefois à peine ébauchée au bout de six à huit jours ;

on a trouvé un lézard dans l'une d'elles, lequel au bout de seize jours de macération n'était pas visiblement altéré. Un Serpent garda un poulet durant trois grands mois dans son estomac, et après un temps si long l'animal n'était pas encore entièrement digéré. Remarquons à ce sujet combien il serait peu raisonnable d'assimiler la digestion à la putréfaction, puisque cette dernière est déjà très-avancée au bout de trois jours.

La digestion s'opère à l'aide aussi du suc gastrique dans les poissons; et elle y est moins lente que dans les reptiles : les Carpes et les Brochets surtout, ont assez de quelques heures pour accomplir la transformation des alimens. Cependant l'estomac de ces animaux est peu capable d'action.

La digestion peut-elle s'opérer ou s'ébaucher dans l'œsophage? Spallanzani ayant introduit dans l'œsophage d'un Héron une grenouille qui pénétrait en même temps dans l'estomac de cet oiseau, il put s'assurer que la grenouille avait subi dans toute son étendue, au bout de quelques heures, une altération, un ramollissement notable; mais ce ramollissement et ce commencement de digestion était beaucoup moins marqué pour la portion qui avait séjourné dans l'œsophage que pour l'autre partie. Il varia cette expérience, avec des tubes, avec des boulettes que retenaient fixement des fils, et il vit constamment que l'œsophage de ces oiseaux effectuait une sorte de digestion, mais beaucoup moins sensiblement que le véritable estomac. Même expérience fut faite sur d'autres animaux, et elle eut le même résultat sur un grand nombre. Un morceau de poumon de vache qui avait séjourné treize heures dans l'œsophage d'un Oiseau de proie, et seulement dans l'œsophage, perdit plusieurs grains de sa substance dans cette épreuve.

On a trouvé des Brochets et des Carpes qui avaient avalé des poissons d'une longueur telle, que cette proie occupait à-la-fois et l'estomac et l'œsophage ; or on a remarqué que, dans ce cas, la portion de poisson qui était renfermée dans l'estomac était beaucoup plus digérée que le reste, et que le ramollissement allait ensuite en diminuant de bas en haut, à mesure qu'on remontait du fond de l'estomac vers le haut de l'œsophage. L'œsophage peut donc, jusqu'à un certain point, ébaucher la digestion sans le concours de l'estomac véritable.

Cependant il n'en est plus ainsi si l'on passe des poissons aux Serpens. On a trouvé des Couleuvres dont les premiers compartimens du conduit digestif étaient entièrement remplis, ou par une grenouille, ou par tout autre animal, et l'animal englouti ne paraissait ramolli et digéré qu'absolument dans la portion descendue dans l'estomac.

DIGESTIONS ARTIFICIELLES. Plusieurs physiologistes ont tenté, avec des succès variés, d'effectuer des digestions sans le concours de l'estomac, en employant tout simplement des sucs gastriques extraits de différens animaux, et mêlant ensuite ces sucs à divers alimens. Nous allons citer brièvement quelques-uns des résultats obtenus de ces expériences.

Spallanzani, à qui sont dues les principales tentatives de ce genre, introduisit dans un tube de verre des grains de froment bien divisés, et il remplit un autre tube semblable au premier avec de la chair de chapon cuite; au préalable, notre physicien avait eu soin de laisser macérer et la chair et les grains dans le jabot d'un coq-d'Inde, voulant ainsi réunir dans son expérience tous les préparatifs nécessaires à son succès. L'expérience de Spallanzani était parfaite, puisqu'elle réalisait toutes les circonstances préliminaires de la digestion, puisqu'elle imitait ce qui se fait naturellement dans les digestions ordinaires, à l'exception de la seule circonstance qu'elle avait pour but de faire apprécier. Ces alimens, déjà macérés, furent baignés de sucs gastriques tout récemment extraits du gésier d'un coq-d'Inde, après quoi on ferma exactement les tubes avec de la cire d'Espagne; et afin de rendre l'expérience tout-à-fait à l'abri de reproches et d'objections, Spallanzani plaça ces petits vases sous ses aisselles, et ils y restèrent sans déplacement durant trois jours. Ces tubes ayant été ouverts au bout de ce temps, on trouva les grains de froment en partie délayés et digérés; la chair était ramollie et devenue bleuâtre, sans la moindre odeur de pourriture; cette chair, remise dans son tube avec de nouveau suc gastrique, fut replacée sous l'aisselle durant un jour, et au bout de ce temps elle était totalement dissoute. Sans doute ce n'était pas là une digestion véritable, mais peu s'en fallait; et, quand on ne tiendrait compte que du défaut de putréfaction de la chair, il est sûr que ce fait tout seul démontrerait, dans le suc gastrique, une énergie, une puissance incontestable, et telle qu'aucun autre fluide n'en possède de semblable.

Pour mieux faire ressortir les effets dus au suc gastrique, Spallanzani répéta son expérience avec les mêmes précautions et circonstances, à la différence près qu'il substitua de l'eau simple et pure au liquide de l'estomac, et voici ce qu'il eut occasion d'observer : au bout de trois jours de séjour persévérant sous les aisselles, la chair d'un tube paraissait légèrement dissoute à sa surface, mais elle était restée fibreuse, rouge et cohérente à l'intérieur ; elle était restée chair, et de plus elle sentait très-mauvais. La fécule des grains occupant l'autre tube était simplement délayée, mais non altérée, et partant fort reconnaissable. Les conséquences de pareils faits saisissent d'eux-mêmes et les yeux et l'esprit. Il faut retenir que ces expériences échouent si le suc gastrique n'est récent.

Ces essais, répétés pour plusieurs animaux, ont donné chez tous des résultats analogues. Cependant on a fait plusieurs remarques qui méritent d'être rapportées : 1°. Le suc gastrique froid ne produit que des effets peu sensibles, seulement il s'oppose à la putréfaction ; 2°. il exerce sa propriété dissolvante et digestive à mesure que la chaleur, soit vitale, soit artificielle, soit solaire, élève sa propre température; 3°. le liquide abondant de l'œsophage des Oiseaux n'a pas, à beaucoup près, la même force dissolvante que celui de l'estomac ; 4°. il suffit souvent que le suc gastrique ait été retiré de l'estomac à l'aide d'éponges pour perdre toute son énergie, ainsi que Spallanzani en a fait l'épreuve pour les Corneilles ; 5°. le suc gastrique ne dissout les herbes qu'on y plonge qu'autant qu'on a eu la précaution de les broyer, de les mâcher, et de les imprégner de salive ; 6°. le suc gastrique des Poissons et des Reptiles n'a qu'une action faible et extrêmement lente ; 7°. celui de l'Homme, aidé d'une cha-

leur égale à celle de l'estomac, ramollit et semble digérer la chair de bœuf dans l'espace de trente-six heures;
8°. le suc gastrique d'une espèce agit souvent sur des
substances extrêmement variées, et cependant celui
d'une espèce n'a pas toujours d'action sur les alimens
convenables à une autre espèce ; 9°. la graisse n'est
nullement altérée par le suc gastrique, pas même lorsqu'elle en subit l'action dans l'intérieur de l'estomac;
la bile parvient seule à la dissoudre, aussi n'est-elle
digérée que dans les intestins ; 10°. le pain, mêlé à
du suc gastrique, s'altère peu, il s'acidifie seulement;
mais le fluide intestinal finit par dissoudre le pain, et
par former, en se mêlant à lui, un liquide homogène :
ce mélange dégage ensuite une odeur intestinale. Bien
entendu que les fioles dans lesquelles se font de pareilles expériences, sont exposées à une température
équivalente à celle du corps de l'animal dont on emploie le suc gastrique.

Quelques personnes ont voulu contester la réalité
des digestions artificielles ; mais les motifs qu'elles al-
lèguent nous semblent peu importans.

Y A-T-IL ENCORE DIGESTION APRÈS LA MORT? On pouvait penser, d'après les expériences que j'ai rapportées
touchant les digestions artificielles, que l'estomac
lui-même, en tant que baigné de sucs gastriques, pouvait continuer de digérer après la mort, et qui plus
est se digérer lui-même. Hunter fut le premier qui
énonça que le suc gastrique agit sur les parois de l'estomac après la mort, et il attribua à cette sorte de
digestion les érosions ou perforations que l'on rencontre parfois à l'estomac des cadavres humains. Spallanzani fixa son attention sur ce phénomène sans par-

venir à le vérifier; mais il constata que l'estomac digère réellement encore après la mort les substances dont on l'a rempli aux derniers instans de la vie, ou même tôt après sa complète extinction. Ce judicieux physiologiste avait soin de déposer ses cadavres dans des étuves qui pussent leur conserver la même chaleur qu'aux corps vivans, et au bout de quelques heures il trouvait les alimens sensiblement digérés. Les résultats qu'il obtint furent surtout manifestes sur les Oiseaux; moins marqués, mais pourtant encore appréciables dans les Poissons et les Reptiles, derniers animaux dont les digestions sont naturellement si lentes.

Spallanzani fit de semblables expériences sur des Chiens et des Chats, et les résultats furent pareils. Il faut remarquer que pour fermer toute voie à l'erreur et à la confusion, on a soin de faire long-temps jeûner, avant de les tuer, les animaux dont les cadavres sont prédestinés à de semblables essais. Les estomacs morts digèrent jusqu'à des fragmens d'intestin, et même des lambeaux d'autres estomacs dont on les remplit, et pourtant ils ne paraissent pas subir eux-mêmes l'action dissolvante du suc gastrique. Il faudrait rechercher si les Hommes qui succombent à des violences subites, à des accidens ou à des supplices, continuent également de digérer alors que toute vie a cessé. C'est surtout après une mort pareille que Hunter disait avoir rencontré des perforations et des ulcérations à l'estomac des cadavres.

Spallanzani voulut éprouver si l'estomac, détaché des autres organes aussitôt après la mort, effectuerait aussi bien la digestion, sous des influences extérieures en tout semblables, qu'un estomac conservant sa place et toutes ses connexions, et il s'assura que les digestions alors étaient moins parfaites. Il attribuait principalement cette différence à ce que l'estomac, alors séparé de tout vaisseau sanguin, laissait transpirer une moindre quantité de suc gastrique ; mais peut-être l'absence de tout nerf était-elle aussi là pour quelque chose.

CHAPITRE VIII.

Suite du précédent. — Progrès de la Digestion, action des Intestins, etc. ; formation, absorption et cours du Chyle.

Nous ne nous sommes occupé jusqu'ici que des changemens que subissent les alimens dans l'estomac ; nous devons étudier maintenant, mais avec brièveté, les progrès et l'achèvement de la digestion dans les intestins. Et quant à ces derniers organes, on a coutume de les distinguer, souvent sans beaucoup de motifs, en gros et grêles : on fait ensuite trois portions fort peu distinctes de ceux-ci, et l'on désigne ces portions arbitrairement délimitées, par les noms inexacts ou insignifians de *duodénum*, *jéjunum* et *iléum*. A l'égard des gros intestins, on est convenu de les faire commencer à partir de la valvule de Bauhin, lorsque cette valvule existe ; et toute l'étendue de l'intestin comprise entre cette valvule et l'anus est divisée en trois portions plus précises que celles de l'intestin grêle, et on les désigne par les noms bizarres de *cæcum*, *colon*, et *rectum*. Voilà les organes à l'intérieur desquels la digestion s'achève. Les intestins grêles sont contournés sur eux-mêmes et garnis de replis ou valvules surnommées *conniventes*, encore bien qu'elles soient isolées les unes des autres; et cette double disposition du canal où cheminent les alimens ne pouvant qu'en ralentir le cours, n'est pas indifférente à la perfection du chyle, non plus qu'à sa séparation et à son absorption. Outre cela, les conduits de la bile et du suc pancréatique s'ouvrent vers le commencement de l'intestin, qui de plus est partout arrosé de sucs abondans et de mucus, produits de la sécrétion de sa tunique intérieure. Pour ce qui est des gros intestins, c'est dans leur cavité que se moulent et se durcissent les excrémens; aussi sont-ils dépourvus de valvules conniventes, abreuvés de moins de sucs, et pourvus de fibres musculeuses plus énergiques. Suivons maintenant les progrès de la digestion, à partir du pylore où nous l'avons laissée.

MARCHE DU CHYME. Nous avons dit que le chyme formé lentement à la superficie de la masse alimentaire que renferme l'estomac, s'amasse près du pylore à mesure qu'il se forme. Or les mêmes contractions, les contractions douces et presque insensibles qui le font arriver là, lui font ensuite franchir, en devenant plus vives et plus étendues, l'ouverture étroite du pylore. Cependant nous devons dire que ces grandes contractions, nécessaires pour l'expulsion du chyme hors de la cavité de l'estomac, ont coutume de commencer vers le milieu du duodénum, que de là elles se propagent au pylore et de proche en proche à toute la périphérie de l'estomac; mais ce mouvement de bas en haut (pendant la durée duquel quelques personnes éprouvent un si grand malaise) se convertit tout-à-coup en un mouvement opposé; et c'est à l'aide de cette sorte de reflux que le chyme traverse enfin le pylore , entr'ouvert à cet effet et par la même cause. Ce mouvement se répète ensuite et autant de fois que l'exige la quantité de chyme nouvellement formé. C'est de cette manière, successivement et comme par secousses, que l'intestin se remplit peu-à-peu des alimens chymifiés par l'estomac. J'ajoute que le cours du chyme est ensuite fort lent dans toute l'étendue de l'intestin grêle; lente aussi est la marche des excrémens ; faibles sont les mouvemens de l'intestin, hors les cas de maladie ou de passion.

CHANGEMENS DU CHYME. ACTION DE LA BILE. La plénitude de l'intestin grêle favorise l'écoulement de la bile et du suc pancréatique ; outre que son acidité excite la sécrétion de ces humeurs, aussi bien que des sucs intestinaux et du mucus. Tous ces fluides nouveaux , mêlés au chyme , en changent déjà la nature : ce chyme perd bientôt et presqu'entièrement son acidité, ce qui en arrête l'espèce de fermentation sourdement commençante ; de grisâtre qu'il était il devient jaunâtre , et sa saveur a de l'amertume. Cette amertume existe en beaucoup d'animaux dès l'estomac ; cela a lieu particulièrement dans les oiseaux, par la raison qu'en ces derniers êtres la bile a coutume de pénétrer dans l'estomac par le pylore. Si les alimens contenaient de la graisse ou des matières huileuses, ces substances nullement altérées par l'estomac, vont l'être dans l'intestin : la bile agissant sur elles, les dissout et en compose une sorte de savon lui-même soluble.

A l'exception des matières huileuses et graisseuses, et à l'exception des herbes, l'intestin laisse passer sans les altérer, les substances que l'estomac n'aurait pas préalablement digérées. Les mêmes alimens produisent un chyme semblable dans des animaux d'espèce pareille, et les changemens que le chyme éprouve ensuite se ressemblent également. Remarquons ici que le chyme provenant de substances végétales n'est pas semblable au chyme qu'ont produit des matières animales : celui-ci est plus épais et plus visqueux, est rougeâtre et ne caille pas le lait; l'autre est presque fluide, jaunâtre, et il caille le lait. Le chyme fourni par les végétaux est moins riche en matière nourrissante, et il ne contient pas de substance albumineuse comme le chyme résultant des viandes. Il se dégage pendant la digestion intestinale, et selon le stade où elle est parvenue, différens gaz dont la nature varie suivant l'espèce d'animal, suivant les alimens dont il a fait usage, suivant son âge et son état de santé, et surtout suivant la partie de l'intestin où l'on a puisé ces gaz. Nous avons dit que nous reviendrions ailleurs sur cet objet.

Quelque temps après que le chyme est descendu dans l'intestin grêle, et après qu'il a subi l'action de la bile, il se divise en deux parties: une qui est fluide et qu'on nomme *chyle*, c'est la partie qui sert à nourrir l'animal ; et l'autre qui est plus solide, plus grossière, moins homogène ; c'est le résidu de la nourriture, et ce que l'animal rejette de son corps sous le nom d'*excrémens*.

Cette séparation du chyle, et même sa formation, paraît due surtout à l'accession de la bile ; du moins

est-il certain que la digestion est toujours imparfaite,
et le chyle nul ou peu abondant, lorsque la bile n'a
pu se mêler au chyme préparé par l'estomac. M. Brodie,
l'un des plus savans physiologistes de l'Europe, assure
qu'il a constamment empêché la formation du chyle
dans les animaux dont il avait lié le conduit cholédoque, ou canal de la bile. Nous croyons vrais tous
les résultats qu'il raconte ; néanmoins un autre physiologiste fort habile aussi en a obtenu de différens.

Le chyle se forme ordinairement deux ou quatre
heures après que le chyme a passé de l'estomac dans
le duodénum. Mais cela est moins prompt dans les
Poissons, et beaucoup plus lent encore chez les
Reptiles.

Quelques personnes ont assuré qu'elles avaient
trouvé du chyle bien formé dans les vaisseaux blancs
qui partent de l'estomac, et elles ont dit en conséquence que l'estomac formait du chyle ; mais il est
probable qu'on n'a vu de pareilles choses qu'en des
animaux dans l'estomac desquels la bile se mêle fréquemment aux sucs gastriques. Il paraît que le Chien
est dans ce cas ; mais il faut se garder d'étendre cela
à tous les animaux.

Les intestins digèrent-ils des alimens non chymifiés? On éprouverait de l'embarras à résoudre cette
question *à priori* ; car il existe des faits à l'aide desquels on pourrait soutenir tour-à-tour le pour et le
contre. Et d'abord, beaucoup d'observations prouvent que l'estomac ne fait subir aucune altération
sensible à de certains alimens, si l'estomac ne les a
préalablement modifiés, digérés, chymifiés. D'autre
part, les alimens éprouvent de l'altération en quelque

point du corps qu'on les introduise : les bribes de
pain ou de viandes qui s'arrêtent dans le gosier , au
voisinage des amygdales , s'altèrent. visiblement et
se ramollissent ; un morceau de lard placé et retenu
dans la bouche , a paru s'y être ramolli ; il avait aussi
changé de couleur. Il n'y a pas jusqu'aux cataplasmes
de fécule appliqués sur la peau, qui ne subissent une
altération très-différente d'une simple fermentation.
Il est donc certain qu'on ne peut rien conclure de
ces différens faits, puisqu'ils semblent se contredire.
Mais recourons à l'expérience.

On a introduit des viandes cuites et des chairs
crues dans l'intestin de'plusieurs chiens ; on en a même
attaché au haut de l'intestin grêle afin d'en empêcher
la descente trop rapide, et l'on a vu que ces matières
avaient éprouvé un ramollissement sensible, et même
qu'elles avaient diminué de volume. Il faut ajouter
que ces chairs avaient contracté là une odeur extrêmement fétide , et que rien n'assure qu'elles fussent
susceptibles , dans. l'état où elles se trouvaient réduites, de fournir une sorte de chyle ou quelque
chose d'alimentaire à l'animal. Cela ne ressemble
guère à une vraie digestion ; et quant au ramollissement superficiel et à l'absorption légère des chairs
ainsi introduites dans l'intestin , il n'est aucune partie
du corps qui ne soit susceptible d'opérer quelque
chose de semblable. Concluons donc de ces faits que
nulle digestion bonne , complète et efficace, n'est
possible sans le concours de l'estomac. S'il en était
autrement, on pourrait nourrir par l'intestin les malades dont l'estomac ne saurait plus ou rien recevoir,

ou rien digérer de ce qu'il reçoit : et de pareilles tentatives n'ont eu jusqu'à ce jour aucun succès.

FORMATION ET REJET DES EXCRÉMENS. Les excrémens, séparés du chyle qui les surnage et dont l'absorption s'opère dans le haut de l'intestin, perdent peu-à-peu, à mesure qu'ils descendent vers les gros intestins, la fluidité qu'ils avaient dans le milieu de l'intestin grêle. Le mucus des gros intestins en favorise la marche vers l'anus ; mais les loges que présentent ces conduits de distance en distance, en prolongent le séjour et en accroissent la consistance. C'est par l'action des fibres musculeuses des intestins que les excrémens sont peu-à-peu poussés vers l'anus, et c'est par les muscles abdominaux qu'ils sont finalement rejetés hors du corps. Cette expulsion résulte d'un mécanisme assez compliqué où la glotte, au moins chez les mammifères, joue un rôle important. Le rejet des matières fécales est beaucoup plus facile chez les animaux ovipares et dans l'Ornithorrhynque ; et cette différence résulte de ce que ces animaux ayant un cloaque, leurs urines s'amassent dans ce lieu aussi bien que les excrémens, qu'elles délayent.

Les excrémens diffèrent pour chaque espèce d'animal ; mais la plus grande différence s'observe surtout entre les carnivores et les herbivores. Le même animal, s'il est omnivore, a des excrémens très-différens, suivant qu'il use d'alimens végétaux ou d'alimens tirés de l'autre règne. Les excrémens provenant d'une nourriture animale ont la propriété de faire cailler le lait, et il n'existe rien de semblable pour les fécès des alimens végétaux. C'est absolument le contraire de ce que nous avons dit pour le chyme des carnivores et des herbivores. Bordeu surtout a fait d'intéressantes remarques à ce sujet ; la curiosité naturelle à son esprit ingénieux lui a fait surmonter les dégoûts d'une étude si répugnante. Les recherches de Prout ont beaucoup moins d'intérêt, mais plus de précision que celles de Bordeu.

Les animaux qui digèrent des os ont des excrémens particuliers et fort remarquables. On retrouve souvent dans les matières peu digestibles que l'estomac a laissé passer sans les altérer, des fibres de muscles desséchés, des lambeaux de membranes, des morceaux d'intestin surtout, des portions de tendons, de ligamens, de cartilages, et des fragmens d'os ; on y retrouve principalement des végétaux, des graines entières, à cause de l'épiderme, lequel se montre toujours réfractaire à l'action du suc gastrique ; on y trouve des noyaux, etc. Les animaux éjeûnés ou insuffisamment nourris ont des excrémens plus solides. L'état de maladie produit souvent un effet contraire, aussi bien que la gloutonnerie.

Ajoutons que les boissons aussi se digèrent : bien plus, beaucoup de liquides laissent des excrémens dans l'intestin, encore qu'une grande partie en soit absorbée dès l'estomac. D'ailleurs il suffit qu'elles soient un peu irritantes pour qu'elles excitent la sécrétion de la bile et du mucus, et ces fluides digérés avec les boissons laissent des résidus comme elles. On est quelquefois étonné de la masse d'excrémens que contient l'intestin d'un homme malade ou d'un animal éjeûné qui ne prend depuis des jours entiers que des liquides. Ajoutons cependant que l'eau, les alcooliques et d'autres liquides simples, ne fournissent rien d'eux-mêmes ni pour la nutrition ni pour les excrémens.

MOUVEMENS RÉTROGRADES. On nomme péristaltiques les mouvemens à l'aide desquels la masse alimentaire parcourt l'intestin ; mais il existe d'autres mouvemens qui s'effectuent en sens contraire, c'est-à-dire de bas en haut, et ceux-là ont reçu le nom d'anti-péristaltiques. Ces derniers mouvemens produisent divers phénomènes, tels que la Régurgitation, la Rumina-, tion, le Vomissement, etc. L'acte par lequel des Oiseaux et des Insectes partagent avec leur progéniture des alimens déjà digérés pour leur propre estomac, est une sorte de régurgitation due à de semblables mouvemens. J'en dis autant de cette humeur brune et toute bilieuse que rendent les Sauterelles, du suc miellé qui sort tout élaboré du corps des Abeilles, des humeurs noirâtres que beaucoup de Mollusques marins répandent autour d'eux afin d'échapper à leurs ennemis : enfin, toutes les classes d'animaux ont une sorte de vomissement ou de régurgitation. Les Oiseaux de proie vomissent naturellement après chaque repas, dans le but de se débarrasser de toute substance, ou dégoûtante, ou réfractaire à l'action de l'estomac. Parmi les mammifères, aucun animal ne vomit plus aisément que le Chat. Ce phénomène s'observe aussi chez les Chiens, chez les Ruminans, chez les Salamandres et les Serpens parmi les reptiles, et quant aux poissons, surtout chez les Carpes. Mais tous les vertébrés, à l'exception du Cheval (chez qui la disposition du cardia met obstacle au retour des alimens vers l'œsophage), à cette exception près, il n'est peut-être pas un animal vertébré qui n'ait la faculté de vomir; et nous ne connaissons pas d'exceptions pour les classes inférieures. Il y a plus, les Polypes et les animaux voisins des polypes, les Radiaires, les Tuniciers, tous les êtres enfin qui n'ont qu'une seule issue, une ouverture unique à l'intestin, tous ces animaux ne rejettent chaque jour le résidu de leurs alimens qu'au moyen d'une espèce de vomissement.

Ce n'est point ici le lieu d'insister sur le mécanisme de ce phénomène, en disant quelles puissances concourent à le produire. On peut voir ce que nous avons dit dans notre Physiologie médicale sur la *Théorie des Efforts*, et il sera facile dans faire l'application à l'objet présent (1).

ABSORPTION ET COURS DU CHYLE. Nous savons que le chyle se sépare de la masse alimentaire après qu'elle a séjourné dans la cavité distendue du duodénum, et peu de temps après que la bile et le fluide pancréatique ont agi sur elle, on ne sait précisément de quelle manière. Quant aux caractères et aux qualités du chyle, cette substance n'est bien visible et n'a pu être convenablement étudiée que dans les mammifères, et il nous suffira de dire pour le moment que ce fluide est presque toujours d'un blanc opaque, ce qui lui a valu d'être comparé au lait; que de plus il a l'odeur du sperme, et qu'abandonné à lui-même, et hors

____

(1) *Voyez*, en outre, les Mémoires *ex professo* de Bayle de Toulouse, de Chirac, de Magendie, de Legallois, d'Isid. Bourdon, de F. Lallemand, de Dupuy, de Portal, de Piedagnel, de Tissot de Lyon, de Maingault, de Bouvenot, de Lieutaud; quelques Rapports de MM. Hallé, Percy, Chaussier, Béclard, Mérat, G. Cuvier, Humboldt, etc.

de ses vaisseaux, il se sépare en deux parties, dont l'une est séreuse et saline, tandis que l'autre est fibrineuse ; qu'enfin il se comporte à cet égard à-peu-près comme le sang. Nous devons ajouter que le chyle déposé dans un vase inerte prend ordinairement une teinte rosée, ce qui paraît dû à l'action de l'oxigène sur lui, et qu'en outre il surnage à sa surface une matière particulière, formant comme une sorte de nuage : on conçoit bien, d'après cela, qu'on ait pu comparer le chyle au lait, et qu'on soit allé jusqu'à regarder celui-ci comme le produit de l'autre. Ce qu'il y a de certain, c'est que rien n'influe sur l'abondance du lait ou du fluide prolifique, autant que la production abondante du chyle. Du reste, la nature des alimens dont se nourrissent les animaux, introduit de notables différences dans le chyle qui provient de la digestion ; le même chyle ne résulte point d'alimens dissemblables : les matières grasses produisent un chyle plus blanc et plus opaque que les substances non graisseuses. Mais jamais le chyle ne prend la teinte des substances colorantes introduites dans l'intestin ; il n'en prend aussi que très-difficilement l'odeur.

Une fois séparé de la manière chymeuse, dont il peut être regardé comme une sorte d'extrait, le chyle surnage cette matière, et s'amasse par petits ruisseaux dans les sinus des valvules muqueuses, dont l'intérieur de l'intestin grêle est garni. Il séjourne là quelques instans, et c'est en ce lieu qu'il est absorbé par les petits vaisseaux qui le doivent transporter de proche en proche jusque dans la masse du sang. Dire précisément de quelle manière, en vertu de quelle force et par quel mécanisme s'effectue cette absorption du chyle, ne rien laisser à désirer à cet égard, nous serait impossible ; nous aimons mieux mésatisfaire la curiosité du lecteur qu'induire son esprit à errer, en exposant comme faits avérés, de pures conjectures. En examinant avec soin, et à l'œil nu, l'intérieur de l'intestin au moment où le chyle est déjà tout formé, on voit, à la surface de la membrane intestinale, de petites éminences ou villosités comme spongieuses, qui paraissent s'ériger et se remplir de liquide : si on comprime ces villosités, il en sort du chyle. On a examiné ces petits monticules au moyen du microscope, et l'on y a découvert les ramifications extrêmement nombreuses de divers vaisseaux ; on a a cru voir en outre, à leur surface, de très-petits pores, comme qui dirait des piqûres d'aiguilles, et l'on a dû penser que ce pouvait être là l'origine de ces vaisseaux blancs, dits lactés, ou chylifères, dans l'intérieur desquels on trouve incontestablement du chyle, là où on les voit serpenter dans l'épaisseur du mésentère. Ajoutons cependant que Spallanzani a observé des pores analogues dans l'intérieur de l'estomac de l'aigle, et qu'il n'a vu dans ces étroits pertuis que l'issue probable des sucs gastriques. Mais que ces orifices qu'on a cru voir à la surface de l'intestin soient réellement l'ouverture absorbante des vaisseaux du chyle, ou qu'il en soit autrement, toujours est-il raisonnable d'admettre qu'il doit exister quelque chose d'analogue, et que c'est par de petites bouches de cette nature que le chyle se trouve pompé ou absorbé à la surface de l'intestin. Quelques personnes n'ont vu qu'un pur effet d'imbibition toute physique et toute inerte dans ce phénomène, et elles ont appuyé leur opinion sur ce que l'absorption du chyle persévère quelques instans encore après la mort.

Quel que soit le mode selon lequel se fait l'absorption du chyle, il est sûr qu'on voit ce liquide dans les petits vaisseaux blancs qui parcourent le mésentère, entre les deux feuillets du péritoine dont ce repli membraneux est formé; il est sûr que ces vaisseaux traversent les corps glanduleux qui chez les animaux mammifères sont fort multipliés dans le mésentère, que de plus ils communiquent tous avec le canal thoracique, simple ou double, lequel paraît être leur tronc commun et leur réservoir général. Ce conduit thoracique a lui-même sa terminaison dans la veine sous-clavière gauche, et son embouchure dans ce vaisseau sanguin est garnie d'une valvule membraneuse qui permet au chyle de se mêler au sang ; mais qui s'oppose à ce que le sang de la veine s'introduise dans le canal du chyle.

Ainsi le chyle séparé des alimens dans l'intestin, déposé et accumulé dans les sinus des valvules conniventes de la membrane intestinale, pompé on ne sait comment ni par quelle puissance, mais pénétrant incontestablement dans les vaisseaux lymphatiques de l'intestin, traverse les glandes mésentériques, est porté par ses propres vaisseaux dans le conduit thoracique, et c'est par ce canal qu'il est définitivement versé dans le sang. Ce cours du chyle n'est pas seulement une supposition vraisemblable; on s'est assuré de sa réalité par des expériences. Il suffit d'ouvrir le conduit thoracique pour s'assurer que le chyle y circule de bas en haut, ou plutôt de l'intestin vers la veine sous-clavière. Il est certain que les muscles abdominaux et tous les organes des efforts ont la plus grande influence sur la rapidité de son cours : on voit le jet de ce liquide augmenter en volume et devenir plus rapide, lorsque l'animal sur qui l'on fait l'expérience crie ou tente quelque effort à glotte fermée ou rétrécie. La pression mutuelle des organes du ventre les uns sur les autres, influe aussi beaucoup sur le cours du chyle; ce cours est sensiblement ralenti par l'ouverture de l'abdomen. Les mouvemens respiratoires et les pressions causées par le diaphragme ne sont pas non plus choses indifférentes à la rapidité du chyle dans ses vaisseaux. L'incision du canal thoracique près du lieu où il se termine dans la veine sous-clavière, a laissé couler chez un chien une demi-once de chyle dans l'espace de cinq minutes; ce qui ferait six onces par heure. Au reste, on conçoit que la quantité de ce liquide est subordonnée à la quantité des alimens, à leur nature, et aussi beaucoup à leur digestion plus ou moins parfaite (1).

LE CANAL THORACIQUE EST-IL LA SEULE VOIE DU CHYLE? On voit bien à la vérité tous les vaisseaux chylifères aboutir dans le conduit thoracique; on voit le chyle couler avec une certaine rapidité dans sa cavité, et il est sûr qu'il aboutit finalement dans la veine sous-clavière. Mais tout le chyle suit-il cette voie unique pour s'aller mêler au sang? et n'y a-t-il que les vais-

(1) *Voyez* Pecquet, Rudbeck, Hewson, Monro, J. Hunter, Mascagni, Duverney, Cruiskshanck, Flandrin, Meckel l'ancien, Dupuy, Dupuytren, Magendie, Fodérà, Leuret et Lassaigne, Fohmann et Gmelin, Tiedemann, Ségalas, Lauth, Lippi, Rossi de Parme, Autommarchi, etc.

seaux blancs dits chylifères qui absorbent le chyle?

Le canal thoracique est si étroit, les fluides dont il est rempli ont un cours si lent, que quelques personnes ont pensé que, non seulement la lymphe, non seulement la sérosité et les différens liquides absorbés avaient une voie différente, un autre trajet et d'autres moyens absorbans; mais que même le chyle ne passait peut-être pas tout par les vaisseaux chylifères et leur réservoir commun. D'abord Duverney ne pouvant rencontrer dans les Oiseaux ni vaisseaux chylifères, ni glandes mésentériques, cela lui fit conjecturer que la nourriture dans cette classe d'êtres avait peut-être d'autres vaisseaux que les lymphatiques pour parvenir au sang : il en vint ensuite jusqu'à douter de l'usage qu'on assigne exclusivement au canal thoracique, même quant aux mammifères. Dans le but donc de s'éclairer à ce sujet, Duverney lia sur un Chien les veines sous-clavière et jugulaire gauches, un peu au-dessous de l'insertion terminale du canal thoracique; et ce qui fortifia ses doutes, c'est que ce chien vécut quinze jours après cette opération, laquelle aurait dû le tuer en peu de temps, si le chyle n'avait eu que ce moyen de communication; cependant cet animal n'avait qu'un seul conduit thoracique, ainsi qu'on put s'en assurer par la dissection.

Mêmes expériences ont été répétées depuis Duverney. Quelques personnes ont assuré que la mort arrivait toujours cinq à six jours après l'opération précédente chez les Chevaux et Chiens dont les vaisseaux chylifères ne conservaient de communication avec le sang qu'au moyen du canal thoracique lié; tandis que, selon elles, les moyens de communication étaient multiples en ceux qui avaient survécu à la même expérience. M. Dupuytren, qui s'est long-temps et très-particulièrement occupé de cet objet, affirme qu'il s'est assuré de la réalité de ce qui précède par l'injection des vaisseaux, et par la dissection attentive qu'il en a faite. Cependant deux habiles expérimentateurs de l'École d'Alfort ont tout récemment infirmé ces résultats: plusieurs fois il leur est arrivé de lier le canal thoracique sur des Chiens ou des Chevaux. Ce conduit était unique, l'injection prouvait que les vaisseaux chylifères n'avaient plus de communication avec la veine sous-clavière, et cependant plusieurs de ces animaux ont survécu des mois entiers à l'opération. Un Chien, entr'autres, a prolongé son existence jusqu'à cinquante-huit jours après l'expérience, et cependant le conduit thoracique de cet animal n'offrit aucune anastomose, aucune bifurcation ni division allant aux vaisseaux sanguins. Les auteurs dont nous parlons ont conclu de leurs expériences, que les veines aussi absorbent le chyle, et ils assurent qu'après avoir lié la veine porte, ils ont distinctement reconnu le caillot du chyle mêlé au sang de cette veine.

Il faut convenir qu'il est rare qu'un gros animal ne succombe pas tôt après la ligature du canal thoracique, lorsque ce canal est simple et sans vaisseaux de dérivation. Si donc quelques animaux résistent plus long-temps aux graves résultats d'une telle opération, voici quelles en sont les causes. D'abord il existe quelquefois des vaisseaux de communication et des anastomoses que les injections ne sauraient démontrer, encore que ces canaux accessoires fussent aisément perméables aux fluides vivans : car nul anatomiste n'a sans doute la prétention d'égaler l'art des injections au cours naturel des fluides pendant la vie. Ensuite beaucoup d'animaux ont la faculté de vivre long-temps sans manger; on cite pour notre espèce et pour beaucoup d'autres, des exemples étonnans d'abstinence. Les Animaux dormeurs, par exemple, restent des mois entiers sans prendre aucune nourriture, et ils vivent alors de leur propre substance. Pourquoi n'en serait-il pas ainsi des animaux qu'on dit avoir survécu à la ligature du conduit thoracique? La chose nous paraît d'autant plus naturelle, qu'une semblable opération trouble les fonctions, produit la fièvre; et l'on sait que la fièvre ôte tout appétit comme tout moyen de digérer. Mais on ajoute que plusieurs de ces animaux conservaient leur embonpoint et la santé. A cela nous répondons que sans aucun doute le chyle est ordinairement absorbé par les vaisseaux dits chylifères; mais quand ces vaisseaux sont obstrués, est-il défendu de croire que les veines les remplacent? Nous avons cité une expérience à l'appui de cette prévention si naturelle : et d'ailleurs ne sait-on pas en combien d'autres circonstances nombreuses les veines absorbent? ce sont elles, en effet, qui absorbent les liquides simples, les substances odorantes et colorées, les médicamens, les poisons : c'est par leur moyen que ces différentes substances manifestent leur présence dans les urines et le sang, et leur action sur différens organes, avant que le chyle n'en puisse offrir aucune trace. C'est de même par les veines que disparaissent si rapidement de l'intestin et de l'estomac des quantités énormes de différens liquides ; pourquoi donc leur refuserait-on absolument la faculté d'absorber le chyle ?

Mais un autre fait bien important, qui finit d'expliquer et de rendre vraisemblables toutes les expériences contradictoires que nous avons citées, c'est qu'il paraît démontré que les vaisseaux blancs communiquent de tous côtés avec les différentes veines : toutefois, comme ces communications ne sont pas égales, ne sont pas constantes chez tous les êtres de la même espèce, là même est l'origine de ces apparentes contradictions qui embarrassaient l'esprit.

CE QUE DEVIENT LE CHYLE : QUELLE EST SA DESTINATION ; QUELS EN SONT LES USAGES. Nous venons de suivre le chyle depuis la cavité intestinale, où des vaisseaux l'absorbent, jusque dans la veine sous-clavière gauche où il se mêle et se confond avec le sang. Circulant ensuite avec ce liquide, traversant les organes respiratoires, mis en contact avec l'air, mu par le cœur et réparti dans les vaisseaux artériels qui naissent de l'aorte, que devient-il dans ce long trajet, et quel parti en tirent les divers organes du corps ? voilà ce qu'il serait important de savoir. Comme le sang éprouve sans cesse des déperditions pour la formation des humeurs et la nutrition des organes, il faut bien qu'il répare les pertes qu'il fait ; or le chyle, à cela près de la couleur, a tant d'analogie avec le sang, et par sa séparation spontanée en plusieurs parties, et par la fibrine qu'il contient, et aussi par l'oxygène qui le colore en rouge, qu'il est naturel de croire que ce fluide provenant des alimens digérés, se change en véritable sang lors de son passage à travers les organes de la respiration, et qu'à partir de ces organes il a perdu tous les caractères qui le distinguaient du sang préexistant. Mais revenons à la nutrition.

CHAPITRE IX.

Conditions principales de la Nutrition des Animaux. — Choses qui la modifient et la diversifient, elle et la Digestion.

Nous ne pourrons aborder l'obscur mécanisme de la nutrition, et plusieurs grandes questions et conjectures qui s'y rattachent, qu'après avoir envisagé les conditions favorables ou défavorables à cette fonction importante : c'est le seul moyen d'arriver à quelques résultats certains. Nous allons donc faire une revue rapide de choses qui ont manifestement le plus d'influence sur la nutrition : le malheur est que nous citerons parfois des faits particuliers à une espèce d'animal, et le plus souvent à notre propre espèce.

Boissons. Au temps où les expériences du médecin Dodart faisaient le plus de bruit (1), un autre membre de l'ancienne Académie des Sciences résolut de les poursuivre en les variant : il les répéta dans le but surtout d'apprécier l'influence des boissons sur la nutrition des organes et l'embonpoint du corps. A cet effet, Marcorelle passa deux mois entiers sans boire ni eau, ni vin, et il perdit pendant cela cinq livres et demie de son poids total (il pesait cent vingt livres). Après quoi s'étant remis à son régime habituel, mangeant

(1) Voyez notre *Physiologie médicale.*

toujours des mêmes choses, mais reprenant l'usage
du vin pur et étendu d'eau, ce lui fut assez de six
jours de ce nouveau régime pour récupérer six livres
de substance, c'est-à-dire un onzième en sus de ce
qu'il avait perdu. Il observa en outre qu'aucun aliment autant que les végétaux ne donne le désir et le
besoin de boire. Voilà ce qui prouve l'influence des
boissons chez l'homme; mais s'ensuit-il que de boire
beaucoup soit chose favorable à l'embonpoint? Non,
assurément; les faits chaque jour observés prouvent
le contraire. Trop de boissons fatiguent l'estomac et
nuisent à la digestion des alimens. Le thé, les boissons chaudes, hâtent la digestion, mais c'est en l'entravant: après de pareilles boissons, les alimens traversent le pylore avant d'avoir été suffisamment chymifiés.
A l'égard des alcoholiques et de tous les liquides excitans, épicés, salés ou acides, ces fluides favorisent
la formation du chyle, en ce sens, qu'ils déterminent
un flux abondant des sucs intestinaux, gastriques,
pancréatiques et biliaires; mais les boissons alcoholiques nuisent ensuite à la nutrition par l'excitation
qu'elles causent à tous les organes, en activant outre
mesure les mouvemens du cœur; elles nuisent par le
sommeil, qu'elles rendent court ou qu'elles agitent.

Ajoutons encore, au sujet des animaux, qu'il en est
qui ne boivent jamais, et ce sont presque tous des
Carnivores. Le Chameau aussi peut rester plusieurs
jours sans boire, et cette abstinence de liquides ne
paraît pas le faire souffrir: il est vrai qu'on trouve dans
l'estomac de cet animal des espèces de poches dont
la destination paraît être de retenir des liquides en
réserve, en s'en remplissant et s'en imprégnant à la

manière des éponges. Au reste, la plupart des animaux paraissent engraisser d'autant plus vite qu'ils
prennent moins de liquides. Les Chevaux et l'Ane, au
rapport d'Aristote , font exception à cette règle, à
raison peut-être de l'énorme quantité d'herbes grossières et souvent sèches dont ces animaux se remplissent sans relâche. On a coutume de supprimer peu-
à-peu les boissons aux Porcs et à plusieurs autres
animaux , lorsqu'on veut les engraisser.

ALIMENS SOLIDES. Il n'est pas besoin de dire que
les longs jeûnes et l'abstinence absolue amaigrissent :
mais il faut rappeler que la privation d'alimens n'est
pas également ressentie par tous les animaux , ni
toujours de la même manière par les animaux d'une
même espèce, non plus que par le même animal placé
dans des circonstances diverses. La jeunesse , les excès , la fatigue , les veilles excessives , les passions
(alors que les paroxysmes en ont cessé) , la convales-
cence des maladies longues , les choses excitantes
(après qu'elles ont produit leurs rapides effets) , l'air
sec et froid , et les climats et saisons où l'on en ressent l'influence , ce sont là autant de causes qui
rendent plus grand et plus vivement ressenti le besoin
d'alimens solides ; et au contraire , la vieillesse , le
sommeil prolongé, l'hivernation , le repos parfait, les
bains chauds , diminuent ce besoin : la faim abandonne l'oisive opulence pour tourmenter la pauvreté.

En général , les animaux carnivores supportent
beaucoup mieux l'abstinence que les herbivores. Le
Lion , les oiseaux de proie, l'Aigle en particulier, les
Serpens, les Araignées, tous ces animaux restent quelquefois des temps très-longs privés d'alimens, sans

paraître beaucoup en souffrir : ils sont seulement à cause de cela, d'ordinaire, plus maigres que les animaux se nourrissant d'herbes ou de fruits. Dans l'espèce humaine, on a vu des vieillards, surtout des femmes, rester des mois entiers sans prendre d'alimens. On cite un insensé mystique qui, s'imaginant follement être le Christ en personne, resta les quarante jours du carême sans user d'aucun aliment quelconque ; il se bornait, sans jamais rien avaler, à promener des liquides dans sa bouche. L'humidité et l'obscurité, unies au repos, affaiblissent les effets de l'abstinence : un Chien qui était dans les circonstances que nous venons de dire, resta près de cinquante jours vivant sans rien prendre. Les hommes à imagination vive, et principalement les fous furieux, ont une faim dévorante, une digestion extrêmement énergique, et ils consomment des quantités énormes d'alimens : il en est de même des idiots. Outre que le bon sens et la sagesse enseignent la tempérance, rien ne distrait de la faim, après le sommeil qui l'abolit, autant que l'exercice assidu de la pensée.

Si chaque animal ne prenait d'alimens que tout juste ce dont il a besoin pour exister, la masse des destructions dans les deux règnes serait prodigieusement moins grande, et cela même prolongerait la vie de toute manière. Cornaro, dont on citait l'intempérance durant sa jeunesse, s'assujettit à ne plus prendre chaque jour, à l'âge de quarante ans, que treize onces de liquides et douze d'alimens solides, aussi simples que ceux d'Iccus ; et cette diète sévère et constante lui permit de vivre par-delà cent ans. Il est à remarquer que les excès de tous les genres fati-

guent beaucoup plus, causent des maladies et abrègent l'existence, bien plus que les privations. Il
est plus aisé, en effet, je parle de notre espèce,
de satisfaire aux simples besoins de la vie que de
se défendre de les outrepasser : il est si fréquent
de confondre avec l'aiguillon de la faim les perfides
saillies de la sensualité ! Disons cependant qu'il faut
à chaque animal plus d'alimens que n'en exigent les
pertes à réparer et les dépenses journalières de la
nutrition ; il faut, de plus que cela, un surcroît d'excitans pour stimuler les organes, et ce superflu de nourriture est lui-même nécessaire à l'énergie du corps, à
la plénitude de l'existence.

Il est beaucoup d'autres considérations importantes au sujet des alimens de l'homme et des maux
qui résultent d'un régime mal ordonné ; mais ce n'est
point ici le lieu de nous arrêter sur de tels sujets, et
nous devons dire que c'est dans notre *Physiologie
médicale* qu'il faut chercher des détails sur tout ce
qui intéresse la conservation de la santé de l'homme
et la prolongation de la vie.

TEMPÉRATURE; SAISON; CLIMAT. Il y a discordance
quant à l'influence de la chaleur sur la nutrition des
divers animaux. Je veux dire que cette chaleur est
utile aux animaux inférieurs et aux derniers des vertébrés, ceux qu'on désigne sous le nom générique
d'*animaux à sang froid;* mais elle est nuisible à la
nutrition comme à la digestion du plus grand nombre
des vertébrés du premier ordre, des oiseaux et des
mammifères. Je dis du plus grand nombre, parce
qu'il y a quelques différences quant aux Oiseaux qui
émigrent et aux Mammifères qui dorment des mois

entiers. Nous traiterons ailleurs de ces derniers êtres et des particularités qui résultent, pour tous les phénomènes de leur existence, des caractères dont nous parlons.

Toujours est-il que les animaux de bas étage, depuis les Polypes jusqu'aux Serpens, et à d'autres reptiles qu'il ne faut pas exempter de la règle, digèrent mieux et plus rapidement, prennent plus de nourriture et d'embonpoint, dans les climats, dans les saisons chaudes, que sous des influences contraires. On peut même remarquer que ces animaux sont plus développés et plus multipliés dans les pays chauds qu'ailleurs. Les Couleuvres, entr'autres, digèrent mal au printemps, par la raison qu'alors elles relèvent à peine de l'engourdissement où les a jetées le froid rigoureux de l'hiver. Remarque analogue à l'égard des poissons.

Mais la chaleur vive est nuisible à la nutrition des vertébrés supérieurs, et par l'amour qu'elle réveille en eux et les excès où elle les conduit, et par les transpirations de la peau qu'elle rend excessives, et par la faim qu'elle affaiblit précisément alors où le besoin d'alimens est le plus réel pour les organes; nuisible enfin pour la digestion, toujours très-lente et très-difficile en ces animaux dans une température trop chaude. Trop de chaleur, en effet, affaiblit les forces digestives, à raison des sucs gastriques alors moins abondans, et parce qu'en outre les contractions de l'estomac et des intestins sont beaucoup plus faibles. Aussi, voit-on la plupart des oiseaux et des mammifères maigrir durant les saisons chaudes et récupérer des chairs et de la graisse dans l'hiver. Quelquefois même on remarque avec étonnement l'excessif embonpoint que prennent tout-à-coup certains oiseaux au milieu de la saison la plus rigoureuse, et alors que la terre est couverte de neige et de frimas. Mais cela provient des causes que nous avons indiquées : de l'énergie accrue de l'estomac, de l'abondance des sucs digestifs, de la transpiration de la peau alors presque nulle, et surtout de ce que la Providence a veillé à ce que l'époque des plus grands froids fût précisément le temps de la parfaite maturité de quelques fruits d'arbres verts ou autres, dont ces oiseaux se nourrissent. On peut vérifier ce que nous disons ici à l'égard des Merles de notre pays, se nourrissant, au milieu des neiges, des fruits mûrs et devenus succulens du houx et de l'aubépine. Les Ortolans aussi offrent le curieux phénomène d'un embonpoint extrême acquis en quelques heures; mais cela dépend d'autres causes.

PRATIQUES ÉPROUVÉES QUANT A LA PRODUCTION DE L'EMBONPOINT; MUTILATION, ETC. Outre les circonstances favorables à l'embonpoint, desquelles nous avons déjà et suffisamment parlé, outre le repos, la tranquillité, le sommeil, une abondante et convenable nourriture, obtenue régulièrement, sans longues recherches et sans efforts, et une dose plutôt petite que grande de boissons; outre l'influence incontestée de l'âge mitoyen et du sexe femelle, on a observé les bons effets de certaines circonstances et de quelques procédés, et l'on a fait un précepte d'en régulariser l'usage. C'est ainsi qu'après avoir remarqué que les excès des sexes amaigrissent beaucoup les mâles à l'époque du rut ou des amours, et s'être assuré que les femelles, comme moins emportées et moins lascives, éprouvent à un moindre degré l'amaigrissement produit par l'effervescence génitale, on s'est imaginé de pratiquer la *castration* des animaux mâles, non pas seulement (chez quelques-uns) pour les rendre plus doux, plus susceptibles d'être apprivoisés, plus attentifs à la voix de l'homme et plus dociles à sa volonté ; mais dans le but principal de donner plus de volume et d'ampleur à leurs organes, en un mot plus d'énergie et plus de régularité à leur nutrition. Nous voyons chaque jour pratiquer de semblables opérations chez les animaux destinés à nos festins, et même chez les poissons conservés dans les viviers. Il est sûr que ceux des animaux que l'on a ainsi privés des organes prolifiques, prennent plus de volume et plus d'embonpoint à proportion des désirs et des déperditions souvent excessives dont on les préserve, et de l'énergie vitale qu'on leur ôte. Encore que le besoin des sexes ait moins d'effets chez les femelles que chez les mâles, cependant, comme la gestation et l'allaitement chez les uns, la ponte et l'incubation chez les autres, ne laissent pas que de les amaigrir quelquefois excessivement, on en est venu à pratiquer la castration chez les deux sexes en certains animaux destinés à flatter la sensualité des riches délicats. Par exemple, ce procédé est mis en usage pour des Poissons, pour quelques Oiseaux domestiques, et les Truies qui viennent de naître.

A ce sujet faisons une remarque. Nous venons de voir la castration utilisée pour favoriser la nutrition et produire l'embonpoint ; ailleurs nous verrons préconiser le même moyen pour apprivoiser certains animaux ou sauvages ou trop ardens, pour réprimer les fougueuses saillies d'un caractère autrement indomptable; ailleurs encore, et dans notre propre espèce, nous verrons la castration venir au secours de la défiance et du despotisme chez les peuples tyrans et tyrannisés de l'Orient; et, plus près de nous, chez un peuple ami qui nous ressemble sans nous imiter, que nous estimons sans l'envier, nous verrons le cruel euneuchisme tourné en habitude, afin de charmer, par des sons plus suaves et plus mélodieux, les ennuis de l'opulence fatiguée de plaisirs. Ainsi, la castration sert tour-à-tour, ou les besoins de la sensualité et de la gourmandise, ou l'amour du commandement, ou les justes craintes d'une jalousie effrénée touchant des infidélités toutefois pardonnables; elle est tantôt un instrument d'oppression, de polygamie ou d'esclavage, tantôt une sauve-garde contre la coquetterie et l'inconstance des femmes rendues captives pour la plus grande volupté d'un seul, et tantôt un raffinement du luxe, un criminel caprice de mélomanie, ou un infâme remède contre la satiété la plus déplorable.

Au rang des pratiques favorisant l'embonpoint, Aristote place l'*insufflation*; il prétend qu'en son pays et de son temps on introduisait avec force de l'air sous la peau des Bœufs afin de les engraisser mieux et plus vite. Mais rien n'agit sur le bon état de la nutrition autant que le brusque passage d'une grande fatigue au repos parfait, de l'agitation à l'indolence, de l'inquiétude à la sécurité, et du jeûne à l'intempérance. Les bestiaux maigres qu'on mène au loin dans de gras pâturages, prennent un embonpoint plus rapide que ceux qui n'ont point bougé de ces lieux favorables : l'on voit ici la double influence et du repos succédant à la fatigue, et de la profusion d'alimens venant après l'abstinence. Il est beaucoup d'animaux que l'on fait ainsi préalablement jeûner plusieurs jours dans le but de les mettre plus vite en chair. L'obscurité aussi, et l'esclavage, sont favorables aux mêmes vues, et ce sont des moyens dont on use habituellement dans nos métairies, pour surcharger d'embonpoint des oiseaux et quelques quadrupèdes. Afin de rendre pour eux l'obscurité plus profonde, on va quelquefois jusqu'à aveugler les animaux qu'on veut engraisser jusqu'à l'excès : on recourt souvent à de semblables pratiques pour certains oiseaux de basse-cour; et l'on peut observer qu'alors le foie de ces animaux est graisseux. Est-il quelque cruauté que la gourmandise ne fasse commettre !

CHAPITRE X.

Questions et Doutes sur la Nutrition des Animaux.

On a coutume d'énoncer au sujet de la nutrition beaucoup plus de lieux communs que de vrais principes. On dit, par exemple, que les animaux se décomposent et se recomposent sans cesse; que leurs organes puisent dans le sang, pour se les assimiler, les principes réparateurs dont ils ont besoin pour leur nutrition ; que les végétaux et les animaux font incessamment entr'eux des échanges mutuels et d'ordinaire assez parfaitement compensés ; qu'il n'y a pas deux sortes de matière, l'une morte, l'autre vivante, mais que la même matière, subissant des transformations perpétuelles, est tantôt vivante et tantôt inerte, tour-à-tour animale, végétale, ou inorganique ; on ajoute que tout, dans l'animal, provient des alimens dont il se nourrit, puisque les organes puisent dans le sang les élémens servant à les former et à les entretenir, et que le sang se répare avec le chyle, lequel provient lui-même des alimens : on va jusqu'à assigner un terme précis à la rénovation entière des organes. Nous allons examiner successivement ces différentes questions, et plusieurs autres qui s'y trouvent liées plus ou moins intimement.

Les organes se renouvellent-ils? Un chirurgien de Londres, nommé Belchier, observa le premier que les os d'un Cochon, qui s'était nourri de garance, étaient rouges. Ce fait attira l'attention des physiologistes anglais, qui le firent promptement connaître à toute l'Europe. On refit l'expérience, Duhamel surtout s'attacha à la varier ; et comme on obtint constamment le même résultat, on ne craignit pas de conclure que le fait était général : de ce que la garance rougissait les os, de ce qu'ensuite cette coloration disparaissait, on en tira la conséquence qu'apparemment les os se renouvellent. Si les os se renouvellent, les autres organes aussi doivent se recomposer : on se laissa séduire par l'analogie, et l'on admit ce principe comme s'il eût été fondé sur des faits suffisans. Cependant le fait allégué ne me semble pas renfermer la preuve convaincante qu'on a cru y voir ; et je trouve les raisons suivantes pour lui refuser l'importance qu'on s'est plu à lui prêter : 1°. Il est prouvé que la garance ne colore d'une manière sensible que les os, et non les autres organes ; et nous trouvons dans les premiers un arrangement tout particulier d'où peut provenir la différence des choses observées. 2°. La garance ne rougit pas toute l'étendue, toute l'épaisseur d'un os, elle n'en rougit que la surface : or, comme les os continuent de croître en épaisseur, il se peut que la garance ait une telle affinité avec les sels calcaires dont se forme la nouvelle portion de l'organe, qu'elle y reste attachée et comme combinée, et qu'ensuite le mouvement de la vie l'en sépare ; ne sait-on pas qu'il s'opère constamment, au sein de tous les organes, une absorption, une élimination de toute substance non participante à la vie? Il en est des effets de la garance comme de toute coloration maladive ou accidentelle des organes ; l'absorption enlève aux tissus vivans tout ce qui leur est étranger : mais gardons-nous d'en tirer la conséquence que ces tissus formant trame vivante , éprouvent eux-mêmes une rénovation ! 3°. De ce qu'une couleur appliquée à la peau , ou à tout autre tissu, disparaîtra au bout d'un certain laps de temps, je me garderai d'en conclure que l'organe ainsi coloré s'est lui-même renouvelé durant le temps qu'il a mis à se décolorer; il est aisé de voir qu'un tel raisonnement serait forcé. Mais, ce qui est beaucoup plus opposé à la théorie que nous combattons comme fausse et improbable, c'est qu'il est des taches, des empreintes, des colorations d'organes, qui persistent toute la vie sans jamais disparaître : la teinte noire produite par la pierre infernale, les figures tracées capricieusement sur la peau de nos soldats , cette sorte de tatouage est indélébile. 4°. Les cicatrices non plus ne disparaissent jamais; et comment ce fait, si universellement connu, pourrait-il se concilier avec la rénovation des tissus? 5°. Il est également démontré qu'aucune partie des organes ne se reproduit; et cependant si un organe pouvait se renouveler totalement, comment, par la même raison, pourrait-il ne pas se reproduire quand il est ou détruit ou mutilé? Concluons donc que la proposition par laquelle on énonce que les organes se renouvellent est au moins hasardée et ne repose que sur des faits mal interprétés. Alors même qu'il serait prouvé que les os éprouvent une sorte de rénovation, il n'en faudrait rien conclure pour la masse des organes : les os, en effet, ne sont qu'à moitié vivans et organiques; des sels abondans remplissent les mailles de leur tissu, et l'on conçoit que ces sels se renouvellent sans que les tissus eux-mêmes éprouvent de pareils changemens.

LA RÉVOLUTION NUTRITIVE A-T-ELLE LIEU TOUS LES SEPT ANS? La question de rénovation totale des organes en trois ans, selon les uns, et en sept années, selon les autres, est plus d'à moitié résolue par ce qui précède. Nous avons vu, en effet, que l'on a pris pour des renouvellemens de tissus une simple élimination de molécules étrangères au corps vivant, de molécules ne pouvant prendre part à la vie. Or, cette élimination, comme celle de la garance, dont les os sont rougis, ou comme celle du nitrate d'argent, par qui la peau est colorée en noir, ne s'effectue pas dans le même laps de temps pour les différens organes et pour les substances de toute nature ; cela dépend de l'âge des animaux, du genre du tissu imprégné, et de la matière imprégnante. Mais il faut oublier pour

toujours ce conte tout fabuleux de la rénovation sep-
tennale des corps vivans.

COMMENT LES ORGANES S'EMPARENT-ILS DE LA NOUR-
RITURE, ET QUE DEVIENT-ELLE? Nous avons suivi le chyle
depuis l'intestin où en est la source, jusque dans
les vaisseaux sanguins, partout ramifiés, qui le distribuent entre les différens organes, chacun desquels
en reçoit une quantité relative à son volume. Quant
à ce que devient cette nourriture ou ce chyle mêlé
au sang et devenu sang lui-même, on ne saurait
qu'énoncer des conjectures à ce sujet. Il est, au reste,
trois différentes manières d'envisager la question; ou
plutôt, l'aliment renfermé dans le sang a trois destinations réelles ou probables. Premièrement, ceux
qui admettent que même la trame des organes est
sans cesse renouvelée, supposent que chacune des
parties vivantes extrait du sang, par une sorte de choix
ou d'affinité élective, ce qu'il faut à son renouvellement, à sa recomposition. Mais nous avons montré
combien de raisons rendent improbable cette rénovation des organes, et cette élection d'élémens propres à les recomposer. Cette première destination
des alimens n'est vraie qu'en des corps non encore
accrus, qu'en des organes inachevés; car, une fois accompli, la trame en reste assurément toujours la
même, ainsi que le prouvent les faits que nous avons
cités. Secondement, le véritable usage que les organes
font de la nourriture est relatif à la formation des
humeurs et des fluides divers des corps vivans, et
au continuel développement de la chaleur. C'est principalement sous le rapport des humeurs qu'ils produisent, que ces organes exercent sur les principes

I.

du sang et sur les élémens alimentaires qui s'y trouvent confondus, cette sorte d'affinité élective, cette
préférence dont nous parlions à l'instant ; c'est par
cette action, et dans ce but seulement, que ces organes épuisent peu-à-peu tout ce que le sang contient
de principes nutritifs. En troisième lieu, enfin,
les organes ont besoin d'un sang nouveau, d'un sang
chargé de principes alimentaires, et richement respiré, pour l'entretien de leurs propriétés, pour le jeu
de leurs fonctions. C'est un dernier et incontestable
usage des principes nutritifs, répandus dans le sang,
d'entretenir ainsi une excitation perpétuelle dans
toutes nos parties. Il est certain que même les organes
dont ne provient aucune humeur appréciable, éprouvent autant que tous les autres le besoin du contact
répété, du cours rapide et continuel d'un sang nouveau, d'un sang chargé d'air vital et de chyle, c'est-
à-dire d'un sang constamment renouvelé par la digestion d'alimens convenables, et par la respiration
d'un air chargé d'oxigène. Tout organe dont l'artère
est rétrécie s'amaigrit ; il s'atrophie et n'a plus de
fonctions, si son artère est totalement supprimée.
Peut-être pourrait-on arguer de cette diminution des
organes qu'on a privés de vaisseaux accessibles au
sang artériel, qu'il est donc vrai qu'ils se décomposent sans cesse, et qu'ils ne se renouvellent qu'au
moyen du sang qui les pénètre ; mais je réponds à
cela, qu'un organe séparé de ses vaisseaux n'est plus
dans l'état de vie et de résistance dans lequel le contact du sang a coutume de l'entretenir, et que d'ailleurs l'action absorbante qui s'exerce ordinairement
sur ces fluides abreuvant les organes, se tourne, alors

que le sang a cessé d'y pénétrer, sur le tissu même des parties vivantes ; ou plutôt, et cette dernière considération est la plus importante, chaque organe, à l'exception des os et des cartilages, est composé presque entièrement de liquides dont la disparition persuade à tort que l'organe même, que sa propre trame solide, a perdu de son volume. Ainsi la nourriture a donc pour destination de maintenir dans les organes la température et l'excitation qui leur sont indispensables, et de fournir les élémens des humeurs qu'ils sécrètent. Les alimens ne servent à la composition de la trame même de nos parties, que dans le premier âge et jusqu'à la crue parfaite des animaux ; et voilà pourquoi les jeunes animaux ressentent plus promptement et davantage le besoin de nourriture et les effets de l'abstinence.

EFFETS COMPLIQUÉS DE L'ABSTINENCE. L'abstinence ou l'absence de nouveau chyle a pour premier effet de diminuer la masse du sang et les principes alimentaires qui s'y trouvent suspendus. Ensuite, la masse du sang étant diminuée et appauvrie, la température vitale baisse, la quantité des humeurs sécrétées est moindre et elles sont moins parfaites, l'excitation des organes est aussi affaiblie ; et par toutes ces causes les fonctions de la vie ne se font plus comme en santé. Le cœur ne bat plus avec la même force, les organes respiratoires ne combinent plus autant d'air avec le sang qui les traverse, cette combinaison est moins parfaite ; et cela même accroît encore les premiers effets de trouble, d'irrégularité et de faiblesse pour le reste des organes et pour leurs fonctions. Si l'on vient à cesser l'abstinence, la nouvelle digestion est moins parfaite, et parce qu'il y a moins de sang et un sang d'un cours moins rapide, et moins de chaleur; et parce qu'il y a moins de sucs salivaires et gastriques, moins de mucus, moins de bile, et que ces humeurs sont moins parfaites; et parce qu'aussi les fibres musculaires de l'estomac et des intestins ont moins d'énergie, etc., etc. La digestion étant plus lente, le chyle moins parfait, moins élaboré, moins abondant, respiré moins complètement, et réparti avec plus de mollesse et de lenteur dans des organes moins aptes à s'en emparer, de toutes ces causes résulte l'amaigrissement du corps, la faiblesse des muscles, l'inaptitude à l'action, un état de langueur, de souffrance, et de décrépitude anticipée.

Toutes les parties du corps éprouvent, chez tous les animaux, les effets d'une nutrition aussi imparfaite; les jeunes plus que les vieux; ceux qui dorment, moins que ceux qui veillent et agissent; ceux du nord plus que ceux du midi, les mâles plus que les femelles; ceux qui sont maigres moins que ceux qui ont de l'embonpoint, les carnivores moins que les herbivores; ceux dont le cœur a quatre cavités, plus que ceux en qui cet organe est moins complexe; les animaux à grande respiration aérienne plus que ceux dont la respiration est plus restreinte ou aquatique. Les cheveux, les poils, plumes ou écailles, sont les premières parties à montrer les effets d'une abstinence prolongée ou d'une mauvaise nourriture; les parties pileuses tombent, blanchissent ou se détériorent. La cornée oculaire aussi finit par se ternir, par s'enflammer, et parfois par s'ulcérer à son centre. Également, les dents perdent leur blancheur éclatante, et souvent jusqu'au poli de leur surface ; et ce sont autant d'effets qui persévèrent jusqu'à la fin de la vie.

Y A-T-IL DANS UN CORPS VIVANT QUELQUE PRINCIPE ÉTRANGER AUX ALIMENS DONT IL S'EST NOURRI? On demande souvent si les animaux forment en eux-mêmes, par le seul pouvoir de la nutrition, des principes totalement étrangers à l'air qu'ils absorbent et aux alimens qu'ils digèrent. La réponse à cette question ne saurait être long-temps indécise. D'abord, à commencer par le sang, la chimie est inhabile à expliquer, et tout-à-fait incapable, par ses procédés ordinaires, d'imiter ce fluide vital où tous les autres fluides ont leur source commune. En considérant même le sang comme un ensemble combiné pour les besoins de la vie, de tout ce qui provient, et de l'air respiré, et des alimens digérés, on est loin de trouver dans ce liquide les divers élémens dont se composent tous les organes, ou les élémens des humeurs que ces organes sécrètent. On ne trouve dans le sang, ni la gélatine des os toute formée, ni l'acide urique de l'urine tout préparé. Il est vrai que ces principes pourraient bien provenir des choses du dehors, et dissimuler leurs véritables qualités pour former le sang, et reprendre ensuite ces qualités primitives pour composer les organes non encore accrus. Mais toujours serait-il vrai de dire que la nutrition opère des combinaisons telles, dans nos organes et nos humeurs, que les lois de la chimie ne sauraient en rendre compte ; en un mot, que le travail nutritif ne résulte point d'un simple dépôt des élémens puisés dans la nourriture. Ce sont les organes eux-mêmes qui assurément amalgament à leur manière et qui peut-être aussi modifient les substances dont ils se composent ; mais toujours est-il probable que les premiers principes des organes et des humeurs sont contenus dans le sang et proviennent élémentairement des alimens ou de l'air ; puisque les animaux carnivores qu'on a soumis à une longue privation de substances animales ont ces humeurs autrement composées que ceux d'entr'eux qui ont continué de vivre selon leur instinct.

Les physiologistes, admettant presque tous que les organes du corps ne cessent de se décomposer et de se recomposer tant que dure la vie, ne pouvaient se rendre compte comment il se faisait que des animaux nourris long-temps d'alimens non azotés continuaient d'avoir des organes aussi imprégnés d'azote que d'autres animaux soumis à un régime constamment animal ; mais tout étonnement doit cesser à ce sujet, dès que l'on considère que la trame même des organes reste toujours la même.

Est-il vrai qu'il n'y ait qu'un aliment pour la nutrition d'organes si diversifiés ? Ceux qui ont dit « qu'il existe plusieurs alimens, mais que néanmoins il n'y a qu'un aliment », ont cru proclamer là une chose profonde, lorsqu'ils ne faisaient qu'exprimer prétentieusement une proposition obscure. Il est sûr, en effet, que ce prétendu principe a quelque chose de louche dans quelque sens qu'on l'envisage. Non seulement les alimens diffèrent infiniment entr'eux, mais le chyle qui provient de leur digestion diffère aussi beaucoup selon leur nature : le chyle qui résulte de la digestion de substances animales n'est pas semblable au chyle des végétaux. Les produits chimiques des matières nutritives sont de même très-différens : on s'est assuré qu'une molécule de fibrine contient un tiers plus d'azote qu'une molécule d'albumine. Enfin, veut-on considérer les résultats définitifs de la digestion? Quoi de plus dissemblable qu'un carnivore et un herbivore!

Toutefois, il faut dire que, quel que soit le chyle, quelle que soit la nature des alimens qui l'ont produit, il a toujours pour même résultat de recomposer le sang, de développer de la chaleur, d'exciter les organes et de leur donner de l'énergie, de fournir à la composition des humeurs, et de former primitivement les organes des jeunes animaux. Il est permis de s'étonner qu'un liquide d'une apparence aussi simple que le chyle, puisse suffire seul à la fabrication de tant d'organes différens, de tant d'humeurs distinctes ; et cela même qui cause notre surprise, fortifie la persuasion où nous sommes que chaque tissu, chaque organe exerce sur les principes du sang qui l'imprègne, une action, non seulement d'affinité et d'élection, mais vraisemblablement aussi de combinaison et de transformation : chacune de nos parties est une sorte de laboratoire de chimie vivante, où se forment des produits que la chimie des hommes ne saurait imiter.

Échanges mutuels des deux règnes. Les végétaux se nourrissent d'air et de liquides; le carbone surtout se fixe durablement dans leur tissu et le solidifie. Les animaux phytophages font leur nourriture de substances végétales, et fournissent à leur tour des alimens aux animaux carnassiers. Voilà comme les substances alimentaires s'enchaînent et se graduent, depuis les

fluides gazeux jusqu'aux corps organisés. Les débris des animaux servent ensuite à fomenter de nombreuses productions végétales, et les végétaux ali-
mentent immédiatement ou médiatement tous les
animaux. Il y a des échanges continuels entre les
corps organisés des deux règnes ; les plantes ne peuvent pas plus se passer des animaux que ceux-ci ne
peuvent se passer des autres : la disparition de l'un
des deux règnes de corps organisés entraînerait iné-
vitablement la destruction de l'autre règne. Nous reviendrons sur ce commerce nécessaire des animaux
et des végétaux en parlant de leur Respiration.

UNITÉ ET TRANSFORMATIONS DE LA MATIÈRE. Un végétal ou un animal, à sa première origine, ne doit à
sa souche maternelle qu'un peu de fluide renfermé
dans des membranes : après cela, ses accroissemens
successifs proviennent entièrement, et de l'air qu'il
respire, et des alimens qu'il absorbe ou qu'il digère.
C'est donc la matière générale, répandue dans l'univers, la matière brute, modifiée par l'action vitale,
qui compose uniquement la substance des corps organisés. Lorsqu'ensuite les corps vivans ont perdu l'existence et qu'ils se dissocient, les débris de leurs organes, réduits à leurs plus simples élémens, vont se
confondre ou avec l'atmosphère ou avec le globe
terrestre ; en un mot, ils redeviennent matière brute.
C'est donc toujours la même matière, ainsi que je le
disais, qui passe tour-à-tour de l'état inerte à l'état
de vie ; et les transformations qu'elle subit de la sorte
sont dues à cette force de nutrition dont nous venons
d'étudier les instrumens et les actes compliqués.
Quant à ce principe insaisissable qui anime, qui re-

prend et quitte tour-à-tour et des millions de fois la même matière depuis le commencement de ces mondes dont nous admirons le merveilleux ensemble et le sublime enchaînement, la nature ou l'essence nous en est totalement inconnue; l'origine même de la vie, qui remonte à l'acte mystérieux de la génération, ne saurait en être déterminée d'une manière précise ; et toutes les investigations des hommes pour découvrir le secret de sa reproduction ne saura jamais nous conduire qu'à l'aveu d'une entière ignorance.

Influence des nerfs sur la nutrition. Il est incontestable que les nerfs sont nécessaires à la nutrition et à la parfaite conservation des organes : un organe dont les nerfs ont été coupés ou comprimés ne tarde pas à dépérir, à s'émacier ; quelquefois même il s'effectue des ulcérations dans les parties dont les nerfs ont été détruits. Après avoir coupé sur un Chien le nerf de la cinquième paire, ou trijumeau, on vit la conjonctive s'enflammer, les humeurs de l'œil devenir troubles, la cornée se ternir, et finalement s'ulcérer et se détacher. C'est ainsi qu'on voit des organes s'atrophier par l'unique raison que les nerfs qu'ils reçoivent ont souffert : c'est par une cause semblable, à laquelle se joint aussi l'influence défavorable de l'inaction, que les membres paralysés dent notablement de leur volume.

CHAPITRE XI.

Quelques Remarques supplémentaires sur la Nutrition.

INFLUENCE DU SEL MARIN. Il est bien avéré que le sel de cuisine a d'utiles effets sur la digestion des alimens, qu'il l'accélère; et comme ce condiment n'est jamais employé dans nos mets qu'à doses assez faibles, on a tiré de là de singulières conséquences touchant le mode d'action dont quelques personnes pensaient que la digestion résultait. On a dit : le sel marin n'est anti-septique qu'à grandes doses; à doses plus faibles, loin de l'empêcher, il favorise la putréfaction et l'accélère. Par conséquent, a-t-on ajouté, le sel ne favorise la digestion qu'à raison de ce qu'il est employé à d'assez petites doses dans les alimens, pour en fomenter la putréfaction. Spallanzani n'a pas dédaigné de faire des expériences propres à éclairer cet objet : il a vu que le sel marin à petites doses, comme à doses plus fortes, aidait toujours la digestion, sans jamais déterminer de fermentation putride; et il s'est assuré que les propriétés digestives de ce sel sont dues à ce qu'il sollicite par son contact avec l'estomac une sécrétion plus abondante de sucs gastriques.

MALADIES. On a souvent remarqué que la digestion languissait en des animaux soumis à divers essais, que quelquefois même il se manifestait chez eux un commencement de fermentation putride. Mais les êtres sur qui l'on a fait de pareilles remarques étaient ou très-vieux, ou malades. Spallanzani parle d'un vieux Duc-à-huppe qui offrait des phénomènes fort curieux de cette nature. Mais on conçoit qu'il serait peu convenable de tirer aucune conséquence générale de ces faits exceptionnels.

RAPPORT DU VOLUME DES ARTÈRES AVEC LA NUTRITION DES ORGANES. On peut remarquer que les artères ont toujours un volume parfaitement concordant avec celui des organes ; elles grossissent à proportion de leur développement. Mais il est difficile de dire où est le premier terme de cet accord : impossible de préciser si l'artère se dilate avant que l'organe ne grossisse, ou si le progrès commence par l'organe. C'est donc moins une influence que nous signalons, qu'une relation constante dont nous faisons la remarque.

ALIMENS TROP UNIFORMES SONT NUISIBLES (1). On avait observé dès il y a long-temps (malheureusement ces observations n'avaient rien de précis), on admettait vaguement que la variété des alimens était nécessaire à l'entretien de la santé chez les animaux omnivores ; qu'une nourriture par trop uniforme pouvait aller jusqu'à compromettre l'existence. On a fait tout récemment des expériences suivies à ce sujet, et l'on s'est assuré que le préjugé populaire était fondé sur des faits réels, et d'accord avec l'observation. Des Chiens que l'on nourrissait exclusivement d'œufs durs et de fromage, se sont peu-à-peu amaigris, ont perdu leurs poils et ont fini par succomber. Un

____

(1) Voyez les expériences de Dodart, de Marcorelle, de Spallanzani, de Gosse, de Magendie, d'A. Cooper, etc.

Ane à qui l'on ne donnait que du riz, tantôt sec, tantôt humide et cuit, n'a résisté que quinze jours à un pareil régime. Il est vrai qu'un Coq a supporté le même aliment toujours semblable, plusieurs mois sans dépérir; mais la règle générale n'en est pas moins rigoureusement exacte, appliquée à ceux des animaux pour qui il est naturel d'user d'alimens de plusieurs sortes. On s'est de plus assuré qu'après avoir été lentement affaiblis par un régime défavorable à raison de sa trop grande uniformité, c'était en vain qu'on redonnait à ces animaux une nourriture saine et variée, en vain qu'on les soutenait par toutes choses bonnes et salubres; ils n'en continuaient pas moins de s'acheminer vers un entier dépérissement. Ils meurent tout comme s'ils n'avaient pas changé d'alimens, et leur mort est aussi prompte. Parmi les observations curieuses qu'on a faites au même sujet, on doit noter la propriété qu'a le *pain bis* ou de munition de nourrir long-temps le Chien sans le faire dépérir, tandis que le pain blanc ne tarde pas à l'amaigrir. On a aussi remarqué que les Rongeurs vivent plus long-temps en mangeant exclusivement de la chair musculaire, qu'en usant de toute autre nourriture.

Nécessité des alimens azotés pour quelques animaux. Lorsqu'on nourrit un Chien avec du sucre seul, ou seulement avec de la gomme ou du beurre, substances non azotées, ces animaux ne tardent pas à s'amaigrir, à s'émacier, à dépérir visiblement : leurs poils tombent, leurs cornées souvent s'exulcèrent, et la mort vient bientôt terminer cette lente décomposition d'organes qui ont cessé d'être abreuvés d'alimens azotés. De plus, la bile et l'urine de ces animaux ont les mêmes propriétés et composans qu'on leur trouve dans les vrais herbivores ou ruminans. Mais de ce que des animaux carnassiers comme le chien ont besoin d'une nourriture azotée, c'est-à-dire animale, il n'en faut pas conclure qu'il y ait même nécessité pour tous les animaux : l'expérience contredirait à chaque pas une pareille conclusion. Dire que les carnivores ont besoin d'alimens azotés, c'est répéter en d'autres mots ce qu'exprime leur titre distinctif de carnivores. Nous pensons donc qu'on a fait de ce principe des applications beaucoup trop larges et trop exclusives à ce qui regarde le régime de l'homme et ses infirmités. Il est d'ailleurs probable que les substances non azotées, données toujours semblables durant de longues semaines à des chiens, doivent beaucoup de leurs pernicieux effets à cette uniformité de nourriture qu'à l'instant même nous déclarions si dangereuse.

FIN DU PREMIER VOLUME.

TABLE DES MÅTIÈRES

DU PREMIER VOLUME.

CHAPITRE VII.

CHAPITRE VIII.

CHAPITRE IX.

CHAPITRE X.

CHAPITRE XI.

LIVRE SECOND

De la Reproduction des Corps Vivans.

CHAPITRE PREMIER.

CHAPITRE II.

CHAPITRE III.

CHAPITRE IV.

CHAPITRE V.

CHAPITRE VI.

CHAPITRE VII.

CHAPITRE VIII.

CHAPITRE IX.

CHAPITRE X.

CHAPITRE XI.

CHAPITRE XII.

CHAPITRE XIII.

CHAPITRE XIV.

CHAPITRE XV.

CHAPITRE XVI.

CHAPITRE XVII.

CHAPITRE XVIII.

I.

LIVRE TROISIÈME.

De l'Accroissement des Corps vivans ;

De l'Origine, de la première Apparition et de l'Age comparé de leurs principaux Organes ; des Métamorphoses et des Monstruosités.

CHAPITRE PREMIER.

CHAPITRE II.

CHAPITRE III.

CHAPITRE IV.

Sur la première Origine des Organes et leur première Apparition. — La formation en est-elle simultanée ou successive, ou bien est-elle préexistante à la fécondation? 311

CHAPITRE V.

Ce qu'on entend par Germes. Diverses opinions sur leur Nature, leur Source, leur Préexistence et leur Emboîtement indéfini. 315

CHAPITRE VI.

Principales Lois selon lesquelles se développent les Organes des Animaux. 327

CHAPITRE VII.

Analogies de composition des Animaux vertébrés. . . . 332

CHAPITRE VIII.

Échelonnement des Organisations animales. (Les premiers âges de l'homme correspondent successivement, en quelques points de leur structure aux différentes classes des animaux vertébrés : aux poissons d'abord, puis aux reptiles, aux oiseaux et aux mammifères.) 337

CHAPITRE IX.

Comment la Théorie des Monstruosités dérive des Lois de l'Accroissement. 348

CHAPITRE X.

De l'Hermaphrodisme accidentel des Animaux. — Remarques sur les Organes sexuels et leurs Anomalies. . . . 357

CHAPITRE XI.

CHAPITRE XII.

CHAPITRE XIII.

CHAPITRE XIV.

CHAPITRE XV.

CHAPITRE XVI.

CHAPITRE XVII.

LIVRE QUATRIÈME.

De la Nutrition.

CHAPITRE PREMIER.

CHAPITRE II.

CHAPITRE III.

CHAPITRE IV.

CHAPITRE V.

CHAPITRE VI.

FIN DE LA TABLE DU PREMIER VOLUME.

Imprimerie de GUEFFIER , rue Mazarine , n°. 23.